U0392368

国学经典文库

图文珍藏版

# 动物百科全书

走进动物世界 开启探索之旅

刘凯◎主编

线装書局

# 爬行动物和两栖动物之最

## 1. 最原始的爬行动物

世界上最原始的爬行动物是斑点楔齿蜥，其进化程度和生活在2亿年前的爬行动物差不多。斑点楔齿蜥曾经广泛分布在新西兰本岛和周围的小岛上，它们四肢发达，颈部和背部长有鳞片状嵴。它们名字里虽然有个“蜥”，但是并不是蜥蜴。两者的区别在于它们的两眼之间有一个松果状的眼，其功能还不明了。雌性体长0.4米左右，雄性体长0.6米左右，体重约1千克，体色为灰色或橄榄绿色。它们动作缓慢，生长也非常缓慢，经过50年才能发育成熟，但是也非常长寿，一般都能活到100岁以上。

斑点楔齿蜥新陈代谢缓慢，对食物的需求量并不多，新西兰丰富的物产能够为它们提供足够的食物来源。它们生性好斗，总是单个生活在洞穴中。本来它们可以舒服地在新西兰的土地上繁衍生息，但是自从1847年欧洲移民踏上新西兰之后，斑点楔齿蜥就逐渐灭绝了。

## 2. 最大的爬行动物

现存最大的爬行动物是咸水鳄，其分布在东南亚及澳大利亚水都一带。成年雄性咸水鳄平均身长5.5米，可是1957年一只8.5米长的巨型咸水鳄被捕杀，体重超过2吨。

## 3. 最小的爬行动物

生物学家新近在加勒比海一个小岛上发现了身体非常小巧的蜥蜴，已被命名为雅拉瓜壁虎。它们由鼻尖至尾端，体长只有1.6厘米，堪称为世界上最小的爬行类动物。

由于这种壁虎十分罕有，现已被列入濒危动物名单。

### 4. 最早的滑体两栖动物

世界上最早的滑体两栖动物是三叠蛙。

三叠蛙在动物分类学上属于滑体亚纲属，也叫原无尾属，主要分布在非洲马达加斯加岛上，是人类迄今所知道的最早的滑体两栖动物。它已经在地球上生活了将近2.4亿年。由于它出现于三叠纪早期，所以科学家把它叫做三叠蛙。它是一种非常小的蛙类，体长在10厘米左右，某些身体特征与现在的蛙类有很大的不同，比如头骨比较简单，尾部也比较短，最明显的不同是前肢，不像现在的两栖动物类一样只有4趾，而是有5趾。脊椎骨的数目也比现在的大多数两栖动物的脊椎骨多。它的许多身体特征都保留了原始的两栖动物的身体特征。

### 5. 分布最广泛的有尾两栖动物

世界上分布最广泛的有尾两栖动物是蝾螈科两栖动物。

蝾螈科的种类相当多，这一科的动物，躯体都比较丰满，外表有点像蜥蜴，都有扁扁的尾巴，有眼睑，还有牙齿，4肢也都比较发达，前肢有4趾，后肢不定，有的有4趾，也有5趾的，但是，有一点是肯定的，那就是所有的蝾螈科动物都没有蹼。它们也都是靠皮肤和肺进行呼吸，体内受精。作为有尾的两栖动物，蝾螈科在世界上的分布是相当广泛的，在欧亚大陆的大部分地区都有广泛分布，中国就分布着大量的蝾螈科动物，另外，非洲的北部和美洲的北部也是蝾螈科动物分布较广泛的区域。

### 6. 最大的两栖动物

娃娃鱼产于中国境内，由于它能像鱼一样生活在水中，叫声又与婴儿的哭声极为相似，因而称它为娃娃鱼。其实它并不是鱼，它的学名叫中国大鲵，是世界上最大的两栖动物。

娃娃鱼头部宽阔扁平，体形粗壮，眼小口大，尾巴扁长，体长一般可达1.8米，重约50千克。它有光滑的体表和黏液腺，身上散布着小疣粒，背部的颜色是棕褐色，夹有黑斑。它四肢短小，前肢有4趾，后肢长有5趾，游泳时前后肢紧贴于身体两侧，借助躯干和尾巴的弯动前进。

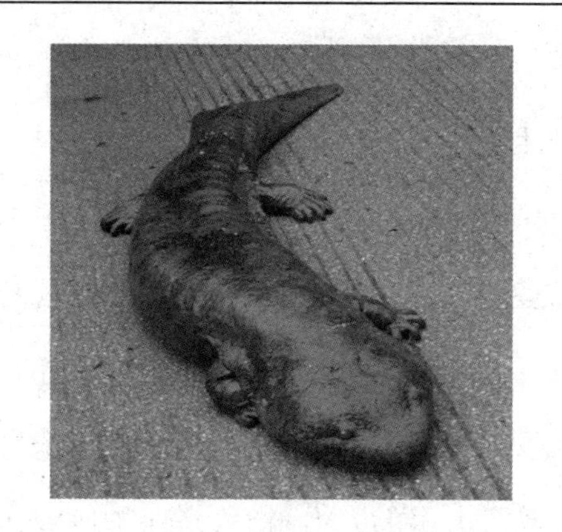

娃娃鱼

娃娃鱼喜欢生活在海拔200～1600米的山区溪流。一般情况下，它白天潜伏在有回流水的洞内，傍晚或夜间出来寻找食物。

娃娃鱼一般在夏季产卵。1年1次，每次可产卵400～500枚，卵色淡黄，被胶质囊串成念珠状。雌鱼产卵后就急匆匆离去，把护卵育子的责任交给了雄鱼。

冬季来临之后，由于自身没有调节体温的能力，无法抵御严寒，娃娃鱼只好躲进水潭或洞穴内，停止进食，进入冬眠。直到第2年三四月份天气转暖时，才出洞寻找食物。

### 7. 世界上最小的蛙

世界上最小的蛙是“跳蚤蛙”，生活在巴西紧靠大西洋的热带雨林里。它乖巧可爱，受到了当地人的喜爱。跳蚤蛙的身长一般都在10毫米左右，看上去就像是一只没有长大的普通蛙。最大的成年跳蚤蛙也超不过13毫米。对于跳蚤蛙来讲，13毫米已经算是“大个”了！这么小的蛙很可爱，细细地观察一下吧，它的眼睛只有芝麻大小，一枚硬币就完全可以让一只跳蚤蛙在上面锻炼身体了。

### 8. 世界上最大的蛙

世界上最大的蛙是非洲巨蛙。

在非洲喀麦隆南部以及赤道几内亚北部的炎热潮湿的原始森林和大河里生活着一种蛙，叫做非洲巨蛙，之所以叫它巨蛙，是因为这种蛙的体型特别大，一只成年的雄巨蛙体重大约 3 千克，如果把它的弯曲的腿拉开来，身长足有 1 米多！据说巨蛙的弹跳能力特别好，有的巨蛙能跳 5 米高。有的国家每年还举行巨蛙跳高比赛。但遗憾的是巨蛙的数量越来越少，近年来巨蛙的生存环境遭到了严重破坏，再加上当地人常年捕食，使巨蛙遭受灭绝的危险，虽然有的国家出动了大量的人力、物力来保护巨蛙，但是其前景还是不容乐观。

## 9. 最毒的蛙

世界上最毒的蛙是箭毒蛙，主要生活在美洲的中部和南部。箭毒蛙分为好多种，但是大多数体型都很小，最大的一般也不会超过 5 厘米。箭毒蛙有非常好看的外表，表皮色泽鲜艳，但就在这美丽的外表下面却分泌出几乎是世界上毒性最强的毒。

箭毒蛙的毒主要来自于它皮肤表面分泌出来的体液，这种体液主要来源于箭毒蛙皮肤内分布的各种各样的腺体。体液在润滑皮肤的同时也起着保护的作用，因为这种体液的毒性非常强，仅十万分之一克便足以使一个人中毒死亡。也正是靠着这种毒性，箭毒蛙成为世界上迄今为止发现的最毒的蛙。

## 10. 世界上最大的蟾蜍

海蟾，又名大蟾或者巨蟾，被认为是世界上最大的蟾蜍，所以它也被称为“蟾中之王”。

海蟾不像我们常见的蟾蜍那样只有拳头般大小，海蟾的身长甚至可以达到 25 厘米左右。海蟾主要分布在中南美地区，在西印度群岛、夏威夷群岛、菲律宾群岛、新几内亚、澳大利亚，其他的热带地区也可以见到它的足迹。

海蟾是很多害虫的天敌，它胃口非常好，也许正是这个原因，在很多热带的甘蔗林里，海蟾是最受蔗农们欢迎的朋友。又因为海蟾的自我保护能力很强，所以海蟾在世界上的生存量非常大,它超强的自我保护能力源于分布在它皮肤表面的“大疙瘩”能分泌一种毒液。

海蟾的繁衍能力也很强,一只雌海蟾一年可以产卵 3.8 万枚之多,几乎是两栖动物之中产卵最多的动物,尽管它的蝌蚪只有 1 厘米长,但这并不影响它“蟾中之王”的地位。

### 11. 最大的蝌蚪

我们平时见到的蝌蚪只有 1 ~ 2 厘米长,然而世界上最大的蝌蚪比这要大得多。在南美洲的亚马孙河流域和特立尼达岛上有一种大蝌蚪长达 25 厘米,比一般人的手掌还要长。这么大的蝌蚪会变成什么样的青蛙呢?这个问题困扰了科学家很久,因为谁也没见过身形巨大的青蛙。科学家为了弄清楚这个问题,把大蝌蚪放在实验室里喂养,观察它由蝌蚪变成青蛙的过程。原来这种大蝌蚪变成的青蛙不但没有变大,反而变小了。25 厘米的蝌蚪变成了不到 7 厘米的青蛙。这种现象太不合理了。难怪人们不知道大蝌蚪变成了什么样的青蛙,因此科学家给这种奇怪的蛙起了个名字——不合理蛙。

### 12. “胡子”最多的蛙

长“胡子”的蛙已经够特殊的了,何况“胡子”最多!然而世界上还真有长“胡子”的蛙,在中国就大量分布着许多种这样奇怪的小动物,那么到底是哪种蛙的胡子最多呢?

其实,这种长在蛙颌上的“胡子”是蛙的蛙角质,奇怪的是它们长在了雄蛙上颌,看上去就像是蛙的“胡子”。长有这种奇怪的“胡子”的蛙叫“髭蟾”,现共有 5 个物种,它们都长有“胡子”,不过胡子的多少却是大有区别的,有的是 1 根,有的是 2 根,10 多根的也有,其中“胡子”最多的是发现于中国云南地区的一种“髭蟾”,它的上颌密密麻麻地长了两排“胡子”,看上去和人的胡子没什么两样,它被认为是世界上“胡子”最多的蛙。

13. 最小的鳄鱼

一提到鳄鱼，我们脑海里一下子出现的肯定是一个凶神恶煞般的庞然大物，其实在世界上还存在着一种非常小的鳄鱼，十分的乖巧可爱，并不像我们想象中的那样可怕，这就是广布于西非刚果河上游的奥斯布伦－德瓦夫鳄鱼。它是鳄鱼这一属中最小的一种，最大的、最长的奥斯布伦·德瓦夫鳄鱼的身体的长度也不会超过 1.2 米。由于个头儿太小，即使是成年鳄鱼，看上去也像是一个没长成的鳄鱼，它们甚至被人当做宠物来饲养！

14. 世界上最大的蜥蜴

世界上最大的蜥蜴是科摩多龙。

科摩多龙仅分布在印度尼西亚努沙登加拉群岛的科摩多岛上，因此而得名"科摩多龙"。科摩多龙是当今世界上最大的蜥蜴，平均身长 3.5～5 米，体重 100～150 千克，在它粗糙的黑褐色的皮肤表面生有很多大疙瘩。它还有着无比锋利的牙齿，这也是一个例外，因为在当今世界上存在的 20 多种蜥蜴之中，只有科摩多龙是有牙齿的，并且牙齿非常大！科摩多龙一般都习惯生活在气候比较暖和的茂密的丛林之中，所以几乎所有的科摩多龙都分布在印度尼西亚的科摩多岛上，因为岛上的气候非常适合它们生存。但是这种巨大的科摩多龙现在正逐渐地减少。有关数据显示，现存的科摩多龙只有 500～700 只。目前，科摩多龙已经作为印度尼西亚的珍稀动物被保护起来。

15. 最奇怪的飞行动物

大家都知道蜥蜴属于爬行动物，爬行动物自然是在地上爬行的，但是有一种奇怪的蜥蜴，长有翼膜，能够在空中滑翔。这种蜥蜴叫做飞蜥，也叫飞蛇或飞龙，生活在非洲、欧洲东南部和印度中部。

飞蜥体长在 15 厘米以下，尾长为体长的 1.5 倍，体色为褐色或灰色，雄性在繁殖季节会变成红色、蓝色以及深浅不等的黄色。它们的体色长有 5～7 对延长的肋骨支撑的翼膜,具有发达的喉囊和三角形颈侧囊。

有些飞蜥生活在热带、亚热带 700~1500 米的森林中。它们主要生活在树上,很少下到地面。在林间爬行觅食时,翼膜像扇子一样折向身体侧面。在树枝间滑翔时,翼膜展开,中途可以调整方向,但是不能从低处飞向高处。

### 16. 最会变色的蜥蜴

避役俗称变色龙,是世界上最会变色的蜥蜴。它们的真皮内有多种色素细胞,受神经系统的控制会随着外界环境的改变而改变,比如光线、温度的变化或者受到惊吓时,避役的体色会变成与环境相协调的绿色、黄色、米色、深棕色等颜色,常带有浅色或深色的斑点,以保护自己不被敌人发现。

避役主要分布在非洲,特别是马达加斯加岛,少数分布在亚洲和欧洲南部。它们以昆虫为食。除了会变色之外,避役还长有突出的眼睛,两只眼睛能分别看向不同方向。它们的舌头长而有粘性。头上有钝三角突起,有些种类长有显著的头饰,好像 3 个向前伸出的长角。避役多为树栖,长有能缠绕的尾巴,四肢较长,善于抓握树枝。体长 17~25 厘米,最长的达 60 厘米。身体两侧扁平,鳞呈颗粒状。

### 17. 寿命最长的动物

世界上寿命最长的动物是海龟。海龟是棱皮龟科和海龟科的总称。一般海龟的寿命达 150 岁以上,有些品种能活到 400 岁以上。根据报道,一位韩国渔民在沿海抓住的一只海龟,长 1.5 米,重 90 千克,背壳上附着许多牡蛎和苔藓,估计寿命为 700 岁。沿海人们把海龟视为长寿的吉祥物,并有"万年龟"之说。海龟食量大而活动缓慢,它们可以饿上数年而不死。老海龟长得又大又笨重。

大多数海龟生活在比较浅的沿海水域,比如海湾、珊瑚礁或流入大海的河口。海龟适应水生生活,四肢呈鳍状,善于游泳。它们的头和四肢不能像陆龟那样缩到壳里，前肢像翅膀一样推动身体前行，后肢则像舵一样在游泳时掌控方向。虽然海龟可以在水下呆上几个小时，但还是要浮出海面调节体温和呼吸。

海龟最奇特的地方就是外壳了，鳞质的龟壳可以保护海龟不受侵犯，在海底自由游泳。但是棱皮龟没有龟壳，它们身上有一层很厚的油质皮肤，形成5条纵棱，所以叫做棱皮龟。

不同的海龟有不同的饮食习惯，分为草食、肉食和杂食。它们虽然没有牙齿，但是喙却非常锐利，可以咬碎软体动物、小虾和乌贼。

### 18. 最大的陆龟

世界上最大的陆龟是象龟。

象龟广泛地分布于太平洋以及印度洋的一些热带岛屿上，尤其以厄瓜多尔的加拉帕戈斯群岛最多。象龟之所以叫象龟是因为它体型巨大。它的腿非常粗壮，它的壳直径一般都能达到1.5米，最长的甚至能达到1.7米，它爬行的时候，身体高度能达到80厘米，平均体重都在200～300千克，最重的有400千克，它甚至能背负1～2个人远行，这么大的龟，的确是很奇怪！还有更奇怪的呢，雌性的象龟一次能产上百只蛋，最多的时候能产150.只蛋呢。还有就是象龟很长寿，它能活300多岁。象龟有这么大的身躯，但是它吃的东西却很简单，仅仅以一些青草为生。

### 19. 世界上最小的蛇

盲蛇是世界上最小的蛇，身长只有15～30厘米，直径也不过8毫米，它的眼睛只有针尖大小，头和躯干根本没什么区分，可真算得上小了！它的身体呈圆筒状，再加上它们的身体大部分都呈黑色或者黑褐色，远远地看上去就像是一条肥大的蚯蚓，因此也有人把它叫做“蚯蚓蛇”。盲蛇主要分布于亚洲、非洲和大洋洲，尤其在外高加索和中亚南部地区较为多见，盲蛇栖息的地方多为一些腐烂的木头和石头下面的一些阴暗潮湿的地方。

### 20. 世界上最危险的蛇

世界上最危险的蛇是眼镜王蛇。

眼镜王蛇现在被人们称为世界上最危险的蛇,它主要分布于气候比较炎热的沿海地区。眼镜王蛇从外表看上去和一般的眼镜蛇没有什么两样,但是它的体型比较大,它要比一般的眼镜蛇长很多。和一般的眼镜蛇比起来,眼镜王蛇性情更加凶猛,身体运动也更加敏捷,另外它的排毒量要比一般的眼镜蛇多得多,并且毒性非常强!也许正是因为这一点它才被认为是世界上最危险的蛇。眼镜王蛇还有一个特点就是它比较喜欢以自己的同类为食,也就是说,眼镜王蛇的主要食物就是一些别的种类的眼镜蛇!

眼镜王蛇在中国主要分布在华南和西南地区。

### 21. 生活在海拔最高处的蛇

世界上生活在海拔最高地区的蛇是喜马拉雅山地区的一种叫做“喜山腹”的蛇。它生活在海拔将近4800米的地方,世界上再没有一种蛇的生存地的海拔比它更高了!

其实,蛇像其他所有的动物一样,它们的分布与气候有着相当大的关系,尤其是垂直分布状态,可以说完全就是由气候决定的,因为海拔越高,气候就越寒冷,空气就越稀薄,不仅仅寻找食物是一大难题,更重要的是不利于它们的繁衍生息。而大部分蛇基本上都适合生活在气候比较暖和的地方,尤其是热带,像“喜山腹”这种生活在海拔4800多米高的高山上的蛇的确很少。

### 22. 世界上最长的蛇

世界上最长的蛇是蟒蛇。蟒蛇体形长而粗大,一般长达5~7米,体重50~60千克。有人在苏门答腊岛的原始森林里捕捉到一条蟒蛇,它长达14.85米,体重447千克,直径最大处达85厘米。它们有一对发达的肺,其他种类的蛇只有一个退化的肺。

蟒蛇是国家一级保护动物，是最原始的蛇种之一，属于无毒蛇类。它们的肛门两侧各有一个退化的爪状痕迹，是退化的后肢残余。这种后肢虽然不能行走，但是可以自由活动。蟒蛇头小呈黑色，蟒蛇体表的花纹非常美丽，对称排列成云状的斑纹，体鳞光滑，背面呈浅黄、棕色或灰褐色，腹鳞无明显分化。尾巴短而粗，具有很强的缠绕性和攻击性。

蟒蛇主要分布在亚洲和非洲的热带丛林中。它们常以鸟类、鼠类、小野兽、爬行动物和两栖动物为食。它们牙齿尖利，猎食时动作迅速准确。咬住猎物之后，用身体将猎物紧紧缠绕，直到缢死，然后从头部开始吞食。蟒蛇胃口非常大，并且消化能力非常强，除了动物的兽毛之外都可以消化掉，一次可吞食与体重相等，甚至重于体重的食物。饱餐一顿之后可以数月不吃东西。

蟒蛇无疑是蛇类中的王者，不同种类的蛇会互相吞食，然而无论哪种蛇都不能对成年蟒蛇构成威胁。即使是剧毒的眼镜蛇都是蟒蛇猎食的对象。

### 23. 毒液最毒的海洋动物

海蛇是50多种海栖毒蛇的总称，多数海蛇有剧毒，是世界上最毒的动物。海蛇分布在西起波斯湾，东至日本，南达澳大利亚的海洋中。它们与陆地上的眼镜蛇有亲缘关系。海蛇毒是一种神经毒素，钩嘴海蛇的毒液相当于眼镜蛇的两倍，是氰化物的80倍。多数海蛇受到骚扰时才会咬人。海蛇咬人没有疼痛感，而且毒性发作前有4个小时的潜伏期，患者中毒后如果抢救不及时，会死于心脏衰竭。

海蛇身体扁平粗大，尾呈桨状，鼻孔开口于吻背，有膜瓣可开闭。它们的头部很小，脖子又细又长，这种身体结构致使它们几乎全部以掘穴鳗为食，有些以鱼卵为食。海蛇虽然毒性很大，但是也有天敌。海鹰和其他一些肉食性海鸟就以海蛇为食，此外一些鲸类也吃海蛇。

24. 产卵最多和最少的蛇

蛇类的繁殖能力非常强，一般卵生蛇类每年产卵15～25个。当然，不少蛇的产卵数量低于或超过这个数字。产卵最少的蛇是体形最小的盲蛇，每次只产2个左右。产卵最多的蛇要数体形最大的蟒蛇，每次产卵二三十个，最多的一次产卵100多个。

一般水栖蛇类，高海拔、高纬度的蛇类，沙漠地区的蛇类都属于卵胎生。卵胎生的蛇类由于后代得到很好的保护，一般繁殖数量较少。蝮蛇和草原蝰产仔最少时只有一条。产仔最多的记录为我国南方的一种管牙类毒蛇，一次产仔63条。

## 鸟类之最

1. 最早的鸟

世界上最早的鸟是生活在大约距今1亿多年前的侏罗纪晚期的“始祖鸟”。

1861年，有人在德国巴伐利亚省索伦霍芬附近的石灰岩中发现了这种鸟的化石，化石保存得相当完好，从清晰可见的化石中可以看到始祖鸟整齐完好的骨骼。始祖鸟的尾椎骨特别长，嘴内还长着锋利的牙齿，这些特征让它成了生物学家眼里的珍宝，因为生物学家从始祖鸟的身上找到了爬行类动物向鸟类进化的铁证！始祖鸟的化石也正好是进化论的证明，我们现在可以确认，鸟类是由原始的爬行动物进化而来的，始祖鸟就是最早的由爬行动物进化而来的鸟。

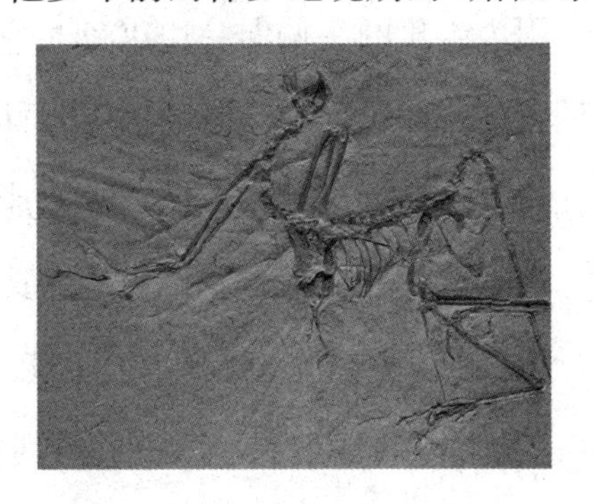

始祖鸟化石

## 2. 分布最广的鸟

仓鸮是世界上分布最广的鸟。雌鸟最大体长33厘米，雄鸟稍小，一般栖息在靠近建筑物的开阔地带的草原、牧场，几乎分布于全球。它在树洞或建筑物内筑巢，一窝产4~7个蛋，孵化期为30天，以小型哺乳动物如老鼠、田鼠等为食物。

## 3. 俯冲最快的鸟

飞得最快的鸟（事实上也是所有野生动物中运动得最快的）肯定是一种食肉鸟，很可能就是游隼。由于它要捕食空中的鸟类，因此游隼的体重超过了1千克，理论上，当它从1254米的高空向下俯冲时速度最大，即每小时385千米。当然，它能够飞得多快与它实际上飞得多快这两者之间有差别，但是它在空中俯冲的动作曾被拍摄下来，其速度超过了每小时322千米，这一速度非常接近理论上的最快速度。

但是，游隼俯冲的时候有一种奇怪的现象，那就是当它离它的猎物1.8千米远时，它的飞行路线是曲线而不是直线。现在生物学家弄清楚了这其中的缘由。因为游隼的头偏向一边40°时，它的视线是最佳的，但是在快速飞行时要使头调整到这个角度就会影响速度，所以俯冲时为了飞得更快，它宁愿走曲线，这样在飞行时它的头不必偏向一边而能使猎物一直处于它的视线范围之内。

但是这种飞行并不是常规的振翼飞行。现在，漂泊信天翁持有最快的连续飞行纪录：连续飞行800千米以上能达到每小时56千米的速度。但是，信天翁利用“动力翱翔”，控制风力进行滑翔而无须不断地振翼。

## 4. 飞得最远的鸟

世界上飞得最远的鸟是北极的燕鸥。这种鸟体型中等，但是它们有个奇怪的习惯——喜欢生活在太阳不落的地方。每年的6月份前后，也就是地球南极黑夜降临的时候，北极燕鸥就匆忙地飞往北极，因为此时北极正好与南极相反：

处于白昼。北极燕鸥也是这个时候在北极生育后代。大约到了每年的8月份，也就是北极黑夜降临的时候，燕鸥就开始带领它们的后代向南极飞行，就这样一直循环着，它们每年飞行的距离大约是4万多千米！它们毫无疑问是世界上飞行最远的鸟，因此，它们也被人们称为“白昼鸟”，因为它们只生活在有太阳的地方。

### 5. 飞得最高的鸟

大天鹅是一种候鸟，它们栖息于湖边的沼泽地中，冬天为了寻找食物而结队向南方迁徙。每年定期以9144米的高度飞越珠穆朗玛峰，大天鹅是世界上飞得最高的鸟，能飞到17000米的高空。

### 6. 飞得最久的鸟

金鸻是世界上能连续不断地在高空中飞行时间最久的鸟。

金鸻主要分布在北美洲和欧洲，在亚洲的某些国家也偶尔可以看到金鸻的影子。金鸻的羽毛一般都是黑色或者黑褐色，在羽毛的底色上面有细细的金色的斑纹，因此得名“金鸻”。金鸻体型中等，它最大的魅力在于它的飞行能力，金鸻有一对天生的强有力的翅膀。金鸻由于每年秋天都要迁移到很遥远的地方去越冬，所以就练就了它长途飞行的能力。金鸻的飞行速度一般都能达到每小时90千米，它能连续不断地在空中飞行35个小时，是飞得最久的鸟，因此，金鸻也有“旅鸟”之称。

### 7. 羽毛最长的鸟

羽毛最长的鸟是凤鸡（红原鸡的一种），这种鸟自17世纪中期在日本西南部开始人工饲养。1972年据报道称，日本四国岛高知县的久保田正饲养的一只雄鸡的覆尾长度达10.6米，为世界之最。

### 8. 翅膀最多的鸟

翅膀最多的鸟是四翼鸟。

四翼鸟是夜游动物，主要分布于塞内加尔和冈比亚西部及扎伊尔南部地区。它的体型不大，身长 31 厘米左右，翅膀约长 17 厘米，之所以叫它四翼鸟是因为每到交尾期它就会从每个翅膀上生出来一个长长的羽翅，飞行的时候，它的羽翅就会高高地竖立起来，看上去好像是有 4 个翅膀。它的羽翅相当明显，一般都长 43 厘米左右，这比它真实的翅膀要长得多，所以很容易被看到。当然，交尾期一过，它就会很快把羽翅收起来，又变成了两个翅膀。

**9. 游得最快、潜得最深的鸟**

鸟类中有很多游泳健将，其中属巴布亚企鹅游得最快。

它们在水中冲刺的时速能达到 27.36 千米，这与一些鸟在空中的飞行速度不相上下。

有的鸟不仅善于游泳，还善于潜水，其中生活在南极附近的帝企鹅潜得最深，它能下潜到水下 265 米的深处，下潜的时间可长达 18 分钟之久。

**10. 最小的鸟**

世界上最小的鸟是蜂鸟，它主要分布在南美洲和中美洲的森林地带，和蜜蜂差不多大小，最小的体重仅 2 克左右。由于它飞行采蜜时能像蜜蜂一样发出嗡嗡的声响，所以被称为蜂鸟。

蜂鸟种类多达，300 种，羽毛非常鲜艳，呈黑、绿、黄等十几种颜色，所以有“神鸟”、“彗星”、“森林女神”和“花冠”之称。

蜂鸟身材娇小，羽毛华丽，飞行本领高超。它的翅膀每秒钟能振动 50～70 次，飞行时速可达 50 千米，高度有 4000～5000 米。人们常常能听到它飞行的声音，却看不清它的身影。不可思议的是，蜂鸟心跳每分钟达 615 次。蜂鸟不仅飞行速度快而且还能飞得很远。有一种红胸蜂鸟，每年两次飞渡墨西哥海湾，飞行 800 多千米也不间断。

### 11. 最大的鸟

鸵鸟又称非洲鸵鸟，是目前世界上最大的鸟。它体高身长，善于奔跑，能够适应沙漠荒原中的生活。其中最大的雄性鸵鸟身高2.75米，身长2米左右，体重约160千克。鸵鸟的翅羽和尾羽都是白色的，体羽毛色多样，头部羽毛稀少，颈部几乎光秃。它头颈很长，目光锐利，看得准，望得远，这使它不仅能及时预防天敌的偷袭，而且还能迅速寻找食物。

鸵鸟的两腿长而有力，行走迅速。尽管两翼已经退化，而且躯体肥大，不能飞翔，但它有相当发达的副羽，奔跑时靠鼓翅扇动相助，一步可达3.5米，在一刻钟或半小时内能毫不费力地增速到50千米/小时，最快可达到70千米/小时。

### 12. 最稀有的鸟

在野生状态下，世上最稀有的鸟当属斯比克斯鹦鹉，目前已濒临灭绝。1990年，鸟类学家仅仅在巴西东北部地区找到一只幸存的雄性斯比克斯鹦鹉。另外，还有大约31只斯比克斯鹦鹉被人俘获，这些被人俘获的斯比克斯鹦鹉是这种鸟能够存续下去的唯一希望。

### 13. 数量最多的鸟

世界上数量最多的鸟是生活在非洲的一种叫做“几利鸟”的鸟类。

几利鸟是一种习惯生活在干旱地区的鸟类。它生活在非洲撒哈拉沙漠的南部地区，那里大部分都是干旱的沙漠和半干旱的沙草地，环境条件很恶劣，但是几利鸟却能很好地在那里生存。几利鸟还是一种非常好看的鸟，它有一张非常吸引人的红色的长嘴，因此，它是一种名贵的观赏鸟。但是也经常被当地人捕杀食用，所以几利鸟每年都有大约1/10被捕杀，但是几利鸟的繁殖速度惊人。根据有关资料显示，现存的几利鸟大约有100亿只，是目前世界上数量最多的鸟。

### 14. 寿命最长的鸟

世界上寿命最长的鸟是生活在南美洲安第斯山地区的安第斯兀鹫。

安第斯兀鹫，又称为“南美神鹰”，是南美洲安第斯山脉分布比较普遍的一种鸟，它的体格健壮并且翼展异常大，最大的“神鹰”的翅膀展开以后有7平方米左右，因此，它也被称为世界上“令人难以置信的巨鸟”！更让人称奇的是，这种鸟的寿命不像一般的鸟那样最多也就活10多年，它的平均寿命都在50岁左右，这对于世界上其他的任何一种鸟类来讲都是不可能的。年龄最大的一只安第斯兀鹫生活在伦敦动物园里，它活了73岁。

### 15. 孵化期最长和最短的鸟

信天翁的孵化期非常长，一般要75～82天。有些澳大利亚的南澳野鸡的孵化期更长，一个蛋要经过90天才能孵出小鸡来，不过在正常情况下，一般只需62天。

鸟类中属啄木鸟和黑嘴杜鹃的孵化期最短，它们只要10天就够了。

### 16. 嘴最大的鸟

世界上嘴巴最大的鸟是生活在阿根廷北部和墨西哥之间的热带雨林中的“巨嘴鸟”。

有观测者发现，在美洲阿根廷和墨西哥之间的热带雨林中生活着一些奇特的鸟，它的嘴居然长达24厘米，宽也有9厘米，真是令人难以想象，因为这种鸟的身长也不过60多厘米，体重也不怎么重，却有着将近自己身体一半长的嘴巴！也许正是这个原因，当地的人们把这种鸟叫做“巨嘴鸟”。

巨嘴鸟

巨嘴鸟的生活比较简单，像其他鸟类一样靠植物果实、植物种子以及小昆虫为食,但它们却用自己巨大的嘴巴吸引了来自世界各地的旅行者。

### 17. 最凶猛的鸟

世界上最凶猛的鸟还是生活在南美洲安第斯山地区的安第斯兀鹫。

安第斯兀鹫体格健壮,翼展非常大,有3米左右。它一般都生活在安第斯山脉的悬崖绝壁之间,体长1.2米,它的嘴尤其厉害,非常坚硬且呈钩状。爪子也非常尖利,有着天生的猎取食物的超强能力,专吃活着的动物,比如鹿、羊、兔等动物。更让人难以想象的是,它还捕食非洲狮等大型兽类,因此,它又被人们称为"吃狮之鸟",它的凶猛程度不言而喻!

### 18. 翼展最宽的鸟

信天翁拥有世界上最长的鸟翼,翼展最长可达3.5米。它们的前臂骨骼与指骨相比显得特别长,翼上附有25~34枚次级飞羽,而海燕只有10~12枚。长长的翅膀使信天翁成为滑翔冠军,它们可以跟随船只滑翔数小时而不拍一下翅膀。它们有一片特殊的肌腱将翅膀固定位置,这样可以减少滑翔时肌肉消耗能量。信天翁的翅膀犹如一对高效的机翼,使它们能够迅速向前滑翔,而下沉的几率很低。这种对速度和长距离飞行的适应性使它们能够长时间在茫茫大海上飞行。

信天翁主要分布在南极洲、南美洲、非洲及澳大利亚南端的海洋上。在南太平洋上有一种漂泊信天翁在10个月内可以飞行1.5万千米,幼鸟羽毛丰满之后就开始终生在海上漂泊。

### 19. 最晚繁殖的鸟

在鸟类中,信天翁的寿命比较长,平均可活30年,但是它们的性成熟相当晚。虽然它们在3~4岁就在生理上具备了繁殖能力,但是它们在之后的几年之内并不繁殖。通常等到9~12岁才开始繁殖,甚至有些会等到15岁才开始繁殖。它们是最晚繁殖的鸟。

刚发育成熟的幼鸟会在繁殖季节临近结束的时候才飞到繁殖地，但是停留的时间很短，在以后的几年内它们会花费越来越多的时间寻找自己的另一半。当确定配偶关系之后，它们就会白头偕老，一直生活在一起，直到其中的一方死去。“离婚”现象很少发生，除非几次繁殖失败之后，它们才会寻找其他伴侣，但是这样付出的代价很大，因为它们在接下来的几年内都不会繁殖，直到找到新的配偶。

信天翁在大海的孤岛上没有天敌，它们最大的敌人就是人类。人类为了得到短尾信天翁的羽毛对它们大肆捕杀，导致它们几近灭绝。多种信天翁已被列为濒危物种。

### 20. 占母鸟体重比例最大的鸟蛋

几维鸟因为它们的叫声听起来像“几维几维”而得名。几维鸟是新西兰特有的珍禽，被封为国鸟，国徽和银币以它为标志，国民也以“几维”自称。几维鸟的翅膀完全退化，属于不能飞的鸟类，它们没有翅膀，也没有尾巴，就靠粗短有力的双腿在地面上奔跑，跑起来像一团多毛的大球在地上滚动。它们头很小，眼睛更小，耳孔却较大，面部有须毛，淡黄色的喙又尖又长，鼻孔长在喙的最尖端。几维鸟的大小像大公鸡，体长 25～35 厘米，体重 1200～2000 克。

几维鸟最奇怪的地方是它们的蛋。它的蛋足有 400～450 克重，相当于自己体重的 1/4. 有的甚至达到体重的 1/3。如果按鸟蛋与母鸟的身体比重来算，几维鸟是当之无愧的第一名。雌几维鸟一年才下一次蛋，每次 1～2 个。孵化时间长达 70～74 天，雏鸟需要大约 4 年的时间才能成熟。如此漫长的生育和成长期是几维鸟非常珍贵的重要原因。几维鸟属于《华盛顿公约》附录的一级保护动物。

### 21. 视力最好的鸟

在鸟类中，鹰的视力是最好的，不但视野宽阔，而且目光极其敏锐。因此人们常用鹰的眼睛来形容一个人目光锐利。鹰的眼睛有两个中央凹,正中央凹和侧中央凹,这使得鹰眼的视野近似球形,因而视野非常宽广。此外,鹰眼的瞳孔也很大,一般来说,瞳孔越大分辨率越高,因此它们能够在高处清晰地看到地面上猎物的活动。一只雄性鹰能够观察到人眼观察距离 30 倍远的猎物。即使在 2000 米的高空飞翔,它们也能准确发现和辨认地面上的兔子、老鼠以及水里可以成为食物的小动物。瞄准猎物之后,它们就会俯冲而下,敏捷地追逐拼命逃跑的猎物,一旦用它强有力的爪子抓住猎物,就用其尖锐而强健的喙将猎物肢解,然后饱餐一顿。

### 22. 最会化装的鸟

雷鸟属于松鸡的一种,主要产于欧亚大陆北部以及北美洲的北极圈内。如果在鸟类中评选最会化装的鸟,那么非雷鸟莫属。雷鸟的羽毛色彩会随着栖息环境的变化而变化。雄性雷鸟四季换羽,春羽和秋羽只是局部更换,夏羽和冬羽则是完全更换。春天,雷鸟的胸部、颈部换成栗棕色有横斑的春羽,夏天雷鸟换成带有棕黄色斑纹的黑褐色夏羽,秋天植被枯黄时,雷鸟换上黄栗色的秋装,冬天雷鸟的羽毛则变成像雪一样的白色,与雪白的大地融为一体,从而躲过天敌。它们的眼睛是褐色的,嘴和爪子是黑色的。雄鸟在繁殖前还有换“婚羽”的习性,用华丽的羽毛吸引雌性。雌性雷鸟三季换羽,它们在婚前不换羽。

雷鸟主要栖息在桦树林和柳树林中,有些生活在高山针叶林中、高山和亚高山草甸等高山地带。它们的食物主要是桦树、柳树、杨树等乔木的嫩枝、嫩叶,花絮、果实和种子。

### 23. 最耐寒的鸭

挪威的科学家对北极的动物做了一次耐寒的试验,结果发现耐寒冠军是北极鸭,它们能够忍受 -110℃的严寒考验,而北极熊只能忍受 -80℃的严寒。北极鸭之所以能够耐严寒,是因为它们长着一身黑白双色的丰满羽毛,羽毛下面有一层细长绒，像毛毯一样裹在身上，能起到保温御寒的作用。

北极鸭常年生活在北极地带，一般体重为 5～6 千克。它们在雪地上睡觉的时候，不是卧躺在雪地上，而是单腿站立，另一只腿缩在腹部，站累了就换另一只腿站立，依次轮换。北极鸭群居生活，每年夏末交配，秋初产卵，每窝 4～5 个。经过 25 天左右的孵化，小鸭就破壳而出了。小鸭出世两周后，就被母鸭带到水中去"锻炼"和捕食，增加营养，增强体质，准备迎接即将到来的寒冬考验。

## 24. 最耐寒的海鸟

企鹅是南极的标志性动物，它们胖乎乎的身体，走起路来摇摇晃晃。企鹅的背部是黑色的，肚子是白色的，好像穿着一身燕尾服。它们长期生活在寒冷的地区，锻造了耐寒的生理功能。它们全身覆盖着重重叠叠的细小含油的羽毛，羽毛下还有细小的绒毛，再加上厚厚的皮下脂肪，即使是最寒冷的天气，它们也不惧怕。

南极的企鹅常常在 0℃以下的水中游泳，因而身体的保温十分重要。水中高速运动又增加了热量的丧失。企鹅皮肤温度在 0℃左右。皮肤温度之所以这样低，是因为下肢内相邻的动脉和静脉之间存在逆流热交换系统，使回心的较冷血液从流向末梢的血液中吸收热量，从而节约体热。

## 25. 最大的企鹅

帝企鹅是企鹅家族中体形最大的一种，一般身高 90 厘米以上，最大的可达 120 厘米，体重可达 50 千克。帝企鹅分布在南极洲以及附近岛屿，它们身穿黑白分明的大礼服，喙为赤橙色，脖子下面有一片橙黄色羽毛，向下逐渐变淡，好像戴了一个黄色的领结。帝企鹅个个精神饱满，体格健壮，因为在海里有取之不尽的鱼虾供它们食用，帝企鹅寿命很长，可达 20～30 岁。

在南极冰川，帝企鹅喜欢群居，常常上万只企鹅聚集在一起，场面壮观，秩序井然。它们排着整齐的队伍，面向同一个方向，昂着头，好像在企盼着什么。

每年秋冬,雌企鹅产卵之后,就把卵交给雄企鹅孵化,自己去海里觅食。雄企鹅把卵牢牢地放在脚背上,用腹部的皮毛把卵盖起来,在严寒中寸步不移,并坚持两个月不进食,直到小企鹅孵化出来。小企鹅出生后,企鹅爸爸的体重往往会减掉1/3。

### 26. 最大和最小的猫头鹰

猫头鹰眼睛周围的羽毛呈辐射状,细羽形成的脸庞像猫,所以叫做猫头鹰。世界上最大的猫头鹰是北极地带的大角猫头鹰。它们体长1.4米,看起来好像一个人蹲在那里。大角猫头鹰非常耐寒,白天栖息在冰山雪窟里,晚上出来觅食。它们有一对橘黄色的大眼睛,在晚上像灯泡一样闪烁。如果有人靠近,它们就会竖起全身的羽毛,把喙磨得嘎嘎响来示威。在繁殖季节,它们常常占据老鹰或乌鸦的废巢,或者住在悬崖峭壁的天然洞穴中。

世界上最小的猫头鹰是生活在南美洲的侏儒猫头鹰,它们的体形和麻雀大小差不多。侏儒猫头鹰栖居在沙漠地区的仙人掌上,常常利用啄木鸟啄出的洞做窝。一个树洞就能住下六七个家族。这种猫头鹰的羽毛上有两个黑点,好像两只眼睛,因此被人们叫做"四眼鸟"。

### 27. 世界上最晚发现的鹤

黑颈鹤是世界15种鹤中被人类发现最晚的一种鹤,它是俄国探险家普热尔瓦尔斯基于1876年在中国青海湖发现的。黑颈鹤主要分布在中国和印度,不丹和尼泊尔等国也有少量分布。黑颈鹤栖息在海拔2500~5000米的高原,是世界上唯一一种在高原上生长繁殖的鹤。西藏地区是黑颈鹤的主要繁殖地区,所以黑颈鹤也叫西藏鹤。

黑颈鹤体长110~120厘米,体重4~6千克,因为颈部上端1/3为黑色,所以得名。它们生活在沼泽、湖泊及河滩地带,主要以绿色植物的芽和根为食,也吃软体动物、昆虫、鱼类、蛙类。西藏人非常喜爱黑颈鹤,视其为神鸟加以呵护。

青海的藏族人称它为“哥塞达日子”,意思是牧马人,有高贵、纯洁、权威之意。

人类的活动导致沼泽地缩减,对黑颈鹤的生存造成威胁,估计目前世界上黑颈鹤的数量只有2000只左右。黑颈鹤被列为国家一级保护动物,也是世界级的濒危动物。

### 28. 学说话最多的鸟

很多鸟类都能够模仿人声,比如,鹦鹉、八哥、鹩哥,其中非洲灰鹦鹉是世界上学说话最多的鸟,它们能学会800多个单词。

非洲灰鹦鹉体长35厘米,属于大型鹦鹉。体色为深浅不一的银灰色,头部和颈部的灰色羽毛带有浅灰色滚边,腹部的灰色羽毛带有深灰色滚边,尾羽呈鲜红色,眼睛周围有狭长的裸皮,鸟喙为黑色,虹膜为黄色。

非洲灰鹦鹉以其高智商和优秀的模仿能力而为人们称道,是宠物鸟市场上最受欢迎的种类之一。非洲灰鹦鹉被《世界自然保护联盟》列为近危物种。

### 29. 最钟情的鸟

人类结婚之后都期望自已的伴侣不变心,结果有些人还是在中途劳燕分飞。在鸟类世界中却有一种鸟是世界上最钟情的鸟,那就是犀鸟。

犀鸟有四五十种,体长40~160厘米不等,它们一般头大、颈细、翅宽、尾长,羽毛为棕色或黑色,有鲜明的白色斑纹。大部分犀鸟居住在树洞里,雄鸟将孵卵的雌鸟用泥封在树洞里,只留一个喂食的小洞。在雌鸟孵卵期间,全由雄鸟从小孔中喂食。在雏鸟羽毛丰满之前,寻找全家食物的重任就由雄鸟承担。它们奔忙一天之后,晚上就栖息在树洞外面放哨,防止妻儿遭到敌人侵害。幼鸟羽翼丰满之后,才破洞出来。雌雄鸟共同带领雏鸟试飞。

犀鸟非常重感情。一对犀鸟中如果有一只死去,另一只绝不会苟且偷生或另寻新欢,而是在忧伤中绝食而亡,因此犀鸟是世界上最钟情的鸟。

# 鱼和其他海洋动物之最

## 1. 带电最多的鱼

电鳗是带电能量最高的电鱼，主要分布在古巴、哥伦比亚、委内瑞拉和秘鲁的河流中。当一个中等大小的电鳗以1安培电流放电时，电压为400伏，甚至曾经有过高达650伏的纪录。

## 2. 产卵最多和最少的鱼

海洋翻车鱼是世界上产卵最多的鱼。虽然它的每个卵的直径仅为1.27毫米，但所产卵数量惊人，一次产卵多达3亿个。

产卵最少的鱼是美国佛罗里达的齿鲤鱼，每次只产大约20个鱼卵，而产卵期却长达几天。

## 3. 游得最快的鱼

旗鱼是举世公认的游得最快的鱼。虽然它分布在地球上的各个海域，但由于许多实际的困难，要确切地测得这种鱼的最高游速是很困难的。在美国佛罗里达海岸的长礁外面，曾测量到一条旗鱼的游速是每小时109.43千米，即每秒能游30.4米。箭鱼也是游得很快的一种鱼类，箭鱼的游速是通过箭鱼刺深深戳入船只水下部分的船板而估算得知的。由一条箭鱼的刺戳入船板55.88厘米可算出这条鱼在当时的游速是每小时92.696千米。

旗鱼

### 4. 雌雄体形差别最大的鱼

世界上雌雄体型差别最大的鱼是鮟鱇鱼。

鮟鱇鱼是一种生活在深海里的鱼类,那里常年见不到阳光,所有的动物都一直生活在一种绝对的黑暗之中。鮟鱇鱼一般来讲很少行动,行动起来也非常非常的缓慢,但是它们有一个奇怪的生理特征就是雌性鮟鱇鱼一般都要比雄的鮟鱇鱼体重重上千倍,甚至上万倍。这的确是一个奇怪的现象,雄性鮟鱇鱼靠附着在雌性鮟鱇鱼上面过寄生生活,雄性鮟鱇鱼的身体看上去就像是一根小小的鱼刺,不细心观察,根本就不会发现它的存在!科学家这样解释这一奇怪的生理现象:鮟鱇鱼一般生活在暗无天日的深海海域,成熟的鮟鱇鱼个体寻找配偶是一件非常不容易的事情,所以当雄性鮟鱇鱼一旦找到配偶就会牢牢地把自己固定在雌鱼身上——一直到最后双双死去!

### 5. 最不怕冷的鱼

世界上最不怕冷的鱼是南极鳕鱼。

南极鳕鱼体长在 40 厘米左右,体重一般不会超过 10 千克,体形较粗、较胖,表皮是一种自然的带有黑褐色斑点的银灰色。它主要生活在南极附近比较寒冷的海域之中,有人甚至在南纬 82°的罗斯冰架下面的水域中发现了南极鳕鱼,要知道,那里的温度常年都在零下几十度左右!看来南极鳕鱼还真是不怕冷,科学家经过多年研究终于弄清楚了南极鳕鱼为什么那么不怕冷!原来,在南极鳕鱼的血液中有一种特殊的成分——糖肌,以它为主要成分所构成的一种特殊的化学物质可以帮助鳕鱼面对寒冷。科学家把这种东西叫做抗冻蛋白质,还用了一个比较形象的比喻来形容它:这种抗冻蛋白在鳕鱼的身体里起的作用就和汽车的防冻剂在汽车上起的作用是一样的。

### 6. 筑巢最精致的鱼

世界上筑巢最精致的鱼是刺鱼。

我们都知道鸟是筑巢的“专家”，至于鱼会不会筑巢，我们都会怀疑，其实鱼也是会筑巢的。世界上筑巢最精致的鱼是一种叫“刺鱼”的鱼类。刺鱼，顾名思义，是一种背上长有刺的淡水鱼类，它们的背上都长有4～10毫米的小刺。刺鱼也是一种很小的鱼类，一般来讲都不会超过5厘米长，但是种类很多，在世界上的很多地方都有分布，在我国北方的一些淡水流域就分布着很多这样的鱼类。它们筑巢的目的是为了保护子嗣，它们一般在春季筑巢，在产卵以前，雄刺鱼会选择一个比较安全的地方开始筑巢。在选好“地基”以后，它们会选择一些水草的根茎和一些柔软的小碎屑作为筑巢的材料，这些都准备好以后，刺鱼会从自己的肾脏分泌一种黏液把这些材料粘在一起，刺鱼的巢就这样建成了。它们的巢看上去很简单却很安全，并且内部很精致。

### 7. 最大的鱼

鲸鲨是世界上最大的鱼，生活在大西洋、太平洋和印度洋中。鲸鲨长着宽宽的大头，小小的眼睛，嘴巴很宽，张开来像两扇大簸箕。鲸鲨的皮有20厘米厚，产的卵有橄榄球那么大，鲸鲨的感觉器官十分灵敏，视力特别好，寿命也很长，平均寿命在25年左右。许多鲸鲨都很凶暴，见什么吃什么，当然也吃人，但是令人不解的是有些巨型的鲸鲨却性情温和，只吃一些极小的浮游生物。有记录称，最大的鲸鲨体长12.65米，身躯最粗部分周长7米，重约15～21吨。该鲸鲨于1949年11月11日在巴基斯坦卡拉奇附近的巴巴岛海域被捕获。

### 8. 最小的鱼

世界上最小的鱼是生活在菲律宾的河流和湖泊中的一种鱼，它的体型极小，但是人们却称它为“鰕虎鱼”。

在菲律宾地区的河流和湖泊中，鰕虎鱼是一种极其常见的鱼，这种鱼的奇怪之处在于它的体型很小很小，不要说是刚刚成形的鰕虎鱼，就是成年的鰕虎鱼，身长也不过7～8毫米，体重一般都在4～5克。这么小的鱼，也真算得上是一个奇迹，并且它的表皮都是透明的，身体内部的五脏六腑都可以用我们的肉眼看得一清二楚，这是不是就更奇怪了？

鰕虎鱼还有一个独特的地方就是它的繁殖能力很强，也正是因为它的繁殖能力极强，在它附近的居民眼里，鰕虎鱼是最容易得到的，也是最美味的食物之一！

### 9. 最大的淡水鱼

世界上体型最大的淡水鱼是鲟鱼，鲟鱼是一种看上去非常像海生鱼的大鱼种，它体型庞大，所以人们把它看做是世界上体型最大的淡水鱼。

鲟鱼密集分布的地区主要有两个：一个就是处于东欧地区的里海和黑海，一个是亚洲东部和北美洲西部地区。它是世界上最古老的鱼种之一，体型特别大，一般来讲都有 2～3 米长，最长的有 7～8 米，平均体重是 200～400 千克，当然体重在 1000 千克以上的鲟鱼也不在少数，体型这么大的海生鱼是很常见的，但是淡水鱼就很少见了。

### 10. 最懒的鱼

海洋里最懒的鱼是一种名叫鲫鱼的鱼类。

鲫鱼的头部有一个天生的特殊的吸盘，它可以把自己吸在其他动物身上，比如鲨鱼、鲸、海龟等动物的腹部，有时候甚至是船的底部，这样，鲫鱼就可以不费吹灰之力到任何地方。看来鲫鱼的确是够懒的，但是懒得有窍门，当到达食物多的海域，鲫鱼就会放松吸盘，然后大吃一顿，接着再寻找机会开始下一个旅程。对鲫鱼来讲，这也是一种天生的自我保护能力，因为鲫鱼天生又小又弱，把自己吸在比自己大的动物身上就可以防止被天敌攻击，这也不失为一种精明的生存手段！

### 11. 飞得最远的鱼

飞得最远的鱼是飞鱼。试验发现：飞鱼能飞出水面 10 多米，在空中停留 40

多秒，持续飞行距离最远达1000多米，平均距离也有800多米，可见飞鱼飞得的确是够远的。

飞鱼是一种热带鱼，在赤道附近很多见，每年的5月份在中国南海附近也经常可以看到飞鱼。其实飞鱼所谓的“飞”就是一种简单的滑翔而已，它飞的时候先是用力拍打水面，然后就会很快地冲出水面，向前滑翔！飞鱼在这个“飞”的过程中的所有力量都来自于它身后的尾鳍，而我们看上去像是它的“翅膀”在帮助它飞行，事实上并非如此！

### 12.最珍稀的鱼

现在世界上最珍稀的鱼是生活在南非附近海域的一种叫做“空棘鱼”的鱼类。

大约在3.5亿年前的泥盆纪生活着一种叫做总鳍鱼的鱼类，据说它是一种骨嶙鱼类，有的科学家推测它就是现代两栖动物的祖先，不过它在2亿多年前就已经灭绝了，但是它在灭绝以前，慢慢地进化成了两个支系，其中有一支叫做“空棘鱼”。科学家原以为这种空棘鱼应该于6000万至1.2亿年前就已经绝种了，谁也没想到，就是这种原以为已经灭绝的鱼种竟于1938年在南非附近的海域出现！

1938年夏季，有渔民在南非东伦敦港附近发现了这种空棘鱼，当时曾经震惊了整个世界！现在这条鱼的标本被保存在当地博物馆里。空棘鱼的神奇出现让它当之无愧地成了人们眼里最最珍稀的鱼类。

### 13.最毒的鱼

毒鱼可分为有毒腺的鱼和有毒鱼类，前者也称为棘毒鱼类。世界上最毒的棘毒鱼类是毒鲉。它们的眼睛和下颌突出，相貌丑陋，但色彩艳丽，是爱打扮的丑八怪。毒鲉背鳍参差不齐，并有像针一样的毒刺。毒刺刺到人时，毒腺会分泌毒液流向人体，人类中毒之后会感到呼吸困难，剧烈疼痛，直到死亡。毒鲉生活在印度洋、太平洋热带水域中。

有毒鱼类中最毒的要数纹腹叉鼻鲉。这种鱼分布在红海和印度洋、太平洋海域,它的卵巢、肝、肠、皮肤、骨头甚至血液中都含有一种神经毒素——鲉毒素。研究人员还发现:鲉毒素的毒力与生殖腺活性密切相关,在繁殖季节前达到最高期。如果在这个季节中不慎吃了这种鱼,2 小时内便可死亡。纹腹叉鼻鲉是海洋生物中毒性最剧烈的一种。

### 14. 寿命最长的鱼

世界上寿命最长的鱼是狗鱼。狗鱼的寿命很长,可达 200 多岁,是鱼类中的老寿星。已经发现的最长寿的狗鱼年龄达到 267 岁。

狗鱼是淡水鱼,广泛分布在北半球寒带到温带水域。它们的身体修长,可达 1 米以上,口像鸭嘴,大而扁平,口生犬牙,下颌突出。它的牙齿与众不同,上颚齿可以伸出来并有韧带连着,这种锋利的牙齿可以把捕捉到的动物挂住,有时也把吃不完的食物挂在牙齿上,留着备用。狗鱼是淡水鱼中生性最粗暴的肉食鱼,除了吃其他鱼类之外,还吃鸭子、青蛙、鼠类。

狗鱼的鳞细小,侧线不明显。背鳍位置较靠后,接近尾鳍,与臀鳍相对,胸鳍和腹鳍较小。背部和体侧灰绿色或绿褐色,散布着许多黑色斑点,腹部灰白色,背鳍、臀鳍、尾鳍也有许多小黑斑点,其余为灰白色。

狗鱼的肉味极佳,是钓鱼的好对象。由于它们的寿命很长,偶尔能够钓到巨型的个体。狗鱼产区的天然产量很高。

### 15. 寿命最短的鱼

在非洲有一种叫佛泽瑞尾鳉鱼的卵生鳉鱼,它是世界上生命最短暂的脊椎鱼类。科学家研究发现这种 5 厘米长的卵生鳉鱼从出生到发育成熟,交配排卵,直至死亡,只有大约 6 个星期的生命历程。这种鱼生活在非洲近赤道热带雨林地区。在短短的几个星期内,它们生命历程就结束了。但是,新的生命又会在这里诞生。在佛泽瑞尾鳉鱼短暂的一生中，要排卵 3 次，繁殖出 100 多条鳉鱼。它们生长至完全成熟只需 4 个星期左右，然而在成熟后的 2 个星期就要面临生命的终结。

### 16. 外形最奇特的鱼

世界上外形最奇特的鱼类是海马，它们的头部像马，尾巴像猴子，眼睛像变色龙，身体像有棱有角的木雕。海马属于硬骨鱼，是一种奇特而珍贵的近陆浅海小型鱼类。

海马身长只有 4 ~ 30 厘米，头部侧扁，头两侧各有 2 个鼻孔。头部与躯干成直角形，胸腹部凸出，由 10 ~ 12 个骨头环组成，一般体长 10 厘米左右，尾部细长，呈四棱形，常呈卷曲状。栖止时的海马，利用尾部的卷曲能力，使尾端缠附在海藻的茎枝上。因此，海马多栖息在深海藻类繁茂之处。

海马全身完全由膜骨片包裹，有一个无刺的背鳍，没有腹鳍和尾鳍。海马游泳的姿态也很特别，头部向上，身体稍斜直立于水中，完全依靠背鳍和胸鳍来进行运动，扇形的背鳍起着波动推进的作用。

雄性海马腹面有一个育儿囊，卵产于其内进行孵化，一年可繁殖 2 ~ 3 代。海马也算是世界上最小的有袋动物。

### 17. 眼睛最奇特的鱼

比目鱼又叫獭目鱼、塔么鱼，分布在热带到寒带水域，多为海产，生活于沿大架棚中等深度的海水中，但有些则进入或永久生活于淡水。比目鱼最显著的特点是它们的眼睛非常奇特，两只眼睛长在同一侧，被认为是两条鱼并肩而行，所以叫做比目鱼。

比目鱼静止时，有眼的一侧朝上，伏卧在浅海的沙质海底，部分身体经常埋在泥沙中，有些能随环境的颜色而改变体色。有眼的一侧有颜色，但下面无眼的一侧为白色。比目鱼的身体表面有极细密的鳞片。比目鱼只有一条背鳍，从头部几乎延伸到尾鳍。

刚出生的幼年比目鱼跟普通鱼很相似,眼睛长在身体的两侧,它们常常在水的上层游泳。那么它们的眼睛是怎么长到一起的呢?经过20多天的发育,幼鱼的身体长到1厘米的时候,它的眼睛开始搬家。比目鱼的头骨是由软骨构成的,当比目鱼的眼睛开始移动时,比目鱼两眼间的软骨先被身体吸收。这样,眼睛的移动就没有障碍了。一侧的眼睛通过头的上缘逐渐移动到对面的一边,直到跟另一只眼睛接近时,才停止移动。不同种类的比目鱼眼睛搬家的方法和路线有所不同。比目鱼眼睛的移动说明比目鱼的体内构造和器官也发生了变化,比目鱼已经不适应漂浮生活,只能横卧海底了。

### 18. 最大的虾

世界上最大的虾是龙虾。龙虾,又叫海虾,或大虾,在民间俗称虾王。一般的虾只有4~8厘米,而龙虾长达20~40厘米,重0.5千克左右。它们头胸部粗大,呈圆筒形,外壳坚硬,色彩斑斓,腹部短小。头部有三对触须,头部外缘的一对触须特别粗长。胸部有5对足,其中一对或多对常变形为螯,一侧的螯常大于另一侧的螯,右侧的螯是碎螯,左侧的螯是刺螯。眼睛长在眼柄上。尾部鳍状,可以游泳,尾部和腹部弯曲活动可推动身体前进。

龙虾主要分布在热带海域,是名贵海产品,它们栖息在温暖的海洋底部,白天隐匿在礁石缝隙中,晚上出来觅食。2008年,一位英国渔民在英吉利海峡捕到一只长92厘米,重达10千克的巨型龙虾,够10个人饱餐一顿。这只龙虾的年龄估计在70岁左右。目前世界上最重的龙虾重达20千克,是在加拿大新斯科舍省捕捉到的。

### 19. 含蛋白质最高的生物

南极磷虾是世界上含蛋白质最高的生物,蛋白质含量在50%以上,而且富含人体所必须的氨基酸和维生素A。南极磷虾,顾名思义,生活在南极海域,是一种海洋甲壳类动物。它们个体很小，一般体长3～5厘米。但是，数量却大得惊人，加起来约有4～6亿吨。它们是重要的海洋生物资源，是海豹、企鹅和鲸类的主要食物。南极磷虾皮薄肉多，不但味道鲜美，而且具有很高的药用价值，对治疗胃溃疡和动脉硬化有很好的疗效。

南极磷虾的生活动力很差。它们往往群集在一起，朝着同一个方向排列，漂浮在海面上。在虾群多的时候，可以长达500米，宽两三百米，密集的程度可达每立方米海水中就有10～16千克的虾。在白天，这种密集的虾群使海面呈现一片铁锈的颜色；夜晚，虾群又常常会使海面发出一片强烈的磷光。它们眼柄基部、头部和胸部的两侧和腹部的下面长着一粒粒金黄色的并略带红色的球形发光器，能发出像萤火虫那样的磷光。

### 20. 海洋中最爱素食的兽类

儒艮是哺乳动物，与海牛是近亲，与大象也有亲缘关系。它们性情温和，以海藻、海草等海洋植物为食，是海洋中唯一且最爱素食的动物。它们身体大，脑袋小，身体像个纺锤，又肥又重，体长约三四米，全身长着一些硬毛。头呈圆形，脖子很短，眼睛小小的，耳朵没有外耳壳，鼻孔在头顶，两颗牙露在厚嘴唇外面。虽然它们样子很丑，但是它们却是传说中的美人鱼，因为它们肚皮很白，尾巴像鲸一样是裂尾，有时它们用尾巴踩水露出半个身子，用前肢抱着幼仔在海面上喂奶，远远看去，就像给孩子喂奶的少妇，所以被误以为是美人鱼。

### 21. 最低等的多细胞动物

海绵是最低等的多细胞动物，它们大多生活在海洋中，身体柔软似绵，所以叫做“海绵”。海绵没有头和尾，也没有躯干和四肢，它们的组织机体松散，体表有很多突起，突起的顶端有一个大孔，突起旁边有很多小孔，所以也叫多孔动物。人造海绵只是仿造海绵的结构。海绵的形状各异，有扁的，有圆的，还有管状的。多数海绵呈灰黄色、褐色或黑色块状物，也有红色、银灰色、白色等其他颜色。海绵个体差异很大,小的几毫米,大的十几米。它们附在沿海的礁石、珊瑚或其他坚硬物体上,有的生活在几千米深的海底,少数生活在淡水中。它们常年生活在海底,很少移动,经常被人们当做植物。

有一种海绵,虽然没有肌肉和神经,但是它们可以靠体内细胞实现身体的移动,尽管每小时只能移动 2 厘米,但是比其他海绵运动速度快多了。海绵通过鞭毛的振动使含有微生物的海水进入体内,过滤掉海水,摄取其中的氧气和微生物。许多小动物喜欢寄生在海绵内,有些螃蟹还会把海绵顶在背上当做伪装。海绵有强大的再生能力,即使把海绵撕碎了,放入海中,它们也会长成一个个新的个体。

### 22. 最大的双壳贝

砗磲是生活在印度洋和西太平洋海域的大型双壳贝,是世界上最大的双壳贝。砗磲的贝壳一般长 1 米,大的则有 2 米多长,重 250 多千克。最大的砗磲贝壳比浴盆还大。

贝壳略呈三角形,壳顶弯曲,壳缘呈波形屈曲。壳面粗糙,呈放射状,上面有数条像被车轮辗压过的深沟道。有的种类长有粗大的鳞片。贝壳表面有一层外套膜,颜色鲜艳,有孔雀蓝、粉红、翠绿、棕红等,还有各色花纹。砗磲的壳很厚,内壳呈白色,质地光润,将其打磨之后可做佛珠或装饰宝石。

砗磲常与大量虫黄藻共生。这种单细胞藻可在砗磲体内循环,并进行光合作用,为砗躁提供丰富的营养。砗磲的外套膜边缘有一种叫玻璃体的结构,能聚合光线,可使虫黄藻大量繁殖。此外,砗磲也以浮游生物为食。它们之所以长得如此巨大,是因为可以从两方面获得食物。

### 23. 最长的软体动物

枪乌贼就是平常所说的鱿鱼。鱿鱼不是鱼,而是软体动物。它们的头和身体都是狭长的,躯干呈椭圆形,末端尖尖的,很像标枪的枪头,所以叫枪乌贼。

巨型枪乌贼是世界上最长的软体动物，也是世界上最大的无脊椎动物，有人把它称为“大王乌贼”。成年枪乌贼长 17 ~18 米，触手长 13 米左右。

鱿鱼

枪乌贼是游泳高手，他们的身体成流线型，可以减少阻力，平时游泳速度每小时可达 50 千米，遇到危险时，每小时可达 150 千米。枪乌贼躯干外包裹着囊状的外套膜，里面是一个空腔和一个外套腔，灌满水之后，入口就扣上了。挤压外套腔，里面的水就从颈下喷出，枪乌贼借助喷水的反作用力前进。当枪乌贼吃饱了，并且没有危险的时候，它们就用菱状鳍划水前行，当捕食或遇到危险的时候，它们就会尾部朝前，用喷水的方式前行。它们可以随着环境的变化改变身体的颜色，当遇到危险的时候还可以放出一股乌黑的墨汁，让敌人看不清路，然后趁机逃走。

巨型枪乌贼也是世界上眼睛最大的海洋生物，其眼睛的直径可达 38 厘米。比蓝鲸的眼睛还要大三倍，比普通唱片的直径还要大 8 厘米。

巨型枪乌贼是古代海怪传说的主角，它们触手的末端膨大，上面有强大的吸盘，吸盘环上长有利齿。一旦被它们抓住就难以逃脱，它们那尖而有力的喙状嘴能够快速将猎物吞食。你也许会认为这么大的怪物可以称霸海底世界了，其实它们是抹香鲸最喜爱的食物，人们在抹香鲸的胃里常发现难以消化的巨型枪乌贼的喙。

### 24. 最大的海参

海参生活在热带和亚热带海洋，有 1100 多种，其中最大的要数梅花参。梅花参体长 60 ~70 厘米，宽约 10 厘米，高约 8 厘米。最大的体长可达 120 厘米。

它们身体柔软，呈圆筒状，长有很多肉刺。每3~11个肉刺的基部连在一起，好像梅花一样，所以叫做梅花参。由于身上刺很多，整体看起来像凤梨，因此也叫凤梨参。

梅花参多生活在有少量海草、堡礁的沙底，以小生物为食。梅花参的泄殖腔内长有一种隐鱼，和它形成共生关系。梅花参的色彩十分艳丽，背面显现出美丽的橙黄色或橙红色，还点缀着黄色和褐色的斑点，腹面带红色，20个触手都呈黄色。

很多动物有冬眠的习性，而海参却有夏眠的习性。这并不是海参害怕天热，而是因为夏天海底小生物大大减少，海参的食物不够吃而被迫夏眠的。

梅花参不仅个体很大，而且肉质特别厚和脆嫩，是最好的食用海参。此外，梅花参还有很大的药用价值。

### 25. 最大的章鱼

章鱼又称做“八爪鱼”，是海洋软体动物。世界上最大的章鱼是普通的太平洋章鱼，1973年2月，一名潜水员在华盛顿的夏胡德运河捕捉到一只大章鱼，这只章鱼腕足展开后直径达15.6米，重达53.6千克。此外，有人曾在美国佛罗里达州圣奥古斯丁的海滨发现一堆重约7吨的海生动物残骸，经过美国国家博物院检验，确定那堆残骸是大型章鱼的遗体，估计腕足展开可达61米。

章鱼广泛分布在世界各地热带和温带海域，栖于多岩石海底的洞穴或缝隙中，喜隐匿不出，主要以虾类、蟹类及其余甲壳动物为食。章鱼被认为是无脊椎动物中智力最高者，它们具有高度发达的含色素的细胞，故能极迅速地改变体色，变化之快令人惊奇。

### 26. 最小的乌贼

乌贼和章鱼相似，只不过乌贼有5对触手，章鱼有4对触手。乌贼又称墨鱼，它们是杰出的放烟幕专家。

世界上最小的乌贼是分布在太平洋的细乌贼。细乌贼体长只有1厘米，身体小而匀称，体形扁平，体外包着一层叫做外套膜的皱皮，鳍像一条狭长的花边裙子一样绕在身体后面。它们头部构造复杂，眼睛像人眼一样发达，并长有10个带吸盘的触手，吸盘上有小钩，像猫爪子一样尖锐。它们还有一个像鹦鹉喙一样尖利的嘴。它们的构造和大乌贼一样完整，也是游泳健将，拥有高速游泳的本领。

## 27. 现存最古老的海洋动物

鹦鹉螺是有螺旋状外壳的软体动物，是现存最古老的海洋生物，有“海洋活化石”之称。在距今5亿年前的奥陶纪时代，体型庞大的鹦鹉螺凭借其敏锐的嗅觉和尖利的喙曾经雄霸海底世界。鹦鹉螺现存的种类不多，而且都属于暖水性动物，是印度洋和太平洋海域特有的种类。

鹦鹉螺的贝壳非常美丽，石灰质的外壳大而厚，左右对称，沿一个平面做背腹旋转。贝壳外表面光滑，呈灰白色，夹杂橙红色波状纹。壳的内腔有30多个壳室，它的身体占据最后一室，其他各室充满空气以增加浮力，各室之间由一根细管相连，它们通过排出壳室空气的方法在水中游泳。鹦鹉螺属于底栖动物，平时在100多米深的海水底部用腕部缓慢前行，也可以用腕部的分泌物附着在岩石或珊瑚礁上。

## 28. 海洋中最多的生物

养过鱼的人都知道鱼吃鱼虫，去江河和池塘玩的人可以看到非常小的虾苗。鱼虫和小虾苗就属于浮游生物，它们体形非常小，用肉眼几乎看不见。浮游生物是海洋中最多的生物。如果我们从大海或池塘中取一滴水，放在显微镜下观察就会看到许多浮游动物和植物。浮游生物大都由一个细胞组成，它们游动能力很差，只能悬浮在水中，受水流的推动而移动。

浮游生物多种多样，包括动物、植物和细菌。浮游动物中几乎可以见到全部动物类群；浮游植物中以硅藻、鞭毛藻和蓝藻居多；此外，还有不少附着在悬浮物上的细菌。一般浮游生物是小型的，但也有伞径长达 2 米的水母等。从形态上看，浮游生物为适应浮游，体表常有复杂的突起，或在体内贮存着大量的水、油滴、脂肪和气体等，在浮游植物中，有的也是通过调节体内气体的量来做垂直移动。

小型浮游动物是水中食物链中基础的一环；同时，对于海洋而言，它们大规模地垂直移动具有把有机物向下层运输的作用，这使浮游生物受到了人们的重视。

**29. 最大的浮游生物**

世界上最大的浮游生物是水母。水母没有脊椎，它们虽然身体庞大，但是只能靠水的浮力支撑。水母的外形像一把透明伞，伞状体直径有大有小，大水母的伞状体直径可达 2 米。从伞状体边缘长出一些须状条带，那是它们的触手，触手有的可长达 20～30 米，相当于一条大鲸的长度。水母虽然身体庞大，但是其中大部分是水，身体的含水量可达 98%。浮动在水中的水母，向四周伸出长长的触手，有些水母的伞状体还带有各色花纹。在蓝色的海水里，这些游动着的色彩各异的水母显得十分美丽。

水母虽然看起来美丽温顺，其实十分凶猛。在伞状体的下面，那些细长的触手是它的消化器官，也是它的武器。在触手的上面布满了刺细胞，像毒丝一样，能够射出毒液，猎物被刺螫以后，会迅速麻痹而死。触手就将这些猎物紧紧抓住，缩回来，用伞状体下面的息肉吸住，每一个息肉都能够分泌出酵素，迅速将猎物体内的蛋白质分解。

水母的身体由内外两个胚层组成，两层间有一个很厚的中胶层，呈透明状，具有漂浮的作用。它们在运动时，利用体内喷水反射前进，远远望去，就好像一顶圆伞在水中迅速漂游。在繁殖期水母会在海上成群出没，它们紧密地生活在一起，像一个整体似的漂浮在海面上，显得十分壮观。

## 30. 最大的水母

水母的种类很多,全世界大约有 250 种,直径从 10 厘米到 100 厘米之间,常见于各地的海洋中。其中最大的是北极霞水母,它们生活在北冰洋和大西洋水域。一般为红褐色或黄色,伞盖上闪耀着彩色的光芒,伞盖直径可达 2.5 米。伞盖边缘伸出 8 组触手,每组 150 根左右,共 1200 支触手,每组触手伸长可达 40 米左右,触手能够自由伸展或收缩,1 秒钟内就能收缩到只有原来长度的十分之一。

触手展开时面积可达 500 平方米,就像撒开了天罗地网,很多海洋动物遇到它都只能束手就擒。触手末端有带毒的刺丝,水母无法看清猎物,只能当猎物靠近时伸出触手放射毒素,将猎物刺伤然后吃掉。北极霞水母能够很快地将食物吸收进体内,如果食物充足,它们的体形就会迅速增大,繁殖也会加快。当食物不够时,它们的身体就会缩小。

## 31. 最大的蛤

世界上最大的蛤是全孔蛤,是美国西海岸出产的巨哈,当地俗称“地鸭”。大型全孔蛤的重量可超过 4.5 千克。蛤肉全部可食,肥嫩鲜美。这种蛤栖息在最低潮汐水平面下,在软淤泥中挖洞深达 0.5 ~2 米,可根据它偶尔喷出的水柱流来寻找它的藏身之处。当地居民利用两端开口的 37.85 升铁罐,在喷出水的地方压入淤泥中,将蛤套住,然后用铁锹从铁罐中挖出淤泥来捕获它。

## 32. 最艳丽的海洋动物

裸鳃亚目软体动物,以身体绚烂的色彩而闻名,有“最艳丽的海洋动物”之美誉。它们是蜗牛的无壳亲戚,是一种小型的海洋动物,通常只有 2 到 6 厘米长,在全球各地的海里都有分布。从最深最暗的大洋底部到温暖的浅水区,它们都能存活。

有些种类身上的图案与它们所处的深绿和棕色海洋环境相匹配,有些种类的图案与它们栖息地环境形成鲜明对比。据分析，它们的斑斓色彩由进化演变而成，是褪去外壳后的一种防卫机制，或者变成它们周围环境的颜色来掩饰、保护自己，或者变成醒目的颜色吓走敌人，让敌人知道它们不仅有刺，还能分泌毒液。

它们的眼睛什么都看不到，只能靠嗅觉、味觉寻找海绵、珊瑚、卵、小鱼或其他同类为食。尽管一些有毒海绵体内藏有毒素，但是，裸鳃亚目软体动物能通过保护腺消化这些海绵。

## 昆虫与其他无脊椎动物之最

### 1. 最原始的昆虫

世界上最原始的昆虫是原尾虫，俗称"蛃"。原尾虫体长0.5～2毫米，身体细长，呈白色或无色，口器藏在头的内部，适合刺吸。它们分布很广，栖息在潮湿的草根、树皮和石头下面。一般昆虫都长着单眼和复眼、一对触角、三对足和两对翅膀。原尾虫没有眼睛，没有翅膀，也没有触角，但是它们的前足特别长，常常举起来代替触角的作用。

原尾虫幼虫刚孵化的时候，腹部体节为9节，随着虫龄的增长，逐渐增加另外3节和一个不明显的尾节。这种现象叫增节变态，是其他昆虫没有的，表现了它的原始性。

### 2. 最小的昆虫

"毛翼"甲虫和棒状翼的"仙女蝇"（一种寄生黄蜂）是人们所知道的最小的昆虫。这两种昆虫甚至比某些单细胞原生动物还要小。

据测算，没吃饱的单个的雄性吸血虱和寄生蜂的体重仅0.005毫克，而每颗寄生蜂的卵就更小了，它的重量只有0.0002毫克，超出常人想象。

### 3. 飞得最快的昆虫

一般的昆虫，还有像鹿马蝇、天蛾，马蝇和几种热带蝴蝶一类的昆虫，持续飞行时，其最高速度为每小时 39 千米。而澳大利亚蜻蜓在进行短距离的冲刺时，速度可达每小时 58 千米，是世界上已知的飞得最快的昆虫。

### 4. 最长的昆虫

生活在婆罗州雨林地区的棒状虫是世界上有记载的最长的昆虫。英国伦敦的自然历史博物馆保存有目前已知最长的昆虫标本。该标本身长达 32.8 厘米。当它蜕皮时，过长的腿极易碰断，因此在野外时常能发现此类昆虫的断腿。

### 5. 最重的昆虫

世界上最重的昆虫是金花龟科大甲虫，主要生活在非洲赤道一带。一般情况下，成熟的金花龟科大甲虫的雄虫体重在 70.9 ~ 99.2 克之间。

### 6. 生命力最强的昆虫

摇蚊蝇是所有昆虫中生命力最强的，它的幼虫可以生活在 102℃ ~ 234.4℃的高温下，而且它还是目前能完全脱水生存的最进化的生物。

### 7. 发声最大的昆虫

非洲蝉所发的声音最大，在 50 厘米之外测算它发出的鸣声，平均声压级为 106.7 分贝。蝉的鸣叫有利于它们之间相互传递信息及繁殖后代。

### 8. 陆地上爬行最快的昆虫

据美国加利福尼亚大学伯克利分校的《美国环球杂志》记载，热带大蟑螂爬行时速可达 5.4 千米，若按秒计算，每秒钟的爬行距离是其身长的 50 倍，因而是陆地上爬得最快的昆虫。

### 9. 世界上跳得最高的昆虫

跳蚤在世界上的分布是相当广泛的,几乎在世界上的任何地方都有跳蚤生存着,在我们的日常生活中,跳蚤也是最常见的昆虫之一。跳蚤是很能跳的,但是有谁想到过:跳蚤是世界上跳得最高的昆虫?其实,世界上有很多很能跳的动物,但它们的弹跳能力都不如跳蚤。当然,这里所说的弹跳能力是拿它们的身高来作为参照标准的,在这个参照标准下,跳蚤跳跃时能跳出超过它自己身高200倍的高度,这是那些所谓很能跳的动物(比如跳兔、跳鼠)都不能比的。跳蚤有一对发达的附肢,附肢上面灵活的关节造就了跳蚤超强的跳跃能力!

### 10. 最具破坏力的昆虫

世界上最具破坏力的昆虫是一种叫做“荒地蚱蜢”的昆虫。

荒地蚱蜢广泛地分布于非洲和亚洲的西部地区,是一种让人们“谈之色变”的昆虫。它巨大的破坏力几乎已经让人们无能为力,尤其是在某些特殊的天气状况下,荒地蚱蜢会成群结队地飞行,远远地看过去就像乌云一样,它们所到之处,所有的植物都会在一瞬间化为乌有,它们的吞噬能力极强,根据有关资料分析,5000万只蚱蜢1天所吃掉的农作物可供500人生活1年。

### 11. 繁殖最快的昆虫

地球上繁殖最快的昆虫是一种名为蚜虫的昆虫。

蚜虫是世界上比较普遍的一种昆虫,在全世界有2000多种,我国也大约有600多种。蚜虫不仅仅种类繁多,其繁殖速度更是惊人,比如说有一种叫做棉蚜的蚜虫,有研究表明,它们基本上4~5天就能繁殖1代,更奇怪的是刚刚出生4~5天的棉蚜就已经开始繁衍后代,1只棉蚜1年能繁殖20~30代。

当然,蚜虫的繁衍习性是不同的,所以它们的繁殖速度不能一概而论,上面讲的棉蚜是胎生的,有的蚜虫是卵生的,卵生蚜虫虽然没有胎生蚜虫那么快的繁殖速度,但是和一般的昆虫繁殖速度比起来也是相当快的。

## 12. 寿命最短的昆虫

最短命的昆虫非蜉蝣莫属，它的成虫往往活不到1天，一般只有几个小时就走到了生命的尽头。尽管蜉蝣成虫寿命很短，但其幼虫寿命却很长。蜉蝣成虫经过交配，把卵产在水中。幼虫要变成亚成虫，必须先在水中生活1～3年，爬出水面蜕过皮后才变为蜉蝣成虫。如果把它在水中生活的时间算在一起，寿命还是不短的。

蜉蝣

蜉蝣早在3亿多年以前就已经出现，是比较古老的昆虫。世界上的蜉蝣有2000种左右，分布极其广泛。它身体软弱细长；头小，复眼大；两对翅膜脆弱，极易脱落；足细弱，只用于停息时攀附，不用于行走。

蜉蝣的稚（幼）虫一般在日落后羽化为亚成虫，这时的虫体与成虫相似，但由于全身被半透明薄膜覆盖，使它显得有些发暗，翅膀暗淡，不活泼，也不能交配。只有经过最后一次蜕皮，它才成为翅膀透明、色彩较鲜的成虫，这种现象在昆虫中是绝无仅有的。在成虫阶段，它不吃不喝，主要任务是交配产卵，产卵后就死去。蜉蝣卵在水中孵化后，一般蜕皮20～24次，多的达40次。蜉蝣的稚虫是鱼类的美餐。

蜉蝣的成虫短命的原因在于，它的嘴已经退化，不能再吃任何东西。

## 13. 最长寿的昆虫

光亮甲虫是世界上已知的活得最长的昆虫。1983年，在英国埃塞克斯郡普律特维尔的一户人家中发现了一只光亮甲虫，当时，它已至少经历了51年的幼虫期。

### 14. 对人类健康危害最大的昆虫

对人类健康危害最大的昆虫是蚊子。它们能够传播疾病。据研究,蚊子传播的疾病达80多种,疟疾、流行性乙型脑炎、黄热病、丝虫病等都是蚊子传播的。它们吸食那些疾病患者的血液,叮咬其他人时,带有的病菌就会传染给其他人。

蚊子在全球约有3000种。除了南极洲外,各大洲都有蚊子的分布。雄蚊子触角为丝状,触角毛比雌蚊子浓密,以花蜜和植物汁液为食,雌蚊子则以人和动物的血液为食。在繁殖前,雌蚊子需要吸食动物的血液来促进卵的成熟。蚊子的触角和足上分布着很多感觉毛,每根感觉毛上都布满了传感器,蚊子可以凭借这种传感器感知空气中动物体散发出来的二氧化碳,从而准确地找到吸食的对象。蚊子的唾液具有舒张血管和抗凝血的物质,使血液更容易汇集到被叮咬的地方。

皮肤被蚊子叮咬后,经常出现起包和发痒的症状。这是因为体内的免疫系统释放出一种称为组织胺的蛋白质,用以对抗外来物质,而这个免疫反应引发了叮咬部位的过敏反应。当血液流向叮咬处以加速组织复原时,组织胺会造成叮咬处周围组织的肿胀,此种过敏反应的强度因人而异,有的人对蚊子咬的过敏反应比较严重。

### 15. 对建筑危害最大的昆虫

对建筑危害最大的昆虫是白蚁,白蚁又称虫尉,是社会性昆虫,分蚁后、蚁王、兵蚁、工蚁。白蚁身体柔软而扁,不同种类体色不一样,有白色、淡黄色、赤褐色、黑褐色等不同的颜色。口器为咀嚼式,触角为念珠状。

白蚁主要分布在热带和亚热带地区,有些在树干中筑巢,有些生活在潮湿的地下或干热的场所。白蚁以木质纤维为食,它们后肠中有共生的原生动物,可以帮助消化食入的纤维素。白蚁危害树木,对木结构的房屋危害非常严重。

它们隐藏在木结构内部,往往会破坏或损坏木结构的承重点,造成房屋突然倒塌,木质家具、书籍也会一起遭殃。木材在使用前经过化学处理可以预防白蚁的侵袭。此外,白蚁还会危害农作物,特别是对甘蔗的危害颇为严重。白蚁还会危害江河堤防,它们在堤坝内筑巢,蚁道四通八达,有些蚁道甚至穿通堤坝的内外坡。当汛期来临时,“千里之堤,溃于蚁穴”,小小的蚁穴造成的损失是不可估量的。

白蚁有其弊,亦有其利。在自然界中,白蚁是腐木的分解者,它们是少数能分解纤维素的动物之一,能够使纤维素变成养料回归土壤,因此在生态循环中位居重要的一环。

### 16. 分布最广的昆虫

弹尾虫是一种原始昆虫,约有 3500 种,广泛分布于世界各种土壤和落叶层中。据统计,每 23 厘米深的土壤中就有弹尾虫 2.3 亿个,合每 929 平方厘米中至少有 5000 个。

它们体型小,一般体长 1~3 毫米,个别体长超过 10 毫米,没有翅膀,带有内口式口器。体色多样,有黄绿色、红色、白色、暗蓝色、黑色,有些种类有银色等金属光泽。体表光滑,有些披有鳞片或毛。大部分种类腹部末端有一分叉的附肢,静止时被一握器握持,释放时可将虫体弹出,但通常爬行。腹部有管状似吸管的黏管,可分泌黏性物质和摄入水分。弹尾虫无变态,蜕皮数次后成熟,一生约蜕皮 50 次。弹尾虫以腐烂植物、菌类、地衣为主要食物,有些种类取食发芽的种子和植物的茎叶,有些危害菜园作物及蘑菇。有些种类栖息在水面上取食水藻,也有些栖息在海滨,取食腐肉。一些种类称雪蚤,可在近冰点气温中生存并成群出现在雪地上。

### 17. 力气最大的昆虫

如果按身体比例来计算,世界上力气最大的昆虫是蚂蚁,它们可以拖动超过自己体重300多倍的物体。研究发现,蚂蚁肢体上的骨头长在肌肉外面,肌肉纤维含有特殊的酶和激素蛋白,稍加活动就能释放出巨大的能量。

蚂蚁是一种常见的昆虫。蚂蚁一般体型小,在0.5~3毫米,颜色有黑、褐、黄、红等,体壁具弹性,光滑或有毛。口器咀嚼式,上颚发达。触角膝状,4~13节,柄节很长,末端2~3节膨大,腹部第1节或1、2节呈结状。一般没有翅膀。前足的距离大,呈梳状,清理触角用。我们常常看到蚂蚁在地面上拖动食物,一只蚂蚁可以拖动一块比自己身体大很多的面包屑,几只蚂蚁可以把一只大毛毛虫拖进蚁穴。

蚂蚁能生活在任何具备它们生存条件的地方,是世界上抗击自然灾害最强的生物。

## 18.最擅长吐丝的昆虫

很多昆虫都会吐丝,比如蚕、蜘蛛,以及其他一些有蛹期的昆虫。其中最会吐丝的是蚕。蚕丝的用途很多,可以织成各种漂亮的丝绸,用来做服装或被子。人类很早就有了养蚕的历史。

蚕宝宝的身体经过4次蜕皮,食欲大减时就开始吐丝了。吐丝时,它们的头和胸部昂起来,左右摆动寻找适合结茧的地方。人们把蚕放在特质的容器中,蚕就会吐丝结茧了。蚕吐丝结茧时,头不停摆动,将丝织成一个个排列整齐的8字形丝圈。每织20多个丝圈便动一下身体的位置,然后继续吐织下面的丝列。一头织好后再织另外的一头,因此,蚕的茧总是两头粗中间细。蚕每结一个茧,需变换250~500次位置,编织出6万多个8字形的丝圈,每个丝圈平均有0.92厘米长,一个茧的丝长可达1500~3000米。

结茧是蚕一生中的大事,需要耗费很多体力,因此在它们还是蚕宝宝的时候,每天的任务就是不停地吃,使自己长得胖胖的。吐丝之后,胖胖的身体就会缩小,身体缩到很小的时候,吐丝的速度也会慢下来。经过4天左右,丝腺内的分泌物就用完了,这时蚕就会化蛹。蚕刚化蛹时,体色是淡黄色的,蛹体嫩软,渐渐地就会变成黄色、黄褐色或褐色，蛹皮也硬起来了。经过大约 12～15 天，当蛹体又开始变软，蛹皮有点起皱并呈土褐色时，它就将变成蛾了。

### 19. 眼睛最大的昆虫

世界上眼睛最大的昆虫是蜻蜓。昆虫头部一般都有 1 对复眼，3 只单眼。蜻蜓的复眼非常大，鼓鼓地突出在头部的两侧，占据头部的 2/3 以上。两只大眼睛是由 1000～28000 只小眼睛构成的，因此蜻蜓也是眼睛最多的昆虫。它们的视野宽广，眼睛能够随颈部自由转动，这使它们的视野接近 360。。蜻蜓的眼睛构造奇特，上部分用来看远处，下部分用来看近处。上下两部分眼睛各司其职，这使它们能够一边飞行一边捕捉小昆虫，从不落空。

但是，如果有东西在蜻蜓眼睛上部晃动，蜻蜓就会目不暇接，这时人们就能很容易抓住它了。这是眼睛多的弱点。

### 20. 脚最多的昆虫

世界上脚最多的昆虫是千足虫，学名叫马陆，属于节肢动物门多足纲倍足亚纲，在世界各地都有分布。它们生活于腐败植物上并以其为食，有的也危害植物，少数为掠食性或食腐肉。千足虫的种类很多，约 10000 种，特征为体节两两愈合（双体节），除头节无足，头节后的 3 个体节每节有一对足外，其他体节每节有 2 对足，足的总数可多至 200 对。

千足虫体长约 20～35 毫米，体节数各异，从 11 节至 100 多节。除头 4 节外，每对双体节含 2 对神经节及 2 对心动脉。头节上长有触角、单眼及大、小腭各一对。除一个目外，所有千足虫有钙质背板。自卫时马陆并不咬噬，它们采取自我保护的方式，将身体蜷曲，头卷在里面，外骨骼在外侧。许多种类能够分泌一种刺激性的毒液或毒气以防御敌害。

### 21. 最会造房子的昆虫

世界上最会造房子的昆虫是蜜蜂。蜜蜂被称为“天才建筑师”，它们建造的蜂房即使世界上最高级的建筑师看了也会叹为观止。

蜜蜂的蜂房由一些正六边形的小室组成,底部用三个全等的菱形拼接,这种奇特的结构不但非常牢固,而且能大大减少建造蜂房所用的蜂蜡,还能满足蜜蜂生长和酿蜜的需要。蜂房纵向垂直于地面,由工蜂分泌的蜂蜡筑造。蜂房分为工蜂房、雄蜂房和王台,此外还有储存食物的空间和孵化幼蜂的空间。建好的蜂房只有 40 克重,却可以容纳 2000 只蜜蜂。

蜜蜂对营巢点的选择十分严格,要求蜜源丰富、气候适宜、目标显著、飞行路线通畅。因此,野生蜂群常穴居在周围有较丰富蜜源的南向山麓或山腰中,能避日晒、防风雨、冬暖夏凉,且能躲避敌害侵扰的地方。孤岩和独树是它们最喜欢的营巢目标。

## 22. 最大的蟑螂

蟑螂已经存在了上百万年,是非常古老的一种昆虫,全世界大约有 2300 种,多分布在热带及温带地区。一般体长 1 ~3 厘米。东方蜚蠊是世界上体形最大的蟑螂。世界自然保护基金会 2005 年 4 月 25 日在德国法兰克福宣布,科学家们在东南亚婆罗洲发现了迄今世界上最大的蟑螂,这种特大蟑螂属于东方蜚蠊。这个蟑螂"巨无霸"是科学家们在 2004 年一次国际科学探险活动中发现的。它身长达 10 厘米,呈长椭圆形,深褐色,有光泽,背腹平扁,头部较小,口器发达;触角一对,细长如丝;复眼一对,肾形。脚三对,腿节和胫节上有刺。

蟑螂腹部 10 节,第 6 ~7 腹节之间有背腺开孔,能分泌油状的液体,有特殊的臭气。有翅,能飞,行走迅速。生活于温暖潮湿之处,在厨房、碗橱里尤多。昼伏夜出,喜食蔬菜及汤水,常将部分从胃中呕出,并将粪便排在食物上,是一种传播细菌的害虫。

## 23. 最大的蚂蚁

我们平时见到的蚂蚁只有 1 厘米左右,还有一些蚂蚁个头大得多。世界上最大的蚂蚁是非洲的司机蚁。这种蚂蚁从头到尾有4厘米长。比它小一号的蚂蚁在澳洲昆士兰和新南威尔士北部,叫做公牛蚁。

### 24. 最毒的甲虫

世界上最毒的甲虫是斑蝥,也叫斑猫。全世界有2300多种,我国有29种。它们全身披着黑色绒毛,翅膀细长呈椭圆形,质地柔软,体长11~13毫米,翅膀基部有两个黄色斑点,中央前后有一条黄色波纹状横带,足上长有黑色长绒毛。

斑蝥聚群取食,成群迁飞。当它们受到侵犯的时候,就会从足关节处分泌一种黄色的毒液,这种毒液毒性非常强,能够破坏高等动物的细胞组织,与人接触后能引起皮肤红肿发疱。

### 25. 翅膀扇动速度最快和最慢的昆虫

世界上翅膀扇动速度最快的昆虫是一种小型蝇类。这种小蝇翅膀扇动的速度可达每分钟133080次,也就是说,它拍一次翅膀,肌肉从紧张到松弛的过程只需要1/2218秒。

世界上翅膀扇动速度最慢的昆虫是黄凤蝶。一般蝴蝶扇动翅膀的频率是每分钟460~636次,而黄凤蝶在空中飞翔时翅膀每分钟只扇动300次。

### 26. 最大与最小的蝴蝶

蝴蝶是非常美丽的昆虫,而且种类繁多,全世界有14000多种,我国有1300多种。其中最大的蝴蝶是凤蝶,同时它也是世界上最美丽的蝴蝶。它们翅膀上有红、黄、蓝、黑等各种鲜艳的颜色形成的美丽斑纹。已经发现的最大的蝴蝶产于新圭亚那,重量高达5克,翅展达28厘米,和中等体型鸟类的翅展差不多长。

世界上最小的蝴蝶是小灰蝶,翅展一般只有16毫米。1983年我国昆虫学家马恩沛在云南西双版纳采集到一种小灰蝶,翅展只有13毫米,是已发现的最小的蝴蝶。小灰蝶体色不同,雌蝶通常呈暗色,雄蝶通常呈蓝、青、橙、红、古铜等金属光彩的颜色。这种蝴蝶翅膀反面的颜色比正面更鲜艳。

### 27. 最大与最小的蜘蛛

世界上最大的蜘蛛是生活在南美洲热带丛林中的食鸟蛛。它们的身体有成人拳头那么大，体长 5～25 厘米。它们在树上织网，等待自投罗网的鸟类成为它们的食物。青蛙、蜥蜴和其他昆虫投入网中也会成为它们的腹中餐。食鸟蛛的身上长满绒毛，样子很吓人。它们性喜独处，卵生，一般能活 10～30 年。食鸟蛛织的网能经得住 300 克的重量。1975 年，在墨西哥曾发现一株大树的几根树枝，被一张巨大而多层的蛛网所遮盖，最大的网竟能将一棵 18.3 米高的大树上部四分之三的树枝遮蔽住。

世界上最小的蜘蛛是展蜘蛛。生物学家在西萨莫尔群岛捉到一只成年雄性展蜘蛛，它的体长只有 0.43 毫米，还没有书上的句号大，即使出现在我们的视野中，也很难被发现。

### 28. 最毒的蜘蛛

提起“黑寡妇”，很多人会不寒而栗，它是世界上最毒的蜘蛛。黑寡妇蜘蛛是一种具有强烈神经毒素的蜘蛛，通常分布在温带和热带的城市居民区和农村地区。它们主要以昆虫为食，有时会捕捉虱子、马陆、蜈蚣，以及其他蜘蛛。黑寡妇对畜生的危害很大，但是不知道为什么，它们唯独不伤害绵羊。黑寡妇还经常咬人，它们的毒素很强，被黑寡妇咬伤之后导致死亡的案例很多。

成年雌性黑寡妇的腹部呈黑亮色，并有一个沙漏状红色斑记，也有的斑记颜色介于白色和黄色之间，或者介于红色和橘黄色之间。雌性黑寡妇体长 38 毫米左右，而雄性黑寡妇体长不到雌性的一半。雄性黑寡妇通常呈黑褐色，身体上有黄色条纹和黄色沙漏斑记。

### 29. 最大的蟹

世界上最大的蟹是日本大螃蟹，也叫甘氏巨螯蟹。这种蟹也是体形最大的甲壳类动物。它们的身体像个大盘子，脚有 1 米长。已知最大的一只日本大螃蟹体长3.4米，年龄为80岁，它的前肢比婴儿的手臂还粗，有10只脚，每只脚的尾部都非常尖。日本大螃蟹生活在日本沿海和台湾东北角500米深的海域。这种蟹的肉可以吃，但是性情凶猛，喜欢追逐穿花衣服的人。

### 30. 最会变色的蟹

世界上最会变色的蟹是招潮蟹。招潮蟹也叫“呼叫蟹”，它们生活在温带、热带海湾水下的洞穴中。它们的生活习性完全受海潮支配，涨潮的时候它们藏在洞中休息，落潮的时候它们才出来活动。它们的体色随着太阳的出没和潮涨潮落而变化。夜间，招潮蟹的身体为黄色；太阳出来后，它的身体渐渐变深；白天落潮时，是它一天中最活跃的时候，体色达到最深的时刻。

招潮蟹头胸甲呈梯形，前宽后窄，额窄，眼眶宽，眼柄细长。雄体的一只螯总是比另一螯大得多，大螯用来交配，非常大，甚至比身体还大，重量几乎为整体的一半，好像扛着一把小提琴。小螯极小，用以取食（称取食螯）。如果雄体失去大螯，则在原处长出一个小螯，而原来的小螯则长成大螯，以代替失去的大螯。雌体的两只螯小而对称，指节呈匙形，均为取食螯。

### 31. 存活能力最强的环节动物

如果你把蚯蚓的身体切成两段，它不但不会死，反而每一段都可以长成一个独立的个体。它们是存活能力最强的环节动物。当身体被切成两段时，如果环境适宜，断面上的肌肉立即收缩，一部分肌肉便迅速自我溶解，形成新的细胞团，同时白血球聚集在切面上，形成栓塞，使伤口迅速闭合。如果把蚯蚓切成多段，那么有头的那段和有尾的那段能够存活，中间的不能存活。

蚯蚓

蚯蚓生活在潮湿、疏松和肥沃的土壤中，身体呈圆筒形，褐色稍淡，体长约10厘米，体重约0.5克，约由100多个体节组成。前段稍尖，后端稍圆，在前端有一个分解不明显的环带。腹面颜色较浅，大多数体节中间有刚毛，在蚯蚓爬行时起固定支撑作用。在11节体节后，各节背部背线处有背孔，有利于呼吸，保持身体湿润。

它们以土壤中腐烂的生物体为食，进食同时吞下大量土壤、沙及微小的石屑，也取食植物茎叶碎片。据估计，蚯蚓每日的进食量及排遗量与其体重相等。

### 32. 牙齿最多的动物

蜗牛是一种常见的螺类，在世界各地均有分布，在热带岛屿最常见，但也见于寒冷地区。它们一般生活在比较潮湿的地方，在植物丛中躲避太阳直晒。

蜗牛有一个比较脆弱的、低圆锥形的壳，不同种类的壳有左旋或右旋的，头部有两对触角，后一对较长的触角顶端有眼，腹面有扁平宽大的腹足，行动缓慢，足下分泌黏液，降低摩擦力以帮助行走。

蜗牛是世界上牙齿最多的动物。虽然它的嘴大小和针尖差不多，但是却有25600颗牙齿。在蜗牛的小触角中间往下一点儿的地方有一个小洞，这就是它的嘴巴，里面有一条锯齿状的舌头，科学家们称之为“齿舌”。

### 33. 最大的蜗牛

蜗牛的种类很多，全世界约有2.2万种，不同种类的蜗牛体形差异很大，常见的蜗牛体长4~8厘米，有些野生蜗牛不到1厘米，体形最大的要数非洲玛瑙螺，长达30厘米，壳高15.4厘米，直径8厘米。玛瑙螺以其体形似螺，肉包像玛瑙而得名。玛瑙螺有很高的食用价值和药用价值，肉质鲜嫩，味道可口，具有高蛋白、低脂肪的优点。鸡、猪、牛肉的胆固醇含量为6%~28%，而玛瑙螺肉的胆固醇含量趋于零，还含有人体必需的20多种氨基酸，对人的高血脂、肥胖症、冠心病、动脉硬化、消化不良、结石症等有着独特的保健功效。

### 34. 最古老的甲壳动物

世界上最古老的甲壳动物是鲎。这种动物是与恐龙同一个时期出现的。早在4亿年前,地球上的原始鱼类还没有出现的时候,就有了这种甲壳动物。因此鲎有活化石之称。经过几亿年的进化,现在的鲎与他们的祖先在特性和身体结构上没有太大的变化。

鲎的体形古怪,外形有点像蟹,也叫马蹄蟹。但是它们并不是蟹,与蜘蛛、蝎以及早已灭绝的三叶虫有亲缘关系。它们身上有一个坚硬的甲壳,身体分头、腹、尾三部分,后面拖着一根可自由活动的三角棱柱状剑尾。这个剑尾既是航行的舵,也是自卫的武器,还可以当做翻身的工具。它们大部分时间藏在泥沙中,仅露剑尾当做警戒。它们有时在浅海游泳。

鲎的血液是蓝色的,含有铜离子。这种蓝色血液的提取物——“鲎试剂”,可以准确、快速地检测人体内部组织是否因细菌感染而致病;在制药和食品工业中,可用它对毒素污染进行监测。

目前,这种古老的甲壳动物生存在亚洲和北美东海岸。

## 恐龙与动物化石之最

### 1. 最后灭绝的恐龙

根据科学家的研究,恐龙曾经统治了我们的地球1亿多年,也就是说在1亿多年以前,地球上最具发言权的是恐龙——这种被认为是世界上存在过的最为庞大的动物家族!但是,曾经的辉煌是怎么也经历不起沧海桑田的变故,一切都在时间的面前变得渺小如珠,恐龙也是如此。科学家曾经煞费苦心地想把那些遥远的故事在我们的脑海里还原,但再怎么努力我们能做的都是一些粗糙的想象和推测!

科学家为了让恐龙的生活轨迹更清晰一些，就把恐龙生存的年代分为不同的时期：三叠纪、侏罗纪、白垩纪。不同的恐龙分别生活在一个不同的时代，当然没有一种恐龙能跨越这三个时期，也就是说，最后灭绝的恐龙肯定是生活在大约6500万年前的自垩纪。科学家在经过多年的研究之后得出结论：能坚持生存到恐龙灭绝以前的最后一刻的恐龙有许多种，比如角龙、肿头龙、爱德蒙托龙、暴龙以及锯齿龙等，都是世界上最后灭绝的恐龙。

### 2. 世界最大的食肉恐龙

阿根廷的科学家于1983年在阿根廷内乌肯省境内发现了一种食肉恐龙的化石比我们知道的恐龙要大得多，这种恐龙就是暴龙。

暴龙站立时高6米，长大约14米，体重大约8吨，仅它的牙齿就有成年男性的小腿那么长，足可以撕裂任何猎物。这种恐龙前腿比较短小，但后腿比较粗壮，所以它是靠两条后腿的支撑来行走的。科学家在仔细研究后认为：这种恐龙的猎物主要是一种身长30多米、体重大约数十吨的素食恐龙。可见它的胃口会有多大！

### 3. 最大的恐龙

大约生活于距今1.36亿年到1.62亿年前的侏罗纪晚期的震龙是科学家迄今为止发现的身材最大的恐龙。震龙属于蜥臀目、蜥脚亚目、梁龙科，身长39～52米，身高有时候也会达到18米。科学家之所以叫它震龙，是因为它的身躯太大了，走路的时候，周围的地面就会像地震一样剧烈震动。

震龙身躯这么大，体重也甚是惊人！很多人可能会因此以为它是食肉动物，其实震龙是以植物为生的，树的叶子、各种各样的草都是震龙的食物。震龙的脑袋和嘴都很小，进食速度慢，食量又大，所以震龙的一天大部分时间都处在进食状态。

### 4. 最小的恐龙

一谈到恐龙,我们都立刻把它和“庞然大物”这个词联系起来,其实不然,科学家就发现了一种恐龙化石只有我们常见的鸡那么大,是不是很奇怪?科学家把这种体形很小的恐龙叫做“美颚龙”。美颚龙是人类目前所知道的体型最小的恐龙,它的身体的长度在1米左右,它的尾巴很长,相当于身体长度的1/2。它的臂高只有20厘米,远远地看上去,既像一只好看的公鸡,又像一只美丽的鸟,像这么小的恐龙真是远远出乎我们的想象,然而它的的确确是存在过的,它还是一种肉食恐龙,主要的食物是一些小动物,比如:蜥蜴、蚯蚓以及其他种的昆虫,等等。

### 5. 最重的恐龙

世界上曾经存在过的最重的恐龙是腕龙。

腕龙大约生活在1.45亿~1.56亿年前的侏罗纪晚期,它的脖子很长,脑袋很小,尾巴又短又粗,但它却是地球上曾经存在过的最重的恐龙。它的身高和体长相较于别的恐龙都差不多,但是它的体重却是毫不逊色,它的平均体重都在70~80吨,而它的身高只有12~15米,体长也不过25米左右。幸亏腕龙有相当粗壮的四肢来支撑它肥胖的身体,否则走路都很困难。腕龙的四肢非常粗壮,即使是这么粗壮的四肢,腕龙走路的时候也不能像其他的恐龙那样可以两脚撑地,它必须要四肢同时撑地,才能够很稳定地行动。

### 6. 爪子最大的恐龙

迄今为止发现的爪子最大的恐龙是重爪龙。重爪龙是一种大型的肉食性恐龙。它们的体形很特别,全身长12米,高约4米,重3吨,头部扁长,头型很像鳄鱼,口中长满细齿,身体低垂,后肢强壮,尾巴很长,可以帮助身体保持平衡。前肢有三只强有力的指,特别是拇指,粗壮巨大,有一个超过30厘米长的钩爪,重爪龙的名称由此而来。它的食物也与其他食肉恐龙不同,喜欢吃鱼,而且还很会抓鱼,就像今天的熊一样。抓到鱼后,就用嘴叼住,然后带到蕨树丛中去慢慢享用。

### 7. 最聪明的恐龙

就身体和脑容量的比例来看,伤齿龙具有恐龙中最大的脑袋,因而被人们认为是最有智慧的恐龙,它们可能在白垩纪晚期是最聪明的一群。有些科学家甚至认为它可能比现存的任何爬行动物都要聪明。袋鼠的 EQ 大约为 0.7. 而伤齿龙的 EQ 高达 5.3。

伤齿龙是一种体形较小,类似鸟类的恐龙,身长 2 米,体重 60 千克。伤齿龙可能和今天鸟类的智力相似。加拿大古动物学家戴尔·罗素就设想,如果 6500 万年前没有那场大灾难,伤齿龙会演化得更聪明,而且将拥有类似人类的外表。

### 8. 最笨的恐龙

剑龙是一种体型巨大,生存于侏罗纪晚期的典型食草恐龙。它们被认为是居住在平原上,并且以群体游牧的方式和其他食草恐龙一同生活。剑龙大约全长 7 米,如果算上骨板的高度,身高可达 3.5 米,可重达 7 吨。整个身躯如同现在的大象,但只有一个小得可怜的脑袋。大脑只有一个核桃般大小,与它庞大的身躯极不相称。科学家们由此认定,剑龙一定很笨。

有人认为剑龙的臀部还有一个脑子,这完全是一种谣传,任何动物绝对不可能有两个脑子。实际上剑龙的臀部只不过是有一个脊索,里面是个膨大的神经节,能通过神经网络与脑相通。这个膨大的神经节就像一个控制中心,这种控制中心对于像剑龙这样的大型动物来说,是至关重要的。剑龙前肢短小,全身明显前倾。颈部沿背脊直至尾巴中部,排列着两排三角形的板块,尾端有两对牛角状的尖刺,这是它的武器。它靠臀部的神经节控制后肢和尾巴,遇到危险时,就用尾巴上的尾刺来打击来犯之敌。

### 9. 身体最宽的恐龙

世界上身体最宽的恐龙是甲龙。顾名思义，甲龙就是全身披着盔甲的恐龙，它们身体笨重，只能用四肢在地上缓慢爬行，看起来有点像坦克，因此也叫坦克龙。甲龙体长7~10米，体宽2~5米，身高1米左右，体重2吨。

从自卫手段上来看，甲龙把身体发展到了顶点，它们的头部、颈部和身体两侧覆盖着骨质甲片，甲片上密布着脊突。皮肤厚实似皮革，极具韧性。臀部上方至尾巴的大部分竖立着尖如匕首的棘刺，身体两侧也各有一排尖刺。这种严密的防范措施，抵挡住了大部分的食肉者。尾部的鼓槌挥动时可产生巨大的力量，是重要的自卫武器。

### 10. 最难看的恐龙

最难看的恐龙是肿头龙。肿头龙又叫厚头龙，它的头骨上覆盖着圆弧形的20多厘米厚的骨板，围绕这个突起，在平滑的小丘周围分布为成行或成列的肿瘤状的小瘤或小棘，这使它的头顶好像被剃过一样，非常难看。

肿头龙身长约4.6米，并拥有相当粗短的颈部、短前肢、长后肢、庞大的身体，以及可能由骨化肌腱支撑的尾巴。它们是草食性或杂食性恐龙。目前只发现一个头颅或少数头颅部分。

### 11. 最厉害的恐龙

科学家根据出土的恐龙化石资料推测，在侏罗纪晚期，最厉害的恐龙是异特龙，在白垩纪晚期，最厉害的恐龙是暴龙。这两种恐龙的牙齿非常锋利，它们的牙齿边缘呈锯齿状，像刀子一样。上下颌非常有力，能张得很大。它们的爪子强健有力，能够轻易刺破食草恐龙的皮肤。

异特龙最吓人的地方就是它的血盆大口，一排V字型的锋利的牙齿，能咬住猎物并将它撕碎，很少有猎物能逃出它的魔掌。异特龙最显著的特征是在它的眼睛上方有一个骨质突起物，使得我们很容易就能辨认它。

暴龙,也叫霸王龙,它的牙齿同样非常锋利,目前所发现最大的暴龙牙齿,包括齿根在内有30厘米长。暴龙拥有恐龙之中最强大的咬合力,在其他恐龙身上发现的大型齿痕显示暴龙的牙齿可刺穿坚硬的骨头。

### 12. 牙齿最多的恐龙

已知的牙齿最多的恐龙是鸭嘴龙。鸭嘴龙为一类较大型的鸟臀类恐龙,是白垩纪后期草食性恐龙家族的一员,它们最大的长达15米以上。鸭嘴龙头骨较高,其枕部宽大,面部加长,前上颌骨和鼻骨也前后伸长,吻部由于前上颌骨和前齿骨的延伸和横向扩展,构成了宽阔的鸭状吻端,吻部宽扁,外鼻孔斜长,看起来很像鸭子,故而得名。特化的前上颌骨和鼻骨构成明显的嵴突,形成角状突起,下颌骨上的齿骨和上隅骨形成的冠状突很明显,后部反关节突显著。它们的上下颌齿列复排,每个颌骨上有45~60个牙齿,垂直复叠,共960颗,珐琅质只在牙齿的一侧发育。

鸭嘴龙是鸟臀类恐龙中最进步的一类。它们肠骨的前突平缓,后突宽大,耻骨前突扩展成桨状,棒状坐骨突几乎成垂直状态,有的个体的坐骨远端也扩大。脚部有三根趾头,后肢长而有力,已发育成鸟脚状,前腿则较小且无力。

### 13. 已发现的世界上最长的恐龙足迹

20世纪90年代,一个美国古生物考察队在位于土库曼斯坦和乌兹别克斯坦边境上的一片泥滩上,发现了迄今为止世界上最长的恐龙足迹化石。其中,最长的1串足迹化石长达311米。

这些足迹是由20多条巨齿龙留下的。巨齿龙是一种与暴龙相似的食肉恐龙,但是它们生活在距今1.5亿年前的侏罗纪晚期,那个时候暴龙还没有出现。新发现的足迹与过去在北美洲和欧洲发现的巨齿龙的足迹非常相似,说明在侏罗纪晚期的时候巨齿龙的分布范围很广。

巨齿龙每个足印的大小与暴龙的足印差不多,有60多厘米长,足印还显示其足后跟比较长。足迹显示的跨步长度表明,这些巨齿龙的身体只比一般身长在12.2米左右的暴龙略微小一点。像所有的肉食恐龙一样,巨齿龙的足迹显示它的一只脚的足印并不落在另一只脚的前面,而是在左右足印之间有90多厘米宽的间距。科学家据此推测,巨齿龙很可能像鸭子那样摇摇摆摆地走路。

### 14. 最早的有胎盘哺乳动物化石

世界上最早的有胎盘哺乳动物的化石是中、美研究者在中国东北辽宁省境内发现的一块动物化石。

科学家发现这块化石的时候,化石保存得相当完好,化石上的小动物看上去像一只大老鼠,骨骼清晰可见,甚至能很容易就看到动物浓浓的皮毛。科学家最终通过化石上清晰可见的动物的牙齿和踝关节肯定了化石上的动物是哺乳动物的一种,另外,科学家还通过化石上的动物正伸长的足趾断定这种动物是非常善于攀缘的。

中、美科学家在对化石进行了细致的研究之后表示:化石上的动物是人类迄今为止所知道的包括人类在内的哺乳类家族中最早的成员,随后,美国卡耐基自然历史博物馆和中国科学院的专家正式确定了这种动物的名称——"Eomaia scansoria"。

### 15. 最早的真螈化石

最近,有科学家在中国内蒙古地区发现了一种距今已有1.6亿年的真螈类两栖动物化石——蝾螈类化石。蝾螈类动物是隐鳃螈动物的一科,它们生活的年代距今已有大约1.6亿年,可以说它们是人类迄今为止所发现的最早的真螈类两栖动物化石,这个发现把人们认为的真螈动物的起源时间推前了1亿年。在这以前,人类发现的最早的真螈类动物化石是大约生活于距今6000万年前的真螈动物。真螈类两栖动物是地球上的一个原始类群,它在地球上生活的年代相当长,对研究现代两栖动物的进化和起源有着非凡的意义,而新发现的蝾螈类化石弥补了很大的一个空白,人类在研究两栖动物的起源和进化的道路上又前进了一步!

### 16. 最大爬行动物化石

人类迄今为止发现的最大的爬行动物化石是食肉滑齿龙化石。食肉滑齿龙化石是科学家在北美洲的墨西哥北部的阿兰贝里地区发现的,化石长达20多米。

食肉滑齿龙是一种蛇颈龙,大约生活于1.5亿年前,是一种海底动物,以其体型巨大、性情凶猛著称。尤其是它的牙齿,就像排列得整整齐齐的一排长刀,锋利无比。这样的牙齿再加上它强健有力的上下颚,只要稍微一用力,任何动物在它的嘴里都会顷刻间粉身碎骨!就是世界上最坚硬的花岗岩在它的嘴里也会瞬时变为碎面。科学家介绍说这种龙曾经主宰海底世界相当长时间,素有"海底霸王"之称。

科学家称,尽管以前也有食肉滑齿龙化石出土,但是像在墨西哥发现的这么完整的还从来没有过,所以在墨西哥发现的这个食肉滑齿龙化石是世界上最大的爬行动物化石。

### 17. 最早的人类头盖骨化石

人类的起源问题一直是人们尤其是考古学家探索不息的课题。多年来,考古学家认为人类的祖先来自非洲东部。最近,由法国和加拿大等国考古学家组成的一个科研小组在中部非洲国家乍得发掘出一个完整的迄今为止最早的人类头盖骨化石。据推测,这个长相类似无尾猿的生物生活在大约六七百万年前,它兼具黑猩猩和人这两种生物的特征,而且,对这个人类头盖骨化石的研究结果显示,这个高级动物的大脑与黑猩猩的大脑极为接近,而它的前额和牙齿更像是人类的祖先——猿人。据此,考古学界的权威专家普遍认为,这一重大发现,将把"从猿到人"的时间上溯到距今600万~700万年前,远远超过人们此前判断的时间。

不过,也有少数考古学家对上述发现提出了质疑。他们认为,这个人类头盖骨化石也可能是一种与黑猩猩或大猩猩“沾亲带故”的高级动物的,或是属于人类进化过程中的一个最终未能演变成人的动物族群的。

## 18. 最大的鸟类化石

世界上最大的鸟类化石是在阿根廷出土的恐怖鸟的化石。这具化石估计生活在距今1500万年前,复原后高达3米,重约200千克,头部比马的头部还大。除了较完整的头部之外,化石还包括腿、爪等。

恐怖鸟生活在2700万年到1.5万年前,那个时期的南美洲还是一个漂离的大陆板块,在这个与其他陆地隔绝的世界,没有更强壮的掠食动物与恐怖鸟竞争,同时,恐怖鸟也没有天敌,因此它当上了南美洲的霸主,曾经进化得相当巨大,其巨大的钩状喙可以轻松地吞下一只小动物。直到后来的猫科动物出现,它们才逐渐衰弱。

## 19. 最大的肉食动物化石

世界上最大的肉食动物化石是生活在侏罗纪的大型海洋肉食动物——里奥普鲁顿的化石。里奥普鲁顿绰号为“深海怪物”、“海洋霸主”,是1.5亿年前统治着海洋的最恐怖的食肉动物。古生物学家从一些零星的骨骼化石中意识到里奥普鲁顿的存在,但是一直没有发现一架完整的里奥普鲁顿化石。

2003年1月,古生物学家在阿拉蒙布里地区挖掘出了一具可称做地球上有史以来最庞大的肉食动物的完整化石。科学家经过鉴别后认为,它可能正是里奥普鲁顿。它的头像一辆小汽车一样大,牙齿长25.4厘米。它吞食猎物时,甚至不用咀嚼。

## 20. 最大的猛犸象骨骼化石

世界上最大的猛犸象骨骼化石是在我国内蒙古呼伦贝尔出土的。猛犸象是体披长毛的古象类，属于长鼻目，活动于寒冷的草原、雪原地带，是第四纪冰川时代或冰缘环境下生存的珍奇巨兽。这具猛犸象骨骼化石保存完好，发现于距地表39米深的古河床内。这具猛犸象体长9米，高4.7米，是迄今所知最大最完整的猛犸象骨骼化石。

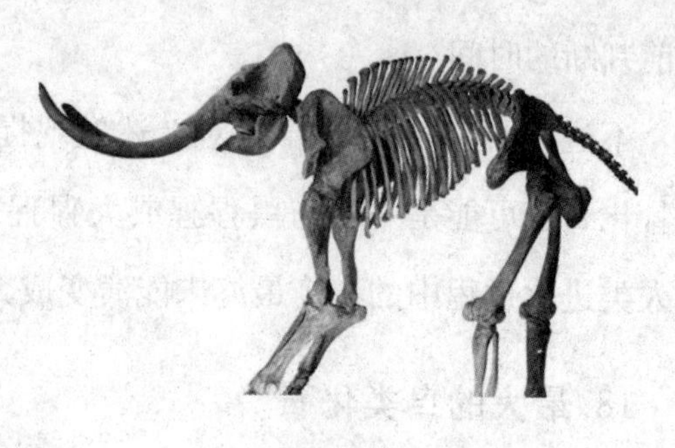

猛犸化石

## 21. 最古老的毛颚动物化石

中科院古生物学研究所的一名教授在昆明海口寒武纪早期地层发现了最古老的毛颚化石。这个化石十分完整，2.5厘米长，包括头、躯干和尾，头部外边缘具有许多镰刀状颚刺，口边缘是小型齿状构造，躯干前端有一对头罩的肌痕，具侧鳍，形态和大小均与现生的箭虫相似。

毛颚动物为自由游泳的肉食性海生动物，在海洋生态系统中扮演着十分重要的角色。这一发现为揭示寒武纪生命大爆发事件，即为生命起源和早期生命演化研究提供了独一无二的依据。

## 22. 最古老的兔子祖先化石

德国柏林洪堡大学的专家与美国纽约自然历史博物馆的古生物学家在蒙古戈壁发现的一具距今5500万年前的动物化石。据考证这具化石是最完整最古老的兔子祖先化石。

因为这种动物的牙齿像钉子，所以被命名为钉齿兽。钉齿兽的标本保存得相当完整，其骨骼与现代的兔子相似，其后腿长度是前腿的两倍以上，它有一条长长的尾巴，而它的牙齿与其说像兔子，不如说与松鼠更相似。

钉齿兽与现代的兔类有极为紧密的关系，它的发现有力地支持了现代胎盘类动物出现于恐龙灭绝之后的理论。

# 第十五章　动物的超能力开发

## 欲与天公试比高——飞行

当人类遥望天空的时候,是怀着敬仰和敬畏的心情的,他们在内心中期望着某天人类也能长出美丽的翅膀,能在天空中自由翱翔。在中国的神话故事中,神龙能翱翔在天空,而最为中国人熟悉的天宫,就是一群能够翱翔于天际的仙人居住的地方。在西方的神话中,也只有神的使者,即天使,长着一对洁白的翅膀,能够飞行并且拥有着神奇的力量。从这些神话中可以看出人类对飞行的渴望。而在自然界,有许多动物就有着这样的超能力。

### 1. 森林女神——蜂鸟

蜂鸟是世界上已知的最小的鸟类,属于雨燕目蜂鸟科。因为蜂鸟飞行本领高超,也被人们称为"神鸟"、"彗星"、"森林女神"和"花冠"。蜂鸟的特征是体表羽毛稀疏,外表呈鳞片状,会显出金属般的光泽。按照通俗的说法,蜂鸟体型偏小,它的强大飞行能力恰巧与体型有很大的关系,它可以快速拍打翅膀,使自己能够悬停在空中。目前已经知道的最大的巨蜂鸟也不过20厘米长,约20克重;最小的蜂鸟只是稍长于5.5厘米,重约2克。有一些蜂鸟雌雄外形相似,但大多数蜂鸟雌雄还是有差异的。当蜂鸟飞行时,翅膀的振动频率非常快,每秒钟在50次以上。最令人吃惊的是,蜂鸟的心跳特别快,每分钟达到615次。飞行是从古至今,最令人羡慕的能力之一。古代的人类常常认为飞行是上天赐予鸟类的特殊能力，因为觉得鸟类是上天的使者。这些“使者们”可以以滑翔、喷射等形式在天空翱翔。那么，蜂鸟突出的飞行能力表现在哪里呢？别看蜂鸟体型微小，但是身体强健，两只桨片状的翅膀高速地扇动能够使蜂鸟敏捷地上下飞、侧飞和倒着飞，还能够悬停在空中。这是其他鸟类或者飞行动物所不具有的能力。而且它双翅的拍击非常迅捷，所以它在空中停留时不仅形状不变，而且看上去毫无动作，像直升飞机一样悬停在空中，只见它在一朵花前一动不动地停留片刻，然后箭一般朝另一朵花飞去。它用细长的舌头探进花的蕊中，吮吸它们的花蜜，、仿佛这是它舌头的唯一用途。并且蜂鸟能飞到四五千米的高空中。速度可以达到每小时 50 公里，而且蜂鸟有迁徙的习惯，因此人们很难看到它们。据悉，加拿大蜂鸟每年冬天都要从寒冷的落基山脉飞行数千公里抵达温暖的墨西哥地区过冬，等到来年春天，它们还要再次千里迢迢地返回落基山繁育后代。小小的蜂鸟并不软弱，它在狂怒的时候会去追逐比它大 20 倍的鸟，附着在它们身上，反复啄它们，让它们载着自己翱翔，一直到它的愤怒平息。有时，蜂鸟之间也会发生非常激烈的搏斗。

### 2. 扑翼飞机

不管是过去还是现在，人类对于飞行的梦想一直没有停止过。古代的人类为了追求飞行的乐趣，进行过许多有趣的实验，其中中国人万户曾经用火箭把自己送上天去，也有人曾经用鸟类的羽毛制造了翅膀，可是却无法飞行。在西方 15 世纪初的时候，意大利著名学者达·芬奇也悄悄地进行一种类似于鸟类飞行的扑翼机的研究。意大利人对于这项研究表现出极大的热情，在 1930 年，一架意大利的扑翼机模型曾经进行过试飞。这种飞机的特殊性就在于它完全模仿鸟儿、蝙蝠等具有多个膜状翅膀的动物飞行，能既具备推力，又具备提升力，与如今的飞机有着许多的不同。不过，扑翼机的特殊性也导致了每次实验的结果都逃不过失败的命运，即使在最理想情况下，也只能上下蹦跳几下，最恶劣的结果则是机毁人亡。随着科技的不断发展，本已经在人们眼中逐渐淡忘的研究又再次出现在人们的眼前。有报道称第一架正式的“扑翼飞机”已由加拿大和美国的科学家成功研制出，它的名字叫“门特”。在有些科学家看来，门特不仅仅算是一架飞机，它也可算是一个可以拍打自身机翼的飞行机器人。有军事家认为，扑翼飞机那扑动的机翼比美军在阿富汗战争、伊拉克战争中使用的无人侦察机的固定式机翼更具优势。因为它可以像昆虫和鸟类那样低速飞行、盘旋、急转弯甚至倒飞。它的动力是通过自身机翼的扇动产生的上下大气压而形成的一种涡流，所以理论上这种飞机可以像鸟类一般灵活。据报道，美国五角大楼的陆军研究局和海军研究局都对该计划表示支持，并将其列入 2004 年资助名单中。另外美国宇航局（NASA）对于这样的“受生物启发的飞行”的飞机产生了浓厚的兴趣，他们希望能够将扑翼飞机应用到未来的太空战略之中，探索未知的星球。为此，美国宇航局还就此课题在美国弗吉尼亚州汉普顿兰利研究中心举行过专门的会议来讨论这个问题。这也使得人们对于飞行有了一种新的见解。

## 靓影刺破水中天——瞬间冲刺

古代人类最佳的交通工具就是自己的双脚，而后人们发现滚动比步行要快，于是出现了带着轮子的车。中国三国时代，诸葛亮发明木牛流马，就是类似于车的交通工具。随着世界的变化，人们开始不停地提高各种交通工具的速度，追求越来越快的感觉。火车就是一个例子。在 1804 年，由英国的矿山技师德里维斯克利用瓦特的蒸汽机造出了世界上第一台蒸汽机车，时速只有 5 至 6 公里。而在当今高新科学技术的支持下，人们开始提高火车的动力和减小铁轨与火车之间的摩擦力，使得火车越来越快。但是火车的速度快到了一个极限，却始终无法再次提高了。然而，科学家们在自然界的生物身上发现了解决的办法。

1. 翠鸟

在河塘边,我们可能见过这样一种美丽的鸟,它的名字叫做翠鸟,它是翠鸟科里数量最多、分布最广的鸟类之一。回忆一下,我们知道翠鸟的体型大多数矮小短胖,大约 15 厘米左右的身长,与麻雀类似。但是翠鸟身体上的整体色彩却是十分鲜丽。它的头至后颈部为布满蓝色斑点的带有光泽的深绿色,而背部到尾部为光鲜的宝蓝色,翅膀亦是带有蓝色斑点的绿色,腹面却是明显的橘红色。其余部位也有不同的色彩,例如喉部有一大块白斑,嘴和脚均为赤红色。虽然翠鸟的体型和啄木鸟的很相似,但是因翠鸟背和面部的羽毛翠蓝发亮,所以人们用翠鸟称呼它们。翠鸟的身体强壮,嘴巴很长,大约有 10 厘米左右,但是腿特别短。令人觉得很奇怪的是,翠鸟的头部大小与身体不相称,但是这不影响水栖性翠鸟成为捕猎鱼和其他水生动物的高手,水栖性翠鸟是翠鸟中最常见的类群,是常于水边出现的中型鸟类。令人惊奇的是翠鸟性孤独,平时常独栖在近水边的树枝上或岩石上,伺机猎食,食物以小鱼为主,兼吃甲壳类和多种水生昆虫及其幼虫,也啄食小型蛙类和少量水生植物。当翠鸟扎入水中后,还能保持极佳的视力,因为,它的眼睛进入水中后,能迅速调整水中因为光线造成的视角反差。所以翠鸟的捕鱼本领几乎是百发百中,毫无虚发。根据调查,中国的翠鸟主要有 3 种:斑头翠鸟、蓝耳翠鸟和普通翠鸟。我们日常所见的翠鸟就大部分是普通翠鸟。

2. 新干线列车

利用翠鸟的仿生技术而制造的火车,目前在许多国家都发挥着巨大的作用,日本的“新干线”列车是连接日本沿太平洋地带的高速铁路,全称为“高速铁路运输系统新干线”。它是一种在铁轨上行驶的特制的电气化火车,火车头是流线型的。第一列“新干线”列车是在 1964 年建造出来的,它的速度达到每小时 193 千米。在当时而言,它是一种速度非常快的列车,可是在运行的过程中人们发现,如此快的速度却有一个不利方面,列车驶出隧道时总会发出震耳欲聋的噪音。

为什么会发出噪音呢? 不久之后,日本工程师经过测试发现,新干线列车总在不断推挤前面的空气,使列车前的空气形成了一堵“风墙”。当这堵墙同隧道外面的空气相碰撞时,便产生了震耳欲聋的响声。这堵“风墙”对于火车的运行有着巨大的阻力,为了破解这个难题,日本的科学家们研究了善于俯冲的鸟类——翠鸟。翠鸟生活在河流湖泊附近高高的枝头上,经常俯冲入水捕鱼,它们的喙外形像刀子一样,能瞬间穿透空气,从水面穿过时几乎不产生一点涟漪。对于这个发现,日本的科学家们对不同外形的新干线列车进行了实验,他们将火车头的外形仿照各种鸟类的喙的外形不断地进行改变,然后进行不同程度的测试,发现最能穿透那堵风墙的外形几乎同翠鸟的喙的外形一样。根据报道,2007 年 7 月,日本崭新的 N700 型新干线列车正式投入运营,其设计最高时速为 340 公里,在弯道行驶的最高速度可达每小时 270 千米;它的每节车厢长 25 米,宽 3.3 米,高 3.6 米。所有车厢配备了高性能半主动减振器,使得刹车时车厢较平稳;车厢内有空调换气系统,更符合人形体特点的座椅以及多媒体彩色信息提示装置等。在节能方面,N700 型列车除采用车头两侧“双翼”设计以减少行驶阻力外,还采用新的材料和制造工艺以减轻车体重量,从而使列车更加节能。N700 型列车将逐渐替换目前的新干线 300、500 型列车,成为新一代新干线的主力车型。现在,日本的高速列车都具有长长的像鸟喙一样的车头,令其相对安静地离开隧道。这让人们对于翠鸟的能力也是大为惊叹。

## 超级“摇头党”——防震

如果用我们的头部去撞墙壁。轻轻地撞一下或几下,可能会引起头昏。但如果不停地撞,哪怕是轻轻的也会让我们头昏脑胀,甚至会引起脑震荡。严重的话可能昏迷甚至有生命危险。原来我们人类的头部是非常脆弱的,经不起外力的撞击。如果我们头部遭受外力打击后,会发生脑功能障碍,这样会给今后的生活带来不便。比如有短时间的意识障碍,醒后有短暂的逆行遗忘,而无器质性损伤的征象。头痛头晕、恶心、耳鸣、失眠健忘等等,这些都是典型的脑震荡的特征。因此平时要格外小心,保护好我们的头部,以避免被硬物撞击。

### 1. 啄木鸟

如果一棵树生了虫子,我们知道最好的除虫方式就是利用啄木鸟除虫。其实啄木鸟指的不仅仅是一种鸟,而是鸟纲鴷形目啄木鸟科里的所有鸟类通称。啄木鸟的嘴巴强直得就像凿子一样,它的舌头很长而且能够伸缩。啄木鸟通常喜欢用喙钻洞,在枯木中凿洞作为巢穴,另外它们也是用喙来探寻树皮下的昆虫。当春天来到的时候,雄啄木鸟会在各自领域大声鸣叫,除了啄击空洞的树干,偶尔还敲击金属,从而增加声响,以吸引雌啄木鸟。当然这只是在春天才会发生的,其他季节的啄木鸟是非常安静的。啄木鸟形体大小差别很大,不同种类的啄木鸟的体长从十几厘米到四十多厘米不等,它们喜欢独栖或成双活动,没有群居的习惯。许多啄木鸟一生都在树木上度过,不会到处迁徙。它们在树干上螺旋式地攀缘,用尖锐的喙捕捉害虫。因为有许多害虫潜藏树木的深处,能够让树木枯死,目前众所周知的只有啄木鸟才能把虫子从树干中掏出来吃掉,所以大家都叫啄木鸟是"森林的医生"。当有些虫子啄木鸟的长舌头够不着的时候,它会巧施"击鼓驱虫"的妙计,采用声波骚扰战术,通过声音能准确寻找到害虫躲藏的位置。当它测知虫穴部位之后,便用硬喙重重敲击,或上或下,或左或右,使树干孔隙发生共鸣,躲在里边的小虫晕头转向,感到四面受敌,就四处逃窜,往往企图逃出洞口,而恰好被等在这里的啄木鸟擒而食之。啄木鸟的这种巧施"击鼓驱虫"的妙计,使它能把整株树里的害虫全部消灭。一般情况下,啄木鸟要把整株树的小囊虫彻底消灭才转移到另一棵树上,遇到虫害严重的树,它就会在这棵树上连续工作几天,直到将害虫全部清除为止。所以,啄木鸟的存在对于林业而言是非常有利的。

### 2. 安全帽

科学家们解剖了啄木鸟的头部，经研究发现，在啄木鸟的头上至少有三层防震装置。它这种精妙的防震构造原理给防震工程学提供了安全运动防护帽和防震盔的正确设计方案。现在的安全运动防护帽和防震盔是由帽壳、帽衬、下颊带和后箍组成。帽壳呈半球形，坚固、光滑并有一定弹性，里面为一个松软的套具，打击物的冲击和穿刺动能主要由帽壳承受。帽壳和帽衬之间留有一定空间，可缓冲、分散瞬时的冲击力，从而避免或减轻对头部的直接伤害。帽中再加上一个防护领圈，以防止在突然碰撞时造成旋转运动，这些都是从啄木鸟的习性和解剖学研究中所得到的启示。一般来说，现在常用的安全帽有矿工和地下工程人员等用来保护头顶而戴的钢制或类似原料制的浅圆顶帽子；在工业生产环境中戴的通常是用金属或加强塑料制成的轻型保护头盔，如施工或采矿时工人戴的帽子。当作业人员头部受到坠落物的冲击时，利用安全帽帽壳、帽衬在瞬间先将冲击力分解到头盖骨的整个面积上，然后利用安全帽各部位缓冲结构的弹性变形、塑性变形和允许的结构破坏将大部分冲击力吸收，使最后作用到人员头部的冲击力降低到4900牛顿以下，从而起到保护作业人员头部的作用。安全帽的帽壳材料对安全帽整体抗击性能起重要的作用。在高温的情况下，经测量，安全帽里的温度高达46℃，这样的高温已经对建筑工人的健康构成严重危害。现在发明了一种新型安全帽，是利用热空气分层原理，用一次性注塑成型工艺制造的一种降温帽子。经测试，其降温效果极好，使本款安全帽不仅是安全防护产品，并且兼具遮阳降温功能。

## 曾闻碧海鲲鹏游——巨型

人类不停地追求更强大的力量和更加庞大的体型，或许在人类的心目中，有着对于巨大体型生物的一种畏惧。根据神话传说，古代就有泰坦巨人。据说,泰坦巨人有着神奇的力量,乃至于到了现代还有许多地方都流传着巨人的传说,例如中国神农架野人。19 世纪时,考古学盛行,曾经报道说在马来西亚发现了巨人的骨骼化石,一个头骨就有 2 米多长,当然这也只是一个传言。那么,在动物界又有哪些生物具有庞大的体型呢?

1. 鲸鱼

中国的古代,曾经有一个传说,就是海中有一种奇特的鱼,称做鲸,当鲸鱼成年的时候可以化做天上的鲲鹏。而在西方,鲸鱼被称做"海怪",由此可见,古人对这类栖息在海洋中的庞然大物所具有的敬畏之情。可是现在的生物学家们要告诉大家的是,鲸鱼的体型差异很大,有些鲸鱼身长只有 1 米左右,而有些鲸鱼可以达到 30 米以上。鲸鱼的体重上也有很大的区别,最重的鲸鱼可达 170 吨以上,最轻的鲸鱼只有 2 吨。当然,作为鱼类的一个特别种类,鲸鱼有着许多共同点。首先大部分鲸鱼生活在海洋中,有少部分鲸鱼栖息在淡水环境中,它们的体形均呈流线型,非常适合游泳;另外鲸鱼与人类一样,都是属于哺乳动物,具有胎生、哺乳、恒温和用肺呼吸等特点,与鱼类完全不同。根据科学调查,全世界的鲸鱼种类大概有 80 余种,而中国海域的鲸鱼种类有 30 多种。在生物学上,一般都将它们分为两类;一类口中有须无齿,称须鲸,共 11 种;另一类口中有齿无须,叫齿鲸,共 70 多种。鲸的体长从 1 米到 30 多米不等。鲸类动物的共同特点是体温恒定,大约为 35.4℃左右。鲸的皮肤裸出,没有体毛,仅吻部具有少许刚毛,没有汗腺和皮脂腺。鲸的皮下脂肪很厚,可以保持体温并且减轻身体在水中的比重。鲸的头骨发达,但脑颅部小,颜面部大,前额骨和上颌骨显著延长,形成很长的吻部。鲸的颈部不明显,颈椎有愈合现象,头与躯干直接连接。鲸的前肢呈鳍状,趾不分开,没有爪,肘和腕的关节不能灵活动,只适于在水中游泳。鲸的后肢退化,但尚有骨盆和股骨的残迹,呈残存的骨片。鲸的尾巴退化成鳍,末端的皮肤左右向水平方向扩展,形成一对大的尾叶,但并不是由骨骼支持的,脊椎骨在狭长的尾干部逐渐变细,最后在进入尾鳍之前消失。鲸的尾鳍和鱼类不同,可上下摆动,是游泳的主要肢体。有些种类的鲸鱼还具有背鳍,用来平衡身体。鲸的骨骼具有海绵状组织,体腔内有较多的脂肪,可以增大身体的体积,减轻身体的比重,以增大浮力。蓝鲸是世界上最大的哺乳动物。它身长可达 30 米左右,平均体重 150 吨,一张嘴就可以打开容得下 10 个成年人自由进出的宽度。蓝鲸浑身是宝,它的脂肪可制肥皂;鲸肉营养丰富;鲸骨可提炼胶水;鲸肝含有大量维生素;血和内脏器官又是优质肥料。所以吸引了许多人去猎取这种温顺的动物。

### 2. 鲸背效应

据早先俄罗斯媒体报道,俄罗斯军队曾经举行过 20 多年来最大规模的陆海空三位一体战略核演习,吸引人注意的是这次演习中俄罗斯海军战略力量核潜艇将从北冰洋下发射一枚战略核导弹。这场演习不仅有 1982 年 6 月苏联那场“7 小时核战”的精彩之处,而且人们非常关注潜艇如何从厚厚的北极冰层下发射战略导弹?

战略导弹核潜艇能长时间潜航在厚厚的冰层下执行战斗任务,比在能见度很好的海水里更隐蔽,更具有威胁性。但是,如果核潜艇想在冰下发射导弹,就必须破冰上浮,这就碰到了力学上的难题。这个难题解决难度大且不利于海战。那么军事上是如何解决这个难题的呢?这就牵涉到了众所周知的鲸鱼。鲸是海洋中的哺乳动物。它每隔几十分钟必须破冰吸一次气。巨大的鲸背,像海中的一个小岛,又像一个小山,当鲸上浮换气时,不仅会对冰层产生巨大的上浮压力,坚硬的鲸背还像一把利剑一样,使厚厚的冰层破裂。这一过程气势恢宏。潜艇专家从鲸每隔几十分钟就要浮出水面呼吸一次的现象中得到启迪,于是在潜艇顶部突起的指挥台围壳和上层建筑上,做了加强材料力度和外形仿鲸背处理,果然取得了破冰时的“鲸背效应”。再加上其他破冰方式的配合作用,潜艇在冰面就可出没自由了。

# 愿化寒者衣——作茧自缚

人类最初用树皮和兽皮做衣服，到原始社会后期人们学会了利用野生植物纤维做衣着材料——葛布。苎麻布的发明比葛布要晚些，因为用苎麻织布过程远比葛布复杂。直到秦汉时期，苎麻布才开始普及到民间。唐宋以后，苎麻布无论在数量上还是在质量上都有很大的提高，而且品种繁多，花样百出。在当时，苎麻布誉满全球，可称为中国一绝，但是，无论是葛布还是苎麻布都有自己的缺点，那就是很难染色。在葛布和苎麻布盛行的时候，另一种更美丽的、更珍贵的衣料已经崛起，它就是丝绸。相比之下，蚕吐出来的丝有许多优点，如轻盈、易染色，可做成五光十色的丝帛，十分美丽光洁，而且远销世界各地。

## 1. 蚕

说起蚕，就让许多中国人想起了一些常常听到的神话传说。根据《太平广记》等杂记中记载，古代中国人称呼蚕为“马头娘”。而在生物学上，蚕是蚕蛾科昆虫的一种，是蚕蛾的幼虫，它吐出的丝可以作为丝绸的原料。中国人养蚕主要是从中国北部开始，古代传说中是由“螺祖”开始驯化野生蚕在室内饲养，主要的食物为桑树的叶子。蚕对于人类的贡献非常大，可是蚕的一生却很短，一般只有40天左右，变化过程为经过蚕卵、蚁蚕、熟蚕、蚕茧、蚕蛾。如果我们就近观察蚕吐丝结茧时就会发现，

蚕

蚕的头会不停摆动，将丝围着自己的身体编织成一个个排列整齐的8字形丝圈。在每织一个丝列，也就是20个丝圈的时候，蚕就会改变身体的位置，然后

继续同样的过程。家蚕的茧总是两头粗中间细,因为家蚕总是织完一头再织另外的一头。根据统计,家蚕每结一个茧,需变换 250 ~ 500 次位置,编织出 6 万多个 8 字形的丝圈,每个丝圈平均有 0.92 厘米长,一个茧的丝长可达若干千米。每次蚕都会将丝腺内的分泌物完全用尽,才化蛹变蛾,人们通常称它为蚕蛾。蚕蛾的形状与普通的蛾类一样,全身披着白色鳞毛。蚕蛾的头部呈小球状,长有鼓起的复眼和触角。雌、雄蚕蛾的触角皆为栉齿状,雄性栉齿略长。蚕蛾的喙退化,下唇须短小。蚕蛾的胸部长有三对胸足及两对翅,腹部已无腹足,末端体节演化为外生殖器。雌蛾体大,爬动慢;雄蛾体小,爬动较快。雄蛾的翅膀能飞快地振动,寻找着配偶。一般雌雄蚕蛾交尾 3 小时后,雌蛾就可产下受精卵。交尾后雄蛾即死亡,雌蛾约花一个晚上可产下约 500 个卵,然后也会慢慢死去。家蚕的虫及蛹可以食用,并有食疗功效。养蚕和利用蚕丝是人类生活中的一件大事,至少在 3000 年前中国已经开始人工养蚕。蚕在人类经济生活及文化历史上有重要地位,因为家蚕具有久远的历史和经济上的重要性,其基因已成为现代科学的重要研究对象。

### 2. 蚕丝与人造纤维

蚕丝的使用最早是来自于中国,18 世纪以前,中国的丝绸织造术比任何其他国家先进得多。东方织物精细、华美,深受欧洲贵族们的喜爱,因此只能大量从东方高价购买。于是诞生了历史上著名的“丝绸之路”,并且丝绸之路一直延续了十几个世纪。于此可见蚕丝的魅力。蚕丝是一种天然纤维,它来自于熟蚕结茧时所分泌丝液凝固而成的连续长纤维。为了不走这么远的路,也为了让欧洲有自己的丝绸,于是欧洲人决心发明能够替代丝绸的纺织物。一个名叫乔治·安德玛斯的人在 1855 年使用硝化纤维素溶液模仿蚕吐丝的过程,制取了拉延的纤维。但这种纤维短而脆弱,还不具有实用价值。后来在 1884 年,法国化学家柴唐纳特利无意中发现照片的底片溶解在酒精和乙醚的混合溶液中,制成一种黏稠的液体,把这种液体从直径 1 毫米的小孔中挤压出来,当酒精和乙醚挥发之后，就凝固成细长而美丽的丝了，于是人造丝终于诞生了。可惜的是，人造丝是一种易燃物质，如果做成衣服的话，非常容易着火，使得当时没有人愿意去承担这样的后果。于是柴唐纳特继续深入研究，终于从硝化纤维素中把易燃物质提取出来，制成了“保险的丝”。更令人称道的是，在1891年，英国化学家克鲁斯和贝文研究出利用旋箱在离心力作用下边脱水边纺丝的方法，这是现在应用最广的生产人造纤维的方法。粘胶人造丝既安全又便宜，在各类纤维产量中仅次于棉花。最初的合成纤维于1932年由美国开始生产，产品称为尼龙。生产尼龙的原料采用的是氢、氨、硝酸及苯酚，当时大部分用来制做袜子和内衣裤。此后，科学家们又陆续试制出多种合成纤维，如现在广泛使用的塑料、涤纶、特利纶等。各种合成纤维的涌现带来了服装的大变革。今天，由于科技的发展，技术的不断提高，原料来源广泛，使得我们服装面料日益更新，如涤纶、锦纶、腈纶、丙纶、氯纶等。而现在的科技也使得这些纤维不仅仅能够用于人类的衣物，同样也使用在建筑物的“衣服”之中，使得建筑物更能够承受风吹雨打。从蚕丝到现在的各种人造丝，人们不得不佩服生物的超级能力，无数的人类都受到了它的恩惠。

## 微小的擎天之躯——大力

当人举起一件东西，他有没有想过一个人到底拥有多大的力量呢？根据科学家的计算，发现一个人全身共有600多块肌肉，这些肌肉看起来很柔弱，但是它们收缩的时候迸发出来的力量相当惊人。有人作了这样的假设，如果一个人全身3亿根肌肉纤维同时朝着一个方向收缩，将会产生245000牛顿的力，相当于一部起重机所能提起的重量。从中，我们可以发现生物体的潜力其实是无限的。有许多生物看起来非常小，可是它们却拥有人类难以想象的巨大力量，有些人称它们为生物界的“大力士”。

### 1. 蚂蚁

我们蹲在屋子的角落里或在树干上会看到一种叫做蚂蚁的昆虫，它们总是川流不息地忙于搬运食物。实际上，蚂蚁是一种社会性的昆虫，它的体型一般较小；颜色有多种，比如黑、褐、黄、红等。它身体的表面富有弹性，有的蚂蚁表面是光滑的，有的蚂蚁表面有毛。蚂蚁有咀嚼式的口器和发达的上腭。蚂蚁那膝状弯曲的触角。有4～13节，柄节很长，末端2～3节膨大。蚂蚁躯体分头、胸、腹三部分，共有6条腿。它的腹部第1节或1、2节呈结状。在蚂蚁的社会里有明确的等级制度，社会的最高统帅是蚁后，它是生殖能力很强的雌蚁。在蚂蚁群体中蚁后的身体是最大的，特别是腹部大，生殖器官发达。蚁后的触角不长，胸足小，它一生只负责产卵，让这个家族延续下去。与蚁后交配的是雄蚁，它头圆小，上腭不发达，触角细长，有着发达的生殖器官和外生殖器。雄蚁和蚁后交配后大多离开群体死去。在这个社会的最基本阶层是工蚁，一般在大家庭中个体最小，但数量最多。工蚁的身体呈棕黄色，没有翅，是没有发育好的雌性蚂蚁。它们要负责照顾蚁后和幼蚁、挖洞、搜集食物等较复杂的工作。它们的一生就这样辛苦地劳动着，是蚂蚁社会中最辛勤、最勇敢的。蚂蚁需要经过卵、幼虫、蛹阶段才发展成成虫。蚂蚁的卵呈不规则的椭圆形，乳白色；幼虫蠕虫状半透明，幼虫阶段完全由工蚁喂养，没有任何能力，自己不能觅食。蚂蚁的巢穴大多数在地下土中筑巢，挖有隧道、小室和住所，并将掘出的物质及叶片堆积在入口附近，形成小丘状，起保护作用。不同种的蚂蚁，一个巢内蚂蚁数量不均，数量最多的达到几万只，甚至更多。数量最少的群体只有几十只。蚂蚁以其特有的方式顽强地生存着，来延续它们自己的种族，真的让我们人类感叹！

### 2. 蚂蚁与化学燃料电池

自从瓦特发明蒸汽机后，人类开始了工业革命，以各种内燃机、电动机和新能源带动世界的发展。根据我们学过的物理知识，这些机器都是通过能量的转化才得以实现的,在转化的过程中就不可避免地产生热能,散布到空气中或者机器本身,而这些热能是不可以回收的,所以这些机器的效率都在30% ~40%左右。例如电动机需要电,而电需要火力发电,火力发电要靠烧煤使水变成蒸汽,蒸汽推动叶轮,带动发电机发电。在这个过程中间经过了将化学能变成热能,热能变成机械能,机械能变成电能的过程,在这一系列的能量转化过程中很大一部分的能量流失,而蚂蚁的巨大力量却给人们一个提高效率的启示。如果人类能够制造出一种微型的动力源,而这种动力源却有着强大的动力,仿佛蚂蚁的"肌肉发动机"一般,使用一种可以不经过燃烧的"燃料",减少在能量转化过程中的热能损失,提高"发动机"的效率,就可以让许多微型的"发动机"一起来产生更加巨大的力量。试想一下,如果能够获得这样的"发动机"和"燃料",那么人类的生活将会发生多大的变化,即使面对着石油即将枯竭的危机,全球气温变暖问题等等,人们认为只要能够实现与蚂蚁"发动机"类似的技术,将是另外一次的伟大革命。通过科学研究发现,蚂蚁"发动机"利用肌肉里的特殊燃料直接变成电能,省略了一般发电的中间过程,于是科学家们制造出了一种可以将化学能直接变成电能的燃料电池。这种电池的组成与一般电池相同,它是一种电化学装置。中国的燃料电池研究始于1958年,最早是由电子工业部天津电源研究所研究的。20世纪70年代中国燃料电池的研究曾呈现出第一次高潮,其间中国科学院大连化学物理研究所研制成功的两种类型的碱性石棉膜型氢氧燃料电池系统(千瓦级AFC)均通过了例行的航天环境模拟试验。另外中国科学院山西煤炭化学研究所开展了使煤气化热解的煤气在高温下脱硫除尘和甲醇脱氢生产合成气的研究,合成气中CO和$H_2$的比例为1:2.已有成套装置出售。目前燃料电池是一种正在逐步完善的能源利用方式,它不仅仅效率高,而且经济投资少。燃料电池正在不断应用到人们的生活之中。

# 万有引力下的反抗——超级弹跳力

当人类需要越过障碍物的时候，就发现了自身的弹跳力。这种能力是全身力量、跑动速度、反应速度和身体协调性、柔韧性、灵活性的综合体现，于是人类就出现了跳高这样的比赛。现代跳高最初起源于英国，自19世纪60年代在欧美开始普及，于1896年第一届奥运会被列为比赛项目。跳高是运动员征服高度的运动项目，是人类不屈不挠、勇攀高峰的象征。也有人称跳高是一个失败者的运动，因为每次比赛，运动员在跳过一个高度以后，还要向新的高度挑战，直到最后跳不过去为止。目前世界上男子跳高可以达到2.45米，创造纪录的人是索托马约尔，来自于古巴；而女子跳高可以达到2.09米，由保加利亚科斯塔迪诺娃创造的。

## 1. 跳蚤

跳蚤，别名叫虼蚤、虼蚤子，是属于蚤目的完全变态类昆虫，是善跳跃的寄生性昆虫。跳蚤成虫体型微小或小型、无翅，体坚硬侧扁，触角粗短。跳蚤的腹部宽大，有9节；它的后腿发达、粗壮。跳蚤的成虫通常生活在哺乳类动物身上，少数生活在鸟类身上。跳蚤具有刺吸式口器，口器锐利，雌雄均吸血。跳蚤身上有许多倒长着的硬毛，可让它们顺利寄生在有毛的动物身上，例如猫、狗等。它们一旦跳上宿主后，就再也不离开，短时间内就可以大量繁殖。跳蚤一般会把卵产在一些脏乱的角落里，四五天之后就能够孵化；孵化后的幼虫以灰尘中的有机物等作为食物，两个星期之后就吐丝结茧，再过两个星期就破茧而出，遇到任何动物就马上跳上去吸血。跳蚤身上带有各种有害细菌，能够携带各种传染病菌，在吸血的过程中就会有传染的可能。例如鼠疫，就是通过老鼠身上的跳蚤进行传播的。所以，人们在日常生活中要特别注意个人卫生以及生活环境的清洁工作，对于养宠物的家庭，要注意对宠物的清洁工作，例如将风油精加入宠物的洗澡水中，来杀死跳蚤。一旦发现跳蚤就要对所有衣物和被褥等进行清洗，消灭跳蚤时要把墙壁和地上的孔洞用石灰或泥填平，经常打扫，保持干燥和卫生，可喷洒杀虫药消灭它们。跳蚤在夏秋季繁殖最盛。成蚤耐寒，跳跃力较强，寿命可达500天左右。对于过敏性人群，跳蚤咬后可能导致一些皮肤病的发生，尤其在夏季，家里有猫狗等宠物的，如果宠物不干净就会滋生跳蚤等寄生虫。跳蚤咬过人体后易导致季节性湿疹。跳蚤长着两条强壮的后腿，因而善于跳跃，一般能跳七八寸高。跳蚤可以跳过它身长100多倍的距离，相当于一个人跳过一个足球场。

**2. 鹞式飞机**

受跳蚤跳跃本领的启发，科学家作了各项研究，其中有对跳蚤脚部的肌肉结构进行研究的，并制造出了胶原蛋白质的分子，通过催化剂就可以使得这种化合物往复不停地伸缩，起到了举重、牵引、垂压等机械功能作用。航空专家对跳蚤的起跳能力进行了大量研究，英国霍克·西德尼航空公司从跳蚤垂直起跳的方式受到启发。成功制造出了一种几乎能垂直起落的鹞式飞机。其主要用于执行空中近距离支援和战术侦察任务，也可用于空对空作战。鹞式飞机是世界上第一种实用的垂直与短距起落作战飞机，它具有可以在船舰上垂直、短距起降，不依赖舰上设备，占甲板面积小等优点。“海鹞”战机在英阿马岛战争中表现出了非常优异的机动性和战斗力，击落了不少阿根廷空军的飞机，保护了海军的舰艇编队。1982年在马岛对抗中，总共28架“海鹞”飞机从航空母舰“赫姆斯”号和“无敌”号上出动2336架次。这类飞机的优点明显，但是缺点也不少。它的载弹量小，航程有限，结构复杂，保养昂贵。在科学技术不断发展的今天，除了垂直起降还能够在人们的视线中炫耀之外，其余则显得非常弱势。鹞式飞机的垂直起降功能主要受跳蚤启发，它在飞机上装有4个可旋转的转向喷口，这些喷口随着转向就可改变发动机喷口喷气方向。另外，在飞机的机翼翼尖、机尾和机头均装有喷气反作用喷嘴，用来控制飞机飞行的姿态以及防止转向不利而造成意外。鹞式飞机的特技能力还是让人眼前一亮的，它在小机场上就能够起飞，容易隐蔽，还可以在空中作低速机动、原地转弯、倒退及空中悬停等“特技”飞行动作。

## 出淤泥而不染——自清洁

我们知道，在空气中存在着许多灰尘和微粒，当它们沉淀在物体表面的时候就会形成一定的污垢。它们会沉积在房屋里，墙壁上，各种各样的建筑物的表面。这样的污垢不仅仅存在空气中，比如身体的皮肤上，由于新陈代谢肌体产生了油脂，油脂又沾染了灰尘；又如口腔中的食物附着在牙齿上，所以我们每天都要做的一件事情，就是对自己进行清洁。如果我们不及时清理，就会在污垢中产生各种有害的霉菌，通过呼吸进入人类的身体之中，或者阻止人类毛孔的呼吸，导致各种皮肤病以及呼吸道感染。

### 1. 荷叶

荷叶为睡莲科植物莲的叶。莲是多年生水生草本植物，生于水泽、池塘、湖沼或水田内，野生或栽培，广布于南北各地。荷叶呈半圆形或折扇形，展开后呈类圆形，直径20~50厘米，全缘或稍呈波状。荷叶上表面为深绿色或黄绿色，较粗糙，被蜡质白粉；背面呈灰绿色，呈波状，较光滑，有粗脉21~22条，自中心向四周射出；荷叶中心有凸起的叶柄残基。荷叶柄呈圆柱形，密生倒刺，质脆，易破碎。肉眼上看，荷叶是平整的，但是在电子显微镜下看的话，可以发现荷叶的表面有着无数个微米级的蜡质凸起，而在这些微米级的凸起上还有着许多纳米级的凸起。这种微米—纳米双重结构，使荷叶表面与水珠儿或尘埃的接触面积非常有限，便产生了水珠在叶面上滚动并能带走灰尘的现象。在电子显微镜下，荷叶细胞分泌的蜡质结晶呈现线状或是毛发状的结构，使得水珠不会停留在荷叶表面，只会汇集到中间，所以荷叶表面非常干净。可是，有科学家发现，如果把荷叶放入水里浸泡一段时间再拿出来的话,荷叶就会从疏水性变成亲水性。这些变化引起了许多植物学家的研究。其中德国波恩大学植物研究所所长威廉·巴特洛特及其领导的小组进行了研究,他们发现,当雨停了之后,某些植物立刻就干了。进而科学小组在荷叶叶面上倒几滴胶水,胶水不会粘连在叶面上,而是滚落下去并且不留痕迹。表面覆盖着一层极薄蜡晶体的叶子干干净净,这正是防水叶面的特点。通过电子显微镜对1万多种植物的表面结构进行研究,他们测量了灰尘和叶面之间接触的角度,荷叶叶面能够达到160度,非常接近于极限的180度。此后,就从实验室中诞生了一项新技术,生产出表面完全防水并且具备自洁功能的材料。这是一项用途广泛的新技术,它使人们不再为建筑物顶部和表面的清洁问题发愁,也不必再为汽车、飞机和各种运输工具的清洁问题大伤脑筋。

### 2. 自清洁涂料

随着城市的现代化,同时出现的就是城市的污染,其中粉尘污染、气体污染尤为严重。当人们看着一座座美丽的大楼高高矗立着,却不知每一天这些楼层都要经历多少的污染物。如何让城市中的这道建筑风景能够长时间保持洁净呢?荷叶的功能为人类提供了一个模仿的样板。国内许多科研机构纷纷研制出了各具特色的自清洁涂料等产品,这些产品可以使外墙涂料的耐洗刷性和老化时间大大增强,而且可使粘附在表面上的油污、细菌等在光的照射下及在纳米材料催化作用下,变成气体或者容易被擦掉的物质。中国复旦大学国家教育部先进涂料工程研究中心承担的国家"863"项目——自洁净外墙建筑涂料研发课题,根据荷叶的自清洁原理研制出的纳米涂层既可以使灰尘颗粒附着在涂层表面呈悬空状态,使水与涂层表面的接触角度大大增加,有利于水珠在涂层表面的滚落;同时又根据涂层的白分层原理,将疏水性物质引入丙烯酸乳液中,使涂料在于燥成膜过程中自动分层,从而在涂层表面富集一层疏水层,进一步保证堆积或吸附的污染性微粒在风雨的冲刷下脱离涂层表面,达到自清洁目的。据悉，根据这个成果已经建立了年产5000吨规模的生产线，产品已应用到苏州市城市改造。另外还有湖南大学材料学院研制成功的多功能纳米涂料，采用创新的工艺技术路线，对高性能建筑涂料的纳米组分进行优化设计，获得了超强耐洗刷性、耐候性和抗菌自洁功能的建筑涂料，并开发了工业化制备技术，这种新型的纳米复合涂料不仅能保持建筑物的亮丽，涂在建筑内墙上还能净化室内空气。还有中国科学院理化技术研究所也成功地研制出同时具有抗菌、防雾、防霉、自洁、光催化分解污染物等多重功效的新型光触媒涂料。该涂料可在多种材料如玻璃、陶瓷、塑料等表面使用，赋予这些材料抗菌、防雾、防霉、自洁、光催化分解污染物等多重功能，可在多种场合诸如汽车后视镜、汽车玻璃、玻璃幕墙、道路交通指示牌、广告牌、汽车和火车身上使用。

## 映日张网罗——吐丝结网

瑶瑟玉箫无意绪，任从蛛网任从灰。人类在远古的时候就开始用绳子结绳记事，也开始用工具编织有孔状结构的网。人们主要用来捕鱼，也可以捕捉一些鸟兽。渔网是渔业生产不可缺少的捕捞工具，沿海渔民最早是用简单的网具在海边捕捞。明朝出现了撩网、棍网等浅海捕捞网具。清朝以后出现了远海捕捞网具。内河渔民则多以小型渔具捕捞。在自然界中，也有着一些生物能够结网，而且比起人类更加优秀。

### 1. 蜘蛛

蜘蛛是节肢动物门蛛形纲蜘蛛目所有种的通称。除南极洲以外，全世界都有分布。蜘蛛的身体分头胸部和腹部两部分，头胸部覆以背甲和胸板。蜘蛛主要捕食手段是通过丝囊尖端的突起分泌黏液，这种黏液一遇空气即凝成很细的丝，以丝结成高度黏性的网，捕捉食物。在全世界3.7万多个蜘蛛种类中，所有的蜘蛛都能吐丝，但只有一半种类可以用丝织网。蜘蛛用具有黏性的网当陷阱来捕捉猎物、等待伏击猎物或是直接追捕猎物。使用蜘蛛网或伏击战术的物种对空气、地面和丝线的震动极为敏感，它们以此作为警戒线。蜘蛛织网时，会先放出一条丝，随风飘荡到某个物体上，然后蜘蛛接着用丝将它加固，之后蜘蛛回到中心，从网中心向四周辐射织出辐射丝。蜘蛛网有许多不同的大小、形状和黏性丝线的使用量。现在显示出螺旋球状网可能是最早的形状中的一种。即使球形蜘蛛网的蜘蛛是众所周知的也是被最广泛地研究的，但它们在所有蜘蛛物种中也只算是少数，制造出其他种类蜘蛛网的蜘蛛较多，这可能是因为它们杂乱的蜘蛛网对掠食性的黄蜂来说是较大的阻碍。对粘上网的昆虫，蜘蛛先用丝将其缠绕，对昆虫注入了一种特殊的液体枣消化酶。这种消化酶能使昆虫昏迷、抽搐、直至死亡，并使肌体发生液化，液化后蜘蛛以吮吸的方式进食。蜘蛛是卵生的，大部分雄性蜘蛛在与雌性蜘蛛交配后会被雌性蜘蛛吞噬，成为母蜘蛛的食物。

2. 蜘蛛丝与防弹衣

防弹衣是用于人体躯干免受弹丸或弹片伤害的一种单兵防护军服，多呈背心状，由防弹层和衣套制成。蜘蛛丝弹性好、柔软，而且穿着舒适，却比任何钢丝和人造纤维更加坚韧，所以是科学家眼中制作防弹服的最佳材料。美国科学家注重研究蛛丝的奥秘，并组织人员大量收集蛛丝，用以制作一种具有强大防护能力的防弹服。但蛛丝收集起来比较困难，美国科学家们正在挑选一种来自巴拿马的蜘蛛做试验。这种蜘蛛体积大，能生产一种金色的丝。科学家们把蜘蛛拉出的丝和肚子里的丝分别做试验。他们把蜘蛛用胶布粘在桌子上，从蜘蛛腹部将丝牵引出来。用镊子夹住一端，缠绕到纺锤上，用一个小型电机将纺锤转动。用这种方法，每次可从蜘蛛腹内获取蛛丝 3 ~ 5 毫克，也就是说，每股蛛丝为 320 米长。令人惊异的是，这种抽丝法并不会对蜘蛛造成伤害，蜘蛛在抽丝后的第二天可以照样抽丝，可见蜘蛛产丝的能力极强。与此同时，科学家们还试图将蛛丝分解成肽，或简单的蛋白质单元。一旦能够确定蛛丝的形成过程就如法炮制，就可以量产人造蜘蛛丝。预计在不久的将来，昔日默默无闻的蛛丝或仿蜘蛛丝人造丝即将进入各个领域。尤其在制作防弹服方面发挥其不可替代的作用。

## 凌波微步——雪地行走

大家应该知道南极是个气候寒冷的大陆，整个南极大陆被一个巨大的冰盖所覆盖。由于南极大陆是中部隆起向四周倾斜的高原，一旦沉重的冷空气沿着南极高原光滑的表面向四周俯冲下来，一场可怕的极地风暴就产生了。在茫茫雪原上，到处是积雪，加上那可怕的暴风雪，科学工作者几乎无法行走。他们要进行科学考察活动，只能以滑雪橇的方式或者需要一种特殊的交通工具向前进。而自然界中不同的地方就存在着不同的生物，南极的企鹅们表现出让人们惊讶的能力，它们可以在雪地上轻快地滑行。

### 1. 企鹅

企鹅是地球上数一数二的可爱的动物，是鸟纲企鹅目所有种类的通称。企鹅的特征是不能飞翔；脚生于身体最下部，故呈直立姿势；趾间有蹼；跖行性（其他鸟类以趾着地）；前肢成鳍状；背部黑色，腹部白色；身上披覆短、硬、鳞形的羽毛，且羽毛密度比同一体型的鸟类大三至四倍，羽毛间存留一层空气，用以绝热。虽然企鹅双脚基本上与其他飞行鸟类差不多，但它们的骨骼坚硬，并比较短及平。这种特征配合有如两只桨的短翼，使它们可以在水底不仅会游泳，还会跳水和潜水。企鹅的游泳速度十分惊人，每小时可达 20～30 公里。企鹅喜欢群栖，一群有几百只，几千只，上万只，最多者甚至达10 万～20 多万只。在南极大陆的冰架上，或在南大洋的冰山和浮冰上。人们可以看到成群结队的企鹅聚集的盛况。现在世界上一共有 18 种企鹅，主要生活在地球的南半球。各个种的主要区别在于头部色型和个体大小。企鹅最有趣的一项特征莫过于它们走路的方式,或者说它们“摇摆行走”的样子。我们可能对企鹅行走时的摇摆状感到好奇,企鹅行走时为什么会摇摆呢?科学家们通过认真观察和研究终于明白了其中的道理。因为企鹅的活动、行走需耗费极大的能量,然而,为了能在气候恶劣的栖息地存活,企鹅必须尽可能地节省能量。有些人可能并不懂,为什么企鹅不干脆停止摇摆,改成慢慢地走。出乎我们意料的是,企鹅摇摆着走,反而较常态行走更节省能量。

**2. 企鹅与极地越野汽车**

在茫茫的南极雪原上,到处是积雪。当人类征服这个地方的时候发现,车辆很难在雪地上运动,因为雪地几乎没有摩擦力,使得轮子发生空转。但是,平时蹒跚而行的企鹅遇到危险时,却能以30千米/小时的速度在雪地上飞跑。科学家们就思考,到底是什么原因让这些笨重可爱的家伙跑得这么快呢?经过长期的观察,人们才发现秘密就在于企鹅特有的姿势在起作用。企鹅在南极生活了近2000万年,早已适应了那里的生活环境,成为“滑雪健将’’了。只要它扑倒在地,把肚子贴在雪的表面上,蹬动起作为“滑雪杖”的双脚,它便快速滑行了起来。根据报道,科学家们根据企鹅的特殊性设计并制造了一种没有轮子的新型汽车——“企鹅”牌极地越野汽车。它和普通汽车相比,极地越野车的最大特点就是“车轮”部分发生了根本性的改变。极地越野车的行走部分被设计成一种特殊的轮勺,它既有些像脚,又类似坦克履带。行进时,车底贴在冰面上,轮勺飞快转动,通过不断“抓挖”冰面的表层,使车辆向前行驶。这种行进方式不同于简单的在冰面上滑行,因为它可以通过控制装置准确灵活地转弯、变速,改变了普通汽车在冰面上“滑到哪里是哪里”的失控情况。这种汽车还可在泥泞地带快速行驶。这样就大大解决了极地运输的难题。正是这种极地越野车的出现,使得各个国家对于南极的探险有了一个更加有力的装备,也解决了人在南极大陆上行走的难题。

# 草枯鹰眼疾——锐眼

每个人都有一双眼睛,它的主要作用就是感受光线,通过光线变化来察觉事物。那么眼睛能够看什么东西呢?月亮那么大的东西,即使距离达到60万千米,人类也能看见;而太阳那么大的物体,相差1.5亿千米也能看见;银河,几百光年同样也可以;蚂蚁,在5米左右人类还是看得清楚;而微生物,人的眼睛却调节不过来,如果调节得过来应该是1厘米左右能看清;站在平地上,有浓雾的话,只看得见十几米远处的人;空气特别清爽,光线充足的话,能看清100米远的人(1.0视力,2.0的能看清200米远的人);如果在平原上,因为人的高度限制,再加上地球是圆的,只看得到2千米远的物体。这是一般正常人的视力能够看到的事物,而自然界中有些生物的视力却远远超过人类。

## 1. 鹰

鹰是隼形目鹰科中的一个类群,是食肉的猛禽,嘴弯曲锐利,脚爪长有钩爪,性凶猛,食物包括小型哺乳动物、爬行动物、其他鸟类以及鱼类。汉语中将隼科中较大的鸟类和鸱鸮科的鸟类等食肉鸟类也划为鹰类,但一般只是专指鹰科鸟类。鹰的视力相当敏锐,有诗“草枯鹰眼疾”,就是说明鹰的视力很强。人的眼睛可以看到6.1千米远,鹰的视力却超出人的视力8~9倍。鹰的眼睛在高空时是远视眼,在低飞时是近视眼。鹰翱翔于3千米的高空中,能从许许多多景物中准确地发现和辨认地面上的田鼠、黄鼠等小动物,甚至能看到水里的鱼类。它能从高空猝然飞下攫捕田鼠、野兔等小动物,总是手到擒来,万

鹰

无一失。练就这手绝招,强劲的利爪和高超的飞翔本领固然重要,但首先要归功于它那敏锐的目光。这种视力是人类无法相比的。鹰的眼睛具有一个比人类大得多的瞳孔,因此视网膜上的成像特别清晰,它的视网膜厚约4毫米,是人类的两倍,因此视网膜上的视觉细胞比人类丰富得多。此外,鹰的眼睛长在头部两侧,因此不必转动头部就有300度视野,而人类的视野只有160度。那么鹰的视力到底有多强?从生理学角度看,飞行在极高的天空的鹰本身也是高速运动着的,及时发现躲在草下的猎物好像有点匪夷所思,即便能够在空中看到猎物的全貌,大脑的反应速度也难以跟上。国外有些人的观点是:鹰的视觉机制也好像与人的不同,鹰眼中的世界跟我们看到的世界可能有所不同,就好像蜜蜂对紫外线敏感一样,鹰眼可能对鼠、兔在草叶上撒尿标记的光线有特殊的洞察力,新鲜的尿液会产生与环境不同的紫外光谱,所以鹰只要对它们眼睛看到的发亮区"尿液痕迹"多留意就行了,那样的话,发现猎物的概率会很大。当然,在近距离时,鹰的常规视力还是起作用的。

2. 电子鹰眼

鹰眼能在空中迅速准确地发现和识别地面目标,并能判断出目标的运动方向和速度大小。这种能力是人的眼睛所不具备的。即使使用雷达,由于靠地面目标反射回来的无线电波显示图景,其分辨率也很差。现代电子光学技术的发展使我们有可能研制出一种类似鹰眼的系统,为歼击机飞行员提供一种地面视野不受限制、视敏度很高的电子光学观测装置。这种装置实际上是一种带望远镜的电视摄像机系统。目标的光学像被放大后,由摄像管接收,它把图像变成电信号,并将其传送到驾驶舱,由电视屏把目标图像显示给飞行员。飞行员能像用眼睛看东西那样使用"鹰眼"系统:搜索目标,用低分辨率、宽视野的系统(模拟眼视网膜外周);仔细观察已发现的目标时,则用高分辨率、窄视野的系统(模拟眼视网膜的中央凹)。飞行员还可把接收到的图像信号发送到地面,这样,指挥员不用上天。也可以从荧光屏上及时掌握第一手情报了。如果能做成类似的红外系统,还可用来进行夜间空袭。目前,电子鹰眼系统已经应用到生活中去,例如网球比赛中、矿井工作查询、街道安全系统等。简单地说,在网络上、搜狗地图上如果你想查找自己想去的地方,你可以点击它,它就会放大,使地图变得更加清晰。这也可以认为是电子鹰眼应用的拓展。在拓展电子鹰眼应用的同时,人们也开始烦恼着每天都处在电子鹰眼的监视之下,电影《鹰眼》就表现了人们的这种担忧。有些人担心电子鹰眼的出现会是另外一种形式的"恐怖活动"。

## 为有暗香来——超级嗅觉

人的五官之中,鼻子的作用主要是提供嗅觉,嗅觉是一种感觉,它由两个感觉系统参与感觉,即嗅神经系统和鼻三叉神经系统。人类对于同一种气味物质的嗅觉敏感度,不同人具有很大的区别,有的人甚至缺乏一般人所具有的嗅觉能力。就是同一个人,嗅觉敏锐度在不同情况下也有很大的变化。例如某些人生病的时候,鼻子或许因为感冒或者鼻炎,导致细菌感染,使得人们的嗅觉大幅度下降;如果长期生病而没有去治疗的话,那么很有可能成为鼻炎,而一直陪伴着人的一生。还有环境中的温度和湿度同样也能够影响嗅觉。曾经有科学家用人造麝香的气味测定人的嗅觉团时,在一升空气中合有 $5\times10^{-6}$ 毫克的麝香便可以嗅到。许多生物也同样有鼻子这个器官,甚至有部分生物的嗅觉足够让人类为之汗颜。

### 1. 犬的嗅觉

犬,通常指家犬,也称狗,一种常见的犬科哺乳动物,是狼的近亲。犬被一些人称为"人类最忠实的朋友",也是饲养率最高的宠物。犬的寿命约有十多年,若无意外发生,平均寿命以小型犬为长。嗅觉是犬的独特的本性,犬的嗅觉是人类的数千倍,其鼻腔内面积及嗅细胞都比人的多,联结脑与鼻腔的神经组织也比人类的更为发达，例如，德国牧羊犬的鼻腔容积是人的4倍，并在扩张鼻孔的时候，可吸进更多的气味，以加强嗅觉的印象。嗅细胞的数目可以代表犬的嗅觉力，不同的犬种有一定的差异，但与人相比较犬的嗅觉还是大大超过人的。人的嗅细胞是500万个，灵敏的为12500万～15000万个，德国牧羊犬为20000万个。因此，犬的嗅细胞是人的30～40倍，若是以此估计犬的嗅觉优于人的30～40倍，那就大错特错了。通过测定，犬的嗅觉是人的百万倍，也就是在6公升水中加一滴血液，或者50千克水中有没有放进一汤匙盐，它都可以轻而易举地嗅出。犬可以嗅出空气中从很远的地方飘过来的气味，能嗅出5000千克水中是否加入了一汤匙醋酸，甚至主人生气、恐惧、憎恨、高兴时肾上腺素激增所产生的，通过汗液散发、传递出的身体气味，它也十分敏感，从而辨别出主人的情绪等心理变化。为了保持嗅觉的敏锐，它会不时地将鼻头舔湿。借助风力，它甚至能嗅出500米以外的气味。经过特别训练的警犬，能够辨别出10万种以上的气味。刚出生的幼犬眼未睁开，耳朵也听不见，全凭嗅觉来寻找母犬的乳头。犬的感觉器官中最发达的是嗅觉。嗅觉是犬的基础感觉，说它指导着犬的一切行动也不过分。犬的嗅觉相当于人的眼睛，如取掉嗅神经，那么，犬就像盲人一样，没法进行正常生活。然而，同样是犬，有嗅觉发达的，也有嗅觉不发达的。大体说来，嘴巴长的嗅觉都灵敏，嘴巴短的稍差些。在犬的品种中，寻血猎犬的嗅觉是犬中的佼佼者，巴赛特犬及腊肠犬次之。布拉德犬（追踪犬）、谢巴德犬（万能犬）属于嘴巴长的犬种；巴古及中国长毛犬等属嘴巴短的犬种，在它们自身构成上嗅觉的活动就有很大差别。布拉德犬在美国追踪方向不明的逃跑犯人有过连续搜索100小时的记录。谢巴德犬在追踪从犯罪现场逃跑的犯人屡立战功，这样的事不胜枚举。众所周知，经过训练的警犬，更是广泛用于缉毒和追捕罪犯，利用犬的嗅觉在海关搜查毒品已经获得明显的效果。这是犬对人类社会的巨大贡献。

**2. 电子鼻**

犬类的嗅觉给了人类许多启示，人们模拟动物嗅觉器官开发出一种高科技产品。利用气体传感器阵列的响应图案来识别气味的电子系统，叫做电子鼻。它可以在长时间内连续地、实时地监测特定位置的气味状况。就这一功能比起动物的嗅觉能力而言，明显有优势，因为动物会累的，而仪器不会累。科学家们通过试验表明，电子鼻不仅仅能够辨别基本的气味，还能“嗅”出侵蚀病人皮肤伤口的细菌，从而通过电子仪器来警告病人和医生，及早采取措施补救。目前有一款电子鼻有由32个不同的有机高分子感应器组成的矩阵，它对各种挥发性化合物散发的气味十分敏感，化合物不同，则反应不同。通常，细菌生长时会发出化学气味，电子鼻接触气味后，每个感应器的电阻会各自发生变化。由于每个感应器对应一种不同的化学物质，因此32种各不相同的电阻变化组成的“格式”便分别代表了不同气味的“指纹”。电子鼻还可以用来检测大脑癌细胞。电子鼻技术响应时间短、检测速度快，不像其他仪器，如气相色谱传感器、高效液相色谱传感器需要复杂的预处理过程。电子鼻测定评估范围广，它可以检测各种不同种类的食品；并且能避免人为误差，重复性好；还能检测一些人鼻不能够检测的气体，如毒气或一些刺激性气体：它在许多领域尤其是食品行业发挥着越来越重要的作用。

## 蜗居式大厦——神奇的建筑师

人常常要躲避风雨的侵袭，所以就开始从洞穴中走出来，住进了房子里。古代人们利用简单的石头和泥巴就能够建造一座房子，而现在的社会，许多人都为了能有一间“蜗居”而伤透了脑筋。因为建筑是人们用石材、木材等建筑材料搭建的一种供人居住和使用的物体，如住宅、桥梁、体育馆、寺庙等等。而所谓的建筑师就是设计并负责建造建筑物的人。人们一般会认为建筑师是艺术家而不是工程师，因为他们的作品不仅仅需要从力学角度计算，选取合适的工程材料才能实现，更要考虑建筑物的美观和地点的优势等；有的建筑师的设计过于超出现有的材料能力限制，则无法实现为真实的建筑。目前对在世的建筑师的最高奖励是普利兹克奖，它是一项终身成就奖，被认为是建筑界的诺贝尔奖。而在自然界中，有一些动物具有超级的建筑天赋，它们的建筑让人类的建筑师都为之惊叹。

### 1. 白蚁

白蚁，亦称虫尉，属节足动物门，昆虫纲，等翅目，类似蚂蚁营群社会性生活，其社会阶级为蚁后、蚁王、兵蚁、工蚁。白蚁与蚂蚁虽一般同称为蚁。但在分类地位上，白蚁属于较低级的半变态昆虫，蚂蚁则属于较高级的全变态昆虫。根据化石判断，白蚁可能是由古直翅目昆虫发展而来，最早出现于2亿年前的二叠纪。白蚁的形态特征与蚂蚁有明显的不同。白蚁体软而小，通常体长而圆，有白色、淡黄色、赤褐色直至黑褐色。白蚁头前口式或下口式能自由活动，触角呈念珠状，腹基粗壮，前后翅等长；而蚂蚁的触角呈膝状，腹基瘦细，前翅大于后翅。中国古书所称蚁、螱、飞螱、蚍蜉、蠡、螱等，都与蚂蚁混同。宋代开始有白蚁之名。白蚁分布于热带和亚热带地区，以木材或纤维素为食。白蚁是一种多形态、群居性而又有严格分工的昆虫，群体组织一旦遭到破坏，就很难继续生存。全世界已知的白蚁有2000多种。中国除澳白蚁科尚未发现外，其余4科均有，共达300余种，且分布范围很广。白蚁是多形态昆虫，一般每个家族可分为两大类型：繁殖型和非繁殖型。白蚁巢群从初建、成长到衰亡的过程中，蚁巢结构相应地由单腔到多腔，从简单到复杂的过程并总结出蚁巢的7种基本形式。主要分为：幼年巢时期、单腔菌圃巢（腔内有饱满菌圃）、多腔菌圃巢（多菌圃并有多个空腔，仍无分飞孔和候飞室）、成年巢时期、成熟初期巢（层积多腔巢）、成熟兴旺巢（块积多腔巢）、衰老巢时期（萎缩多腔巢）。白蚁巢结构非常有自己的特色，它们就像建筑一座高楼大厦一般，它的王宫的结构非常原始，一般均无菌圃和其他任何结构，仅是一个周壁光滑、底平上拱的小腔室。蚁王和蚁后栖息在小土腔室内。另外就是培养真菌的菌圃，一般在从王宫（主巢）延伸出的主蚁道周围，尤其是主蚁道的两侧和上方菌圃的分布比较密集。其他的空腔，数量较多，一般与菌圃的分布间隔开，而且越接近地面空腔越多。而连接这些所谓房间的就是蚁道，通常有 1 ~ 2 条主蚁道（底径在 2 ~ 3 厘米以上）直穿王宫底部；主蚁道较少分叉，大都是沿着主蚁道的方向朝上，分出几条细小的支蚁道，小的支蚁道上连接着一些小菌圃。整座蚁巢有着独特的通风系统和坚固的结构，可以在风吹雨打中保存下来，值得人类建筑师们借鉴。

### 2. 白蚁巢穴和生态建筑

在日常生活中，你观察过蚂蚁的巢穴吗？在非洲和大洋洲的白蚁，能非常神奇地搭建起高度超过人体的蚁塔。这些让人惊叹的蚁塔很像城堡，它们有圆锥形、圆柱形、金字塔形等，根据调查，最高的蚁塔能达到 7 米高，占地 100 多平方米，这些蚁塔不仅仅体积庞大，而且其 - 中还有无数弯弯曲曲的隧道，长达数百米，而最让建筑师们震惊的还是蚁塔中的气温调节系统。众所周知，生物的生命活动一定是需要氧气的，而白蚁密密麻麻地生活在城堡里，如何才能够获得足够的空气呢？谜底就是白蚁们在蚁穴中建立了非常多的管道，其中会有一条主干道由蚁巢的顶部一直延伸到洞穴的底部。并且白蚁们用过的空气可以通过换气口排出，而新鲜空气可以通过侧面的小孔吸入。通过研究发现，白蚁的巢穴通常由两部分构成，即生活区和泥塔。空气温度调节主要依靠泥塔而实现的，泥塔的侧壁面积很大。可以在太阳光充足的时候，保证白蚁巢穴吸收足够的太阳光的热量。而泥塔中布满空气通道，这些通道里的空气会发生体积膨胀，因为泥塔吸收的太阳光会将热量传递给通道里的空气，从而导致空气的温度升高。于是，膨胀的空气会涌向塔顶，而空出来的通道会被侧面小孔涌入的新鲜空气占据。令人惊讶的是白蚁中的一些工蚁还会控制管道的大小，用以调节气流进出，从而达到调节巢穴内温度的目的。这样，无论春夏秋冬，还是黑夜白天，白蚁巢穴中的温度都会始终保持不变。而白蚁惊人的成就被建筑大师麦克·皮尔斯借鉴，他在津巴布韦的哈拉雷，建造了一座体型庞大的办公及购物群——约堡东门购物中心。该购物中心的最大特色就是没有安装空调，可是它依然凉爽,日常中这座大楼所消耗的能量只有与它同等规模的常规建筑的十分之一,可以算是节能先锋。它的原理和白蚁建筑的原理类似,主要利用冷空气从底部的气口流入塔楼,与此同时热空气从顶部的烟囱流出,以期能够在一个闭合的空间里高效节能,并且不用相关设备地控制温度。这项仿生科技的应用,不仅是节能增效,有利于环境保护,而且省下的空调设备的成本汇聚成了涓涓细流,造福了该建筑的租赁者,他们所付出的租金比周边建筑的租赁者要少20%。根据报道,深圳万科研究中心正在尝试建造白蚁巢穴仿生建筑,计划将于2011年底建成并投入使用。

2. 极目青天观动态——蛙眼

眼睛是人类非常重要的一个感光器官,大约有80%的知识和记忆都是通过眼睛获取的。人们平时读书认字、看图赏画、看人物、欣赏美景等都需要眼睛。人类的眼睛能辨别不同的光线,瞳孔再将这些视觉、形象转变成神经信号,传送给大脑。光波波长约在390nm~760nm是人类能够接受的,而瞳孔可以根据光线的强弱来自动调节大小。当光线强时,瞳孔变小;而光线暗时,瞳孔变大。瞳孔就像一个凸透镜那样,当光线进入的时候通过瞳孔在视网膜上形成倒立、缩小的实像。所以如果人类的瞳孔过于紧张,失去弹性之后,就会出现近视眼。另外,人的眼睛能够分辨运动和静止的物体,而物体如果运动过快的话,会产生残影现象。在自然界中,有一种生物却只能看见运动的物体,却无法分辨静止的物体。大家说是不是很奇怪呢?

1. 蛙

蛙,两栖纲动物,背上呈绿色带有深色条纹,腹部是白色。蛙长着一张又宽又大的嘴,舌头很长。蛙具有突出的双腿,成体基本无尾。蛙的后足强壮有蹼,适应游泳和跳跃。蛙的皮肤光滑,潮湿。蛙卵一般产于水中,孵化成蝌蚪。蝌蚪用鳃呼吸,经过变态,成体主要用肺呼吸,但多数蛙的皮肤也有部分呼吸功能。蛙以昆虫为食,但大型蛙类可以捕食鱼、鼠类,甚至鸟类。蛙基本在夜间捕食。蛙类的生殖特点是雌雄异体、水中受精,属于卵生动物。蛙繁殖的时间大约在每年4月中下旬。在生殖过程中,蛙类有一个非常特殊的现象——抱对。需要说明的是,蛙类的抱对并不是在进行交配,只是生殖过程中的一个环节。蛙主要是水生,但有些种类陆栖两生,它们栖于洞穴内或树上。我国的蛙类有130种左右,它们几乎都是消灭森林和农田害虫的能手。蛙在捕食害虫、保护农田和维持生态平衡方面,起着不可估量的作用,因此我们应该大力提倡保护青蛙。蛙类除了对农业生产有很大贡献之外,还具有重要的医学药用价值。比如泽蛙能够治疗疥疮,有解湿毒的功效;虎纹蛙则能治疗小儿疳积症;林蛙是集食、药、补三用为一体的珍贵蛙类,林蛙油有"补肾益精"、"养阴润肺"、"补脑益智"、"补气血"、"抗衰老"、"抗癌"、"消炎"、"美容"的特殊功效。还有,牛蛙体大肉肥,味道鲜美,可以饲养作为肉类食品。国外已有牛蛙罐头出售。

### 2. 蛙的眼睛与电子蛙眼

蛙眼能够敏捷地发现运动着的目标,迅速判断目标的位置、运动方向和速度,并且立即选择最好的攻击姿态和攻击时间。蛙眼所起的作用远远超出了一点不漏地把景物拍摄下来的照相机的工作范围。蛙眼不仅可以把所看到的物体的图像呈现在视网膜上,而且能够分析所看到的图像,挑选出特定的图像特征,然后经视神经"通报"给大脑。经过大自然的"精雕细刻",蛙眼的这套视觉检测系统已经达到了十分完善的地步。仿生学家们弄清了蛙眼的结构及原理,"人造蛙眼"就问世了。人造蛙眼或者叫电子蛙眼,是电子眼的一种,它的前部其实就是一个摄像头,成像之后通过光缆传输到电脑设备显示和保存,它的探测范围呈扇状且能转动,类似蛙类的眼睛。人造蛙眼也有四种检测器:即抽取图像的反差、凸边、边缘和阴暗。电子蛙眼和雷达相配合,能够很好地从背景中区别出目标来,因而提高了雷达的抗干扰能力,能够快速而准确地识别出特定形状的运动物体——飞机、舰艇、导弹等。尤其是,它能够根据导弹的飞行状态，把真导弹与假导弹区分开来，从而不会被作为“诱饵”的假导弹所迷惑，去截击真正的导弹。它还可以有效地把要搜索的目标与其他物体分开，即把背景和目标区分开来，从而大大提高作战和防御的能力。

## 刺破长空之箭——高速

速度，在物理学上的定义为一个物体运动的快慢，主要根据完成一定路程和时间的比值来确认。那么人类能够达到多快的速度呢？近日，德国的一位教授根据自己多年的研究说，人类跑百米的极限速度只能达到9.2秒。这位教授从14种运动科目的角度研究了各项世界纪录，将1056名男子选手和1024名女子选手的最好成绩输入了计算机，并通过运算得到了以上结果。从数据中，可以估算出人类的百米赛跑速度接近于每秒10米，而根据德国教授的说法，这个极限还是有可能被打破的。而在其他动物身上，它们又能达到多快的速度呢？

### 1. 箭鱼

箭鱼，又称青箭鱼。因其上颌向前延伸呈剑状，所以也被称为剑鱼。剑鱼是属鱼纲、鲈形目、箭鱼科的一种飞鱼，它分布于印度洋、大西洋和太平洋，大西洋西部的美洲岸是箭鱼的主要产地。在中国，箭鱼活动于东海、台湾海峡至南海的辽阔海域，渔民在这些海域均有捕获。箭鱼的上颌又尖又长，像一把锋利的宝剑，直伸向前。它的身体呈棱形，背部深褐色，腹部银灰色。长4～5米，最长可达6米，体重约300余千克，为大型凶猛鱼类之一。箭鱼在海洋中可算是游泳冠军了，游泳时的平均速度可达28米/秒，连最快的轮船都望尘莫及。箭鱼常常活跃在上中水层，游动时，常将头和背鳍露出水面，用宝剑般的上颌劈水前进，速度很快，每小时可达119千米，为一般火车速度的两倍左右。它还可以潜入水中500～800米深处，追捕鱼群和其他水生动物。捕食时，它猛力冲击鱼群,用“宝剑”刺杀,然后吞食。箭鱼虽凶猛,但生性胆怯、怕惊,常常避开大型鱼类。不过一旦被激怒,却会向大型鱼类或船只猛烈冲去。箭鱼为何具有如此高的游速?原来它有个十分典型的流线型身体,体表光滑,上颌长而尖,尾柄强壮有力能产生巨大的推动力。当它飞速向前游泳时,长矛般的长颌起着劈水前进的作用。以每小时 130 千米高速前进的箭鱼,坚硬的上颌能将很厚的船底刺穿。在英国伦敦博物馆,保存着一块被箭鱼“长剑”刺穿的船底,船底木板厚 50 厘米。箭鱼肉质鲜美,是做生鱼片的最佳材料之一,每年到箭鱼到来的季节,游客们会去品尝一下箭鱼的美味。

**2. 超音速飞机**

在飞机设计师眼里,箭鱼是位好老师。设计师模仿箭鱼的外形在飞机前端安装一根“长针”,这根“长针”能刺破高速前进中产生的音障,这样,超音速飞机就问世了。人们很早就知道,推力只是实现超音速飞行的一部分。物体以接近音速飞行时,空气的性质变了。飞机飞行时,对前方空气产生压缩,形成的压力波以音速传播。在 0.8 倍音速以下的亚音速飞行时,压力波跑在飞机前面,在一定程度上起到把前方空气推开的作用。但以音速飞行时,前方的压力波“躲闪不及”被叠在一起,阻力急剧增加,阻力比亚音速时增加 3 倍。飞机就像一头撞到一堵墙上一样,这就是“音障”之说的来源。为了实现超音速的目的,许多国家都提出了各种设计方案,其中有一种十分怪异的 M 形机翼方案。从理论上说,这个方案有很多相当先进的地方,采用了“跨音速面积率”的蜂腰设计,以减小穿越音障的阻力。机头有一个向前伸出的尖刺,用以提前形成激波,将波前锋从机翼前移,以改善机翼的气动情况。最特别的是机翼,从翼根开始前掠,然后到一半翼展的时候,改向后

超音速飞机

掠，形成一个十分独特的 M 形。这个独特的形状有利于大尺寸后掠翼的横风控制问题。根据记载。1947 年 10 月 14 日，空军上尉查尔斯·耶格驾驶 X－1 在 12800 米的高空飞行速度达到 1078 千米/小时，是人类首次突破了音障。而目前的飞行速度纪录由美国的 X－15 飞机在 1967 年 10 月创下，为 6.7 马赫；但 X－15 以火箭作动力，自身带有燃料和氧化剂。而 X－43A 的发动机属吸气型，飞机携带氢气作燃料，从大气层吸取氧气混合燃烧。目前最快的吸气型飞机是美国的 SR－71“黑鸟”侦察机，飞行速度大约 3.1 马赫。美国还在研制出“曙光女神”高速侦察机，其结构不同于现有的飞机和航天器，已多次试飞，速度为 4.5 至 6 马赫。据称，它将取代 SR－71 侦察机，既可实施侦察，也可执行攻击任务。法国国家航空航天公司与航空航天研究院正在研制一种 HAHV 高空高速无人驾驶侦察机，其速度达 6 至 8 马赫，航程可达 2000 千米。在 30～35 千米高度上，它能实行电子情报搜集等多种任务，尤其擅长于侦察视界外敌防空阵地情况。

## 且当悬崖作平地——飞檐走壁

“会当凌绝顶，一览众山小。”攀岩运动以其独有的登临高处的征服感吸引了无数爱好者。由于登高山对普通人来讲机会很少，攀爬悬崖峭壁更富有刺激和挑战，所以攀岩作为一项独立的、被广大青少年所喜爱的运动迅速在全世界普及开来。攀岩也属于登山运动，攀登时不用工具，仅靠手脚和身体的平衡向上运动，手和手臂要根据支点的不同，采用各种用力方法，如抓、握、挂、抠、撑、推、压等。攀岩时要系上安全带和保护绳，配备绳索等以免发生危险。攀岩可以比得上中国古代的“飞檐走壁”，虽然没有传说中那么神奇，但是在自然界中，却有生物的确能够飞檐走壁。

### 1. 壁虎

壁虎,别名守宫,属于爬行动物。壁虎的身体扁平,身体最长不超过40厘米;体被的疣鳞小而密集,枕部有较大的圆鳞,头部背面没有对称排列的大鳞片。壁虎的四肢短,多数壁虎具适合攀爬的足。壁虎足的第一指、趾无爪,指、趾下瓣单行,指、趾间无蹼。壁虎的足趾长而平,趾上肉垫覆有小盘,盘上依序被有微小的毛状突起,末端呈叉状。这些肉眼看不到的钩可黏附在不规则的小平面。科学家通过过实验发现,壁虎能够在一块垂直竖立的抛光玻璃表面以每秒1米的速度向上高速攀爬,而且"只靠一个指头"就能够把整个身体稳当地悬挂在墙上。除了能在墙上竖直上下爬行外,壁虎还能够倒挂在天花板上爬行,这一绝技更令其他动物望尘莫及。有些种类的壁虎还具可伸缩的爪。壁虎没有大脑,它的头部是中空的,两耳之间什么也没有。我们可以从壁虎的一只耳眼看进去,直接通过另一只耳眼看到外面。壁虎的中枢神经系统位于脊髓中。壁虎尾巴容易断,但大多可以再生。壁虎的断尾是一种自卫行为。当它受到外力牵引或者遇到敌害时,尾部肌肉就强烈地收缩,能使尾部断落。掉下来的一段,由于里面还有神经,所以尚能跳动,这种现象在动物学上叫做"自切"。壁虎主要吃蚊、蝇、蛾等小昆虫,对人类有益。壁虎的主要产于我国西南及长江流域以南各地区。壁虎去内脏的干制品人中药,名"天龙壁虎",有补肺肾、益精血、止咳定喘、镇痉祛风和发散消肿的功效,可治淋巴结核、神经痛、慢性关节炎、乳房肿块。

### 2. 飞檐走壁机器人

古希腊哲学家亚里士多德就对壁虎高明的爬行能力感到"大惑不解"。现在的科学家发现壁虎爬行靠的是四个脚掌上的神奇吸盘后,他们认为可以模仿壁虎脚底的这种结构研制超级附着技术。一些国家正在据此开发的一种强力干性黏合剂,这种黏合剂将使用一种与壁虎爪指上的绒毛类似的人造绒毛。其中研究生物力学的学者们认为，如果能够把绒毛做得足够小，就可能产生和壁虎刚毛一样强大的黏合力。而不久后。根据报道，英国曼彻斯特大学的物理学家安德烈·盖姆及其同事宣称他们的研究取得了重大进展：他们模仿壁虎脚趾的微结构研制了一种柔韧的胶布，上面覆以上百万根人工合成的绒毛，每根毛的长度不足2微米。根据他们的推算，一块巴掌大的这种胶布就能将一个成年人悬吊起来。盖姆仅造出了1平方厘米大的壁虎胶布，为了检验其附着力，他把这条胶布固定在一个蜘蛛人玩偶的手上，结果，蜘蛛人稳稳当当地悬挂在了一块玻璃板上。壁虎胶布的意义重大，科学家希望能研制出一种会爬墙的机器人，同时也梦想让这些机器人登上火星表面。根据中新网报道，斯坦福研究设计中心副主任、机械工程教授马克·卡特科斯基领导的研究小组历时5年制造出了一种装有壁虎脚的机器人——“黏虫”，这种最新机器人黏虫Ⅲ，能够在任何垂直表面上攀爬，包括在光滑的玻璃上也能行走自如。另外，根据壁虎脚掌的特点有可能研制出黏合力超强的新型胶纸。它具有易于被揭下、不对物体表面造成损伤、可反复使用等优点。

## 常笑他人看不穿——伪装

人类往往通过自己的思维能力，有目的地运用一定手段、方法从而达到一定的目的。比如通过化妆、穿上与环境颜色一样的外套，给我们一个错觉。那么什么是伪装呢？伪装通常是指动物用来隐藏自己，或是欺骗其他动物的一种手段，不论是掠食者或是猎物，伪装的能力都会影响这些动物的生存机率，由于长期的自然选择，各种动物都有自己独特的伪装能力，在生物学上主要的方式包括了保护色、拟态等。实际上，好多动物的伪装技术天生比我们高明很多很多。

#### 1. 变色龙

变色龙又叫避役，属于爬行动物，体长约 15～25 厘米，身体侧扁，背部有脊椎，头上的枕部有钝三角形突起。变色龙的四肢很长，指和趾合并分为相对的两组，前肢前三指形成内组，四、五指形成外组；后肢一、二趾形成内组，奇特三趾形成外组，这样的特征非常适于握住树枝。变色龙的尾巴长，能缠卷树枝。它有很长很灵敏的舌，伸出来要超过它的体长的 2 倍，舌尖上有腺体，能分泌大量黏液粘住昆虫。它的一双眼睛十分奇特，眼帘很厚，呈环形，两只眼球突出，左右眼的视野范围 180 度，上下左右转动自如，左右眼可以各自单独活动，不必协调一致，这种现象在动物中是罕见的。变色龙的双眼各自分工前后注视，既有利于捕食，又能及时发现后面的敌害。变色龙用长舌捕食是闪电式的，只需 1/25 秒便可以完成捕食。变色龙在树上一走一停的动作使天敌误以为是被风吹动的树叶。变色龙的皮肤会随着背景、温度的变化和心情而改变；雄性变色龙会将暗黑的保护色变成明亮的颜色，以警告其他变色龙离开自己的领地；有些变色龙还会将平静时的绿色变成红色来威胁敌人，目的是为了保护自己，避免遭到袭击，使自己生存下来。变色龙是一种善变色的树栖爬行类动物，在自然界中它当之无愧是“伪装高手”，为了逃避天敌的侵犯和接近自己的猎物，这种爬行动物常在人们不经意间改变身体颜色，然后一动不动地将自己融入周围的环境之中。变色龙的这种保护色表明变色龙具有适应环境的自然保护功能。

#### 2. 变色龙与军事伪装

像变色龙这样变色在生物学中叫做保护色，这种用色彩来保护自己的方法给人类很大启发。在战争中，为了保护自己，消灭敌人，人们把在草原、森林地带活动的坦克、大炮等涂上绿色；把在沙漠地带活动的坦克、大炮等涂上褐色；飞机上涂上白云一样的颜色，把在大海中活动的军舰涂上海水一样的蓝白色，使之与背景颜色一致，来隐蔽战场上的军事装备和人员，起到了伪装的作用。

像这样隐蔽自身战斗意图,给敌方造成错觉,争取战斗的主动权的行为,就是军事伪装。伪装已是一门新兴学科,随着侦察手段的发展,促进了伪装手段的进步。不久前,英国科学家正在使用先进的材料试制一种新式“可控服装”。这种材料对大气状况很敏感,其中含有可改变颜色的电子装置,例如在严寒气候下变为白色,在高温时变成沙子颜色,使之难与背景区分。美国研制出一种能随视觉角度而变换色彩的油漆,其原理是将一种极细微的透明薄漆喷涂在汽车的黑底色上,从而产生一种类似棱镜的折射效果,于是就会产生各种不同颜色的感觉。当这种汽车在公路上行驶时,会由紫色变成红色再变成黑色、绿色、黄褐色。假如这种变色的汽车在行驶中一旦成为打击的目标,便很难被迅速击中。

### 2. 竹节虫

竹节虫也称“干柴棒”,因身体修长而得名。竹节虫有翅或无翅,行动缓慢,绿色或褐色;形态像树枝,其他保护措施有长有锐刺、有臭气,虫卵形似种子。竹节虫前胸节短,中胸节和后胸节长,无翅种类尤其如此。有翅种类竹节虫翅多为两对,前翅革质,多狭长,横脉众多足和触角能再生。竹节虫的大部分种类身体细长,最善于伪装,当它在植物上爬时,能以自身的体形与植物形状相吻合,装扮成植物,或枝或叶,惟妙惟肖,如不仔细看,很难发现它的存在;同时,它还能根据光线、湿度、温度的差异改变体色,让自身完全融入到周围的环境中,使鸟类、蜥蜴、蜘蛛等天敌难以发现它的存在而安然无恙。竹节虫奇特的隐身生存行为又比其他善拟态的昆虫技高一筹,此项隐身术的桂冠当然为竹节虫所有。少数种类的竹节虫身体宽扁,鲜绿色,模拟植物叶片,翅宽扁,脉序排成叶脉状,腹部及胫节、腿节亦扁平扩张。有些竹节虫受惊后落在地上还能装死不动。竹节虫的生殖过程也很特别,一般交配后将卵单粒产在树枝上,要经过一两年幼虫才能孵化。有些雌虫不经交配也能产卵,生下无父的后代,这种生殖方式叫孤雌生殖。竹节虫是不完全变态的昆虫,刚孵出的幼虫和成虫很相似。竹节虫常在夜间爬到树上，经过几次蜕皮后，逐渐长大为成虫，成虫的寿命很短。竹节虫热带的种类个体大，数量多。竹节虫的种类繁多，分布广泛，是我国南方山区树林及竹林中比较常见的昆虫。因为繁殖能力强，数量很多，且因终生以植物为食，所以竹节虫是著名的森林害虫，尤其到了繁殖季节会毁掉大批树木，所以人们把它叫做“森林魔鬼”。

## 苍蝇成逐臭夫——气味分析

人们都知道，我们日常呼吸的就是空气。它无形无色，却可以到处流动，和液体一样。而且空气能够被压缩，例如潜水的时候背负的氧气筒就是将氧气按照一定的比例压缩在筒里的。空气本来是没有气味的，那么平时我们闻到的各种味道是怎么来的呢？这主要因为气体的原子或分子相互之间可以自由运动，而且两种不同的气体之间可以相互扩散，所以人类可以通过空气闻到各种不同的味道。由于不同的气体很容易在空气中扩散，所以气体也很容易被混入有毒物质，人类生活中也经常出现对生物体有害的气体，例如泄露的煤气，这些气体通常称为毒气。早期的时候，人类会根据经验避开自然产生的毒气，但由于军事中的用途，许多科学家转而研究一些人工毒气用于军事用途，使其能够造成一定范围内的巨大杀伤力，这些都被定义为化学武器。而一般人在分辨气体和毒气时，主要是根据气体的味道。有人分析了 600 种有气味的物质和它们的化学结构，提出至少存在 7 种基本气味；其他众多的气味则可能由这些基本气味组合所产生。自然界中有些生物能够轻易地分辨无毒和有毒。

### 1. 苍蝇

在生物学上，苍蝇属于典型的“完全变态昆虫”。据 20 世纪 70 年代末统计，全世界有双翅目的昆虫 132 个科 12 万余种，其中蝇类就有 64 个科 3.4 万余种。蝇类的主要蝇种是家蝇、市蝇、丝光绿蝇、大头金蝇等。蝇的一生要经过卵、幼虫(蛆)、蛹、成虫四个时期,各个时期的形态完全不同。卵乳白色,呈香蕉形或椭圆形,长约1毫米。卵壳背面有两条嵴,嵴间的膜最薄,孵化时幼虫即从此处钻出。卵的发育时间为8~24小时,与环境温度、湿度有关,卵在13℃以下不发育,低于8℃或高于42℃则死亡。苍蝇的幼虫俗称蝇蛆,有三个龄期:1龄幼虫体长1~3毫米,仅有后气门。蜕皮后变为2龄,长3~5毫米,有前气门,后气门有2裂。再次蜕皮即为3龄,长5~13毫米,后气门3裂。蝇蛆体色,1~3龄由透明、乳白色变为乳黄色,直至成熟、化蛹。蛹是苍蝇生活史上的第三个变态。它呈桶状即围蛹。蛹的体色由淡变深,最终变为栗褐色。蛹长5~8毫米。蛹壳内不断进行变态,一旦苍蝇的雏形形成,便进入羽化阶段。从蛹羽化的成蝇,需要经历"静止—爬行—伸体~展翅—体壁硬化"几个阶段,才能发育成为具有飞翔、采食和繁殖能力的成蝇。一只苍蝇的寿命在盛夏季节可存活1个月左右。但在温度较低的情况下,它的寿命可延长2至3个月;低于10度时它几乎不能活动,但寿命却会更长些。普通的苍蝇的成虫寿命是15~25天,如果连它的幼虫期和蛹期都包括在内,它的寿命则是25~70天。苍蝇的食性很杂,香、甜、酸、臭均喜欢,它取食时要吐出嗉囊液来溶解食物,它的习惯是边吃、边吐、边拉。有人作过观察,在食物较丰富的情况下,苍蝇每分钟要排便4~5次。如果遇上具有快速繁殖能力的细菌时,苍蝇的免疫系统就会发射BF64、BD2两种球蛋白,球蛋白一旦与细菌接触,就会发生"爆炸",与细菌"同归于尽"。

### 2. 苍蝇与气体分析仪

苍蝇的嗅觉特别灵,苍蝇能嗅闻到50千米以外的腥臭味,比猎狗的嗅觉还要灵敏。但它们只对腥臭味感兴趣,对其他一些气味却有点麻木。随着仿生科技的发展,科学家研制出模仿狗嗅觉的电子鼻,而另外一些科学家也发现苍蝇起鼻子作用的原来是头部的触须。苍蝇的触须能够分辨多种气体,并判断是否是毒气。根据苍蝇嗅觉器的结构和功能,科学家们成功地仿制出一种十分奇特的小型气体分析仪。这种仪器的“探头”不是金属,而是活的苍蝇。就是把非常纤细的微电极插到苍蝇的嗅觉神经上,将引导出来的神经电信号经电子线路放大后送给分析器;分析器一经发现气味物质的信号,便能发出警报。这种根据将信息转变成电脉冲制成的气体分析仪,可用于化学毒剂、有害气体、特殊气体的鉴别,在化工生产、国防和宇航上将大有用武之地。美国科学家正在训练苍蝇嗅炸药、嗅地雷。将微型的无线电发射器装在苍蝇身上,当它探测到地雷或炸药后,发射器就会主动发回信号,接收机就能定位地雷或炸药的位置,然后再进行人工清除。这种苍蝇侦察兵不但能在战场上发挥作用,还能用在反恐活动中,对防不胜防的定时炸药、杀手汽车、人体炸弹,苍蝇侦察兵都会盯上,可以大大减少恐怖组织对无辜平民的伤害。利用苍蝇嗅觉灵敏、快速的特性制成的小型气体分析仪十分灵敏。这种仪器现已装置在航天飞船的座舱内,为揭示宇宙的化学成分而工作。小型气体分析仪也可用来测量潜水艇和矿井里的有毒气体,及时发出警报,保护员工的生命安全。

## 追花夺蜜连年——偏振光导航

大家都熟知鸽子是可以飞回自己的巢穴的,那么人类又是如何让自己不在野外活动中迷路的呢?例如地质考察、登山、徒步旅行、探险等,这些活动很容易迷失方向,而且一旦迷失方向的话,会给人带来极其恶劣的后果。有关专家经过测验证明,人类辨别方向的本能只有某些成员具有,而绝大多数都不具备,或者仅仅是潜在地具备。所以,人们需要依靠一些工具和方法才能在野外活动中辨别方向。一是利用太阳,因为日出日落是有规律的,根据地理学上的知识,冬季日出位置是东偏南,日落位置是西偏南;夏季日出位置是东偏北,日落位置是西偏北等。二是利用星星,例如北极星和北斗七星,都是长年运行在赤道上空而且是非常明亮的星辰。另外就是注意参考地图和指南针,同时积极观察周围的地形以及身边的植物来判断正确位置。而自然界中的一些生物却有着与众不同的辨别方向的能力。

### 1. 蜜蜂

蜜蜂是一种会飞行的群居昆虫。蜜蜂有前胸背板不达翅基片,体被分枝或羽状毛,后足常特化为采集花粉的构造。蜜蜂成虫体被绒毛覆盖,足或腹部具有长毛组成的采集花粉器官。蜜蜂的口器是嚼吸式,这是昆虫中独有的特征。蜜蜂被称为资源昆虫。蜜蜂的成蜂体长约4厘米。蜜蜂群体中有蜂王、雄蜂和工蜂三种类型,一群蜜蜂中一般有一只蜂王,500到1500只雄蜂,1万到15万工蜂。蜂王在巢室内产卵,幼虫在巢室中生活,社会性生活的幼虫由工蜂喂食,独栖性生活的幼虫取食雌蜂贮存于巢室内的蜂粮,待蜂粮吃尽,幼虫成熟化蛹,羽化时破茧而出。家养蜜蜂一年繁育若干代,野生蜜蜂一年繁育1~3代不等。雄蜂通常寿命不长,不采花粉,亦不负责喂养幼蜂。工蜂负责所有筑巢及贮存食物的工作,而且通常长有特殊的结构组织以便于携带花粉。大部分蜜蜂采多种花的花粉。蜜蜂为取得食物不停地工作,白天采蜜、晚上酿蜜。蜜蜂以植物的花粉和花蜜为食。蜜蜂是对人类有益的昆虫类群之一,它为农作物、果树、蔬菜、牧草、油茶作物和中药植物传粉。蜂蜜是人们常用的滋补品,有“老年人的牛奶”的美称;蜂花粉被人们誉为“微型营养库”,蜂王浆更是高级营养品,不但可增强体质,延长寿命,还可治疗神经衰弱、贫血、胃溃疡等慢性病;蜂蜡和蜂胶都是轻工业的原料。

### 2. 蜜蜂与偏光天文罗盘

当蜜蜂在距离蜂窝60米以内找到可以采蜜的地方时,它就会在蜂窝前跳“圆舞”。告诉其他蜜蜂快去采蜜。如果在60米外发现蜜源的话,则是跳“8字舞”。“8字舞”重复的次数和方向的变化都包含着哪儿有花蜜和花蜜的好坏程度的信息。蜜蜂为什么能正确辨别方向,准确归巢呢?科学家从蜜蜂的眼睛里发现了秘密。蜜蜂一共有5只眼睛,它头甲上有3只小的单眼,单眼是用来感受太阳光的强度的，它们根据太阳光的强度来决定早晨飞出去和晚上归来的时间。蜜蜂的头两边有两只大的复眼，它的复眼是由6300只小眼组成的，每只小眼里有8个作辐射状排列的感光细胞，蜜蜂就是靠这些小眼来感受天空偏振光的。即使没有太阳的天气，这复眼变成了“检偏振器”，让蜜蜂风雨无阻。科学家按照蜜蜂小眼的构造，制成了八角形的人造蜂眼，用它来观察天空。果然，天空的每一个区域都有特有的偏振光图形。由此，科学家也揭开了蜜蜂飞行的一些奥秘：当普通非极性光源（如太阳）的光线穿过介质后，会使某部分光线极化（就是所谓的“偏振”）。蜜蜂找出极化光线的源头，这个源头其实就是太阳。所以蜜蜂就知道了太阳的位置，就很容易找出东南西北了。经过不懈的努力，仿生学家们从蜜蜂利用偏振光定向的本领中得到启发，制成了用于航海和航空的偏光天文罗盘。不管是太阳尚未升起的黎明，还是阴云密布的黄昏，有了这种罗盘，就能根据太阳方位的变化进行时间、方向的校正；甚至飞机在磁罗盘失灵的南、北极上空，依然能准确地定向飞行。但至今还无法生产出在水中利用偏振光的仪器。

## 天降雷霆震九州——放电

闪电犹如海神的三叉戟，烧灼了整片天空，在瞬间刺破遥远的距离，连接天地。电，是能量的一种形式。这其中有许多很容易观察到的现象，像闪电、静电等等。在物理学上，电是个一般术语，包括了许多种由于电荷的存在或移动而产生的现象。有一些物理学名词来描述它们，如电流强度之类的。目前人类能够根据能量转换，从燃烧的物质中、原子核中，以及奔流的水流中找到电，供人类日常所用。而平常生活中经常发生的闪电现象，其实是云与云之间、云与地之间或者云体内各部位之间的强烈放电现象。由于极大的电流，使得空气变得非常灼热，引起空气膨胀，向四方扩充而去，所以经常伴随着“轰隆隆”的声音。

1. 电鳐

电鳐是对电鳐科、单鳍电鳐科、无鳍电鳐科鱼类的统称。电鳐广泛分布在热带、温带海域，是底栖鱼类。电鳐行动迟缓，习性懒惰，平时将身体埋于海底泥沙中。它的头胸部的腹面两侧各有一个由肌肉转变成的发电器官，样子像扁平的肾脏。这些器官是由许多特殊的管柱状细胞构成的电板组合成的，每个管状细胞间都有一层胶状物质绝缘。这些管状细胞排列成六角柱体，叫"电板柱"。电鳐身上共有2000个"电板柱"，有200万块"电板"。电板的一面较光滑，有神经末梢分布的是正极；另一面凹凸不平，没有神经末梢分布的是负极，这种构造很像电池。电鳐能随意放电，而且放电时间和强度完全能够自己掌握，它们的放电都受大脑神经支配。单个"电板"产生的电压和电流是微不足道的，可是，很多电板串联或并联起来，其放电电压就相当可观了。例如在太平洋北部生活的一种大电鳐，发出的电流可达50安培，电压达60～80伏，因此有海中"活电站"之称。电鳐一旦发现猎物，就放电将其击毙或击昏，然后饱餐一顿。电鳐有这么一手捕杀猎物的绝技，因此也被人称为"江河中的魔王"。电鳐放电是为了御敌捕食、探测导航及寻偶等等，也是为了适应黑暗危险的海底世界。在古希腊和古罗马时代，医生们常常把病人放到电鳐身上，或者让病人去碰一下正在池中放电的电鳐，利用电鳐放电来治疗风湿症和癫狂症等病。

2. 电鳐与电池

电鳐发电器的各柱状体之间被结缔组织的电板隔开，好似"电板串联，电柱并联"的"生物蓄电池"。电鳐的放电特性启发了人们发明和创造了能贮存电的电池。19世纪初，意大利物理学家伏特，以电鳐等电鱼发电器官为模型，把一块锌板和一块银板浸在盐水里，发现连接两块金属的导线中有电流通过。于是，他就把许多锌片与银片之间垫上浸透盐水的绒布或纸片，平叠起来。用手触摸两端时，会感到强烈的电流刺激。他经过反复实验，终于发明了世界上第一个电池——“伏特电池”。这个“伏特电池”实际上就是串联的电池组。因为这种电池是根据电鳐的天然发电器设计的,所以把它叫做“人造电器官”。它成为早期电学实验和电报机的电力来源。1836 年,英国的丹尼尔对“伏特电池”进行了改良。他使用稀硫酸作电解液,解决了电池极化问题,制造出第一个不极化,能保持平衡电流的锌——铜电池,又称“丹尼尔电池”。此后,又陆续有去极化效果更好的“本生电池”和“格罗夫电池”等问世,但是,这些电池都存在电压随使用时间延长而下降的问题。1860 年,法国的普朗泰发明出用铅作电极的电池。这种电池的独特之处是,当电池使用一段时间电压下降时,可以给它通以反向电流,使电池电压回升。因为这种电池能充电,可以反复使用,所以称它为“蓄电池”。今天,人们日常生活中所用的电池五花八门,有干电池、蓄电池,以及体积小的微型电池,此外,还有金属一空气电池、燃料电池以及其他能量转换电池如太阳电池、温差电池、核电池。直到如今,电池的应用更加广泛。

## 无声胜有声——超声波

声音是自然界中最常见的现象,根据物理学的知识,声波的产生主要是由于声源的振动而引起的,例如,我们敲打鼓等。可是人类能够听见的声音并不是全部,由于人类耳朵的限制,所以能听到的声波频率在 20 ~ 20000 赫兹这个范围之内。当声波的振动频率大于 20000 赫兹或小于 20 赫兹时,人类就无法听见,但是这种声波许多动物却能够听见。于是,人类把频率高于 20000 赫兹的声波称为“超声波”。超声波具有方向性好,穿透能力强等特点,由于它的频率较高,所以能量也比较集中,在各种介质中传播距离比较远,现实中,在医学、军事、工业、农业上有很多的应用。

1. 蝙蝠

蝙蝠是翼手目动物的总称，是唯一一类演化出真正有飞翔能力的哺乳动物。几乎所有的蝙蝠都是白天憩息，夜间觅食。蝙蝠的脖子短；胸及肩部宽大，胸肌发达；而髋及腿部细长。除翼膜外，蝙蝠全身有毛，背部呈浓淡不同的灰色、棕黄色、褐色或黑色，而腹侧色调较浅。栖息于空旷地带的蝙蝠，皮毛上常有斑点或杂色斑块，颜色也各不相同。蝙蝠的翼是在进化过程中由前肢演化而来，是由其修长的爪子之间相连的皮肤（翼膜）构成。蝙蝠的吻部像啮齿类或狐狸。蝙蝠的外耳向前突出，很大，而且活动非常灵活。它们总是倒挂着休息。它们一般聚成群体，从几十只到几十万只。多数蝙蝠具有敏锐的听觉定向（或回声定位）系统。因此有"活雷达"之称。具有回声定位能力的蝙蝠，能产生短促而频率高的声脉冲，靠回声测距和定位的蝙蝠只发出一个简单的声音信号，这种信号通常是由一个或两个音素按一定规律反复地出现而组成。当蝙蝠在飞行时，发出的信号被物体弹回，形成了根据物体性质不同而有不同声音特征的回声。然后蝙蝠在分析回声的频率、音调和声音间隔等声音特征后，决定物体的性质和位置。它们能在完全黑暗的环境中飞行和捕捉食物，在大量干扰下运用回声定位，发出波信号而不影响正常的呼吸。蝙蝠个体之间也可以用声脉冲的方式交流。这种本领要求高度灵敏的耳和发声中枢与听觉中枢的紧密结合。有少部分蝙蝠依靠嗅觉和视觉找寻食物。飞行时蝙蝠把后腿向后伸，起着平衡的作用。蝙蝠一般都有冬眠的习性。蝙蝠类动物的食性相当广泛，大多数蝙蝠以昆虫为食。因为蝙蝠捕食大量昆虫，故在昆虫繁殖的平衡中起重要作用，甚至可以有助于控制害虫。

2. 蝙蝠与雷达

雷达所起的作用和眼睛相似，当然，它不再是大自然的杰作，同时，它的信息载体是无线电波。事实上，不论是可见光或是无线电波，在本质上是同一种东西，都是电磁波，传播的速度都是光速，差别在于它们各自占据的波段不同。其原理是雷达设备的发射机通过天线把电磁波能量射向空间某一方向，处在此方向上的物体反射碰到的电磁波；雷达天线接收此反射波，送至接收设备进行处理，提取有关该物体的某些信息（目标物体至雷达的距离，距离变化率或径向速度、方位、高度等）。雷达的优点是白天黑夜均能探测远距离的目标，且不受雾、云和雨的阻挡，具有全天候、全天时的特点，并有一定的穿透能力。因此，它不仅成为军事上必不可少的电子装备，而且广泛应用于社会经济发展（如气象预报、资源探测、环境监测等）和科学研究。假如你问雷达是谁发明的？在战争时期，美国麻省理工学院共500位科学家和工程师致力于雷达的研究。稀奇得很，自然界却给了科学家们提示：蝙蝠在黑暗中如何指导自己飞行，不论如何黑暗，如何狭窄的地方，绝不碰壁，这是什么原因？它怎样知道前面有无障碍呢？从蝙蝠口中发出一种频率极高的声波，超过人类听觉范围以外，曾经有两位科学家借着一种特制的电力设备，在蝙蝠飞行时，将它所发的高频率声波记录出来。这种声波碰到墙上，必然折回，它的耳膜就能分辨障碍物的距离远近，而向适宜方向飞去。蝙蝠传输声波也像雷达一样，都是相距极短的时间而且极有规则，并且每只蝙蝠都有其固有的频率，这样蝙蝠可分清自己的声音，不至于发生扰乱。

## 不用眼睛也能看——热感应能力

地球上有四个季节，每个季节给人的感觉都不一样。其中从冬天到春天让人感觉最是良好，因为大气的温度升高了，也就是我们都觉得热起来了。那么热到底是什么呢？根据物理学家的研究发现，热其实是物质运动的结果，热是由物体内那些为肉眼所看不见的细小微粒不停地运动所产生的。热量传递主要有三种方式。分别为热传递、对流和辐射。即热量之所以能够从高温物体传给低温物体，主要是高温物体的微粒和低温物体的微粒在相互碰撞中能量进行传递而造成的,一物体使另一物体变热时,它自身便会变冷,这就是自然界的能量守恒特性。当人在篝火旁的时候,就能够从火堆中感受到热,而且人本身就是一个热源,不仅仅能够感觉到热,也能够产生热,而在自然界中有一些动物的热感应能力是非常惊人的。

1. 响尾蛇

响尾蛇是脊椎动物,爬行纲,蝮蛇科(响尾蛇科)。响尾蛇是一种管牙类毒蛇,蛇毒是血液毒。响尾蛇一般体长约 1.5 ~2 米,体呈黄绿色,背部具有菱形黑褐斑。响尾蛇的尾部末端有一串角质环,为多次蜕皮后的残存物,当遇到敌人或急剧活动时,它会迅速摆动尾部的尾环,每秒钟可摆动 40 ~60 次,能长时间发出响亮的声音,致使敌人不敢近前,或被吓跑,故称为响尾蛇。响尾蛇和蝮蛇一类的蛇。它们的"热眼"都长在眼睛和鼻孔之间叫颊窝的地方。颊窝一般深 5 毫米,只有一粒米那么长。颊窝上密布有三叉神经末梢质体,这是红外感受单位,包含有许多线粒体。颊窝膜表面每平方毫米约有 1000 个红外感受单位。这个颊窝是个喇叭形,喇叭口斜向朝前,其间被一片薄膜分成内外两个部分。里面的部分有一个细管与外界相通,所以里面的温度和蛇所在的周围环境的温度是一样的。而外面的那部分却是一个热收集器,喇叭口所对的方向如果有热的物体,红外线就经过这里照射到薄膜的外侧一面。颊窝内层空气受到外层红外线接收细胞温度上升的影响,吸收热量后产生微小的压力,这个变化会刺激末梢神经,再把此讯息传递给脑部分析辨识。蛇知道了前方什么位置有热的物体,大脑就发出相应的命令,去捕获这个物体。蛇颊窝中的"热眼"对波长为 0.01 毫米的红外线的反应最灵敏、最强烈,只要辐射表面的一点点温

响尾蛇

差就可以被辨别，就算是在黑暗无光的夜晚，响尾蛇也可以精准地判定猎物的方位和距离。因此只要有小动物在旁边经过，响尾蛇就能马上发现，悄悄地爬过去，并且准确地判断出猎物的方向和距离，冲过去把它咬住。曾经有人实验过，全瞎的响尾蛇在颊窝的协助下，出击猎物的命中率仍然高达98%，但是如果你把颊窝遮住，命中率就会掉到27%。

### 2. 响尾蛇导弹

响尾蛇AIM—9是世界上第一种红外制导空对空导弹，它是以特殊的红外感应系统打击目标的。当物体温度高于绝对零度时都会产生红外线。在电磁光谱中，红外线介于可见光与无线电波和雷达波之间，可由透镜聚焦，也能透过非金属物质传至外界。响尾蛇一旦发现可疑红外线，就会迅速跟踪，然后迅速作出决断。一旦它觉得是可口的猎物，就会迅速发动袭击。美军秘密研制的这种空对空导弹也是利用敌方战机发出的红外特征进行跟踪攻击的，因此，美军试图借响尾蛇之名而扬导弹之威。于是“响尾蛇”成了美军第一种红外格斗导弹的名字。1962年，为了统一名称，美军给“响尾蛇”空战导弹一个正式的编号AIM—9.一直使用到现在。早期的该型导弹长近3米，直径120毫米多，弹体由铝管制成。弹头前端玻璃罩内是寻的系统，由一组硫化铅热感电池及聚焦光学部件构成。寻的段后面，是4片三角翼，可调控方向。导弹中段是爆炸段，由高爆炸药及引信组成。导弹后段，是火箭发动机，外加4片尾翼。1952年，该型空对空导弹开始秘密试射，前后试了13枚。由于技术不成熟，所有试验全部失败，导弹均没有击中目标。科学家们不得不加紧改进技术。功夫不负有心人，1953年9月11日，该型导弹第一次试射成功。海军武器中心大为高兴，认为这种武器不仅海军可用，空军和陆战队战机也可用。于是，基地给该型导弹正式编号为XAAM－N－7。其中，X代表试验阶段，AAM代表空对空导弹，N代表海军。1955年该型导弹少量投入生产。由于军种间有矛盾，美国空军直到1955年6月才觉得该型导弹可以“为我所用”，此时美国海军已开始为部署该型导弹做准备了。美国“响尾蛇”系列共有12型，AIM—9L属系列中的第三代，被称为“超级响尾蛇”。该型导弹1977年生产，弹长2.87米，直径127毫米，速度为2.5倍音速，最大射程18530米，可全方位攻击目标，最善于近距离格斗，体积小，重量轻，结构简单，成本低，“发射后不用管”。据不完全统计，在多次局部战争中，被它击落的飞机有200多架。该弹于1983年停产，被更先进的导弹取代。

## 飞舞的清凉——控温系统

我们都知道，人体体温一般保持在37℃左右，如果周围环境温度过高，会导致人体吸收热量而且不能排出，积聚在体内，人会感到非常难受。于是人体就会排出大量汗液，借蒸发来发散热量，以降低体温。另外，如果周围的温度比较低，人体散热太快的话，就会感到寒冷，就像冬天人们穿上了各种保暖的衣服帽子等，阻止人体热量过快发散而导致生病。只有当气温比较合适的时候，人们才会觉得凉爽而不会寒冷。人体的体温调节主要是通过大脑和丘脑下部的体温调节中枢和神经体液的作用，控制产热和散热的动态平衡在一定范围内波动。一般情况下，人们能够忍受的温度上限是52℃，而对于一般从事室外活动衣着合适的人，能够忍受的温度下限约为零下34℃。

1. 蝴蝶

蝶，通称为“蝴蝶”，昆虫中的一类。蝴蝶一般色彩鲜艳，翅膀和身体有各种花斑，图纹醒目。蝴蝶的头部有一对棒状或锤状触角，触角端部各节粗壮。蝴蝶翅宽大，停歇时翅竖立于背上。其翅、体和足上均覆以一触即落的扁平的鳞状毛，蝴蝶翅膀上的鳞片不仅能使蝴蝶艳丽无比，还像是蝴蝶的一件雨衣。因为蝴蝶翅膀的鳞片里含有丰富的脂肪，能把蝴蝶保护起来，所以即使下小雨时，蝴蝶也能飞行。腹部瘦长。从活动时间来看，一般种类的蝴蝶都是在早晚日光斜射时出来活动。但是,有些种类的蝴蝶是在白天活动的。蝴蝶的生长周期分为4个阶段:卵、幼虫(肉虫或毛虫)、蛹和成虫。大多数种类的蝴蝶幼虫以杂草或野生植物为食。少部分种类的蝴蝶幼虫因取食农作物而成为害虫,还有极少种类的蝴蝶幼虫因吃蚜虫而成为益虫。大部分蝴蝶成虫吸食花蜜。就吸食花蜜的蝴蝶来说,它们不仅吸花蜜,而且爱好吸食某些特定植物的花蜜,例如蓝凤蝶嗜吸百合科植物的花蜜;菜粉蝶嗜吸十字花科植物的花蜜;而豹蛱蝶则嗜吸菊科植物的花蜜等等。部分不吸食花蜜的蝴蝶比如竹眼蝶吸食无花果汁液;淡紫蛱蝶,它吸食病栎、杨树的酸浆。最大的蝴蝶展翅可达24厘米,最小的只有1.6厘米。大型蝴蝶非常引人注意,专门有人收集各种蝴蝶标本。在美洲"观蝶"迁徙和"观鸟"一样,成为一种活动,吸引许多人参加。

### 2. 蝴蝶鳞片与控温系统

人类发射的人造卫星在太空中遨游,大约在65%～70%的时间内在太空飞行时会受到太阳光的强烈辐射,以致温度往往高达200℃;在其余的时间内,卫星在地球的阴影区内运动,由于没有太阳光的辐射,卫星的温度就会降到零下200℃。这样大的温度变化,卫星上装置的各种精密仪器、仪表就很容易被"烤"裂或"冻"裂,使得卫星上安装的精密仪器仪表极易出现不能容许的偏差甚至故障。后来,人们发现了蝴蝶的鳞片具有调节体温的作用,科学家经过研究,模仿蝴蝶的鳞片为人造地球卫星设计了一套由类似的鳞片状受热散热片等组成的温度自动调节控制系统。这种控温系统外形很像百叶窗,每扇叶片的两个表面的辐射散热能力不同,一个很大,而另一个非常小。百叶窗的转动部位装有一种对温度很敏感、热胀冷缩性能特别明显的金属丝。当卫星温度急剧升高的时候,金属丝迅速膨胀,立即使叶片张开,辐射散热能力大的那个表面朝向太空,帮助卫星散热降低温度;当卫星温度突然下降的时候,金属丝会马上冷缩,并使每扇叶片闭合,让辐射散热能力小的那个表面暴露在太空,抑制卫星的散热。通过叶片的开启和关闭,观察舱内的温度可以控制在5℃～35℃范围之内,基本满足仪器设备的工作要求。

## 日照香炉不生热——冷光

当我们烧菜或者点火柴的时候,都能够看到光,同时也会感觉到热。例如,早期的钨丝电灯泡,点久后如果用手触摸会让人感觉到非常烫手。光是人类眼睛可以看见的一种电磁波,人们看到的光来自于太阳或产生光的设备,也就是光源。许多光源都是热光源,简单的就如蜡烛一样,通过火焰来发出光、发出热,所以早期人们的家里容易发生火灾。随着科学技术的发展,现在发展的主要都是一些冷光源。这种光源主要发出冷光,只有非常少的热量,不仅仅安全,而且节省能源,保护环境。例如日光灯等,这些冷光源的灵感主要来自于一些动物的能力,你猜它们是什么动物?

### 1. 萤火虫

萤火虫是鞘翅目萤科昆虫的通称,全世界约有 2000 种,分布在热带、亚热带和温带地区。根据中国几位专家的统计,在中国现发现的萤火虫约有 100 余种。萤火虫体型小,长而扁平,体壁与鞘翅柔软;头狭小,眼呈半圆球形,雄性的眼常大于雌性;腹部 7~8 节,末端下方有发光器。萤火虫的发光器是由发光细胞、反射层细胞、神经与表皮等所组成。如果将发光器的构造比喻成汽车的车灯,发光细胞就有如车灯的灯泡,而反射层细胞就有如车灯的灯罩,“灯罩”会将发光细胞所发出的光集中反射出去。所以虽然只是小小的光芒,在黑暗中却让人觉得相当明亮。而萤火虫的发光器会发光,起始于传至发光细胞的神经冲动,使得原本处于抑制状态的荧光素被解除抑制。而萤火虫的发光细胞内有一种含磷的化学物质,称为荧光素。在荧光素的催化下发生氧化,同时,产生的能量便以光的形式释放出。由于荧光素与氧的反应所产生的大部分能量都用来发光,只有 2%~10% 的能量转为热能,所以当萤火虫停在我们的手上时。我们不会被萤火虫的光给烫着,所以有些人称萤火虫发出来的光为“冷光”。对于萤火虫发光的目的,早期学者提出的假设有求偶、沟通。雄性萤火虫较为活跃,主动四处飞来吸引异性;雌性停在叶上等候发出讯号。常见萤火虫的光色有黄色、红色及绿色,雄萤腹部有 2 节发光,雌萤只有 1 节发光。发光是耗能活动,所以萤火虫不会整晚发光,萤火虫发光一般只发光 2 至 3 小时。萤火虫成虫寿命一般只有 5 天至 2 星期,这段时间主要用来交尾繁殖下一代。虽然我们印象中的萤火虫大多是雄虫有两节发光器、雌虫有一节发光器,但这种情况仅出现在熠萤亚科中的熠萤属及脉翅萤属。因为像台湾窗萤,雌雄都有两节发光器,两者最大的区别在于雌虫为短翅型,而雄虫则为长翅型。

### 2. 人工冷光

自从人类发明了电灯,生活变得方便、丰富多了。但电灯只能将电能的很少一部分转变成可见光,其余大部分都以热能的形式浪费掉了。而且电灯的热射线有害于人眼。那么,有没有只发光不发热的光源呢?在众多的发光动物中。萤火虫是其中的一类。萤火虫发出冷光不仅具有很高的发光效率,而且发出的冷光一般都很柔和,很适合人类的眼睛,光的强度也比较高。因此,生物光是一种人类理想的光。人们根据对萤火虫的研究,研制出了日光灯。日光灯又称荧光灯,样子细细的,长长的。日光灯两端各有一组灯丝,灯管内充有微量的氩和稀薄的汞蒸气,灯管内壁上涂有荧光粉,两个灯丝之间的气体导电时发出紫外线,使荧光粉发出柔和的可见光。这个发明使人类的照明光源发生了很大变化。20 世纪 90 年代,意大利研制出一款对照明具有划时代意义的台灯“法宝”,这种台灯不但完全利用冷光系统设计而成,而且最重要的是它根本用不着电源、电线和灯泡,完全摆脱了电的束缚,堪称真正的“类生物灯”。由于这种台灯发出的光线柔和,既适于人的视觉,又不产生热量,因此,在易爆物质的贮存库和充满一氧化碳、氢气等易燃易爆气体的矿井里,尤其是在化学武器贮存库和弹药库里,它是最安全的照明设施。但是由于这种灯的亮度不够高,发光时间也相对较短，已经渐渐被发热量很低的发光二极管制成的灯所取代。这种灯也曾广泛用于战场，作为军官们夜间查看地图、资料用的战地灯。另外，由于冷光源不会产生磁场，在排除磁性水雷或深海作业时，它更是蛙人的一种理想照明工具。如今，最先进的应用就是把荧光涂料涂在手心，这样一来，张合手掌就可以开关战地灯了。

## 搅乱视线迷惑敌人——喷墨

人眼在看东西的时候，主要依靠光线，当光线被空气中的颗粒不停地散射之后，人的双眼其实就很难看得见东西了。例如雾中，人眼的能见度是非常低的。当在大气中水汽充足以及大气层稳定的情况下，空气中的水汽因为温度变低，就很有可能会凝结成细微的水滴悬浮在空中。这些细小的水滴会将光线不断地散射，造成一定范围内人的能见度极低，所以如果要在军事上或者表演上迷惑人的话，人们就会用干冰降低温度，制造雾的状态，使得人们无法看清楚里面的真实情况。由此而来的迷惑技术，主要是降低对方的能见度，通过烟雾或者其他手段迷惑对方，让对方找不到正确的方向。在自然界中，许多生物就有这样的本领，它们能够通过喷吐一种物质来迷惑敌人，从而让自己有足够的时间逃掉。

### 1. 乌贼

乌贼，本名乌鲗，又称花枝、墨斗鱼或墨鱼，是软体动物门头足纲乌贼目的动物。乌贼的身体可区分为头、足和躯干三个部分。乌贼的头位于体前端，呈球形，顶端为口，四周围具口膜。乌贼的足已特化成腕和漏斗。乌贼共有 10 条腕，有 8 条短腕，还有两条长触腕以供捕食用，并能缩回到两个囊内；腕及触腕顶端有吸盘。漏斗位于头部的腹面，它不仅是生殖、排泄、墨汁的出口，也是乌贼重要的运动器官。乌贼的头两侧有一对发达的眼，眼的构造复杂；眼后下方有一椭圆形的小窝，称做嗅觉陷，为嗅觉器官，相当腹足类的嗅检器，是化学感受器。乌贼的躯干呈袋状，背腹略扁，位于头后，外被肌肉非常发达的套膜，其内即为内脏团。躯干两侧具有狭窄的肉质鳍，在躯干末端分离，鳍在游泳中起平衡作用。乌贼的体内有一厚的石灰质内壳（乌贼骨、墨鱼骨或海螵蛸），稍扁。由于躯干背侧上皮下具有色素细胞，可使皮肤改变颜色的深浅。乌贼的皮肤中有色素小囊，会随"情绪"的变化而改变颜色和大小。每年春夏之际，乌贼由深水游向浅水内湾处产卵，此谓生殖洄游。平时乌贼生活在热带和温带沿岸浅水中，冬季常迁至较深海域。乌贼游泳的速度很快，主要以甲壳类为食，也捕食鱼类及其他软体动物等。乌贼种类有巨型乌贼、金乌贼等等。我国常见的乌贼有金乌贼与无针乌贼。乌贼的主要敌害是大型水生动物。乌贼遇到强敌时会以"喷墨"作为逃生的方法，伺机离开，因而有"乌贼"、"墨鱼"等名称，它是头足类中最为杰出的放烟幕专家。乌贼不但味感鲜脆爽口，蛋白质含量也很高，具有较高的营养价值，而且富有药用价值。乌贼可以说全身是宝，食用味美，药用效佳。

### 2. 乌贼喷墨与鱼雷诱饵

当乌贼遇到强大的敌害后，它就拼命地逃跑，实在逃不脱时，它只得使出最后的绝招，放出烟幕弹。即从墨囊里喷出一股墨汁，把周围的海水染成一片黑色，使敌害看不见它，就在这黑色烟幕的掩护下，它便逃之夭夭了。这下，潜艇设计者们有灵感了，他们仿效乌贼的这一功能设计出了"鱼雷诱饵"。这是一种对抗鱼雷威胁的声诱饵弹。它可由水面舰艇上的发射装置发射。诱饵弹一离开发射管，其后部的尾翼便自动伸出以稳定其飞行。当诱饵弹撞击水面时，其前、后部分离，同时声辐射器也从前部释放出来，与充气浮体分开并下沉到一定深度，发射声信号以诱骗鱼雷。这是扰乱鱼雷制导的装备，能够利用伪装的螺旋桨噪音等引诱鱼雷攻击。经过不断的技术改进，如今的鱼雷诱饵更像一艘袖珍的潜艇，它不仅能像一般潜艇一样按照既定的目标航行，更神奇的是，它还可以模拟噪音、螺旋桨节拍、声信号和多普勒音调变化等。正是它这种惟妙惟肖的表演,让敌人的潜艇或者执行攻击任务的鱼雷真假难辨,最终使潜艇得以逃脱。比如AN/SLQ—25的正式名称是"水面舰鱼雷防御系统",它是一种电子声学诱饵系统,它采用数字控制和模块化设计,能够对靠声音寻找目标的鱼雷实施欺骗。在使用时,AN/SLQ—25通过军舰尾部的发射孔发射出一个流线形浮标,并由一根拖曳信号传输同轴电缆拖在船尾。浮标里面是一个水下音响发生器,它使用电子或电动机械方式来产生鱼雷"感兴趣"的声音信号。由于它发出的信号比军舰本身的声学信号强烈,鱼雷会把它误认为是目标并向它袭来,从而使军舰得到保护。

## 一天到晚游泳的鱼——速游

《晏子春秋·问下》十五:"臣闻君子如关渊泽,容之,众人归之,如鱼有依,极其游泳之乐。"水是生命之母。人很小的时候就非常喜欢亲近水,游泳就是一种人类与水之间的、受人欢迎的一种活动。古代,居住在江河湖海一带的人,为了生存,必然要在水中捕捉水生物作食物,他们观察和模仿水中的鱼类、青蛙等动物,在浅水里慢慢训练自己的动作,使得人类慢慢掌握了游泳的各种方法。以前的游泳活动,一般只是对士兵的一种训练和贵族子女教育的一个重要部分,而之后的人们发现,游泳对身体有着许多的好处,特别是对心脏和肌肉有着不同的好处。随着知识的普及,人们也逐渐开始接受游泳成为一种有意于身心健康的活动。而现代游泳运动起源于英国,18世纪初传到法国,继而成为风靡欧洲的运动。

1. 鲨鱼

鲨鱼早在恐龙出现前3亿年就已经存在于地球上,至今已超过4亿年,它们在近1亿年来几乎没有改变。鲨鱼,在古代叫做鲛、鲛鲨、沙鱼,是海洋中的庞然大物，所以号称“海中狼”。世界上约有380种鲨鱼，其中约有30种会主动攻击人，有7种可能会致人死亡，还有27种因为体型和习性的关系，具有危险性。其中大白鲨是海洋中攻击人的体形最大的食肉类鲨鱼。鲨鱼在海水中对气味特别敏感，尤其对血腥味，伤病的鱼类不规则的游弋所发出的低频率振动或者少量出血，都可以把它从远处招来，甚至能超过陆地狗的嗅觉。鲨鱼可以嗅出水中1ppm(百万分之一)浓度的血肉腥味来。日本科学家研究发现，在1万吨的海水中即使仅溶解1克氨基酸，鲨鱼也能觉察出气味而聚集在一起。如雌鲨鱼分娩过后，即使在大海里漫游千里之后，也能沿着气味逆游回到它的出生地生活。1米长的鲨鱼，其鼻腔中密布嗅觉神经末梢的面积可达4842平方厘米，如5米长的噬人鲨，其灵敏的嗅觉可嗅到数公里外的受伤人和海洋动物的血腥味。鲨鱼游泳时主要是靠身体，像蛇一样地运动并配合尾鳍像橹一样地摆动向前推进。稳定和控制身体的主要是运用多少有些垂直的背鳍和水平调度的胸鳍。鲨鱼多数不能倒游，因此它很容易陷入像刺网这样的障碍中，而且一陷入就难以自拔。鲨鱼没有鳔，所以这类动物的比重主要由肝脏储藏的油脂量来确定。鲨鱼密度比水稍大，也就是说，如果它们不积极游动，就会沉到海底。它们游得很快，但只能在短时间内保持高速。鲨鱼每侧有5个鳃裂，在游动时海水通过半开的口吸入，从鳃裂流出进行气体交换。张着口游泳的鲨鱼的确看起来很可怕，可是你能不让人家呼吸吗？少数鲨鱼种类能停在海底进行呼吸。

### 2. 鲨鱼皮泳衣

而关于穿什么样的泳衣游得更快，人们已探索了许多年。泳者在水中遇到的阻力，与水的密度、泳者的正面面积、摩擦系数及泳者速度的平方成正比，因此减少正面面积和摩擦系数是设计低阻力泳衣的关键。悉尼奥运会游泳比赛中，澳大利亚选手伊恩·索普穿黑色连体紧身泳装，宛如碧波中前进的鲨鱼，劈波斩浪，一举夺得3枚金牌，而他身穿的鲨鱼皮泳衣也从此名震泳界。鲨鱼皮泳衣是人们根据泳衣具有鲨鱼皮的特点起的绰号，其实它有着更加响亮的名字:快皮。快皮的核心技术在于模仿鲨鱼的皮肤。快皮的超伸展纤维表面便是完全仿造鲨鱼皮肤表面制成的。此外,这款泳衣还充分融合了仿生学原理:在接缝处模仿人类的肌腱,为运动员向后划水时提供动力;在布料上模仿人类的皮肤,富有弹性。实验表明,快皮的纤维可以减少3%的水的阻力,这在0.01秒就能决定胜负的游泳比赛中有着非凡意义。1999年10月,国际泳联正式允许运动员穿快皮参赛。随着这个规定,“鲨鱼皮”改变了整个泳坛,北京奥运会前夕,澳大利亚游泳奥运选拔赛中,苏利文等选手曾经在7天之内7次打破世界纪录。而在欧洲游泳锦标赛,法国、荷兰和意大利的选手共6次刷新世界纪录。据国际泳联提供的信息,自2月中旬之后的6周之内,碧水池中诞生了16项新的世界纪录,而其中的15项是运动员身着第四代“鲨鱼皮”泳衣创造的。在6月末的美国游泳奥运选拔赛上,美国“飞鱼”菲尔普斯又身着这款“神奇泳衣”打破了男子400米混合泳的世界纪录,接下来是名将霍夫创造了女子400米混合泳的纪录。事实证明,这款泳衣自投入市场以来,确实一路伴随着泳坛的革命:已作古的44项世界纪录中,居然有40项跟它有关。一时之间,新泳衣成为征战北京奥运各代表团争相崇拜的“偶像”,据了解,当时有50多个国家运动员身穿“鲨鱼皮”参加北京奥运会,这使得“鲨鱼皮”成为北京奥运会的泳衣霸主。2009年7月,国际泳联宣布,“鲨鱼皮泳衣”2010年起全球禁用。

## 身上总有千千眼——复眼

每天,当阳光射进窗来,我们的第一个动作就是睁开双眼,感觉到光的变化。人的眼睛其实就像是一个凸透镜一般,当光投射进眼睛的时候,经过晶状体的折射,投像在视网膜上,所以我们就看到了影像。日常生活中照相机的原理也是类似于人类眼睛视物的原理,只不过照相机的影像是呈现在胶卷上,现在的数码相机则直接将光信号转变为电信号,存储在各种存储卡里。可是,随着人们对各种生物进一步的研究发现,在许多昆虫身上有着很多眼睛,更有单眼和复眼之分,其中复眼与我们日常所见的眼睛有着很大的不同。

### 1. 蜻蜓

蜻蜓,也称为豆娘,是人们熟知的昆虫,也是蜻蜓目所有昆虫的通称。世界上的蜻蜓约有 5000 余种,在我国约有 300 种。最常见的蜻蜓有 3 种:碧伟蜓、黄蜓和豆娘,这 3 种蜻蜓基本上代表了蜻蜓目的各个科,即代表了大型、中型和小型蜻蜓。蜻蜓的翅非常发达,飞行能力很强,每秒钟的飞行速度可达 10 米,既可突然回转,又可直入云霄,有时还能后退着飞行。蜻蜓的头部可以灵活转动,它的触角较短,复眼发达,有三个单眼;蜻蜓的咀嚼式口器强大有力,腹部呈细长、扁形或呈圆筒形,末端有肛附器;蜻蜓的足细而长,上有钩刺,可在空中飞行时捕捉害虫。蜻蜓除能大量捕食蚊蝇外,有的还能捕食蝶、蛾、蜂等害虫,可以算是益虫。生物学上蜻蜓被认为是不完全变态昆虫,无论成虫还是幼虫均为肉食性,大多食害虫。蜻蜓的幼虫称为"水蚕",在水中用直肠气管鳃呼吸。水蚕一般要经历 11 次以上的蜕皮,需时 2 年或 2 年以上才沿水草爬出水面,再经最后蜕皮羽化为成虫。功能上无翼的幼体在颜色上通常是斑驳或黯淡的,与生活环境中的沉淀物或水生植物颜色一样。它们突出的双眼类似成虫,但具有成虫所没有的惊人的解剖结构,这称为"面具",是幼体第三对口器的融合体。蜻蜓幼体的面具大得不成比例,不用时收在头部和喉部之下。面具尾端是一组牙状的夹子,用来抓住蠕虫、甲壳动物、蝌蚪、小鱼等猎物。不同种类的蜻蜓幼体分别称为趴虫、穴虫、隐虫或夹虫,它们的身形、代谢、呼吸端视所在的微小生境而定。蜻蜓在休息时,双翅平展两侧,或直立于背上。前翅和后翅不相似,后翅常大于前翅。翅的前缘,在接近翅顶处,各有 1 个翅痣,呈长方形或方形,可保持翅的震动规律性,并可防止因震颤而折伤。蜻蜓常见于全世界各地的淡水环境附近,人们常在下雨前低空中发现有蜻蜓飞舞。

### 2. 复眼与复眼照相机

科学家曾做过实验:把苍蝇复眼的角膜剥离下来作照相镜头,放在显微镜下照相,一下子就可以照出几百个相同的像。如果人的头部不动,眼睛能看到的范围不会超过 180 度,身体背后的东西看不到。可是,昆虫复眼能看到 350 度,差不多可以看一圈。另外人眼只能看到可见光,而复眼却能看到人眼看不见的紫外光。而要看快速运动的物体,人眼就更比不上蝇的复眼了。一般说来,人眼要用 0.05 秒才能看清楚物体的轮廓,而复眼只要 0.01 秒就行了。受到昆虫复眼的启发,美国伯克利大学研制成世界上第一个模仿昆虫眼睛的照相机镜头——“复眼”镜头。复眼镜头由 8500 个六角微型透镜胶合而成,使它的视界比传统的广角镜头更大。“复眼”镜头直径为 2.5 毫米。在人造“眼”中玻璃微型透镜涂覆有一层环氧树脂半球面,其内部有微波纤维通过,由微波纤维代替昆虫将光信号从每一只复眼传向大脑的神经纤维。复眼镜头可使一个物体形成许多像,小透镜越多,形成的像也越多。把复眼镜头安装在照相机上,就做成了复眼照相机。用复眼照相机拍照,一次就能拍出 1000 多张一模一样的相片。将复眼照相机用于邮票印刷,照一次相制一块版,就可以出几百张邮票,而过去用普通照相机,需要一张一张地拍摄几百次。不仅如此,复眼照相机的分辨率非常高。如果在 1 厘米的直线上,划上 4000 条细线,即使眼睛最好的人也别想看清,更别说数清 4000 条细线了。而复眼照相机就能把 4000 条细线一根一根分得一清二楚。有的昆虫长有重叠式复眼,模仿这种复眼,科学家发明出重叠式复眼透镜,把它装在照相机上,可以直接拍出立体照片呢!

### 3. 相控阵雷达

相控阵雷达又称做相位阵列雷达,是一种以改变雷达波相位来改变波束方向的雷达,因为是以电子方式控制波束而非传统的机械转动天线面方式,故又称电子扫描雷达。我们知道,蜻蜓的每只眼睛由许许多多个小眼组成,每个小眼都能成完整的像,这样就使得蜻蜓所看到的范围要比人眼大得多。与此类似,相控阵雷达的天线阵面也由许多个辐射单元和接收单元(称为阵元)组成,单元数目和雷达的功能有关,可以从几百个到几万个。这些单元有规则地排列在平面上，构成阵列天线。例如，美国装备的“铺路爪”相控阵预警雷达在固定不动的圆形天线阵上，排列着15360个能发射电磁波的辐射器和2000个不发射电磁波的辐射器。这15360个辐射器分成96组，与其他不发射电磁波的辐射器搭配起来，这样，每组由各自的发射机供给电能，也由各自的接收机来接收自己的回波。所以，实际上它是96部雷达的组合体。这种雷达的工作基础是相位可控的阵列天线，“相控阵”由此得名。相位控制可采用相位法、实时法、频率法和电子馈电开关法。在一维上排列若干辐射单元即为线阵，在两维上排列若干辐射单元称为平面阵。辐射单元也可以排列在曲线上或曲面上，这种天线称为共形阵天线。共形阵天线可以克服线阵和平面阵扫描角小的缺点，能以一部天线实现全空域电扫。相控阵雷达之所以具有强大的生命力，因为它优胜于一般机械扫描雷达。有能对付多目标、功能多、机动性强、反应时间短、数据率高、抗干扰能力强、可靠性高等优点。20世纪80年代，由于相控阵雷达具有很多独特的优点，得到了更进一步的应用。在已装备和正在研制的新一代中、远程防空导弹武器系统中多采用多功能相控阵雷达，它已成为第三代中、远程防空导弹武器系统的一个重要标志，从而，大大提高了防空导弹武器系统的作战性能。未来，相控阵雷达随着科技的不断发展和现代战争兵器的特点，其制造和研究会更上一层楼。

## 生命的坚韧——再生

再生，是人们一直很想获得的一种超能力，例如，断裂的四肢能够重新长出来，重伤的身躯能够恢复完好。而这也是人们一直忽略的一种能力，如平时我们所见的伤口愈合。如果要给再生下一个准确的定义的话，我们可以说再生是指生物体的一部分损坏之后，机体重新生成完整生物体的过程。按照通俗的说法，就是身体的自我修复。可是现实中的人们经常过于理想化了，将再生理所当然地看成是重生。这两种概念实际上有着许多的不同。例如有些人由于某种原因，失去了一只手臂或者一只脚，或身体的某一个部分，再生的能力是不可能促使身体长出一个新的手臂或脚。在中国历史上皇帝身边一个有名的职业——太监就是一个非常典型的例子。一般来说，我们人类再生只是在细胞水平上靠细胞增殖来补充坏死、脱落的细胞，从而达到伤口愈合的目的，所以，绝对不会长出新的器官或者肢体。而自然界中有许多生物体即使被切成两半，但是切掉的部分还是能够再生。

1. 蚯蚓

蚯蚓为常见的一种陆生环节动物，它生活在土壤中，昼伏夜出，以畜禽粪便和有机废物垃圾为食，连同泥土一同吞入，它也摄食植物的茎叶等碎片。蚯蚓的身体呈圆筒形，褐色稍淡，它的前段稍尖，后端稍圆，在前端有一个分节不明显的环带，它的腹面颜色较浅。蚯蚓的身体两侧对称，具有分节现象；没有骨骼，在体表覆盖一层具有色素的薄角质层。蚯蚓的躯体分为多数体节（陆正蚓多达150节）。大多数体节中间有刚毛，在蚯蚓爬行时起固定支撑作用。蚯蚓的某些内脏器官（如排泄器官）见于每一体节。蚯蚓在11节体节后，各节背部背线处有背孔，有利于呼吸，保持身体湿润。蚯蚓身体的第32—37节稍粗，无节间沟，色稍浅，在生殖季节能分泌黏稠物质，形成蚓茧，包裹排出的卵。蚯蚓躯体前后两端渐细，尾端稍钝。蚯蚓无视觉和听觉器官，但能感受光线及震动。蚯蚓是通过肌肉收缩向前移动的，具有避强光、趋弱光的特点。蚯蚓雌雄同体，异体受精，生殖时借由环带产生卵茧，繁殖下一代。目前已知蚯蚓有200多种。人们常常用它们做钓鱼的诱饵，故俗称钓鱼虫。当你把蚯蚓切成两截，将其中的一截用做鱼饵之后，你会发现，剩下的半截躯体并没有死去，而且在一段时间之后，这半截身躯会重新长出新的躯体，成为一条完整的蚯蚓。可见。蚯蚓有惊人的再生能力。蚯蚓可使土壤疏松、改良土壤、提高肥力，促进农业增产。蚯蚓在中药里叫地龙（开边地龙、广地龙），《本草纲目》称之为具有通经活络、活血化瘀、预防和治疗心脑血管疾病作用。

### 2. 蚯蚓与干细胞再生术

或许,我们从蚯蚓超强的再生能力受到启发,希望有一天,哪个器官不好了,也可以再生出一个器官。科学家们不断地研究、实验,人们的梦想果真可以通过干细胞再生术得以实现吗? 什么是干细胞呢? 干细胞是一类具有自我复制能力的多潜能细胞,在合适的环境下或给予适当的信号诱导,干细胞可以分化成构建人体的不同组织的细胞。实际上,干细胞是一种未充分分化,尚不成熟的细胞,它具有再生各种组织器官和人体的潜在功能,医学界称为“万用细胞”。干细胞分两类:胚胎干细胞和组织干细胞。胚胎干细胞是指受精卵分裂到32个细胞前,每一个胚胎干细胞在一定的条件下都可以发育成一个完整的个体;组织干细胞在一定条件下则可以分化成相应的组织细胞。而蚯蚓断截面的原生细胞相当于这“万能细胞”,这就是蚯蚓的再生能力那么强的原因了。干细胞再生术就是采用自身的干细胞进行移植,可以说是哪里有病就将自身的干细胞移植到哪儿去,从而达到治疗疾病的效果。进行干细胞再生术需要在严格的无菌环境下进行。医院细胞治疗室需要超净的工作间和相关所有需要的仪器等等,以保证安全有效的治疗效果。目前干细胞移植技术主要有两种方式:一是将部分干细胞直接移植到体内,由体内的信号来引导这部分干细胞分化为成熟的合适的细胞;二是在进行干细胞移植手术的同时,也可以在病人的病灶部位安装一个干细胞移植泵,将部分干细胞在体外进行培养扩增,使之在体外向所需的方向分化,而后分批用移植泵移植到病人体内。干细胞再生术已经逐渐成为治疗白血病、各种恶性肿瘤放化疗后引起的造血系统和免疫系统功能障碍等疾病的一种重要手段。科学家预言,用神经干细胞替代已被破坏的神经细胞,有望使因脊髓损伤而瘫痪的病人重新站立起来。或许不久的将来,失明、帕金森氏综合症、艾滋病、老年性痴呆、心肌梗死和糖尿病等绝大多数疾病的患者,都可望借助干细胞移植手术获得康复。

# 与众不同的高——高压血液输送

随着生物学知识的普及,我们知道人类的血液传输都是靠着心脏这一动力器官,每次心脏搏动的时候,就是使血液进行全身循环的过程。一般人类血压正常值为 90~139/60~89. 前为收缩压,后为舒张压。因为受到地球引力的影响,人在躺卧状态时,血液输送到脑部的时候,心脏每分钟喷出的血量达 5 升左右;而在直立状态时,70% 的血量在心脏下方,心脏喷血量降低到每分钟只有 3 升左右。这使得人直立的时候,血液输送能力相对较弱,所以人在弯腰低头的时候,如果时间较长,突然起立,容易出现头部眩晕的症状,这就是短时间头部缺氧造成的。但在自然界中有些动物的心脏却能将血传输很长的距离,血压比起人类而言也高出了许多。

## 1. 长颈鹿

长颈鹿是陆地上最高的动物。雄性长颈鹿个体大概有 5.5 米高,重达 900 公斤;雌性个体一般要小一些。雌雄长颈鹿的头顶都有外包皮肤和茸毛的小角。长颈鹿眼大而突出,位于头顶上,适宜远望。长颈鹿遍体具棕黄色网状斑纹。原来,它的祖先并不高,主要靠吃草为生。后来,自然条件发生变化,地上的草变得稀少,长颈鹿只能伸长脖子才能吃到高大树木上的树叶,才能使自己生存下来,并繁衍出自己的后代,这样一代代延续下来,长颈鹿就变成现在这样的长脖子了。长颈鹿在大草原上就可以吃到其他动物无法吃到的、在较高地方的新鲜嫩树叶与树芽。由于它们要时常咀嚼从树上摘下的树叶,这就使得它们的下颚肌肉不停地运动,而脸部因缺少运动而生长缓慢,所以我们可以看到长颈鹿总是一副僵硬的表情。

别看长颈鹿的脖子长,但很灵活,不仅可以帮助它看得更远、发现远处的食物或者危险,还可以吃到高处其他动物吃不到的植物和果实,同时,长脖子还是它们“打仗”的工具:两头雄性争夺雌性时,长颈鹿的脖子是重要的武器。你看右下图中这两只雄性长颈鹿厮打起来,与众不同的是,它俩不用牙齿咬,不用角顶,也不用脚踢,而是用脖子互相缠绕着厮杀格斗。一会儿它把它缠倒了,一会儿它又把它缠倒了,互不相让,互不认输,可以持续好长一段时间,不知打了多少个回合,最终还是分出了输赢。只见胜者缠住败者的脖子,迫使它低头认输,直到把头低到蹄子为止。还真有些“铁箍使头低,败者势如泥”的情形。在夏季酷热中长脖子还起了冷却塔的作用,它的巨大暴露面有助于散热。

## 2. 长颈鹿与抗荷服

在晴朗的天空,出现了一个黑点,越来越近,才看清是一架飞机在飞行。在超音速歼击机突然爬升的时候,由于惯性的作用。飞行员身体中的大量血液会从心脏流向双脚,使脑子产生缺血的现象。如何解决这个问题?其实长颈鹿早就解决了这个问题。有专业人员测过长颈鹿的血压,长颈鹿的血压大约是成年人的三倍。因为长颈鹿身高上的优势要求它们要拥有比普通动物更高的血压,以便于心脏把血液输送到大脑。当看到长颈鹿那巨大的头颅一下子低到地面又抬了起来,人们不禁对这种生理上的奇迹叹为观止。科学家看到长颈鹿,便从长颈鹿身上得到了启发。原来是裹在长颈鹿身体表面的一层厚皮起了作用。长颈鹿低头时,厚皮紧紧地箍住了血管,限制了血压,使其不能因血压突然升高而发生意外。科学家依照长颈鹿厚皮原理设计出了“抗荷服”,服内有一装置,在飞机加速时可压缩空气,对飞行员的血管产生相应的压力,从而在一定的程度上起到了限制血压的作用。目前,有传统的充气式抗荷服虽然可以有效地对抗高过载,但是却存在着致命的缺陷——反应滞后。瑞士科学家最近研制出的一种全新的充液式抗荷服可以有效地解决传统的充气式抗荷服反应滞后的问题。就此而言抗荷服比长颈鹿的厚皮更高明一步。

# 不识庐山真面目——隐形

隐形又叫隐身,字面上的意思是隐藏具体形状,却仍然存在于空间中,这是一种人类幻想出来的能力,实现的可能性极低。在现代战争中,却有着隐身飞机、隐身导弹、隐身坦克、隐身舰船等各种隐身武器,它们的存在是为了更有效地“保存自己,消灭敌人”。为什么这些武器又称为隐身呢?原因在于目前所说的隐身技术,主要是靠减少武器装备等目标的可探测信息特征,使敌方探测系统难以发现或发现概率降低,致使等到发现时防御系统已来不及反击的技术。现代战场上的侦察探测系统主要有雷达、红外、电子、可见光、声波等探测系统。据说,在未来战场上将出现愈来愈多的各种隐身武器,这将大大提高武器装备的生存能力、突防能力和作战效能。

## 1. 夜蛾

夜蛾是鳞翅目夜蛾科的通称。全世界约有 2 万种,中国约有 1600 种。夜蛾成虫口器发达,下唇须有钩形、镰形、椎形、三角形等多种形状,少数种类下唇须极长,可上弯达胸背。夜蛾的喙发达,静止时卷曲,只少数种类喙退化。夜蛾的复眼呈半球形,少数是肾形的。夜蛾的触角有线形、锯齿形、栉形等。夜蛾的额光滑或有突起;翅色多较晦暗,热带地区种类比较鲜艳。夜蛾的前

夜蛾

翅通常有几条横线,中室中部与端部通常分别可见环纹与肾纹,亚中褶近基部常有剑纹。体型一般中等,但不同种类可相差很大,小型的翅展仅 10 毫米左右,大型的翅展可达 130 毫米。夜蛾多为植食性害虫,少数种类捕食其他昆虫,例如紫胶猎夜蛾(又名紫胶白虫)即为紫胶虫的天敌之一。夜蛾成虫夜间活

动，多数对灯火和糖蜜有正趋性。夜蛾白天隐藏于荫蔽处，栖止时翅多平贴于腹背。夜蛾科许多种类在大量繁殖时，会给农作物造成大害，黏虫、小地老虎、黄地老虎、棉铃虫等都是著名的作物害虫。夜蛾的特殊能力就是它的反声呐技术，这主要归功于它的特殊的耳朵——鼓膜器。这种“耳朵”长在夜蛾胸腹之间的凹处，它专门接收超声波信号，甚至连超声波信号的变化都能感觉出来。当蝙蝠还在离夜蛾30米远、5米高之处飞行时，夜蛾就能感知它所发出的微弱超声波信号，并能查明蝙蝠的距离和飞行特征的变化。一旦蝙蝠发现了夜蛾，它发出叫声的频率就会突然升高，就像扫描雷达捉到目标后会自动增加发射脉冲，以便把目标保持在探索范围内那样。这时夜蛾也“听到”了频率突然升高的蝙蝠叫声，趁着蝙蝠离自己不远，便从容不迫地逃走了。如果蝙蝠已近在咫尺。夜蛾鼓膜里的神经脉冲就会达到饱和频率，这说明情况已十分危急。于是夜蛾立即采取紧急措施，翻筋斗、兜圈子、螺旋下降或者干脆收起翅膀，一个倒栽葱落到地面草丛中，这一连串急速多变的动作往往干扰了蝙蝠的超声波定向。单靠飞行技巧还不够，夜蛾要想逃出蝙蝠的手心。还得使用两个法宝。一个法宝是它的反声呐装置——卡在足部关节上的一种振动器，它可以发出一连串的“咔嚓”声，来干扰蝙蝠的超声波定位。另外，有的夜蛾还有一个法宝——披在身上的厚厚的绒毛，这层绒毛可以吸收超声波，使蝙蝠收不到足够的回声，从而大大缩小了蝙蝠声呐的作用距离。最近发现，有些夜蛾还有“早期报警雷达”，它们能主动发射极高频率的超声波来探测蝙蝠，一旦发现敌情，便及早逃脱。

### 2. 隐身技术

隐形技术，俗称隐身技术，准确的术语应该是“低可探测技术”。即通过研究利用各种不同的技术手段来改变己方目标的可探测性信息特征，最大限度地降低对方探测系统发现的概率，使己方目标、己方的武器装备不被敌方的探测系统发现和探测到。隐形技术是传统伪装技术的一种应用和延伸，它的出现，使伪装技术由防御性走向了进攻性,由消极被动变成了积极主动,增强部队的生存能力,提高了对敌人的威胁力。飞机出现的时候,人们就企图降低它的可见光特征信号,后来,重点转变为反雷达探测。在第二次世界大战中,德国、美国和英国都曾尝试降低飞机的雷达特征信号。德国潜艇通气管采用过能够吸收雷达波的涂料。20 世纪 60 年代中期以后,一体化防空系统效能得到很大提高,提高飞机生存能力的重要性和迫切性变得异常突出,西方国家研究出了一些战术和技术对抗措施,并研制出 D－21 等具有一定隐形能力的飞机。后来隐形技术还被推广到各种导弹、直升机、无人机、水面舰艇当中。随着科学技术的发展,隐身飞机开始大量参加战斗是这个时期的一大特点。1991 年海湾战争期间,美国在海湾部署的 43 架 F－117A 隐形飞机出动了 1271 架次,攻击了伊拉克 40% 的战略目标。各国中尤其以美国的隐形兵器发展较快,目前居世界领先地位。它的 F－117A、B－2、F－22 等隐形飞机代表当今世界隐形兵器的先进水平。F－117A 隐形攻击机投入实战,在局部战争中发挥了重要作用。在现有隐形飞机的基础上,美国不断开拓新项目的研究,研制新型隐形飞行器以及其他新式隐身装备。

## 水中的能源工厂——分解水得到氢气

燃料一直是人类所急需的。远古时期,人类发现了木材可以点燃,辐射出热。今天人们所使用的却是煤、天然气等燃料。但是,随着地球的资源被人类不停地消耗着。这些燃料的储备也越来越少了。科学家们一直致力于寻找各种新的能源。随着科学的发展,人们认识到物质的构成,以及日常中最常见的水资源。是否能够通过装置来提取水中的能量呢?工业上制氢的方法主要是水煤气法和电解水法。水煤气法就是将水蒸气通过灼热的煤层,生成氢气和一氧化碳的混合物。也就是长期以来常用的用煤来分解水,即“水煤气”。但是这种方法的利用率非常低,而且提取过程烦琐,具有危险性,更需要非常多的纯水,而成本付出不一定能够收到足够的回报。在自然界中,人们发现有一些生物却天生就具有分解水的能力。这让人们对于法国科幻作家凡尔纳曾经说过的一句话“总有一天水会被用作燃料”产生了足够的信心。

### 1. 蓝藻

蓝藻是单细胞的原核生物,又叫蓝绿藻、蓝细菌:大多数蓝藻的细胞壁外面有胶质衣,因此又叫黏藻。蓝藻没有细胞核,但细胞中央含有核物质,通常呈颗粒状或网状,染色质和色素均匀地分布在细胞质中。该核物质没有核膜和核仁,但具有核的功能,故称其为原核(或拟核)。蓝藻不具叶绿体等复杂的细胞器,唯一的细胞器是核糖体。蓝藻虽无叶绿体,但在电镜下可见细胞质中有很多光合膜,其上含叶绿素 a,无叶绿素 b,含数种叶黄素和胡萝卜素,还含有藻胆素(藻红素、藻蓝素和别藻蓝素的总称),光合作用过程在此进行。一般来说,凡含叶绿素 a 和藻蓝素量较多的,细胞大多呈蓝绿色。同样,也有少数种类含有较多的藻红素,藻体多呈红色。如生于红海中的一种蓝藻,名叫红海束毛藻,由于它含的藻红素量多,藻体呈红色,而且繁殖得也快,故使海水也呈红色,红海便由此而得名。蓝藻的细胞壁和细菌的细胞壁的化学组成类似,主要为肽聚糖(糖和多肽形成的一类化合物)。蓝藻是最早的光合放氧生物,对地球表面从无氧的大气环境变为有氧环境起了巨大的作用。有不少蓝藻(如鱼腥藻)可以直接固定大气中的氮(蓝藻中:含有固氮酶,可直接进行生物固氮),以提高土壤肥力,使作物增产。还有的蓝藻成为人们的食品,如著名的发菜和普通念珠藻(地木耳)、螺旋藻等。蓝藻在地球上大约出现在距今 33 亿 ~35 亿年前,已知的蓝藻约 2000 种,中国已有记录的约有 900 种。蓝藻的分布十分广泛,遍及世界各地,但大多数(约 75%)为淡水产,少数海产;有些蓝藻可生活在 60℃ ~85℃的温泉中;蓝藻的有些种类与菌类、苔藓、蕨类和裸子植物共生;有些还可穿入钙质岩石或介壳中(如穿钙藻类)或土壤深层中(如土壤蓝藻)。

### 2. 你知道蓝藻分解水生成氢气吗?

蓝藻能利用太阳能将水分解成氢和氧,主要是因为其体内由氢酶、固氮酶催化下进行的 $H_2$ 代谢。在生成氢气过程中,最关键的是要有充分的太阳光照。其基本原理是借助特殊状态下的叶绿素 a 的性质,即叶绿素 a 在吸收光能后失去电子,然后在光合反应中,失去电子的叶绿素 a 成为强氧化剂并氧化水生成氧气。在此过程中有 $H^+$ 被还原成原子态 H 并与辅酶Ⅱ结合成[NADPH]。如果说能够创造一个液体环境,使得叶绿素能够氧化水而又不提供[NADP +],那么 H 就会互相结合成氢气。此反应需在光照下进行,且应防止叶绿素被微生物分解。或许还要通入微弱的电流使其能够处于叶绿素的特殊状态。这是一个惊人的科学发现,实际上氢的产生属于光能转换成电能过程。利用太阳能从水中提取氢的前景十分诱人,因为它具有清洁、节能和不消耗矿物资源等突出的优点。作为一种可再生资源,生物体又能自身复制、繁殖,可以通过光合作用进行物质和能量转换,同时这种转换可以在常温、常压下通过氢酶的催化作用得到氢气。

### 3. 蓝藻与生物制氢

把水尤其是海水变成能源一直是人类梦寐以求的愿望。现代科学研究已证明了水确实蕴藏着巨大的能源。科学家们发现蓝藻的光合作用非常特殊,不是像一般植物那样,把二氧化碳转变为氧气,而是通过光和酶的作用把水转变为氢气。对于这一惊人的发现,科学家们认为利用太阳能从水中提取氢的前景十分诱人。但实际上,蓝藻的产氢效率远远达不到 10%。光合作用分解水分子时放出的氧分子会使氢酶的活性降低,并最终使其停止工作。这就是为什么蓝藻的放氢活动只能延续几秒钟,最多几分钟的原因。要使氢能成为广泛使用的能源,首先要解决廉价易行的制氢技术。科学家们解开了蓝藻将水分解产生氢气的基本原理后,认为生物制氢必须合理设计生物制氢反应器中的聚光系统和光提取器。1973年国外实现了氢酶和叶绿素分解水产生氢气的反应;1979年又采用人工化合物代替前者,依靠阳光分解水获得成功。通过科学家们不断的研究发现,海洋中不蓝藻可以提取氢,还有红藻、褐藻、绿藻也能提取氢,甚至某些细菌都能利用阳光把水分解成氢和氧,生物制氢的前景很好。当前需要进一步弄清这类生物和微生物制氢的物理机理,并培育出高效的制氢微生物,才有可能使太阳能生物制氢成为一项实用化的技术。中国科学院植物所科研人员发明了微藻与需氧细菌共同培养技术,大大提高了藻类放氢效率。目前,德国已开始建造利用藻类制氢的农场,预计在2020年可形成藻类制氢产业。国外还有人提出可以用基因工程制取氢。如果我们改造蓝藻的基因,使其产生的NADPH不进行还原C3的反应,那么NADPH会变成氢气。但如果这样,就必须给蓝藻导人能够进行异养的基因,否则新品种的蓝藻将无法生存。蓝藻是原核生物,基因结构简单,若用此法应有可能成功。如果这一工程能成功的话,浩瀚的海水真正变成氢的宝库了。我们有理由相信,人类社会告别化石燃料时代的时间不会太远,基于可再生清洁能源生产和使用技术之上的可持续发展之路,将是一条光明大道。

## 隔墙有眼——X射线眼

透视是指能够隔着障碍物看到后面的物体。这使我们首先要认识一下人类双眼的限制。可见光是电磁波谱中人眼可以感知的部分,一般人的眼睛可以感知的电磁波的波长在400到700纳米之间。一些特殊的人能够感知到波长大约在380到780纳米之间的电磁波。正常视力的人眼对波长约为555纳米的电磁波最为敏感,人们的眼睛接受的是物体表面的反射光,然后经过神经转换光信号为电信号,使得大脑中有了该物体的特征。而光线的传播受到反射定律和折射定律的限制,一旦遇到障碍,即使再微小,也会对人类的双眼造成影响。而不少生物能看见的光波范围与人类不一样,可以让这些生物更加精确地辨别物体。

### 1. 龙虾

龙虾是节肢动物门甲壳纲十足目龙虾科4个属19种龙虾的通称。龙虾的头胸部较粗大,外壳坚硬,色彩斑斓,腹部短小,体长一般在20厘米~40厘米之间,重0.5公斤上下,是虾类中最大的一类。最重的龙虾能达到5公斤以上,因此也称龙虾虎。龙虾体呈粗圆筒状,背腹稍平扁,头胸甲发达,坚厚多棘,龙虾的前缘中央有一对强大的眼上棘。龙虾主要分布在热带海域,是名贵的海产品。龙虾有坚硬、分节的外骨骼。胸部具有五对足,其中一对或多对常变形为螯,一侧的螯通常大于对侧。眼位于可活动的眼柄上。龙虾有两对长触角;腹部形长,有多对游泳足。龙虾的尾呈鳍状,用以游泳;尾部和腹部的弯曲活动可推展身体前进。龙虾是偏动物性的杂食性动物,但食性在不同的发育阶段稍有差异。刚孵出的幼体以其自身存留的卵黄为营养,之后不久便摄食轮虫等小浮游动物;随着个体不断增大,摄食较大的浮游动物、底栖动物和植物碎屑,成虾兼食动植物,主食植物碎屑、动物尸体,也摄食水蚯蚓、摇蚊幼虫、小型甲壳类及一些水生昆虫。龙虾肉是美味的食物,制法可以白灼、干酪焗,是中国名菜。中国南方沿海也经常用鲜活的龙虾切片后生吃,称为“刺身”。相对于人类的眼睛来说,龙虾特别的地方就是它靠反射来看东西,而不是折射。它的眼睛长在触角根部,里面有成千上万块方形晶体,可以将光线反射回去。这些晶体是龙虾的感光系统,全部由平面与直角构成,和人类弯曲的视网膜与圆锥细胞截然不同。这使得龙虾的眼睛可以将一定角度的小入射角光线(或称小掠角光线)加以反射。龙虾捕捉某一物体(如海床上的猎物)发出的反光时,所有入射光线的反射角度保持一致,便可以聚集在焦点上。这种奇特构造的眼睛,使得龙虾能够透过黑暗浑浊的海水看清敌人,并在敌人还在一个遥远地方做着美食梦时,它就已发现了对方的身影,偷偷开溜了。

### 2. 龙虾眼与 X 光成像系统

动物世界中，龙虾的视觉系统最为独特，研究人员正努力将“龙虾眼”原理应用于 X 射线扫描仪。该应用一旦成功，即使是铜墙铁壁，也会在新扫描仪探测下变得通透如纸。同无线电波和可见光一样，X 射线也是种电磁能。有些材料会吸收 X 射线，有些则将它反射回去，还有一些材料会使 X 射线透过时产生折射，也就是令 X 射线的射出角度与入射角不同。人类与其他动物的视觉系统也靠折射成像，但龙虾不同。龙虾处理光线的方式非常独特，即便在甲壳类生物中也是绝无仅有的。美国国土安全部正在资助光学物理公司研发一种新型扫描仪。这种新产品借鉴了龙虾的反射式成像系统，被称为“龙虾眼成像设备（LEXID）”，龙虾的感光系统在设备中得到了完美再现。该成像设备包括一台低能 X 射线发生器和一套感光系统，后者由千万枚抛光度极高的金属片组成。X 射线通过时，金属片将其反射、校准，再投向受测物体（比方说，货箱上某一点）。经过金属片校准的光线角度固定，系统可以将其调整为平行光波，同一时间集中覆盖较小范围。这样，X 射线的穿透眭得以大幅提高。龙虾眼成像设备接收的，是物体反射回设备的 X 射线，而不是穿透物体的射线。感光系统收集这些反射射线聚拢到焦点上，继而聚焦成像。这样的设备省去了收集各方位散射光线的麻烦，它能将所有反射光集中在一定区域内，因而提高了感应精确度，工作效率非凡。龙虾眼成像设备可以轻松“看透”水泥、木材和 7.5 厘米厚的钢板——当然，解析度不算理想，图像分辨率不高，不过用来探测货箱中的物品还是足够了。另外，由于感光系统聚焦 X 射线时更加高效，龙虾眼成像设备达成同等成像水平能耗更小。墙体透视能力将是反恐行动的福音。目前用于安检和国际货物扫描的设备体积非常庞大，绝对无法随身携带。如果有台手提式“龙虾眼”，货物扫描难度将大大降低，人们也可以轻松检查过境卡车，或是探测战区路面车辆。光学物理公司计划于 2008 年将龙虾眼成像设备投放市场。预计每台扫描设备价格不会超过一万美元。巡查员、专业除虫队都可配备，建筑工人也可以用它看清墙内结构，检查房屋地基。有时考古学家花上好几星期，终于挖进结构精巧的遗迹时，才发现里面根本没有他们孜孜以求的惊世秘密。现在这番周折完全可以省去。另外，特警队破门前，能够清楚地看见建筑内的具体情况。低耗高效的X射线技术也意味着医院放射科终于可以对防辐射铅层说再见了。

## 此事可待成追忆——瞬间记忆

记忆是人脑对经验过的事物的识记、保持、再现或再认。记忆可通过识记和保持积累知识经验，通过再现或再认恢复过去的知识经验。从现代的信息论和控制论的观点来看，记忆就是人们把在生活和学习中获得的大量信息进行编码加工，输入并储存在大脑里面，在必要的时候再把有关的储存信息提取出来，应用于实践活动的过程。没有记忆的参与，人就不能分辨和确认周围的事物。在解决复杂问题时，由记忆提供的知识经验起着重大作用。记忆联结着人的心理活动的过去和现在，是人们学习、工作和生活的基本机能。离开了记忆，人类什么也学不会，他们的行为只能由本能来决定。

### 1. 黑猩猩

黑猩猩是灵长目猿猴亚目窄鼻组人科的1属，通称黑猩猩。黑猩猩是猩猩科中最小的种类，体长70～92.5厘米，站立时高1～1.7米，雄性体重56～80千克，雌性体重45～68千克。黑猩猩身体被毛较短，黑色，通常臀部有一块白斑。黑猩猩面部呈灰褐色，手和脚是灰色并覆以稀疏的黑毛。黑猩猩的四肢修长且手脚皆可握物。黑猩猩的孕期约230天，每胎1仔，哺乳期约1～2年；性成熟约需12年，雌性30岁龄可生第14胎。黑猩猩的寿命约40年。幼猩猩的鼻、耳、手和脚均为肉色；耳朵特大，向两旁突出；眼窝深凹，眉脊很高，头顶毛发向后；手长24厘米；犬齿发达，齿式与人类同；无尾。黑猩猩能以半直立的方式行走。黑猩猩有黑猩猩和小黑猩猩两种,分布在非洲中部,向西分布到几内亚。黑猩猩的食性十分普遍,它们会利用不同的方法来取不同的食物,黑猩猩会利用舔满口水的细枝来粘蚂蚁,并能利用石器敲开果实。黑猩猩有时会捕食一些猴类(如红疣猴、黑白疣猴)。黑猩猩在捕食猴类时会策划战术。由于黑猩猩无法在树上捕捉灵敏的疣猴,因此有一只黑猩猩会先从陆地上超过树上的疣猴群,而其他黑猩猩则会从树上将它们聚集并驱赶到埋伏地点,当陆上的黑猩猩到达埋伏地点时会在树下等候,此时其他的黑猩猩会堵住疣猴群的路只留下一条有埋伏的通道,当疣猴进入这条路时,埋伏的黑猩猩会把它赶到地上猎杀。黑猩猩能辨别不同颜色和发出32种不同意义的叫声,能使用简单工具。黑猩猩的智商相当于人类的5~7岁智商,是已知仅次于人类的最聪慧的动物。黑猩猩的行为更近似于人类,在人类学研究上具有重大意义。

### 2. 黑猩猩瞬间记忆强

一直以来,人类都自认为自己是这个星球上最聪明的生物。但科学家的研究发现,在某些方面,黑猩猩比人类要聪明得多。2007年12月,日本京都大学灵长类研究所的研究团队让接受过数字训练的7岁黑猩猩阿优姆,以及另两只5岁的黑猩猩,分两阶段与大学生比赛瞬间记忆事物的直观记忆力。第一阶段中,电脑会在画面不同位置出现1到9各数字,当受试者根据数字大小按下第一个数字后,其他数字就会变成白色方块,紧接着必须凭借记忆力根据数字大小依序按下其他数字。结果,黑猩猩的完成速度皆高于人类。第二阶段中,电脑会瞬间出现5个数字,然后立刻变成白色方块。当数字出现时间为0.7秒时,阿优姆以及大学生准确率均约80%,不过当出现时间缩短为0.2至0.4秒时,阿优姆仍能维持约80%的准确率,而人类的准确率却滑落至40%。实验结果表明,黑猩猩不论准确率或速度都略胜一筹,就连历经半年直观记忆训练的大学生也难以胜出。据说少数人类孩童拥有像黑猩猩那样的优秀直观记忆力,随着年龄增长会逐渐丧失,而年轻黑猩猩的表现也优于年长黑猩猩。松泽指出:“此能力应该源自于在自然界必须一跟辨识出敌友或果实成熟等需求。人类可能为发展语言等其他能力而在进化过程中慢慢丧失此一能力。”2009 年 2 月,英国科学家们对 9 个月大的黑猩猩进行了测试,研究发现,受到精心照顾和关爱的小黑猩猩比同龄的人类婴儿还要聪明,人类婴儿在 9 个月大之后才会超过黑猩猩。研究显示,接受人类“母亲般的呵护”的黑猩猩孤儿在认知能力测试中的表现比一般人类幼儿优胜。同时研究人员根据结果表明,这些黑猩猩比接受一般照护的黑猩猩更聪明、更快乐。为什么会这样呢? 他们解释说:“由人类精心照顾的黑猩猩婴儿很少产生紧张的压力,饲养员们经常用‘安慰毯’将黑猩猩裹起来,悉心照顾它们。”同时,他们还证实黑猩猩婴儿很像人类,它们需要一定的“情绪护理”,就如同对黑猩猩成年体进行“身体护理”一样重要。通过这项研究,科学家们意识到黑猩猩婴儿的情感系统与人类婴儿存在着惊人般的相似,小黑猩猩就像人类一样,需要情感和身体的支持,才能长大成“完全适应环境”的成年黑猩猩。

## 美丽外表之下的罪恶——幻觉

海市蜃楼是一种奇景,常常发生在沙漠或者海上。古代的人们认为,这种奇景是一种叫做蜃的动物吐出来的气。是虚拟构造出来的幻觉。幻觉,是指在没有客观刺激作用于相应感官的条件下,而感觉到的一种真实的、生动的知觉。常见的有幻听、幻视、幻触等。幻觉并不是一定是一种病,如一个正常的人在极度紧张、焦虑或者特定的环境条件下,都会发生这种现象。通俗地说,就是大脑收到了一些信息。这些信息表现出非常鲜活、生动、形象等特征。人的意识之中它无法和现实相互区别,或者不愿意相互区别。导致了大脑向外发射出的反应都是真实的。在大自然中,有许多生物都有能够让人产生幻觉的能力,它们有利也有害。

## 曼陀罗

曼陀罗又叫曼荼罗、满达、曼扎、曼达、醉心花、狗核桃、洋金花、枫茄花、万桃花、闹羊花、大喇叭花、山茄子等，为茄科野生直立木质草本植物，多野生在田间、沟旁、道边、河岸、山坡等地方，原产印度。曼陀罗意译作圆华、白团华、适意华、悦意华等。曼陀罗分为大花（白花）曼陀罗、红花曼陀罗、紫花曼陀罗等种类。曼陀罗花主要成分为莨菪碱、东莨菪碱及少量阿托品，而起麻醉作用的主要成分是东莨菪碱。曼陀罗除用做外科手术的麻醉剂和止痛剂。还用做春药和治癫痫、蛇伤、狂犬病。雨果《笑面人》中描述了狂人医生苏斯使用曼陀罗花的过程，"他熟悉曼陀罗花的性能和各种妙处，谁都知道这种草有阴阳两性"。这至少说明，自古埃及以始，曼陀罗的阴性力量总是四处都有知音。有一幅埃及的壁画是说古埃及人宴客时，常会把曼陀罗花果拿给客人闻，因为曼陀罗花果富有迷幻药的特性，可以让客人有欣快感。曼陀罗花在医学上不仅可以用于麻醉，而且还可以用于治疗疾病。由于曼陀罗花属剧毒，国家限制销售，特需时必须经有关医生处方定点控制使用。曼陀罗花、根和果实等含有的天仙子碱等生物碱具有很强的镇静效果，但如使用剂量过大，就会精神错乱、意识模糊，产生幻觉、昏迷、麻痹等等的中毒反应。这是因为曼陀罗花的成分具有兴奋中枢神经系统，阻断M－胆碱反应系统，对抗和麻痹副交感神经的作用。曼陀罗中毒的临床表现主要为口、咽喉发干，吞咽困难，声音嘶哑，脉快，瞳孔散大，谵语幻觉，抽搐等，严重者会发生昏迷及呼吸衰竭而死亡。曼陀罗全株有毒，以种子毒性最强。绚丽艳美的曼陀罗花有如跳动的火焰，曼陀罗以带焰的火，呈现精神诡异的造型。学者李零先生指出，它就是欧洲、印度和阿拉伯国家认为的"万能神药"。传说中华佗的麻醉方剂麻沸散中便含有曼陀罗的成分。在欧洲文艺复兴时期，爱美的意大利妇女将含有天仙子碱的颠茄汁滴进眼睛，以使自己看起来更漂亮些。

# 海底的“潘多拉”——“心灵感应”

思想有极限吗？思想能够延伸到外界吗？这使得现代社会的一些科学家们都在思考人类是否有一种非常特殊的能力，也是许多人都相信的一种超能力的存在，那就是心灵感应。这种能力的幻想，主要是人类希望将某些讯息通过普通感官之外的途径传到另一人的心（大脑）中。也有人通过现代科学，希望找到理论依据，例如一些人觉得人体中有微弱的电流通过心脏和大脑；由于地球空间的无线讯息带有磁场，人活动通过磁场感应出讯息电流，能够被一些有特别感应能力的人所获知。当然人的感应能力不同，感应的程度也会不同。这种能力往往在电影或者游戏中被夸大，而实际生活中到底是否存在着这样的超能力，人们也是在质疑。而有些科学家在海底生物之中发现了一些类似的感应现象。

## 1. 海洋微生物

海洋微生物是以海洋水体为正常栖居环境的一切微生物。其中不仅仅包括单细胞藻类，也包含了细菌、真菌及噬菌体等狭义微生物。海洋堪称为世界上最庞大的容器，它能承受任何冲击（如污染）而仍保持生命力，在这其中海洋微生物的贡献是不可忽视的。自从人类发现海洋的巨大价值以来，捕捞和航海活动、大工业带来的污染以及海洋养殖场的无限扩大，严重破坏了海洋本身的生态平衡。海洋微生物凭借着它的快速繁殖能力和极强的适应能力，在新环境中积极参与氧化还原活动，促使海洋出现新的动态平衡。在这其中，海洋细菌的作用尤为显著。虽然海水中的营养物质比较稀薄，但海洋环境中各种固体表面或不同性质的界面上吸附积聚着较丰富的营养物。与人们的认识不同，许多海洋细菌都具有运动能力，其中某些细菌还具有趋化性，也就是能够沿着某种化合物浓度梯度移动的能力。某些专门附着于海洋植物体表面生长的细菌称为植物附生细菌。海洋微生物附着在海洋中生物和非生物固体的表面,形成薄膜,为其他生物的附着造成条件,从而形成特定的附着生物区系。作为分解者它促进了物质循环;在海洋沉积成岩及海底成油成气过程中,都起了重要作用。还有一小部分化能自养菌则是深海生物群落中的生产者。随着研究技术的进展,海洋微生物日益受到重视。一位丹麦的生物学家发现,海洋细菌有可能可以相互通信,不会说话的它们是通过什么来进行交流的呢?生物学家发现,海洋细菌是通过一张纳米级的蛋白质网络来交流的,而且它们之间的通信可以在瞬间完成。一开始的时候海洋科学家们只是研究海洋微生物是如何在缺少阳光的条件下生存,于是他们找到一块海洋沉积物,制作成一块模拟"海底世界",然后将其上层的氧气抽走,过一段时间之后再恢复供氧。通过观察 pH 值的变化他们发现,当供氧刚刚恢复的时候,"海底世界"的 pH 值就变成了酸性,这代表着海洋细菌正在进行反应。而令生物学家们感到惊讶的是,这一切几乎是瞬间发生的!虽然沉积物的厚度只有 12 毫米,但比起海洋细菌的话还是相差了 1 万倍。比方说,就像你刚在 20 公里外打了个订餐电话,瞬间你就已经可以得到食物了。奥妙就在于细菌之间存在一张类似于电影《阿凡达》中的那种网络系统。海洋细菌们就是通过这个网络来传递信息的。科学家们不断地进行各种假设,最后得出令人惊讶的猜测,就是这个网络不仅仅能够传递信息,而且可以相互传递能量。海洋细菌们通过网络吸收电能,并将各种物质通过化学迁移的形式输送给其他海洋细菌。不久后,这个发现发表在了《科学》杂志上,世人都为之震惊。如果这一切都是真的话,那么传说中的心灵感应无疑就活生生地存在于海底世界之中,这些海洋细菌将改变人类的沟通方式,很有可能令世界发生新一轮的巨大变化。

## 海气冻凝辨风雨——顺风耳

自然界有着各种声音,流水声、风声、雨声,交织一起就如同天籁一般,人类凭借着自己的耳朵就能够听得见。听觉是声波作用于听觉器官,使其感受细胞兴奋并引起听神经的冲动发放传入信息,经各级听觉中枢分析后引起的感觉。人耳能感受的声波频率范围是16～20000赫兹,其中对1000～3000赫兹频率的声波最为敏感。而自然界还有一些声音是超过这个范围的,人类听不见,而许多生物却能够听得见,并且通过这些声音能够预测一些事件的发生。如地震前,就曾经有许多奇特的动物迁徙发生;还有台风来的时候,也会发生各种奇怪的现象:这都是听觉在起作用。

1. 水母

水母是海洋中重要的大型浮游生物。水母寿命很短,平均只有数个月的生命。水母是无脊椎动物,属于腔肠动物门中的一员。全世界的海洋中有超过200种的水母,它们分布在全球各地的水域里。水母是一种低等的海洋无脊椎浮游动物,是肉食动物,在分类学上隶属于腔肠动物门、钵水母纲。浮动在水中的水母,向四周伸出长长的触手,有些水母的伞状体还带有各色花纹。在蓝色的海洋里,这些游动着的色彩各异的水母显得十分美丽。水母的出现比恐龙还早,可追溯到6.5亿年前。水母的种类很多,全世界大约有250种左右,直径从10厘米到100厘米之间,常见于各地的海洋中。人们往往根据水母的伞状体的不同来分类:有的伞状体发银光,叫银水母;有的伞状体则像和尚的帽子,就叫僧帽水母;有的伞状体仿佛是船上的白帆,就叫帆水母;有的宛如雨伞,叫雨伞水母。水母的寿命大多只有几个星期,也有的能活到一年左右,有些深海的水母可活得更久些。普通水母的伞状体不很大,只有20～30厘米高,但体形较大的霞水母的巨伞直径可达2米,下垂的触手长达20～30米。水母在风暴来临之前的十几个小时就能够感觉到,它们就好像是接到了命令似的,从海面一下子全部消失了。这使得人们非常奇怪,为什么水母能够预知风暴的来临呢?因为,水母是一种伞状的漂浮体,在伞的边缘长有触角和触手囊的神经感受器。在触手丛里有一个长有小球的细柄,这是水母的耳朵。在水母的内耳还有一个听石,次声波正是振动了这块听石,听石再把振动传给水母的神经感受器,水母就听到了次声波传来的风暴警告了。

### 2. 水母耳风暴预测仪

1854 年 1 月 28 日,在欧洲东南部的黑海突然出现了暴风雨。当时英国和法国正在与沙皇俄国作战,英法联合舰队停泊在黑海上,狂风巨浪把这支舰队消灭得干干净净。英国和法国在战争中打胜了,但是大风暴却给他们的海军造成了巨大损失,于是,法国皇帝拿破仑三世命令巴黎天文台立即调查这场风暴产生的原因。一位叫勒威耶的天文学家承担了这个任务,他搜集了欧洲许多地方在 11 月 14 日前后几天的气象资料,发现这次风暴是由一个低压引起的。这个事件也让欧洲各国认识到风暴对人类的巨大影响,如何预测风暴的来临,成为航海中的一个重大难题。而后,科学家们发现了每当风暴来临之前,水母都会从海面沉入海底或者远离海岸,那么水母是否有特殊的生理特征能够预测风暴呢?研究发现水母听到次声波的奥秘之后,科学家仿造水母耳设计和制成了"水母耳风暴预测仪"。这种仪器由接受次声波的喇叭、共振器和把这种振动变为电脉冲的电压变换器以及指示器等组成。将这种仪器安装在舰船的前甲板上,喇叭会向四面八方旋转。一旦接收到 8 ~ 13 次/秒的次声波,旋转自动停止。这时喇叭所指示的方向就是风暴即将来临的方向,指示器则指示风暴的强度。"水母耳风暴预测仪"能提前 15 小时对风暴作出预报,军舰、渔船在每次风暴来临时都能提前靠岸,远离危险。

# 第十六章　宠物犬的饲养

## 宠物犬的品种

### 1. 北京犬(Pekingese)

(1)基本概述　北京犬又称宫廷狮子狗、京巴,属玩赏犬组。北京犬是中国古老的犬种,由于长期深居宫廷环境之中,宦官负担起保证北京犬血统纯正的责任,制定了严格的育种标准,使北京犬保持了难能可贵的纯正血统,同时也带上几分高雅神秘的贵族色彩。

(2)体格外形

【头部】

①头颅　头顶骨骼粗大、宽阔且平(不能是拱形)。头部宽大于深;侧面看,下巴、鼻镜和额部处于同一平面,当头部处于正常位置时,这一平面应该是垂直于地面的。

京巴

②眼睛　非常大、黑、圆、有光泽而且分得很开。眼圈黑,犬前望时,看不见眼白。

③鼻子　黑色、宽、非常短;鼻子上端正好处于两眼间连线的中间位置,鼻

孔张开。

④皱纹 脸上皱纹明显，中间一个倒“V”形延伸到两侧面颊。皱纹大小适宜。

⑤止部 止部较深，看起来鼻梁和鼻子的皱纹完全被毛发遮蔽。

⑥口吻 非常短且宽，下颌略向前突；嘴唇平，钳状咬合。

⑦耳朵 心形耳，位于头部两侧，耳朵加上非常浓密的毛发造成了头部更宽的假象。

【躯干】

平衡良好，结构紧凑，前躯重而后躯轻，肋骨扩张良好；颈部非常短、粗，胸宽；腰部细而轻，背线平；尾根位置高，翻卷在后背中间；长、厚而直的饰毛垂在一边。

【四肢】

北京犬前肢短，粗且骨骼粗壮，肘部到脚腕之间的骨骼略弯，前足爪大、平而且略向外翻。后躯骨骼比前躯轻，后膝和飞节角度柔和。

【被毛】

被毛长、直、竖立，有丰厚柔软的底毛盖满身体，脖子和肩部周围有显著的鬃毛，比身体其他部分的被毛稍短。饰毛在前腿和大腿后侧，耳朵、尾巴、脚趾上有长长的饰毛。

(3)性格特点 小巧玲珑，俊秀，表现欲强，气质高贵、聪慧，对主人极有感情，综合了帝王的威严、自尊、自信、顽固而易怒的天性，但对获得其尊重的人则显得可爱、友善而充满感情。

(4)饲养要点 属于阔面扁鼻犬，易缺氧，天气闷热常会导致呼吸困难、中暑；底毛丰厚，最好每天梳理一次；眼球大，外露多，易感染细菌而发生角膜炎或角膜溃疡。

**2. 巴哥犬(Pug)**

(1)基本概述 巴哥犬又称八哥犬、斧头狗，俗称“哈巴狗”，属玩赏犬种。

巴哥是“Pug”的音译，“Pug”在拉丁文中是“拳头”的意思，形容此犬头部像一个紧握的拳头，原产于中国。

(2)体格外形

【头部】

①脑袋　头部大、粗重，不上拱，额段明显，与其身材相比，显得十分突出。

②眼睛　颜色非常深，非常大，突出而醒目，眼神充满安详和渴望。

③耳朵　薄、小、软，像黑色天鹅绒。玫瑰耳或纽扣耳，后者比较理想。

④口吻　短、钝、宽呈方形，但不上翘，咬合应该是轻微的下颌突出式咬合（地包天式咬合）。

⑤脸部　面具般的黑色，以“耳黑、眼圈黑、额上褶黑、嘴黑”为佳。皱纹多、大而深。

【躯干】

身体矮胖而粗，颈短，粗壮，有褶皱，呈轻微的拱形；胸宽阔，肋部稍张，背短，背线水平，腰部肌肉发达，丰满而结实；尾巴呈螺旋状卷向臀部，以双环状的最受欢迎。

【四肢】

四肢短而壮，强劲有力，站立姿势好，肌肉丰满结实，足为兔型或猫趾型，爪黑。

【被毛】

被毛短而柔软，滑润而富有光泽，毛色有银色、杏黄色、金黄色、蓝色、黑色等；前额、耳朵至吻部布满黑色斑，有时从头部的后部一直到臀部有一条黑线。

(3)性格特点　巴哥犬胆大而性情温和，有感情，易与人相处，嫉妒心理特别强。

(4)饲养要点　巴哥犬是一种活泼的小型犬，需要较多运动，鼻道很短，剧烈运动会造成呼吸急促和缺氧，皱纹大而深，易发生疥癣等皮肤病。眼大而圆，应防细菌感染。巴哥犬嘴短，故母犬产仔时自己咬断脐带有一定困难，常使仔犬死亡率增高,故应在母犬临产时进行助产,为其剪断脐带。

### 3. 西施犬(Shih Tzu)

(1)基本概述　西施犬别名赛珠犬、菊花犬,又称作中国狮犬,属玩赏犬品种。“西施”是英文的中译名,西施犬原产于中国。

(2)体格外形

【头部】

①脑袋　脑袋呈圆拱形,止部轮廓清晰,与犬的全身大小相称,整体平衡十分重要。

②耳朵　耳朵大,耳根位于头顶下略低一点的地方;长有浓密的被毛。

③眼睛　眼大而圆,不外突,眼距恰当;眼睛颜色很深,但肝色犬和蓝色犬的颜色浅。

④鼻子　鼻孔宽大、张开;鼻镜、嘴唇眼圈是黑色,但肝色的犬是肝色,蓝色的犬是蓝色。

⑤下巴　口吻宽、短、没有皱纹,上唇厚实;下颌突出式(地包天式)咬合,颌部宽阔。

【躯干】

整体均衡,颈长足以使头自然高昂并与肩高和身长相称,背线平,没有细腰或收腹,从肘部到马肩隆的长度略大于从肘部到地面的距离。尾根位置高,饰毛丰厚,翻卷在背后。

【四肢】

肩的角度良好,平贴于躯干,腿直,发育良好,肘紧贴于躯干,飞节靠近地面,垂直。

【被毛】

被毛华丽,双层毛,丰厚浓密,长而垂滑,毛质好,允许有轻微波状起伏,有多种毛色;前额有像火焰形状的白斑、躯干中段有金色披毛(金腰带)、尾端有白毛的最为完美，头部中央菊花状毛流及尾端的白色是认定西施犬的重要标准，一般没有纯一色的西施犬。

(3)性格特点　健康且开朗，有个性，活力充沛，忠实，友善，非常聪明，是完美的公寓宠物犬。

(4)饲养要点　西施犬最重要的日常护理就是被毛的梳理。每周梳毛2～3次，每隔2周洗澡一次。长毛脆，容易折断和脱落，头顶毛须用饰带扎起，避免长毛刺激眼睛。眼睛大而圆，易引发结膜炎。

**4. 松狮犬(Chow Chow)**

(1)基本概述　又名巧巧犬，曾作为拖曳犬、食用犬，现在主要作为伴侣犬，原产于中国，是唯一有蓝黑色舌头的犬，头部像狮子，故得此名。有长毛和短毛两个品种。

(2)体格外形

【头部】

①脑袋　颅骨顶部宽阔平坦，“愁眉苦脸”是其一个品种特征，口鼻短而宽。

②眼睛　深褐色，深陷，眼距宽，眼斜，瞳孔被松弛的皮肤遮盖属严重缺陷。

松狮

③耳朵　较小，中等厚度，三角形但是耳尖稍圆，竖耳，略微前倾，耳距较宽。

④鼻部　较大、宽、黑，鼻孔明显张开。蓝色的松狮可能拥有蓝色或暗蓝灰色的鼻子。

⑤口腔　蓝色最佳，齿龈最好是黑色；舌头的上表面和边缘是深蓝色，颜色越深越好。

【躯干】

短而结实,胸宽且深,肌肉发达,腰部放松,方形的体形,肋骨弧度优美,尾根高。

【四肢】

肩部强壮,肌肉发达,骨量足,前肢平行,间距大;膝关节角度小,连接紧密、稳固,直指向前,关节处骨骼清晰明显;踝关节贴近地面,几乎笔直。狼爪应去除。

【被毛】

松狮犬有长毛和短毛两种,均为双层被毛。

①长毛犬　外毛丰富、密集、直、竖立,纹理较粗。底层被毛软、厚、与羊毛类似;毛发在头与颈周围形成环状领,公犬的被毛和环状领比母犬长;尾部有漂亮的羽状修饰。

②短毛犬　外层被毛硬、浓密,底毛明显,在尾部和腿部无明显的环状和羽状修饰毛发。

③毛色　颜色清晰,纯色或在环状领、尾部、羽状修饰毛发等处略淡。有五种颜色。红(从淡金色到深红褐色)、黑、蓝、黄棕色(从浅黄褐色到深黄棕色)和米色。

(3)性格特点　松狮犬性格高雅,非常自我,独立、固执,聪明但不容易训,是一种极之傲慢和有性格的犬种。它是一种忠诚的、没有异味、耐寒的犬,由于性格比较顽固,从幼时就应严格驯养。

(4)饲养要点　松狮犬日粮中应保持有一定的肉类,每日食量要适量,过量易使其发胖,松狮犬被毛长而蓬松,必须每天梳理一次,每周应清除眼屎、耳垢一次。松狮犬自尊心强,不可粗暴对待,要友善与其相处,和它多交流感情。

**5.中国沙皮犬(Chinese Shar-pei)**

(1)基本概述　沙皮犬又名大沥犬、中国斗犬,是世界上现存数量最少的犬种之一，十分珍贵，属工作犬种，是世界四大丑犬之一，也是犬家庭中唯一长有深蓝色舌头的独特品种。因为它有强韧的被毛，形似打磨用的砂纸而得名。

(2)体格外形

【头部】

①河马头　头部肥大而笨拙，前额宽阔，覆盖着大量的皱纹，脑袋平而宽，上部适度发达。

②瓦筒嘴　嘴部与额部约等长，长度适中，唇宽大、肥厚，为品种独特特征。

③杏仁眼　细眼深凹，眼睛颜色深，显示出愁眉不展的表情。

④蚌壳耳　耳极小，较厚，尖端略圆，半挺半垂，耳根位置高，耳距宽，可以活动。

⑤深蓝舌　深蓝色舌头中沙皮犬的重要特征，有粉红色斑点属于严重缺陷。

【躯干】

颈部丰满，有略显沉重的褶皱；胸部宽而深，胸底至少延伸到肘部；尾部粗而圆且位高，尖端细，锥形，卷曲在后背或背部的任意一侧，俗称“铁尺尾”或“辣椒尾”。

【四肢】

四肢粗大，肌肉发达，脚趾并拢似虎蹄，俗称“蒜头脚”，跟骨(飞节)短。

【被毛】

被毛短粗，顺毛触摸似天鹅绒，但逆向抚摸时则如摸砂纸，俗称“砂纸皮”。

(3)性格特点　沙皮犬带有王者之气，警惕，聪明，威严，镇定而骄傲，显得平静而自信。

(4)饲养要点　沙皮犬活泼好动，鼻道较短，剧烈运动易缺氧；皮肤皱褶较多，易患疥癣和皮肤病；极易患眼睑内翻症及佝偻症，故应在饲养管理中加以注意。

### 6. 藏獒(Tibetan Mastiff)

(1)基本概述　藏獒又称西藏獒犬、雪域神犬,属狩猎犬种。8 月龄即有繁殖能力,每年初冬发情一次,在低海拔处,有的可春秋发情两次,每窝产仔 4 ~ 10 只不等。

(2)体格外形

【头部】

①脑袋　藏獒头大,脑前壳突起,头后部及颈上周围鬃毛要丰满,毛竖起。

②眼睛　眼球为黄褐色,有多种眼型——

吊眼:眼球上部隐藏在上眼皮下,下部眼球的红肉眼底暴露出来。

三角眼:双眼外部似两个三角形,看似凶猛,令人望而生畏。

叶形眼:双眼如两个叶片,看似温和。

③口吻　嘴、鼻短、宽,方而厚,有吊嘴和平嘴两种嘴形。

【躯干】

身体强壮,背直,尾大而侧卷,尾毛长达 20 ~ 30cm,尾俗称菊花尾,有两种类型——

斜菊:尾斜卷于犬的背上,尾毛要长,卷起要紧。

平菊:尾根紧卷,平卷放在后背上方,毛要长,看似大菊花。

【四肢】

从爪的上部至犬腿后上部长有 5cm 左右饰尾(绯毛),爪如虎爪紧包,趾间长毛越出为优。

【被毛】

毛长呈波浪式卷曲,毛多为黑,亦有黄、白、青、灰各色。被毛长度中等,公犬比母犬更浓密,绒毛厚;毛色纯黑,必须全身黑色无杂毛,双眼上方有黄点,嘴两边有黄毛。

(3)性格特点　藏獒拥有高度的智能,有超强的记忆力,性格刚猛,野性难驯，攻击力强，对生人有强烈敌意，但对主人亲热难挡，任劳任怨，是牧民的得力助手，对家园与家庭赋有强烈的保护本能。

(4)饲养要点　藏獒耐寒不耐热。即使在零下30～40℃的冰雪中仍能安然入睡，体型硕大，需要一个足够的空间给它们玩耍与运动。

**7. 蝴蝶犬(Ípapillon)**

(1)基本概述　蝴蝶犬又称蝶耳犬、巴比伦犬、松鼠猎鹬犬，是一种名贵典雅的玩赏犬，原产于法国，以双耳似蝴蝶翅膀而得名。

(2)体格外形

【头部】

①脑袋　小而短，呈圆弧形，有对称的白斑及花纹，头盖部两耳间略呈圆形，额部深。

②口吻　吻长而尖，约为头部长度的1/3. 齿为剪状咬合，齿有时欠缺。

③耳朵　双耳直立，左右对称，平展舒张，耳缘有大量饰毛，极似蝴蝶的双翅，前额正中更缀有一簇白毛，迎面奔来，恰如蝴蝶翩翩欲飞。直立耳称蝴蝶，垂耳为蛾。

④眼睛　大而圆，不突出，眼球和眼眶颜色为暗色，相貌乖巧俊美，玲珑可爱。

【躯干】

颈长适中，呈拱形；胸部稍深，背平直，体躯稍长，腹稍上收；尾长，布满美丽的饰毛。

【四肢】

前肢直立而纤细，后肢细小，趾长，指(趾)间有丛毛，站姿好；步伐优雅，略显傲慢。

【被毛】

被毛丰厚而长，呈绸缎般光亮艳丽，不卷曲，无下毛；身体被毛平坦，耳、前胸、前肢后面、大腿内侧及尾部饰毛长；毛色以白色为主色调，头部的斑纹向左右平均分布。

(3)性格特点　体形较小；适应性很强，性格聪明，活泼，胆大与撒娇恰到好处，小巧玲珑，气质优雅，易训练各种动作，对主人的占有欲特别强，若出现第三者，会产生嫉妒心。

(4)饲养要点　蝴蝶犬美在被毛，应经常梳洗，应定期修爪，不宜过分近交，否则导致斑纹不对称而失去特征，极爱玩耍嬉戏，非常需要主人陪伴。

### 8. 马尔济斯犬(Maltese Dog)

(1)基本概述　又名马耳他犬，或译成“摩天使”，属玩赏犬类，原产于马耳他岛。以其端庄高雅的姿态深受人们的娇宠。

(2)体格外形

【头部】

①脑袋　与体形大小相比长度适中，颅顶部略呈圆形，额鼻阶适度。

②耳朵　下垂，耳位较低，有大量长毛形成耳缘饰毛，毛下垂至头。

③眼睛　眼距极宽，眼色极深而呈圆形，其黑色眼边增强了文雅而机敏的表情。

④口吻　吻长适中，精巧而逐渐收缩但不显长吻状；牙齿钳状咬合或剪状咬合。

【躯干】

整体品质比体重重要。身体长而窄，胸部宽，尾有长羽状饰毛，优美地位于背上，尾尖向体侧超过1/4。

【四肢】

前肢短且直有饰毛，纤细，后肢力强，大腿肌肉发达；足掌被毛覆盖，肉趾是黑色较好。

【被毛】

单层被毛，不脱毛，被毛长、平而呈丝状，向体侧下垂及地，头部长毛可用头饰扎住或任其下垂。毛色以纯白最名贵，允许耳部有淡黄褐色或柠檬色，毛质光滑，呈绢丝状长毛。

(3)性格特点　外形优雅，感情丰富，体形极小，健康聪明，勇气十足，情感丰富，性格温驯，稳重，但也非常活泼，很喜欢玩，最适合当成宠物犬饲养，是儿童和妇女的伴侣犬种。

(4)饲养要点　运动的要求很低，对儿童特别友好，非常依恋主人，具有良好的体质而且长寿，要求精心照顾，每天须梳理长毛，保持身体清洁，在马尔济斯犬的饲料中，每天都需有肉类。

### 9. 意大利灵猩犬(Italian Greyhound)

(1)基本概述　意大利灵猩犬属玩赏犬品种，原产于意大利，是犬类中奔跑速度最快的犬种，为锐目猎犬中最小的体形。

(2)体格外形

【头部】

①脑袋　窄而长，止部不明显，几乎是平的。

②耳朵　耳朵小，轻巧，非警戒状态时，耳朵都向后面摺，以适当的角度摺向脑袋。

③眼睛　颜色暗，明亮，聪明，中等大小，浅色眼睛属于有缺陷。

④口吻　长而纤细、秀气；剪状咬合，严重的下颌突出或上颌突出都属于有缺陷。

【躯干】

体型大，体重较轻，尾细长，长度正好到飞节，尾根位置低，卷尾属于严重缺陷。

【四肢】

前肢长而直，后肢长，大腿肌肉发达；足爪呈适合的拱形(兔形足)，狼爪可以切除。

【被毛】

被毛精细而柔软，毛色除了斑点和黄褐色斑纹属失格，其他任何颜色和斑纹都可以接受。

(3)性格特点　外表纤弱，能吃苦耐劳，行走时带点跳跃动作，尤其喜欢追逐小型猎物，脾气非常好，一旦受到主人的赞赏就会兴奋不已。

(4)饲养要点　适应能力极强，爱好室外运动，个体小，所占空间有限，皮毛光滑，皮下脂肪少，缺乏御寒能力，喜欢待在舒适的家里，享受生活中的一些小小的奢华。

### 10. 约克夏㹴(Yorkshire Terrier)

(1)基本概述　约克夏㹴又称约瑟犬、约瑟㹴，别名洋姬，属玩赏犬种，原产于英国东北部约克郡，身材娇小，被毛光彩夺目，被喻为“移动的蓝宝石”，善于捕鼠。

(2)体格外形

【头部】

①脑袋　头部小而且顶部较平，头颅不能突起或拱起。

②耳朵　耳朵小，呈“V”字形，耳根相当高，为直立耳。两耳间距不大。

③眼睛　中等大小，不突出，颜色深而明亮，透出锐利而聪慧的目光，眼圈颜色深。

④口吻　不能太长，剪状咬合或钳式咬合，不能是突出式咬合，牙齿结实。

【躯干】

身躯紧凑且结实，颈部伸展自然，背部平坦，腰部发育良好，胸部适度扩张，尾巴未剪短，毛多、尾端的毛发颜色要比其他部位颜色更暗。

【四肢】

四肢直，有丰厚的被毛覆盖，前腿上的黄褐色毛不能延伸超过肘部，后腿上的黄褐色毛不能过膝关节,脚爪圆,指甲呈黑色。

【被毛】

约克夏㹴被毛长且非常细,不能有任何波浪状,如同泛着深蓝色金属光泽的丝斗篷,它的前额到胸部呈现出金茶色,更显高贵。幼犬在出生时毛色为黑色和棕色,成年犬在头部和腿部有大量的棕色是很重要的。

(3)性格特点　性格温和、精致、热情、活泼,感觉敏锐,仍保留小猎犬的性格,对环境变化敏感。

(4)饲养要点　为保持美观,应经常整理梳洗被毛,可以将被毛长适度修剪到刚好垂地;头顶的毛发可以梳到中间结起来,或从中间分开,向两边梳,并结成两个髻,适宜公寓饲养。

11. 博美犬(P0meranian)

(1)基本概述　博美犬又称波美拉尼亚犬,又名松鼠犬,由于其外形酷似小松鼠,因而得名,属伴侣犬种,原产于德国和波兰西部波美拉尼亚地区。

(2)体格外形

【头部】

①脑袋　呈楔状与身体相称,头盖骨略圆,表情警惕,有点像狐狸。

②耳朵　小巧,两耳间距不大,直立耳较好,形状似狐狸耳。

③眼睛　位于头骨上显著的上部两侧,颜色深、明亮,眼圈呈黑色。

④口吻　短、直、精致,齿呈剪状咬合,缺齿一颗是可以接受的。

【躯干】

体长要略小于肩高,从胸到地面的距离等于肩高的一半,骨量中等;羽毛状尾巴是这一品种的特征之一,尾巴直直地平放在背后,覆盖着长而密实的毛,是典型的尖嘴犬尾巴。

【四肢】

腿的长度与身体结构保持平衡,骨骼坚实,长度中等,毛密生,足爪呈拱形,紧凑,趾甲前伸。

【被毛】

双层被毛,底毛柔软而浓密,披毛长、直、光亮而且质地粗硬,竖立于身体上;脖子、肩膀前面和前胸的被毛浓密,头部和腿部的被毛较短,紧贴身体;前肢的饰毛延伸到脚腕,尾巴上布满长、粗硬、散开且直的被毛;毛色为所有的颜色、图案、变化都可以接受,并一视同仁。

(3)性格特点　体型虽小,但生性自傲,性格外向,非常聪明而且活泼,爱寻衅好斗,忠于职守,好吠是它最大的缺点。

(4)饲养要点　华丽的被毛不仅需要经常修剪,还需每日细心的梳理;因体毛丰厚,换毛期脱毛量大,应经常保洁护理;活泼好动,定时户外运动或散步,适合室内饲养;母犬较易出现难产。

### 12. 吉娃娃(Chihuahua)

(1)基本概述　吉娃娃也译作芝娃娃、奇娃娃,属伴侣犬种,是世界上最小型的犬。一般认为原产于墨西哥。吉娃娃犬有长毛种和短毛种两种类型。

(2)体格外形

【头部】

①头型　圆形的"苹果形"头部,表情丰富。

②眼睛　眼睛很大而不突出,匀称,最好呈现明亮的黑色或红色。

③耳朵大,直立耳,警觉时更直立,休息时,耳朵会分开,两耳之间呈45。角。

④鼻部黑色、蓝色和巧克力色的品种,鼻子颜色都与自己的体色一致。

⑤口吻较短,略尖。剪状咬合或钳状咬合,上颌突出或下颌突出是严重的缺陷。

【躯干】

身体的比例为长方形,颈部略有弧度,背线水平,身体结实有力,尾巴长短适中，呈镰刀状高举或向外，或者卷在背上，尾尖刚好触到后背，短尾或断尾为失格。

【四肢】

四肢强健、坚固，距离适当，足纤细，脚趾在秀丽的小脚上恰到好处分开，但不能分得太开，脚垫厚实，脚腕纤细。

【被毛】

①短毛型犬　被毛质地非常柔软，紧密和光滑，有毛领为佳，头部和耳朵上被毛稀疏。

②长毛型犬　被毛质地柔软，平整或略曲，最好有底毛。耳缘有饰毛，羽状尾毛丰满且长，较为理想情况是：脚和腿上有饰毛、后腿上有"短裤"、脖子上有"毛领"。

(3)性格特点意志坚韧，聪明而且极其忠诚、勇敢，动作敏捷，活泼，对主人极有独占心。

(4)饲养要点颇畏寒，具有发抖的倾向，不宜养于室外犬舍，冬天外出需加外衣御寒；对生活空间要求不高，每天的运动量也不多，每天都能够待在家里，非常适宜城市家庭所饲养。

13. 雪纳瑞犬(Schnauzer)

(1)基本概述　又名史纳沙犬，原产于德国，最早用于农场劳作，是捕鼠能力是非常有名的工作犬种，也可作很好的伴侣犬。通常分为三种类型：迷你型、标准型、巨型。三种类型的雪纳在体格上基本相似，只是身高、体重和毛色变化上有适度区别。迷你型雪纳瑞更小巧，被毛更顺长，毛色变化更大些。

(2)体格外形

【头部】

头部结实，比例均匀；耳朵位置高，呈"V"形向前折；眼中等大小，不突出，眉毛弯且是刚毛；口吻结实，末端呈钝楔形，有夸张的刚毛胡须。

【躯干】

身体结构坚实，身躯接近正方形，即身高与体长大致相等，骨量充足，颈部结实而且略拱，与肩部完美结合，尾根位置稍高，向上竖立，需要断尾。

【四肢】

前肢笔直，垂直地面，足爪小、紧凑而圆，脚垫厚实；黑色指甲，结实，猫形爪，趾尖向前。

【被毛】

双层毛，坚硬的外层刚毛和柔软浓密的底毛。毛发向后方生长，既不光滑也不平坦；毛色有椒盐色（黑白混杂）、黑银色或纯黑色，皮肤任何位置出现白色或粉色斑块是不允许的。

(3)性格特征　迷你雪纳瑞外表可爱，身体强健聪明伶俐，活跃，充满活力，性格调皮，忠于职守，脚上饰毛平添了不少魅力。标准雪纳瑞机智、勇敢，性格活泼、大胆，适于捕鼠和护院。

(4)饲养要点　迷你雪纳瑞犬喜欢跟随主人外出散步和玩耍，适应性强。由于其不掉毛、无体臭的特点使其更加适应在城市中作为宠物犬饲养。

### 14. 比熊犬(Bichon Frise)

(1)基本概述又名巴比熊犬、卷毛比熊，原产于地中海地区，属伴侣犬种，运动时像喷出的棉花糖。

(2)体格外形

【头部】

①脑袋　略微圆拱，经外眼角和鼻尖连成的虚线，正好构成一个等边三角形。

②表情　柔和，深邃的眼神，好奇而警惕。

③眼睛　圆、黑色或深褐色，正对前方，黑色或非常深的褐色皮肤环绕着眼睛。

④耳朵　下垂，隐藏在长而流动的毛发中。

【躯干】

体长比肩高多出大约1/4.身体紧凑，骨量中等，颈长而骄傲地昂起，竖在头部之后，背线水平，胸部相当发达，羽状尾毛，尾的位置与背线齐平，温和地卷在背后。

【四肢】

肩胛向后倾斜约45°角。上臂骨向后延伸，使肘部能正好位于马肩隆下方。猫形足爪紧而圆，直接指向前方，脚垫黑色。

【被毛】

底毛柔软而浓厚，外毛粗硬且卷曲。两种毛发结合，触摸时，产生一种柔软而坚固的感觉，拍上去的感觉像长毛绒或天鹅绒一样有弹性；沐浴和刷拭后，产生一种粉扑的效果；毛色为白色，在耳朵周围或身躯上有浅黄色、奶酪色或杏色阴影。

(3)性格特征　卷毛比熊犬颇有个性，天性活泼、爱好自由，能给主人带来无穷的乐趣。它柔软带卷的被毛需要修剪，以展示它美丽动人的黑眼睛及身体和头部的圆形特征。

(4)饲养要点　比熊犬生性活泼好动，对居住环境的要求很高，经常需要有人陪伴，需要每日梳理，定期进行专业修剪；比熊犬是属于过敏的体质，易患牙病。

### 15. 贵宾犬(Poodle)

(1)基本概述　贵宾犬又名狮子狗、贵妇犬、卷毛狗等，属伴侣犬种，原产于德国。贵宾犬有三个品种：标准贵宾犬、迷你贵宾犬、玩具贵宾犬。

(2)体格外形

【头部】

①脑袋　头颅稍圆，止部浅而清晰，前额到止部的距离与口吻长度一致。

②耳朵　长而宽，挂在头两边，耳根位置略低于眼睛，有丰富的饰毛。

③眼睛　颜色非常深，卵形，距离足够远，以造成警惕、聪明的表情。

④口吻　长、直、精致，被“雕刻”在眼睛下面，牙为白色，结实，剪状咬合；鼻镜黑色，没有嘴唇的下巴显得很清晰。

贵宾犬

【躯干】

正方形结构、比例匀称，步伐有力而自信。胸部宽阔舒展，肋骨富有弹性，颈部比例匀称，结实、修长，咽喉部的皮毛很软，脖子的毛很浓，背线平直，尾巴直，位置高并且向上翘。

【四肢】

前腿和后腿的肌肉及骨量与整体比例匀称；前肢和后肢均直，肌肉发达；足爪小，呈卵形，脚趾呈上拱，脚垫厚实。足爪不向内翻或向外翻。

【被毛】

被毛有两种：①卷毛：天然的粗硬毛发，浓密；②披挂：不同长度的毛发紧紧包裹着身体。身躯、头、耳朵及鬃毛等部位被毛较长，绒球、手镯、尾球处毛发较短；毛色颜色是均匀的单色，与肤色一致。包括蓝色、灰色、银色、褐色、咖啡色。

(3)性格特点　非常敏捷，聪明而优雅，是一种忠实的犬种。它快乐、温顺，是很好的家庭宠物。标准贵宾犬还保留了其作为猎犬时的本领，游泳很好，聪明好学。

(4)饲养要点　需适当的活动。倘若你有足够的时间去伺候，它也是一种很好的观赏犬。虽然贵宾犬也能修剪成狮子状，但许多人喜欢把它剪成羊羔状（头部毛发一样长）。

16. **大麦町犬**(Dalmatian)

(1)基本概述　大麦町犬又名斑点狗,属伴侣犬类,是公认为最优雅的品种之一,具有白色被毛及清晰、醒目的黑斑点,且会呼叫人。一般认为其起源于南斯拉夫。

(2)体格外形

【头部】

①脑袋　整体协调,头顶平坦,中间有轻微的纵向凹痕,脑袋的宽度与长度相等。

②耳朵　中等大小,根部略宽,逐渐变细,尖端略圆,位置较高,耳廓薄而细腻。

③眼睛　中等大小,颜色通常是褐色或蓝色,或两者的结合,颜色深一点比较理想。

④鼻镜　色素充足,黑色斑点的犬,鼻镜颜色为黑色;肝色斑点的狗,鼻镜颜色为褐色。

⑤口吻　轮廓与脑袋的轮廓相互平行,长度与脑袋大致相同,嘴唇整洁而紧闭,剪状咬合。

【躯干】

身躯的长度与肩高大致相等,身体体质好,骨骼结实而强健,但绝不粗糙。

【四肢】

前肢直,结实,骨骼强健;后腿从飞节开始到足爪这部分彼此平行;脚垫厚实而有弹性,脚趾圆拱;尾巴是背线的自然延伸,根部粗壮,延伸到飞节,姿势是略微向上弯曲的曲线。

【被毛】

被毛色彩和斑点是大麦町犬一个重要的判定指标之一。被毛短、浓厚、细腻且紧贴着,毛色底色是纯粹的白色,黑色斑点的狗,斑点是浓重的黑色。肝色斑点的狗，斑点的颜色是肝褐色。斑点圆而清晰，越清楚越好。斑点的大小为2～3cm，分布均匀。

（3）性格特点　表情警惕而聪明，气质外向，充满活力，不带攻击性，不紧张，能很快成为家庭的宠物。

（4）饲养要点　精力相当旺盛，所以每天都需要有规则性的运动，听话易训，感觉敏锐，警戒心特别强，但很容易与小孩相处，具有极大的耐力，而且奔跑速度相当快。

### 17. 金毛寻回猎犬（Gold Retriever）

（1）基本概述　金毛寻回猎犬原名苏俄追踪猎犬，善于追踪及具有敏锐嗅觉的犬种，属伴侣犬种，原产于苏格兰。

（2）体格外形

【头部】

①脑袋　眉头分明，头盖宽阔，头盖与鼻口相连。

②鼻子　黑色或棕黑色，寒冷的气候有可能会使颜色变浅。

③眼睛　暗褐色，黑又明亮，双眼间距大，适度凹陷，大小中等。

④耳朵　短，前缘较靠后，在眼正上方，下垂，紧贴面颊。

⑤口吻　结实，宽而深。前颜面的长度约等于由趾部至枕骨的长度。

【躯干】

身体平衡良好，腰短，胸深，前胸发达，肋骨长，曲率良好，但不成桶形，很好地延伸至后躯。侧面看，腰部收缩微小，尾跟背部保持平行，较粗，摇动有力气。

【四肢】

前肢直，后肢也直，力强，肌肉发达，脚掌宽大，肉垫黑色或红色。大腿骨与骨盆成约90～，膝关节充分弯曲。步态自如、流畅、有力、协调，有充分的步幅。

【被毛】

被毛浓密，底毛防水好，外毛硬有弹性，毛直或呈波状，有毛领，前腿后部和腹侧有适度羽状饰毛，颈前、大腿后和尾底有丰厚饰毛，毛色主要为金色或奶油色，胸前有少量白毛。

(3)性格特点　友善可靠，可信赖。对其他人或犬表现敌意或争斗。沉稳充满信心，对小孩有耐心，是非常理想的家庭犬。

(4)饲养要点　金毛犬遗传免疫力高，体态健壮，毛量中等，所以饲养和日常护理极为容易，要注意帮它洗澡梳毛，并避免让它太胖。

**18. 威尔士柯基犬(Welsh Corgi)**

(1)基本概述　威尔士柯基犬共分两种：卡迪根威尔士柯基犬和彭布罗克威尔士柯基犬，属牧羊犬、家庭伴侣犬，原产于英国。

(2)体格外形

【头部】

①脑袋　外形狐状，颅部颇宽并且耳间平，额鼻架适中，颊部略浑圆，吻部逐渐变尖。

②眼睛　椭圆形，中等大小，不圆也不突出，眼棕色，与被毛的颜色相协调，眼缘黑色。

③耳朵　坚硬，中等大小，逐渐缩小至浑圆耳尖。耳朵能活动，对声音反应敏感。

【躯干】

颈颇长，略呈拱形，与肩部融合良好，背部坚硬，水平，臀部既不突起，也不会凹下去，肋骨弹性良好，略呈卵形，长度适当，腰部较短。尾短而自然，尽可能是短的断尾。

【四肢】

①前躯：小腿短、直，肘部与身体平行，骨量足，肘接近身体两侧，肩位置自然。

②后躯：强壮且灵活，腿短，骨量足，跖部笔直；脚呈椭圆形，脚趾强壮，趾

甲短。

【被毛】

被毛长度适中,绒毛层短而厚,外层被毛较长而粗糙,被毛最好是直的,但允许有波纹。本品种的犬容易褪毛,外层被毛为单色的红色、貂色、浅黄褐色、黑色及带或不带有白色斑纹的黄褐色。腿部、胸部、颈部,吻部,下体以及鼻梁等处有白色是允许的。

(3)性格特点　本性友好,勇敢大胆,既不胆怯也不凶残。性格温和,但不要强迫它接受不愿意接受的事物。

(4)饲养要点　性格温和,很喜欢与儿童相伴,天生热爱运动,生性活泼,喜吠叫,所以需要从小进行训练,从幼小时就训练它不吠叫,不嗜咬东西。皮毛易打理,只需每周进行简单梳理。

19. **萨摩耶犬**(Samoyed)

(1)基本概述　萨摩耶犬也称萨摩耶德犬,属工作犬种,原产俄罗斯,有着非常引人注目的外表:雪白被毛,微笑的脸和黑色而聪明的眼睛,是现在的犬中最漂亮的一种。

(2)体格外形

【头部】

①脑袋　呈楔形,宽、头顶略凸,两耳与止部中心点呈等边三角形。

②唇部　黑色,嘴角略向上翘,形成具有特色的“萨摩式微笑”。

③耳朵　直立耳,结实肥厚,三角形且尖端略圆,耳距较宽,耳缘有丰厚的饰毛。

④眼睛　颜色深一些比较好,杏仁状;下眼睑指向耳根,深色眼圈比较理想。

⑤鼻镜　黑色最理想,但棕色、肝色、炭灰色也可以接受。

【躯干】

骨骼适度粗重,但不妨碍速度和灵活性,身体比例近正方形,颈部与肩结合,形成优美的拱形,胸深大于胸宽,尾长适中,上覆长长的毛发。

【四肢】

步态为小跑,动作轻快、灵活,有节奏。前躯伸展充分、后躯驱动有力,飞节非常发达、清晰,脚趾间有保护性毛发,一般雌性饰毛比雄性要丰富一些。

【被毛】

双层被毛。底毛短、浓密、柔软,似羊毛,覆盖全身。披毛较粗,较长,垂直于身体生长,但不卷曲。披毛围绕颈部和肩部形成"围脖",母犬的被毛比公犬略短,但更柔软。毛色为纯白色或白色带很浅的浅棕色、奶酪色或浅黄色,其他颜色则不允许。

(3)性格特点　聪明、文雅、忠诚、适应性强,友善但保守,不能迟疑或羞怯。

(4)饲养要点　萨摩耶犬是跑走型动物,它喜欢和需要运动,以保持身体健康和萨摩耶犬的天性,绝不可长期关在屋里或圈在活动范围有限的围栏里。

**20. 德国牧羊犬(Germen Shepherd Dog)**

(1)基本概述　又称狼犬,俗称"黑背","万能犬"是德国牧羊犬的另外一个名称,是工作犬之中最具灵活性和可塑的犬类之一,原产于德国。

(2)体格外形

【头部】

①脑袋　线条简洁,与身躯比例协调。性别特征明显。前额适度圆拱,脑袋倾斜,且长。

②耳朵　略尖,向前,关注时,耳朵直立,耳朵的中心线相互平行,且垂直于地面。

③眼睛　中等大小,杏仁形,位置略微倾斜,不突出,颜色尽可能深。

④口吻　呈楔形,长而结实,轮廓线与脑袋的轮廓线相互平行。

【躯干】

体形发达，身躯长度的组成包括前躯的长度、马肩隆的长度、后躯长度；尾巴平滑地与臀部结合，位置低，不能太高。休息时，尾巴直直地下垂，略微弯曲，呈轻微的钩子状。尾巴毛发浓密，尾椎至少延伸到飞节。

【四肢】

前肢直，后肢大腿部宽且有力；足爪短，脚趾紧凑圆拱，脚垫厚实，趾甲短且为暗黑色。

【被毛】

双层被毛，披毛尽可能浓密，毛发直、粗硬、且平贴着身体。头部前额，腿和脚掌上都覆盖着较短的毛发，颈部毛发长而浓密。毛色多变，背腰部颜色为黑色，浓烈的颜色为首选。

(3)性格特点　聪明，大胆，表情自信、明显的冷漠，使它不那么容易接近和建立友谊。

(4)饲养要点　最好从幼犬时就开始训练，可成为全家忠实的伴侣，对主人极其忠诚。不论哪种工作，它都能胜任，其身体构造和步态能使它完成非常艰巨的任务。

### 21. 阿拉斯加雪橇犬(Alaskan Malamute)

(1)基本概述　阿拉斯加雪橇犬是最古老的雪橇犬之一，属工作犬种，原产于北美。

(2)体格外形

【头部】

①脑袋　宽且深，不显得粗糙或笨拙，与身体的比例恰当，表情柔和、充满友爱。

②眼睛　颜色为褐色，杏仁状，中等大小，眼睛的颜色越深越好。蓝眼属失格。

③耳朵　大小适中，分得很开，位于脑袋外侧靠后的位置，三角形，耳尖稍圆。

④口吻　长而大，黑色的鼻镜、眼圈和嘴唇。上下颌宽大，牙齿巨大，剪状咬合。

【躯干】

体格强健、结实，胸深且强壮，肌肉发达，背部直且向着臀部略斜，腰硬且肌肉发达，尾向上翘，卷在背部上，像“一根招展的大羽毛”。

【四肢】

前腿骨骼重，后腿宽，腿站立及运动时与前腿在同一直线上，肌肉非常发达；脚呈雪鞋型，紧且深，脚垫厚且粗，趾紧且拱起，趾间有保护性毛；步态稳健、平稳、有力。

【被毛】

被毛是一种“致密的富有极地特征的”双层被毛。内毛为丰厚的绒毛，外毛为质地较硬的针状毛，毛色是白色与烟灰色、黑色、紫貂色、红色、砂色等颜色的组合。

(3)性格特点　阿拉斯加雪橇犬属原始犬种，性格独立、不过分依赖主人，不喜欢吠叫，对主人极其友好，是忠诚、深情的伙伴，给人的印象是高贵而成熟，富有好奇心和探索精神。

(4)饲养要点　对环境的要求很高，由于其源于寒带，因此不甚耐热，活动能力极强，要求居住环境比较宽敞，保证它充足的运动量。天生肠胃功能较差，特别是幼犬，更加容易患肠胃方面的疾病。

### 22. 哈士奇犬(Siberian husky)

(1)基本概述西伯利亚雪橇犬的别称，中大型犬，属工作犬种，原产于俄罗斯西伯利亚地区。

(2)体格外形

【头部】

①脑袋　颅骨中等大小，顶部稍圆，从最宽的地方到眼睛逐渐变细。

②眼睛　杏仁状，眼距适中，稍斜，眼有可能双眼均为棕褐色，或均为蓝色，或一边棕褐色一边蓝色。

③耳朵　大小适中，三角形，耳间距较窄耳朵厚，覆盖厚厚的毛。

④口吻　口鼻的宽度适中，逐渐变细，末端既不尖也不方，牙齿剪状咬合。

【躯干】

身长应该是略大于身高的，颈长度适中、拱形，胸深，强壮，最深点正好位于肘部的后面，肋骨从脊椎向外充分扩张。背直而强壮，腰部收紧，倾斜，尾常平直，像一把“圆头刷子”。

【四肢】

腿间距离适中，平行，笔直，骨骼结实有力，爪子中等大小，紧密，脚趾和肉垫间有丰富的饰毛，肉垫紧密，厚实。脚步轻快，动作优美。

【被毛】

被毛为双层，中等长度，内层毛柔软厚实，外层毛的粗毛平直，光滑服帖，所有毛色均可，由黑至白、棕色至红色不拘。

(3)性格特点　哈士奇犬聪明，温顺，热情，非常活跃，好奇心非常强烈，对人类非常热情、友善、淘气、外向、爱流浪，是合适的伴侣和忠诚的工作犬。

(4)饲养要点　胃口小，无体味、不洗澡亦可；会掉毛、宜经常梳理，城乡均可饲养，空间宽敞为佳，须有人陪伴；肠胃功能比较独特，对蛋白质和脂肪的要求比较高。

### 23. 拳师犬(Boxer)

(1)基本概述　以“Boxer”命名，象征着作战时的英雄姿态，属工作犬品种，原产于德国。

(2)体格外形

【头部】

①脑袋　头顶略拱，两眼间的前额略略下陷，口吻止部明显，面颊相对平坦。眼间的前额略凹，头部比例正确，线条优美，钝口吻，没有过深皱纹。

②耳朵　耳薄，耳根高，竖立时，皱纹有代表性。

拳师犬

③鼻子　鼻宽，鼻镜黑，鼻孔大，鼻上有一条线，鼻尖略高于口吻末端。

④口吻　比例匀称，上轮廓线略突，上唇覆盖口吻（吊咀），并在前面交会，下颌突出式咬合。

⑤眼睛　呈深褐色，比例协调，结合前额的皱纹，赋予拳师犬一种独特的表情。

【躯干】

身体轮廓呈正方形比例，肌肉坚实而匀称，雄性骨量大于雌性同伴，尾部尾根位置高，且直立，断尾，留下仅5cm长。

【四肢】

前肢长且直，平行，后肢肌肉发达，大腿宽且弯曲；足部小而紧凑，既不内翻也不外翻，肉趾大，脚尖紧握且厚实，足趾适度圆拱，后脚比前脚小。

【被毛】

被毛短、油亮、光滑，紧贴身体；毛色为驼色带斑纹，斑纹相对稀少，白色的斑纹可以点缀拳师的外观，但不能超过整个被毛面积的1/3。

（3）性格特点　拳狮犬天生是一种“听觉”警卫犬，它警戒心强烈、威严且自信，它非常爱玩闹，对孩子非常有耐心和忍耐力，对陌生人警惕仍保留，是非常理想的伴侣宠物。

（4）饲养要点　拳师犬容貌特殊，为保证外形和健康的最佳状态，必须经常训练及长距离的运动，经常清洁牙齿。寿命较短，一般不超过 12 岁，极易患风湿病，故在被雨水淋湿后应及时擦干。

### 24. 杜宾犬（Doberman）

（1）基本概述杜宾犬又名笃宾犬、都柏文犬、德贝曼犬，属工作犬种。原产于德国。杜宾犬是作为一种凶猛、极具勇气、精力旺盛的短毛犬来饲养的，被作为警卫犬和侦察犬使用。

（2）体格外形

【头部】

①脑袋　长而紧凑，面颊平坦、肌肉发达，表情敏锐、机智。

②耳朵　耳小，耳根高，下折或直立，通常须进行修耳。

③眼睛　杏形，位置适度凹陷，眼神显得活泼、精力充沛。眼睛的颜色都是越深越好。

④口吻　嘴唇紧贴上下颌，上下颌饱满、有力，位于眼睛下面，牙齿剪状咬合。

【躯干】

体型健壮、紧实敏捷、肌肉发达，肩高等于体长，头部、颈部和腿的长度与身体的高度及深度的比例协调。尾巴在大约第二节尾骨切断，只有在警觉时，尾巴会举起高过水平线。

【四肢】

前肢完美的笔直、彼此平行且有力，骨量充足。后肢大腿长且宽，肌肉发达；足爪拱起、紧凑，类似猫足，即不向内翻、也不向外翻。

【被毛】

平滑的毛发，短、硬、浓密且紧贴身体；毛色为黑色、红色、蓝色、驼色（伊莎贝拉色）；斑纹为边界清晰的铁锈色斑纹，分布在眼睛上方、口吻、咽喉、前胸、四肢的腿、脚及尾下。

(3)性格特点　生性勇敢、坚定、机警,勇敢忠诚而顺从。但却隐含喜好挑衅的性格,故从幼犬时期起,需严加管教。当陌生人来访时,会发出警告的声音,态度毅然,不留任何余地。

(4)饲养要点　适合城市生活,耐热怕冷,被毛短,不需要经常梳理,容易训练,让其充分运动,保持英姿焕发,不容易与别的犬相处。易患气胀病、臀部发育异常、心脏问题。

## 25. 圣伯纳犬(Saint Bernard)

(1)基本概述　圣伯纳犬属大型工作犬类,是一种温和的巨犬,因在阿尔卑斯山之圣伯纳修道院担任救援犬而得名,现在的圣伯纳既有短毛型又有长毛型,原产于瑞士。

(2)体格外形

【头部】

①脑袋　表情聪明,面部有深色面具,表情严厉,但不凶恶。一道深沟从口吻根部开始,经过两眼之间,穿过整个脑袋。开始的一半非常清晰,向后逐渐消失在后枕骨。

②耳朵　中等大小,耳根处有非常发达的边缘,耳翼为柔嫩的圆角三角形。

③眼睛　中等大小。深褐色,眼神聪明、友善,深度合适,下眼睑不能完全贴和眼球。

④鼻子　坚实、宽阔、带有宽大的鼻孔,鼻梁上从口吻根部到鼻镜有浅沟。

⑤口吻　宽、显著、短、不呈锥形,口吻的垂直深度比长度要大,上嘴唇非常发达。

【躯干】

圣伯纳犬是超大型犬,充满力量、比例匀称且轮廓丰满,每一部分都很结实且肌肉发达尾巴长,尾尖也很有力。休息时,尾巴以字母“f”的形状垂直悬挂,略有卷曲的尾巴是允许的。

【四肢】

四肢非常有力而且肌肉格外发达，后肢飞节角度中等，足爪宽，有结实的脚趾，脚趾略紧，趾关节高一些比较好，狼爪应该除掉。

【被毛】

被毛非常浓密、平滑的躺着，毛质硬，毛色为白色带红色或红色带白色，耳根处长有长毛是允许的，斑纹处是白色的胸部、足爪和尾尖；颈部有“领子”，脸部有“白筋”。

(3)性格特点　聪明、忠诚、温顺，易亲近，对儿童宽容，若家庭条件允许，是最好的首先宠物。

(4)饲养要点　圣伯纳犬聪明，忠诚而且性格十分温顺，容易亲近，因为体型大，则需大空间和大量喂食。

### 26. 美国可卡犬(American Cocker Spaniel)

(1)基本概述　美国可卡犬又名美国曲架、美式可卡，属狩猎犬种，原产于美国，属激飞猎犬，是美国猎犬(运动犬)中最小的一种，也是最受欢迎的犬种之一。

(2)体格外形

【头部】

①脑袋　浑圆的头部，眉毛整洁而清晰，止部非常明显，表情聪明、温和且吸引人。

②眼睛　眼球圆而丰满，深褐色，而且一般情况是越深越好，眼睛下方的骨骼轮廓分明。

③耳朵　叶片状，长，耳廓精美，有大量羽状饰毛。

④鼻镜　有足够的尺寸，与口吻及前脸相称，鼻孔发达，典型的运动犬特征。

⑤口吻　短而厚的方形吻部，上唇丰满，覆盖下颌；牙齿结实而健康，剪状

咬合。

【躯干】

颈部有充分的长度,没有下垂的“赘肉”,从肩部有力地升起,略微圆拱,逐渐变细,与头部衔接;胸部深,前面十分宽阔,为心脏和肺部提供了足够的空间;尾在背线的延长线上。

【四肢】

四肢粗壮而短,肌肉发达,膝关节弯曲明显,脚宽大,多长饰毛,但丝毫不影响活动。

【被毛】

头部被毛短而纤细,身躯被毛长度适中,有足够的底毛提供保护。耳朵、胸部、腹部、及腿部,有大量羽状饰毛,被毛是丝状、平坦或略微呈波浪状,其质地使被毛很容易打理。毛色有黑色、褐色、红棕、浅黄、银色以及黑白混合等色。

(3)性格特点　性格开朗,活泼,性情温和,感情丰富,行事谨慎;机警敏捷,外观可爱甜美,易于服从,是儿童和女士们最喜爱的伴侣犬和玩赏犬。

(4)饲养要点　每天保证适当的运动量,定时定量饲喂,防止过肥;毛长,每天需进行梳理刷毛修剪,大垂耳犬易患耳病,要常清洁耳道;爪易长,应按时修剪,赘生趾则需除去。

### 27. 腊肠犬(Dachshund)

(1)基本概述　腊肠犬也称猪獾犬,四肢短小,整个身躯就像一条腊肠,故名腊肠犬,属猎犬种。原产于德国,善于捕捉穴居兽。按体高分标准型和迷你型,按毛质分短毛、长毛和刚毛型3种。

(2)体格外形

【头部】

①脑袋　略微圆拱,宽窄适度,呈锥形,止部较明显,过渡到精致、略微圆拱的口吻。

②眼睛　中等大小，杏仁形，深色眼圈，表情令人愉快、舒适，眼神不尖锐。

③耳朵　耳根接近头顶，中等长度，圆形，挂在两侧，活动时，耳朵前侧边缘贴着面颊。

④牙齿　犬齿有力，牙齿紧密，剪状咬合。

【躯干】

颈部长，肌肉发达，颈背略微圆拱，躯干长而肌肉充分发达，背部尽可能直，不允许下陷，腹部略微上提，尾巴位于脊椎的延长线上，不扭曲或明显弯曲。

【四肢】

四肢短小，脚掌丰满、紧凑，足爪有五个脚趾，四个有用，脚趾适度圆拱，脚垫坚硬、厚实，整个足爪笔直向前，足爪整体和谐，呈球状，狼爪可以切除。

【被毛】

短毛型腊肠犬被毛平滑而直顺；长毛型腊肠犬被毛直而柔软，略呈波浪状；刚毛型腊肠犬拥有长须和浓眉，被毛刚硬，胸部和脚上的毛发较长。毛色一般为单一颜色，红色和奶油色。

(3)性格特点　腊肠犬聪明伶俐、非常善解人意、对主人忠心，喜欢吠叫，具有很强的警戒心，适合深入穴洞捕捉猎物。捕猎动作奇特，以吻部撞昏猎物，再迅速地咬住。

(4)饲养要点　注意保持正常体重，因背部很长，过度臃肿易致髋关节受伤，严重可引起局部抽筋和瘫痪。下垂的耳朵内容易积存脏东西，应注意定期清洁；深色趾甲易看清楚血线，修剪时应注意。

## 宠物犬的选购

### 1. 宠物犬品种、性别、年龄、毛种的选择

犬的品种很多，它们的外貌和特性相差很大，选择什么样的犬饲养，要根据

养犬主的实际用途、居住条件和生活方式等来适当确定。

(1)犬种的选择　犬的品种很多,每个品种都有自己的优势和缺点。为了买到称心如意的宠物犬,养犬前有必要先了解和掌握一些购犬、选犬知识,了解宠物犬市场,对犬的品种、价格等有所了解。有必要的话,还可以到犬主家或大型养殖场实地考察,增加感性认识和理性认识。因为宠物犬将来要成为家庭一员,在购犬前必须从经济实力、喜好、居住环境和饲养条件等方面权衡后,在种类繁多的品种中,有目的地去选择最适合自己的犬种。如住楼房且面积又不大,可选择小型犬饲养,例如小型的巴哥犬和北京犬比较理想。如果工作繁忙,最好不要选长毛犬或卷毛犬,给犬梳理被毛、洗澡需要许花费多时间。

目前,从我国群众性养犬的趋势看,以小型或超小型犬为主,如北京犬、马耳济斯犬、吉娃娃犬等,这些小型犬食量小、体尺短、体重较轻,连小孩都能将其抱在怀里,深受妇女和儿童的喜爱。大型犬如阿富汗猎犬、大丹犬、拳师犬、圣伯纳犬等由于身长体重,且其食量是小型犬的5~10倍,幼犬长到成犬后在外散步或运动所需的运动量也大,老人或小孩无法适应,因此这类大型犬在城区饲养较少。此外,对于这类大型犬没有恰当的训练是无法控制的,所以在没有足够训犬经验的情况下,不要挑选这样的犬。

综合考虑后,将选择的范围缩小到一种犬,它要最适合您的性格、生活方式、工作性质、饮食习惯和品味。然后查阅一下有关介绍该品种的书籍,对该品种的描述、历史记载、品种标准以及性格作进一步的了解,以便选择一头英俊、健壮、体形结构完美、性格极佳的理想伴侣。

值得一提的是,选择纯种犬还是杂种犬也是要考虑的问题。纯种犬和杂种犬各有优缺点:纯种犬能够保持品种纯正,提高养犬档次,且繁殖的仔犬出售也非常容易。但纯种犬为了保持其品种优势,常因近亲繁殖而出现一些遗传性缺陷;杂种犬尽管有外貌不美观、遗传不稳定、易丧失品种特征及繁殖的仔犬不易出售等缺点,但杂种犬,尤其是杂种一代的犬也有其特有优势,它们比那些纯种犬更具有健康的体格,不娇气,遗传性疾病较少,当然杂种犬的价格也很便宜。

因此,如果不参加犬展或不进行繁殖,杂种犬也值得考虑,因为它适应性强,不娇气,不易生病,且同样也能给您带来无限的欢乐。

(2)犬龄的选择　在犬的年龄选择上,一般选择幼犬要胜于成年犬,但也不是绝对,选择幼龄犬或成年犬各有利弊,这主要是根据人们的需要。

幼龄犬能很快适应新的环境,与主人建立起牢固的友谊,易于调教和训练。有资料报道,仔犬大约在3周龄时感觉器官开始起作用,逐渐地对周围环境感兴趣。因此,培养幼犬社会化的时机应在3~12周龄(社会化是指幼犬学会与其他动物或人类和睦相处的过程),这个时期幼犬能够快速接受新事物,更自信,更乐于交际。那么究竟选择哪一年龄段的幼犬比较合适呢?选择幼犬的最佳年龄是在出生后2月龄,此时幼犬性格开始表现出来,可以看出身体发育好坏。未满2月龄的幼犬,个性不明显,超过3月龄的幼犬,身体发育过快,比例不协调,体形好坏难以判断。选择幼犬不足的是,幼犬独立生活能力差,开始阶段需要精心照顾,需花费较多的时间调教和训练。

成年犬生活能力强,特别是经过专门训练的犬,具备了某些专门的技能而无需训练,可省去许多时间。但成年犬存在较多弊端,如难以驯服,对以前的主人仍怀有留恋之情,要赢得它的忠诚和感情需花费更多的时间和精力,有的犬还有可能跑回原主人家,尤其是缺乏良好训练的犬,养成某些令人难以接受的恶习不易改变,纠正起来也比较困难。

犬的年龄可根据血统证书或出生登记表上的出生日期进行推算。对于无资料可查的,通常可根据犬的牙齿生长与磨损情况等来判定,可参考第二章第一节的相关内容。

根据牙齿变化来判定年龄主要以牙齿的生长情况、齿峰及牙齿磨损程度、外形颜色等综合判定。每侧牙齿的类型与数目,常以齿式表示,成年犬的牙齿42枚,其齿式为$2(I\frac{3}{3}+C\frac{1}{1}+P\frac{4}{4}+M\frac{2}{3})=42$。幼犬的乳齿呈白色,齿细而尖,全部长齐,共计28枚。其齿式为$2(I\frac{3}{3}+C\frac{1}{1}+P\frac{3}{3}+M\frac{0}{0})=28$。

犬齿全部为短冠形，上颌第一、二门齿齿冠为三峰形，中部是犬尖峰，两侧有小尖峰，其余门齿各有犬小两个尖峰，犬齿呈弯曲的圆锥形，尖端锋利，是进攻和自卫的有力武器。前臼齿为三峰形，后臼齿为多峰形。判定年龄时可参照以下标准：20天左右，犬的幼齿开始长出。4~6周龄，乳门齿长齐。将近2月龄时，乳齿全部长齐，呈白色，细而尖。2~4月龄，更换第一乳门齿。5~6月龄，换第二、三乳门齿及乳犬齿。8月龄以后，全部换上恒齿。1岁，恒齿长齐，洁白光亮，门齿上都有尖突。1.5~2岁，下颌第一门齿犬尖峰磨损至与小尖峰平齐，此现象称尖峰磨灭。2~3岁，牙齿磨损明显且开始失去光泽。3岁以上，前齿出现磨损，牙齿发黄，无光泽。

以上是根据犬牙齿变化情况来判定犬的年龄，但由于所喂饲料的性质（颗粒饲料或流食）、生活环境（如圈养的犬就比散养的犬缺少啃咬砖头、木棒的机会）等因素，牙齿磨损的程度也有所不同，因此给判定带来一定的误差。

（3）性别的选择　就感情、忠实和性情而言，决定因素不是犬的性别而是犬的品种。在同一品种内，公犬一般性情刚毅，活泼好斗，勇敢威武，体格强壮，难以驾驭，因而训练时要比母犬花更多的时间。母犬一般比公犬小，性情较温顺，易于训练调教，但未做卵巢摘除的母犬，每年有两次发情，并且每次发情要持续9~14天，个别的长达21天，此时必须将它与公犬隔离，还要防止弄脏居室。当然，如果不想让犬繁殖或不参加犬展，可在适当的时间做卵巢摘除手术或去势，这些手术不会改变犬的性格，易于驯养，而且有助于维护犬的健康，控制犬的数量。

相对于成年犬，幼犬的性别辨别相对比较困难，但只要掌握技巧、稍加注意，其实并不难。一般，排尿处有个小球形状的，而且像个小桃子的那是母犬，您同时可以在它肚皮上观察看有没有乳头，小母犬的一个乳头表现为稍稍突起的一个小点。

（4）毛种选择　犬的毛种有长毛种、短毛种与中毛种。长毛种的姿态优美，售价较高，但相对花更多时间给犬梳理被毛，如果无空闲时间的人或懒惰的人是不适合购买来饲养。短毛种犬的性情活泼与机敏，无需花费很多时间给它梳毛与整毛，相对较简单。因此，要根据个人的生活习惯及时间条件而定。

同一品种的犬，毛被颜色类型也不是完全相同的，而各人喜爱的颜色也不相同。因此，在可能的条件下，尽可能挑选自己喜爱的毛色，但仍要遵照每个国家犬展会规定的毛色，否则，会失去参加犬展比赛的资格或被扣分。例如，现今贵妇犬的颜色多彩多姿。而美国犬展会规定要纯色的，英国犬展会规定可黑、可白、纯蓝或褐色，在法国，除了上述的毛色以外，银色的也可以参加犬展比赛。假如在犬展会内，有同等积分的贵妇犬出现时，最后以颜色美丽者获优胜。

### 2. 宠物犬的挑选

(1)选购途径　购犬途径主要有到犬市场、饲养场、中介机构(经营犬的公司)购买，各种途径各有利弊。因此，要根据自己的实际情况决定购犬方式。

①到犬繁殖场去购买　从犬繁殖场购买的犬，由于它有一系列饲养管理制度和方法，种犬的数量较多，不仅可以从多数仔犬中挑选优质的仔犬，也可学习、了解到他们的饲养管理方法，甚至当犬初到家中时，可以应用他们的饲料配方和饲喂、管理方法，防止因饲养管理条件的突然改变而引起仔犬发病。同时，从繁殖场购买的犬，一般能保证健康和免疫接种，相对来说，品种也较纯，一旦发生意外，可以与场方协商解决。但一般选择品种余地较小。

②到犬市场去购买　犬市场里犬的数量和品种较多，便于选择。但是从市场购到的犬很难保证已注射过疫苗，也难保证是否健康，有些卖犬者，为了消除自己的包袱，将某些有缺陷的犬或有某些疾病的犬，经过医疗或所谓的整形手术把问题掩盖过去后，到市场上去出售，如果购犬者没有仔细检查，只听卖犬者的花言巧语，就容易上当受骗，同时，也无从知道父母代及其他仔犬的情况，当然，在市场也有不少优良、健康仔犬，但必须要经过耐心、仔细检查，方可选购到称心如意的健康仔犬。但应注意，市场上的犬来自四面八方，犬源复杂有些带有传染病病原的“健康带菌(毒)犬”或病愈不久的“带毒(菌)犬”，慢性无症状

的病犬。或处于“潜伏期”的病犬常混在其中，选购时必须注意。

③中介机构（经营犬的公司）购买　中介机构给养犬者购犬提供了方便，同时也比较可靠，但往往价格较高。

（2）品种外貌特征的鉴定　犬的品种很多，每一品种都有其外形特征，因此，选购犬时，必须要根据每一品种的外形特征标准及每一国家犬展会规定的标准要求来考虑。因此，挑选前，应阅读一些有关该犬种的资料，初步了解这些种犬的外形特征和特性，然后运用这个标准去衡量选购对象各个方面的情况。但是，所有的宠物犬都有相似的整体外貌要求，如外观各部匀称紧凑、肌肉发达、体质健壮、姿态端正、牙齿整齐呈剪状咬合、被毛有光泽、运步流畅等特点。具体考查时，要按照品种特点来判定，一般采用目测和仪器测量的方法。

（3）健康检查　购买犬只最重要的便是选择健康的犬。因此，在挑选犬时健康检查是必不可少的一项内容，它主要包括以下几个方面。

①精神状态　健康犬活泼好动，反应灵敏，情绪稳定，喜欢亲近人，愿与人玩耍，而且机灵，警觉，性高。凡胆小畏缩怕人，精神不振，低头呆立，对外界刺激反应迟钝，甚至不予理睬，或对周围的事物过于敏感，表现惊恐不安，或对人充满敌意，喜欢攻击人，不断狂吠或盲目活动，狂奔乱跑等均属精神状态不良。另外，在犬平静时，它的呼吸必须安静平滑，没有喘息和咳嗽。

②眼　从犬的眼神可分辨其健康状况。健康犬眼结膜呈粉红色、无血丝，眼睛干净明亮不流泪，无任何分泌物，两眼大小一致，无外伤或疤痕，对光线没有不正常的表现。病犬常见眼结膜充血，甚至呈蓝紫色，患贫血病则可视黏膜苍白，眼角附有眼屎，而眼无光或羞明流泪。

③鼻　用手指轻轻接触犬的鼻镜，凉而湿润，无浆液性或脓性分泌物，则表示幼犬很健康。并不是所有犬的鼻子都凉而湿润，如果其他地方看上去都正常，那么即使热又干的鼻子可能也是正常。鼻子上没有结疤或流鼻涕的现象。

④耳朵　健康犬耳朵灵活，耳道清洁，没有耳屎，耳尖无皮屑。没有不停地抓挠耳朵的现象，无怪味。

⑤口腔　轻轻翻起嘴唇,观察牙齿是否干净整齐。牙龈粉红色,无炎症迹象。舌头鲜红或为品种规定颜色,无舌苔,无口臭。让犬嘴闭合,观察有无闭合不全和流涎。

“查牙辨龄”口诀:找到乳犬齿,30龄左右犬;乳牙全长齐,2月龄犬;换第1门牙,3月龄左右犬。

⑥皮肤、被毛　健康犬皮肤柔软而有弹性,不冻不热,手感温和,被毛干净、蓬松有光泽,没有脱落和污垢。病犬皮肤干燥,弹性差,被毛粗硬杂乱,有体外寄生虫,还可见斑秃、癞皮和溃烂。

⑦肛门　健康犬肛门紧缩,周围清洁无异物。如果肛门周围被毛被污染,表明犬可能正在腹泻。有可能的话还可检查一下犬的小便是否正常,粪便形状是否完好。

⑧四肢　令犬来回跑动,以观察四肢是否正常,健康犬的四肢保持重心平稳,步态自然,无跛行。如出现跛行、两前肢向内并拢(“O”形腿)或向外岔开(X形腿)都属不正常。

⑨爪子　健康犬的爪子应该平坦没有畸形与缺失;足趾之间无囊肿(膨大)。

⑩注意观察有无遗传性毛病　纯种犬往往为了保留其品种优势,常因近亲繁殖(血统太相近)而出现一些遗传性毛病。如沙皮犬、松狮犬以及北京犬、贵妇犬容易发生眼睫毛倒生(由于世界性的“血统标准”过度强调其双眼的特征所致),尤其是沙皮犬更为多见。斑点犬出现斑点相连及多数发生缺齿。拳狮犬易发生关节病、耳聋或神经系统退化症。另一种遗传性毛病是脾气和情绪,凡是神经质或情绪不稳定的犬,行为难于预测,多数是遗传或人为行为所引起。若上一代有咬人史的犬,其下一代也可能遗传。

通过上面各项检查,基本上可将病犬检出。如有条件应请兽医检验部门作布鲁杆菌病、弓形虫病等传染性疾病的检验。

(4)特殊检查　经上述健康检查,可选出健康的犬,但为了能符合饲养目的(玩赏或伴侣)和技巧训练,应对犬的性格作进一步的测试,选择温顺、忠实、胆大、勇敢、驯服和心理状态稳定的犬。

幼犬性格测试要用0.5~1h的时间,方法是在幼犬最活跃的时间,带它到一处陌生而宁静、不会分散注意力的场所测试,这个测试包括了以下九个项目,每个项目的评分都是1~5分。这个经英国专家精心设计的测试方法具有较强的可操作性。

①社交能力　测试者跪在幼犬前面一段距离,呼唤幼犬前来,如果幼犬尾巴竖起直奔过来,它一定是充满信心、喜欢社交的犬;性格独立的犬可能无动于衷;而柔弱胆怯的幼犬可能会前来,但态度犹豫且尾巴垂下。

②追随　测试者先站起来慢走,以吸引幼犬追随。自信心强的幼犬会主动追随;而强悍的犬会走在人的前面或是绊手绊脚;柔弱胆怯的犬会迟疑地欲行又止;独立的犬则会走到别处。

③压制　把幼犬翻转压制在地上四脚朝天,用一手按着它的胸口,并稍微用力限制它不许活动,盯着它的眼睛看半分钟,此时,强悍的犬会努力挣扎,目光不显畏惧;胆怯的则会温顺屈从、目光游移。这项测试十分重要,最强悍的幼犬只适宜经验丰富的人士饲养。

④气度　完成压制测试后,立刻将幼犬放在面前,温柔抚摸它的全身,轻轻地对它说话,并低头前倾让它可以舔到测试者的脸。观察犬的反应,如果是一只不忘记刚才被压制、气度不宽宏的幼犬,是比较难以接受训练的。

⑤提高　把幼犬抱在胸前,站起来半分钟,目的是考验它在不能控制的环境下如何应付。能舒展自然躺在您臂弯的幼犬、长大后比较容易适应陌生环境;相反,不断挣扎的幼犬,长大以后会不愿接受人类的支配。

⑥寻回　把一张纸捏成团,抛在幼犬面前数尺,通常它的反应会:a,奔向纸团、衔起它,在测试者的鼓励下走回来,这将是容易受训的良犬;b,对纸团兴趣不大甚至走掉,这只犬接受训练的程度较低;c,衔着纸团走向角落独自咬扯玩耍,这是只性格独立的犬,将来需要有经验的训练者。这项测试在试验犬对人

类是否有兴趣时十分有用，是选择工作犬的有效方法。

⑦触觉　用拇指和食指捏着幼犬前脚中趾之间的皮蹼，从一数到十，同时手指相应逐渐增加力度。若幼犬在最初已剧烈挣扎，将来它对脖圈、束缚及训练会过度敏感；而在最强力度下才挣扎的犬，则需要强硬的训练者。

⑧听觉　把一个金属盖敲一下，发出响亮的声音后再藏起来。一声巨响之后，幼犬多数会惊慌失措，假如它没有反应的话，应立刻带它去兽医处检查一下是否失聪；如果幼犬能迅速恢复正常，而且还能寻找声音来源，那它便是机敏优良的犬；心有余悸、远避声源的犬，可能不适合喧闹的家庭。

⑨视觉　先把一些布条放在幼犬面前挥舞，信心十足的幼犬会静静地研究这是什么，勇敢的会试问咬破它，怯懦的会躲起来了。

评分标准：每一项的评分都是1～5分，表现最强悍的得1分，最怯懦的得5分，如果幼犬在各项测试中每项都得1分（当然这是极罕有的），说明它具有极强的支配欲甚至可能带有攻击性，所以不是理想的家庭宠物犬；各项中得2分最多的幼犬，同样具有较强的支配欲，可通过适当的训练而变成优秀的伴侣和出色的工作犬；得3分最多的幼犬，性格活泼外向，是一只服从训练的卓越的犬，对刚刚养犬的人士最适合不过；得4分最多的幼犬，极乐意与人相处，尤其能与儿童融洽做伴，是家庭宠物犬的上选；得5分最多的幼犬，比较敏感和缺乏自信，对没什么要求、喜欢安静生活或养犬纯粹为做伴的年老夫妇来说，是颇佳的伴侣。

上述的测试只是提供一种参考，在挑选犬时还要考虑养犬的目的，另外居住环境及个人性格同样是一项重要的因素。

如果以上检查都通过，还要询问饲养者，自己所中意的幼犬近期是否生过病、进食排泄情况如何，有没有驱过虫、接受过疫苗预防接种，包括疫苗的种类、接种的时间等。如有可能，索要一份预防接种的记录和驱虫的计划书。即使已经注射过疫苗，也不能放弃原来的记录卡，因为它可以告诉您何时需要追加预防接种。成交后的犬应到兽医防疫部门进行接种疫苗，并填写检疫证明书，确认健康者才允许交易。饲主最好能给您一份犬原来的食谱,您带回的前两周要严格遵守这个食谱,否则突然改变食物,它会不吃。两周后可以逐渐做些调整。当您购买纯种犬时,饲主应该提供犬的血统证明书和双方签字的转让书,这样养犬协会才给重新登记和被承认,假如您买的犬没有办理这个手续,将来参加展示、比赛、育种或配种时,都会遇到很多麻烦。这一点非常重要,千万不可忽略。血统证明书一般应填有犬种名、犬名、犬舍名、出生年月日、性别、毛色、繁殖者、同胞犬名、奖励、训练成绩、登录者、登录号码、登录日期等。

总之,在进行宠物犬挑选时,尤其是在考查幼犬时,要全面进行分析,因为幼犬的发育尚未成熟,机体的各个机能还不完善,其主要反应往往受外界条件的影响而发生变化,或表现不典型。

### 3. 宠物犬运输及途中和到达目的地管理

如果是从外地购犬,犬的运输是十分重要的问题,在运输前做好充分的准备工作,在运输途中和到达目的应认真护理。

(1)运输前的准备　起运前须到当地兽医防疫部门检疫,办理检疫手续,只有健康犬才能起运。应准备携带犬笼、木箱或竹筐等,并经消毒后装犬。备足食物和饮水,以便中途饮食。如果长途运输还应准备晕车药和镇静药。

(2)运输途中护理　要随时注意车内的温度和湿度。冬季运输时应防止犬受凉感冒,避免贼风吹到犬身上;夏季气候炎热,车门温度高,湿度大,犬容易中暑,所以要注意车内通风,保持车内干燥,及时清除粪便,保持车内清洁卫生。定时饲喂,不要喂得太饱,但可随时饮水。有的犬乘车常发生呕吐,应及时服用止吐药。犬刚上车时,十分恐惧,关在笼内或箱内会狂跳乱叫,为了使犬安静,可使用镇静药物,或者守护在犬身边,经常地轻拍抚慰,逗它玩耍,使犬愉快地度过第一次旅行。

(3)到达目的地后　不能马上让犬大量饮水,只能让犬稍饮一些水,排出大小便,然后,再给予限量喂食,以防摄食过量。对新购入犬应当妥善安置,新主人应亲自护理,使它很快适应新环境。

## 家庭养犬用品的准备

### 1. 犬舍(窝)的准备

对于犬来说,窝是必需的,每次回家后它都要在里面休息。一个美观舒适的小窝,会使犬自得其乐,也会使家庭多一份温馨。从这个意义上来说,犬舍不仅是犬的乐土,也是家中的点缀,不应该过于草率。如果让犬随便找地方睡觉,会影响日常管理,而且容易污染毛发,感染寄生虫。

实验用犬或大批养犬的单位对犬舍有严格的要求和一定的标准,这里仅就家庭养犬的犬舍问题作一简要介绍。犬舍(窝)分为室内和室外,室内犬舍(窝)可适当小些,适于体形小的犬;室外犬舍(窝)应大些,适于体形大的犬。

(1)室内犬舍(窝)　小型玩赏犬由于体形小,关在室内,不用担心风吹雨淋,故犬舍(窝)不需良好的屋顶和墙壁,只需适当的空间。也可用木箱或足够大的纸箱暂时代替犬舍(窝),底部铺垫旧报纸、旧布、毯子等,不要用容易撕破的棉垫和羽毛垫,以免被犬撕破误吞入体内,影响消化,严重的还可能引起消化系统疾病。铺垫物要经常更换、打扫、消毒。纸箱的高度要适中,以幼犬能自动爬进爬出为宜,并要放在通风良好、日光充足的走廊、阳台或屋内一角,必须避开冷风。纸箱周围不能存放杀虫药或消毒药水,以防幼犬因好奇而误食或损坏。

养犬的第一步便是为犬选择固定、舒适容易辨认的住所。随着幼犬的生长,为了保持室内整洁和犬生活的方便,最好准备一个舒适的犬舍(窝)。可以通过市场上购买或者自己制作一个简易适用的犬舍(窝)。

目前,市面有许多的室内犬舍(窝):一种是以藤条编制的,长一尺左右,高半尺左右,旁边开一个小门,上面带有一个提手,属于便携式,出门带着很方便,也很美观。但是,出于尺寸的关系,它只适于超小型犬或幼犬使用,犬稍微大些,就显得过于窄小了。此外,藤条为材料做犬舍(窝),碰到好啃东西的幼犬,极易破损,而幼犬极少有不喜欢磨牙的。

还有一种犬舍(窝)是铁制的,材料和那些挂架车筐相同,光洁漂亮的喷漆铁条呈横竖两个走向,形成一个个方形的格子。这种犬舍(窝)清理方便,夏季通风良好,摆放时要注意将其靠墙,以形成一面或两面封闭的格局,使犬更有安全感。不过,这种犬舍(窝)也是为单只小型犬和幼犬准备的,在小型犬怀孕产仔、幼犬长大的情况下,这种犬舍(窝)就不合适了。另外,对于家庭陈设讲究的居室来说,这种犬舍(窝)会显得过于简陋。

如果想配合装修氛围与特定犬种,不妨自己动手试一试,建造一个量身定做的理想犬舍(窝)。下面是一些关于室内犬舍(窝)资料的建议。

①犬舍(窝)的大小与形状　犬舍(窝)不用太大,即使准备兼作产房,只要犬在站立时头顶碰不到天花板,横躺时四周尚余一些空间就可以了。只作暂时"禁闭"之用或允许犬自由从犬舍(窝)进出时,再小一点也没有关系。为幼犬物色犬舍(窝)时,一定要将犬长大后的身长、高度考虑在内,以求一劳永逸而不要多次投资。犬舍(窝)在形状上以正面宽长、进深短些的长方形,门为左右两扇者最为方便,这样的犬舍(窝)易于清理。冬天若需铺设电热毯时,也可以固定在一边。

如果是没有生产问题的公犬,门可以开得小些,冬天也比较保暖、开门时应注意开在一侧,这样可以增强犬的安全感。室内犬舍(窝)最主要的是要解决防暑问题,因为它们毕竟不会受到寒风的侵袭。如果冬天气温很低,可以使用毛毯、软垫、三合板进行保温。夏季合用的室内犬舍(窝),材料以钢管为主的居多,如屋顶、四周墙壁等,都使用钢管围成,通风透气,犬就不会觉得闷热,即使将犬搬到屋外去做日光浴,也很轻便。此外,可以在小型犬舍(窝)下安装可以折叠的活动脚支架,不仅可以防暑,还可以防潮。

②犬舍(窝)的材料与特点　犬舍(窝)多以木材和金属为材料搭配使用,

随着建筑材料的多元化，犬舍（窝）的用料更为广泛。例如，塑胶、玻璃纤维、铝板、复合板材、藤条、不锈钢等。

犬舍（窝）的材料及特点

| 犬舍（窝）材料 | 特点 |
| --- | --- |
| 木制品 | 给肌肤带来的触觉柔软，寒暑差别也不大，但棱角往往易被犬啃坏，潮湿天气又容易生霉。为避免此类情况的产生，四角应该用铁皮包住 |
| 金属制品 | 要漆上油漆，以免生锈；所用铁条不宜太细，防止被犬扭曲破坏 |
| 塑胶或玻璃纤维制品 | 没有接缝而表面平滑，犬不会啃咬，又不会伤及皮毛，有轻便、可以用水清洗等优点，但缺点是不能任意拆卸和组合，通风也不好 |
| 铝板制品 | 轻巧而不会生锈，但铝板轻薄，看上去缺乏坚固感和厚重感 |
| 复合板材制品 | 表面平滑，不怕水洗，擦拭方便，色彩也可随意变化，但它们有容易被污染的缺点 |
| 藤条制品 | 在夏天使用最为凉爽，而冬天难免感到寒冷。同时，藤条是犬最喜欢啃咬的材料而且编制困难 |
| 不锈钢制品 | 表面平滑，不会生锈，不仅不怕犬咬，也不会使犬有断毛的现象发生，清理起来也相当方便。问题是不锈钢易冷易热，与肌肤接触缺乏舒适感，使用时室内温度及其中的垫子需要特别注意 |

总的来说，制作犬舍（窝），都要注意保护好犬的皮毛，犬舍（窝）内侧的壁面、柱子、门框或不锈钢管等，应使用表面平滑的材料，应避免钉子头部突出在表面上，要经常查看有没有突起物。

犬舍（窝）前面的两扇门，应装设间隔窄小的格子，以犬无法伸出鼻子为准，或者张设细网，避免犬嘴边的毛损伤断裂。

③犬舍（窝）的理想位置　犬舍（窝）放置地点以冬天温暖、夏天凉爽干燥、便于清扫的地方最为理想。如果爱犬肩负保安责任的话，就需要选择可对屋室一览无余的地方。即将生产的母犬，其犬屋应安放在家人随时可以见到而又能保持母犬安静的地点。

（2）室外犬舍（窝）　对于体型较大的犬要在室外专门制作犬舍（窝），室外犬舍（窝）分为固定式和移动式两种。在庭院中用水泥、砖、铁丝或钢丝建成的犬舍（窝），顶部最好不使用吸热散热太快的材料，尽可能采用瓦或隔热保暖性能好的材料。应设在土质坚硬不易潮湿的地方，通风采光良好，南北朝向，下面铺水泥地，舍内放一张犬用床板。围成的铁丝网高度以犬无法跳出为宜。移动式犬舍(窝)可用木板钉制成。关于犬舍(窝)的样式和大小,要根据不同地区的气候条件和犬体大小来确定,要求犬舍(窝)内能放下犬可伸展四肢躺下的犬床。夏季能防雨、防潮,冬季能防风、防寒。犬床不能直接放在地上,床下要垫以木块或砖,床上要铺些铺垫物(旧布、毯子等)。犬舍(窝)的门不能敞开,要有遮挡物。

(3)围栏的准备　围栏可选用轻质的不锈钢丝制成,钢丝间隔要适度,以便清楚地观察到犬的举动,犬也能清楚看到周围的环境。围栏顶部一般不要上盖,以便放置各种用品和移动幼犬。围栏既增加了幼犬的安全感,又防止了初次到家的幼犬随地大小便。

(4)报纸的准备　一般报纸即可,因为它廉价,随处可得,又吸水。报纸铺在围栏下,以便更换。当幼犬熟悉环境后,围栏可去除。为了使幼犬在固定地点排便,可将排过便的报纸置于此处,幼犬自然就到该处排便,这也是训教幼犬在固定地点排便的方法。

**2. 犬用食具的准备**

犬的食具包括喂犬的食盆和水盆,要求坚固不易损坏,表面光滑、便于洗涤、底部较重、边厚不易打翻。另外用具也不能太浅,以免食物向外飞溅。这些用具最好是铝和不锈钢制品,不能用易碎的陶瓷制品和易生锈的铁制器皿。

器皿的大小形状应根据犬的吻形大小形状而异。扁脸短鼻犬种,应该用浅器皿;耳朵较长犬种,进食时耳朵可能会落入食饮器中弄脏食物,应使用深的及盆口窄的,以便把耳朵挂在盆外,不会将耳朵掉到盆里而把耳朵弄脏。下宽上窄的食盆不容易被性急的犬扒翻,而且很浅的饭盆正好装满犬的一顿食物。这符合喂犬的原则,即一次给够,不能再添加,否则会让犬养成吃着碗里、看着锅里的坏毛病。想一次性买一个大犬食盆让犬享用一辈子的做法也是不对的,小犬用大犬食盆会够不着食物,放多了吃不了又容易变质。

另外,现在市场上有一种自动喂食器出售,便于主人出去一整天或常常较晚回来的主人使用。犬可自由选择吃饭的时间,不必依赖于主人。饲主不在的时候都可以吃到食物。可以试着用这种产品,但若控制不当,容易让爱犬变得过度肥胖。

### 3. 犬用玩具的准备

犬具有啃食性,尤其是城市家养犬。当犬感到烦闷、孤独或感到很压抑的时候,它们就喜欢咬东西以发泄,主要表现无原因地啃咬物品。玩具就可以让它缓解压力,并且可以减少破坏日常家具的行为。如果没有玩具让它们玩的话,有的犬不论是什么东西都会拿来咬,如您的鞋、书籍、家具等。另外,犬通过啃咬有助于幼犬牙齿和牙床健康,清洗牙齿;追捕有助于幼犬学会追逐、逮住并衔回物品。

根据犬的大小,为犬寻找一个合适的玩具,这能挖掘它的潜能,帮助它消耗部分精力。有些玩具它在幼犬时合适,而对长大了的犬可能就显得较小了,应该把它丢弃,像小的橡胶球等小玩具,可能会被长大的犬吞掉咽下去或者卡在喉咙中。那些玩具碎片和已经被撕碎的玩具应及时丢弃。

犬也喜欢多种多样的玩具,可以一次准备多件玩具给它玩,或是隔一段轮换不同的玩具,这样会使爱犬充满兴趣。如果犬非常喜欢某一件玩具,那么最好不要替换这件玩具。

玩具可由很多种原材料做成,有些会比较硬些,有些会比较软。它们由乳胶、橡胶、尼龙、绳子、粗帆布、羊毛等做成,各有特点。

**犬用玩具的材料及特点**

| 犬用玩具材料 | 特　　点 |
| --- | --- |
| 乳胶玩具 | 适合温和及不经常咬东西的犬。有各种各样的颜色及形状,并可根据季节的变化而出新的款式 |
| 橡胶和尼龙玩具 | 适合攻击性比较强的犬。这类玩具耐用持久,有些有孔,里面可放些香料或是其他能响的东西引起它的兴趣 |
| 绳子做的玩具 | 由尼龙或是棉料做的,适合攻击性中性的犬特别是喜欢拖东西的犬,也可以加些丝料以帮助清洁口腔。此外,还有咬绳,这是一种将普通绳段经两头结扎,供犬啃咬的用品。它的用途与绒毛玩具相同,只是多用于大型犬和一般犬训练用 |
| 长毛绒、羊毛玩具 | 这种软的玩具比较受犬的欢迎,叼到哪里都行。因为它里面填了料,但不宜给好斗的犬 |
| 粗帆布玩具 | 粗帆布可以浸水并比较耐用,可以给攻击性中性的犬用 |

当给犬买一件新的玩具时,应该看看它对新玩具的反应,观察您的犬的咀嚼嗜好,了解其撕咬的习惯,而选择适当耐用的玩具给它。当了解了犬喜欢咬什么样的玩具之后,就可给它买个合适的玩具。

具有攻击性的撕咬可能将玩具咬成碎片,而碎片可能卡在犬的喉咙中,甚至导致犬的死亡。具有强烈攻击性撕咬的犬,应该给它一些硬橡胶或者尼龙制品比较耐用不易咬碎的玩具。具有半攻击性撕咬的宠物不会将玩具咬成碎片,但是会加剧玩具的磨损,可以给它们一些帆布或毛绒玩具。这些玩具比较柔软,不容易被撕碎。没有攻击性撕咬行为的温和型犬可以给它们一些软橡胶玩具。

**4. 犬用提具、脖圈和牵引带的准备**

(1)犬的提具　篓、提具等都是为了犬的安全设计出来的,可有几种选择。

①硬提具　通常是由高密度聚苯乙烯制成,非常耐用,并且是目前航空界唯一允许带入的一种"篮子"。犬待在里面会感到很安全,再加上泡沫垫子,那篮子就更舒服了。

②软提具　这种提具就更为软而灵活。它可以用于带小宠物,这种产品要设有把手及有专门的窗口可让您的宠物往外看,有些航空公司在座位下专门设有足够让宠物活动的空间,这种提具刚好可放在此空间里。

③金属提具　这种产品通风好、视野好并且容易拉出来清洗、运输及储藏。它可以让主人不在家的时候,犬也有活动的范围,可参考不同的金属尺码为犬选择一个合适的提具。

④硬纸板提具　主要用于小犬,也适合用于小动物短距离的运输,比如去宠物医院看病。

(2)脖圈和牵引带　带爱犬外出散步时,一定要用脖圈和牵引带,并在幼犬时就要养成带脖圈的习惯。脖圈可由真皮、人造革、尼龙、金属及棉带等制成,用于套住犬的颈部,达到控制其行为的目的。根据用途分一般型和除蚤型两种。除蚤型含药物，跳蚤闻到后立刻逃窜。脖圈紧松、大小要适合犬体，并要随幼犬的生长及时调整或更换。不锈钢脖圈和链条美观耐用，但一般只用于短毛的中型或大型犬种。牵引带有皮带、帆布带、化纤带或铁链等。为防止犬咬伤人，还可用口罩。

### 5. 常用洗刷用具和清洁用品的准备

洗刷用具主要是刷子和梳子等。刷子种类很多，有长有短，有软有硬，有尼龙刷、鬃刷、金属刷等。尼龙刷子用来刷灰尘，金属刷用来刷皮屑，鬃刷用于被毛整理梳光。还有油刷用来给某些小型犬或长毛犬抹油用。梳子有稀齿、密齿和齿稀密适中等类型。稀齿梳用于梳理长毛品种的犬，适中型梳子用来梳理粗毛品种的犬，密齿梳用于捉拿跳蚤或润饰毛。另外，还要备有理毛、美容和洗澡的用具，如剃刀、剪子、电推剪、浴盆、棉球、毛巾、洗发剂、电吹风等。

清洁用品种类比较多，主要包括清洁剂、牙刷、咬胶和清洁骨等。市场上有宠物犬专用的多种清洁剂销售，尽量选择全天然植物配制，无刺激性或刺激性小的清洁剂。

另外，市场上有犬的咬胶和清洁骨销售。咬胶是一种带有味素，用可食用胶体制成的骨头替代品，是犬的磨牙用品。清洁骨是一种用硬塑料制成，外表像骨头，表面有许多凹凸物的清洁犬牙用品。在犬啃咬时、凹凸物可以与口腔内牙的内外表面以及牙缝产生摩擦，清除牙垢和齿缝食物残渣，为使犬爱咬，大部分清洁骨也添加了味素。因为牙垢和牙细菌的增多，犬的牙齿结构很容易受到破坏，影响咀嚼，同时导致犬的口腔散发臭味。虽然咬真骨头也可以达到清洁目的，但清洁后的新食物残渣又会留下成为新问题。使用不会腐烂变质的塑料来清洁牙齿更有效。

### 6. 犬粮的准备

均衡的营养能促进健康发育、增强疾病的免疫能力和抵抗外界恶劣的环境

(如气温等因素)的能力。长时间不合理的膳食搭配,会使营养失衡,引发爱犬急性痢疾和呕吐等疾病,危害犬的健康。因此,要清楚应该给狗吃什么是恰当的。如果经济条件允许的话,最好购买市面上出售的犬粮。这些食物中包含了犬所必需的一切营养成分,经常喂食,对狗的健康及正常的发育起到极大的作用。

市面上出售的犬粮有发育期幼犬用、妊娠哺乳期母犬用、成犬用、高龄犬用等种类。这种饲料是经过科学方法配制而成的全价饲料,适口性好,营养丰富,容易被消化吸收,使用也非常方便。一般分为3种类型:干型饲料、半湿型饲料和湿型(罐装)饲料。

(1)干型饲料　含水量低,有颗粒状、饼状、粗粉状和膨化饲料,这种饲料不须冷藏就可长时间保存,饲喂时要提供充足的饮水。

(2)半湿型饲料　含水量在20%~30%之间,一般做成小饼状或粒状,密封口袋包装,本身有防腐剂,不必冷藏,但开封后不宜久存。

(3)湿型(罐装)饲料　含水量为74%~78%,制成各种犬食罐头,营养成分齐全,适口性好,是最受欢迎的犬饲料。

另外,可以自行配制犬粮,但是如果缺乏专业知识容易引起饲料营养不全或因配制方法不当而造成营养成分丧失,或因犬的偏食而发生某些疾病。为使犬健康生长,根据其营养需要,将各种饲料按一定的比例混合在一起,制成营养比较全面的日粮,还是十分必要的。

**7. 其他用品的准备**

准备1~2本有关科学养犬及犬病防治方面的书籍,以便使您了解、认识和正确地饲养犬,并尽早地发现犬是否有病。给犬准备一个足够的活动空间,犬好奇心强,注意把那些重要的或易碰坏的物品收藏好,以免造成不必要的损失。

另外,家庭内准备一些常用的诊疗用具和常用的药品等,常用的诊疗工具主要有体温表、注射器、针头、剪刀、镊子、一些药用棉、纱布、消毒药(百毒杀、来苏儿、新洁尔灭等)、3%碘酊、紫药水及抗生素药膏等。

## 犬的营养需要与饲养标准

### 1. 犬的消化系统特点

犬的祖先是以进食幼小动物为主,世代相传,形成了它的肉食特性,但经人类的长期饲养现已形成以杂食或素食为生。经历了肉食→杂食→素食的过程,但仍保持肉食特点。与其他家畜比,犬有着特别发达的犬齿,特别善于撕咬猎物和啃骨头。臼齿也比较尖锐、强健,能切断食物,啃咬骨头时,上下齿之间的压力可达165kg,但不善于咀嚼,所以犬在吃东西时,均表现为“狼吞虎咽”状。犬的食管壁上横纹肌丰富,呕吐中枢发达,当吃进毒物后能引起强烈的呕吐反射,把吞人胃内的毒物排出,这是一种比较独特的防御本领。唾液腺特别发达,能分泌犬量的唾液湿润口腔中的食物,唾液中还含有许多溶菌酶,具有杀菌作用。犬靠口腔散热,在炎热的季节,依靠唾液中水分的蒸发散热,借以调节体温。因此,在夏天常可以看到犬张开大嘴,伸出长长的舌头就是为了代替发汗散热。

犬胃呈不正梨形,胃液中盐酸的含量为0.4%～0.6%,在家畜中居首位。盐酸能使蛋白质膨胀变性,便于分解消化。因此,犬对蛋白质的消化能力很强,这是其肉食习性的基础。犬在进食后5～7小时就可将胃中的食物全部排空,要比其他草食或杂食动物快许多。犬的肠管较短(犬约为体长的3～4倍),不具有发酵能力,故对粗纤维的消化能力差。而同样是单胃的马和兔的肠管为体长的12倍。犬的肠壁厚,吸收能力强,这些都是典型的肉食特征。犬的肝脏比较大,相当于体重的3%左右,分泌的胆汁有利于脂肪的吸收。犬的排粪中枢不发达,不能像其他家畜那样在行进状态下排粪。

## 2. 犬的营养需要

犬的食物中需要含有足够的水分、蛋白质、脂肪、碳水化合物、维生素和矿物质六大营养要素。

(1)水　水是构成犬体的主要成分,约占成年犬体重的70%以上,占幼犬体重的80%左右。血液中含水量最多达80%以上,肌肉中为72%~78%,骨中为45%,随年龄而逐渐减少。机体的各种生物化学反应、机能的调节以及整个代谢过程都需要水的参与才能正常进行。如犬体内营养成分的消化和吸收,营养的运输和代谢产物的排出(大、小便);体温的调节;母犬的泌乳等,都需要有足量的水分参与。犬的水分耗散主要是粪便和尿液排泄,同时也通过肺,口腔等散发。犬的体温调节也靠水来进行,因此,在炎热的夏天常见犬张开口喘气,并非是犬发生了呼吸困难,而是通过急促的呼吸来增加散热。

犬无良好的贮水能力,因此,缺水的危害性比其他家畜严重。如犬的饮水不足。就会影响其体内的代谢过程,进而影响它的生长发育。犬可以两天不吃食,但不能一日无水。当犬体内失去10%的水分时,就会导致严重呕吐或腹泻等;当失水达到犬的体重的20%时,就会引起犬的死亡。处在生长发育期的青年犬,每千克的体重每天犬约需水150ml;成年犬每千克的体重每天约需水100ml。通常犬在采食干饲料时可自由饮水2~3次。泌乳期和炎热季节至少应饮水4次以上。但犬激烈运动之后禁忌大量饮水。

(2)蛋白质　蛋白质是犬生命活动的基础。犬体内的各种组织,参与物质代谢的各种酶类,调节生理功能的各种激素,机体所产生的各种抗体等,都由蛋白质组成;犬在修复创伤,更替衰老、破坏的细胞组织时,也需要蛋白质。蛋白质是犬维持健康、确保生长发育、维持繁衍和抵抗疾病不可缺少的营养物质。

一般情况下,成年犬每天每千克体重用5g左右的蛋白质;而生长期的犬需10g左右;哺乳期母犬及疾病恢复期犬的日粮中均需含较多蛋白质。如幼犬的食物中蛋白质含量不足,幼犬就会生长缓慢。发育不良,性成熟晚,而且易患病；怀孕母犬如食入的蛋白质含量不足，就会影响胎儿的发育，从而发生死胎或畸形胎，产后还会泌乳不足；公犬如食入蛋白质不足则会性欲降低，精液质量差。但过量地饲喂蛋白质不但造成浪费，也会引起体内的代谢紊乱，使心脏、肝脏、消化道、中枢神经系统失调，性机能下降，严重时还会发生酸中毒。

(3)脂肪　脂肪是犬机体所需能量的重要来源之一。脂肪是食物中能量集中的源泉，可以增加食物的适口性，还可帮助脂溶性维生素的吸收。每克脂肪充分氧化后，可产生39.3kJ热量。比碳水化合物和蛋白质高2.25倍。犬体内脂肪的含量约为其体重的10%～20%。脂肪也是构成细胞、组织的主要成分，磷脂质，糖脂质是神经组织和细胞膜的构成成分，脂蛋白参与在其他脂肪的血浆运输中。

脂肪进入犬体内逐渐降解为脂肪酸后被机体吸收。大部分的脂肪酸在体内可以合成，但有一部分脂肪酸却不能在机体内合成或合成量不足，必须从食物中得以补充，这就称为必需脂肪酸，如亚油酸、花生四烯酸和正亚麻酸。这三种必需脂肪酸也可以相互转化，因此三种脂肪酸中只要有一种数量充足，则必需脂肪酸就会得到满足。必需脂肪酸对犬的皮肤、肾脏功能及生殖非常重要，猪油和鸡内脏脂肪中就富含这三种脂肪酸。食物中脂肪缺乏时，可出现消化障碍和中枢神经系统的机能障碍，毛发干燥无光泽，腹侧脱屑，缺乏性欲，睾丸发育不良或母犬发情异常等现象，但脂肪贮存过多，会引起发胖，同样也会影响犬的正常生理机能，尤其对生殖活动的影响最大。

犬对脂肪有很大的忍受能力，因脂肪可口而且能量高，可减少食物的总摄入量，但可使营养平衡失调和造成营养缺乏症，因此幼犬或青年犬在喂给高脂肪食物时应调节蛋白质、矿物质和维生素的含量，以保持适当的营养平衡，确保基本营养的合理摄入。通常幼犬每日需脂肪量为每千克体重1.1g，成年犬每日需要脂肪量按饲料干物质计，以含12%～14%为宜。食物中脂肪不足时，则易使其他营养物质缺乏；过量时，也会影响犬的食欲，导致摄取蛋白质等营养物质的减少。

(4)碳水化合物　碳水化合物主要用来供给热量,维持体温,也是各器官活动和进行运功中的能量来源。碳水化合物在犬的日粮中占比例最大,食物中的碳水化合物主要包括糖、淀粉、纤维素,它存在于谷物、薯和蔬菜中。如犬食入碳水化合物过多,多余的碳水化合物在体内就可转变成脂肪贮存起来,使犬发胖,影响其体形和运动。当食物中碳水化合物不足时,就要动用机体内的脂肪或蛋白质来供应热能,此时,犬就会消瘦,不能正常生长和进行繁殖。成年犬每日需要的碳水化合物可占饲料的75%,幼犬每日需要的碳水化合物为每千克体重约17.6g。

淀粉是一种多糖,在消化道中分解为终产物葡萄糖而被吸收。碳水化合物中的糖和淀粉易于消化吸收,在胃肠道酶的作用下,糖和淀粉转化成葡萄糖,形成ATP。犬的消化道缺乏分解纤维素的菌及酶类,故纤维素在胃肠中不易消化吸收,不能作为能源和可转化物,但它在胃肠中能刺激促进肠蠕动,具有清理肠胃,排除废料的重要作用,若缺少纤维素可导致肠的运动障碍。犬的饲养标准中允许使用一些利用率很高的糖,但许多犬因不能合成足量的乳糖消化酶而不能充分利用乳中的乳糖。特别是成犬不能消化乳糖,摄食过多乳糖在消化道中积累发酵会引起腹泻。犬没有最小的日粮糖需要量,只要供给足够的脂肪或蛋白质就足以保证从中得到葡萄糖的代谢需要,在没有糖的情况下也可以维持生命。

(5)维生素　维生素虽然既不是能量的来源,也不是构成机体组织的主要物质,但有些维生素是酶的组成部分,有些维生素与其他物质一起构成辅酶,这些酶与辅酶参与犬体各个代谢过程中的化学反应过程。犬体至少需要13种维生素。犬体内只能合成小部分的维生素,大部分维生素需从饲料中获得,因为除维生素C和维生素K外,犬不能在体内合成其他的维生素。在一般饲料中,最易缺乏的是维生素A、维生素D、维生素$B_2$、维生素$B_{12}$、维生素E和维生素K。维生素的种类很多,按其溶解性可分为两大类。能溶于脂肪的叫脂溶性维生素。能溶于水的维生素称为水溶性维生素。

①脂溶性维生素

维生素 A　对维持犬正常的视觉有重要的作用，它是构成视觉细胞内感光物质的成分。当宠物犬缺乏维生素 A 时，犬就会患夜盲症和引起干眼病。

维生素 D　是骨正常钙化所必需的。维生素 D 基本的功能是促进肠道对钙、磷的吸收，提高血液中的钙、磷水平，促进骨的钙化。维生素 D 缺乏时，出现佝偻病、骨软病，牙齿的生长也受到影响。

维生素 E　主要生理功能一是维持犬的正常生殖能力。公犬缺乏维生素 E 时，睾丸发育不全，精子活力降低，继而睾丸上皮萎缩，完全失去生成精子的能力。母犬缺乏维生素 E 时，胚胎发育受到障碍，胎儿死亡并被吸收，有时发生流产。二是维持肌肉的正常发育和生理功能。缺乏维生素 E 往往引起犬的肌肉衰弱，四肢瘫痪。

维生素 K　维生素 K 是一种抗出血维生素，主要作用是催化促进肝脏合成凝血酶原，参与凝血。维生素 K 不足时，造成皮下和肌肉出血。

②水溶性维生素

维生素 $B_1$（硫胺素）　能够促进碳水化合物的代谢，因此，食物中含碳水化合物多，维生素 $B_1$ 需要量就大；脂肪高碳水化合物低，维生素 $B_1$ 需要量就小。动物体内如缺少硫胺素则影响丙酮酸氧化分解，而致丙酮酸在组织中蓄积而引起中枢神经系统和肌肉活动失调。

维生素 $B_2$（核黄素）　参与氧化还原酶系统的活动及代谢。维生素 $B_2$ 缺乏时，引起皮炎、掉毛、下痢、痉挛等症状。

维生素 $B_6$（吡哆醇）　主要参与氮及氨基酸的代谢，与氨基酸的厌氧分解有关，含有高蛋白质的食物对维生素 Bs 的需要量大。缺乏时表现厌食、生长缓慢、体重下降、小红细胞低色素性贫血、皮肤发炎和脱毛。

维生素 PP（烟酸）　参与组成氧化还原酶，与糖、脂肪、蛋白质的代谢有关，不足时犬易患糙皮病。鱼粉、动物肝、肾中含量高。

维生素 $B_{11}$（叶酸）　是抗贫血因子，犬对叶酸的需要靠饲料和肠道微生物的合成来提供。如长期饲喂治疗剂量抗生素和磺胺类药物以及长期的肠道疾病后，有可能出现叶酸缺乏，时常发生亚急性贫血。

维生素 $B_{12}$（钴胺素） 是唯一含钴、唯一含微量元素的维生素。维生素 $B_{12}$ 的功能与叶酸关系密切，参与体内脂肪和碳水化合物的代谢及髓磷脂的合成，也是神经组织的成分。不足时出现巨红细胞性贫血和神经系统病变。

维生素 C 参与体内一系列代谢过程，具有抗氧化作用，在体内的生理作用十分广泛。重度不足时，血管通透性增加，导致皮肤、黏膜等内部器官出血。

（6）矿物质 矿物质不产生能量，但它们是动物机体组织细胞特别是骨骼的主要成分，是维持酸碱平衡和渗透压的基础物质，并且还是许多酶、激素和维生素的主要成分，在促进新陈代谢、血液凝固、神经调节和维持心脏的正常活动中，都具有重要作用。

矿物质成分包括常量和微量元素两大类。

①常量元素 常量元素是指在体内的含量超过 0.01% 的矿物质。常量矿物质元素主要有钠、氯、钙、磷、镁、钾、硫等。

钠 增强肌肉的兴奋性，调节心脏活动。犬缺钠则生长迟缓，对能量和蛋白质的利用率降低，但过量则引起中毒，常以食盐为钠的补充物。

钙 犬缺钙时，幼犬表现为佝偻病，骨端因骨化不全而变粗，脊柱和胸骨弯曲变形，成年犬则发生软骨症，骨质疏松，骨壁变薄而易发生骨折，常以石粉、骨粉、贝壳粉、鱼粉等作为钙的补充物。

磷 磷主要以磷酸根的形式参与机体的许多代谢过程。犬缺磷时，食欲不振、废食、异嗜；母犬发情异常、屡配不孕；幼犬缺磷为可引起佝偻病；成犬患软骨症。

镁 镁在犬体内约 70% 贮存于骨骼中，为骨骼正常发育所必需，同时在糖、蛋白质代谢中起重要作用。镁缺乏时，易致犬神经过敏、震颤、面部肌肉痉挛、步态蹒跚。镁食用过多，则食欲降低并引起腹泻。

钾 钾主要存在于细胞中，维持细胞内渗透压及体内酸碱平衡，影响神经、肌肉的兴奋性。缺钾,犬表现生长停滞、全身无力、异嗜等。

硫　是胱氨酸、蛋氨酸、生物素及硫胺素的组成部分,参与机体许多重要代谢过程,一般饲养管理条件下,犬的硫缺乏症十分罕见。

②微量元素　微量元素是指机体内含量不足 0.01% 的矿物质元素,如铁、铜、钴、碘、锰、锌、硒、钼、氟等。

铁　犬体内 90% 以上的铁与蛋白质结合,形成红细胞。铁也是细胞色素酶类和多种氧化酶的成分,与细胞内生物氧化过程有密切关系。铁缺乏,幼犬易发生缺铁性贫血,严重时影响幼犬生长,甚至导致死亡。

铜　主要用于血红蛋白的合成,及细胞色素氧化酶的组成成分。

钴　钴是维生素 $B_{12}$ 的组成成分,参与造血过程,钴能活化磷酸酶,精氨酸酶和许多激素。钴缺乏可发生贫血、体重下降、发情障碍、不孕、流产及泌乳量下降等病理变化。

碘　参与形成甲状腺素,与犬的基础代谢率密切相关,参与调节中枢神经系统的机能状态,影响心血管系统和肾的活动。碘缺乏,甲状腺肿大,幼犬生长迟缓,成犬缺碘发生黏液性水肿,病犬皮肤、被毛及性腺发育不良。高碘日粮对犬的健康也不利。

锰　是许多酶的激活剂,锰缺乏时,酶的活性降低,影响犬生长和繁殖。

锌　分布于所有组织中,肝脏、肌肉、骨骼、皮肤、毛和血液中浓度较高。锌是体内许多蛋白质和碳水化合物代谢过程中酶的成分。犬缺锌,因食欲降低而生长受阻,皮肤角化不全,皱缩粗糙。严重影响犬的正常繁殖,如睾丸发育不良,精子生长障碍。

硒　是谷胱甘肽过氧化酶的基本组成成分,在细胞膜里有抗氧化作用。肝、肾、肌肉中含硒较多,硒影响肠道内脂类及维生素 E 的吸收。硒缺乏,犬表现营养性肝坏死、白肌病、生长停滞、繁殖机能紊乱;硒过量则引起中毒。

氟　是形成坚硬骨骼和预防龋齿所必需的元素,饮水中氟含量应为 1 ~ 2mg/kg。

# 犬的饲料

## 1. 常用犬饲料

犬饲料是由动物性饲料、植物性饲料和饲料添加剂合理搭配而成，另有专用犬粮。

(1) 动物性饲料　动物性饲料指的是来自于动物及其产品的一类饲料。这类饲料的特点是蛋白质含量高，供犬的身体发育必需的氨基酸比较完全、富含B族维生素。钙、磷的含量比例适宜，是犬的最佳主饲料之一。以牛、羊和猪的肉及其内脏和骨头为最好。因其含有比较丰富而且质量高的蛋白质，所以又叫蛋白质饲料。

对犬来说，肉是最可口的饲料，它所含的蛋白质不但量多，而且氨基酸比较全面，易于消化。例如，猪肉、牛肉、羊肉、鸡肉、兔肉的蛋白质含量均在16% ~22%之间，鱼肉中的蛋白质含量为13% ~20%，鸡蛋中的蛋白质含量约12.6%。犬的饲料中必须要有一定数量的动物性饲料，才能满足犬对蛋白质的需要。动物性饲料还含有丰富的B族维生素。但是用肉类喂犬成本费用较高，利用动物的内脏或屠宰场的下脚料，如肝、肺、脾、碎肉等，也完全可以满足犬对蛋白质的需要。鱼肉、鱼骨几乎全部能被犬利用，也是比较理想的动物性饲料。但鱼肉容易变质，有些鱼肉内还含有破坏B族维生素的酶。因此，鱼肉一定要新鲜，并且要煮熟，将酶破坏后再喂。

(2) 植物性饲料　植物性饲料也是重要的一类饲料，包括蔬菜、瓜果、米面、杂粮、豆类等。禾谷类种子饲料能量高，适口性好，消化率高；豆类蛋白质含量高，蔬菜类水分含量高、质地柔软，干物质营养价值高。这些植物性饲料在犬的饲料中占主导地位，种类繁多，来源方便，价格低廉，是犬的主要饲料，如大米、大豆、玉米、麦子、土豆、红薯等，农作物加工后的副产品，如豆饼、花生饼、芝麻饼、向日葵饼、麦鼓、米糠以及蔬菜等。但这些植物性蛋白质中必需氨基酸含量少，因而其营养价值远不如动物性蛋白质。植物性饲料中含纤维素较多。纤维素虽不易消化，但却有重要的意义。纤维素在体内可刺激肠壁，有助于肠管的蠕动，对粪便的形成有良好的作用，并可减少腹泻和便秘的发生。

(3)饲料添加剂　饲料添加剂又称“辅加料”，是为了某种目的在配合饲料中加入对犬具有一定功能的某些微量成分。一般来说，饲料添加剂主要用于促进犬生长发育，完善日粮的全价性，提高饲料的转化率，防治疾病，减少饲料贮存期间营养物质损失和改进产品质量等。

饲料添加剂一般分为营养物质添加剂：包括微量元素、维生素及氨基酸添加剂、生长促进剂（包括抗生素、酶制剂、激素等）、驱虫保健添加剂（包括抗寄生虫药物等）。应根据日粮组成、环境和饲料卫生、犬的健康水平及生产需要，视情况选择适当的添加剂种类和使用剂量。如饲料中的无机盐和维生素不能满足犬的需要，应在犬的日粮中补充适量的骨粉、贝壳粉、食盐和铁盐等。在饲料中加入添加剂时，一定要注意与饲料混匀。

### 2. 专用犬粮

专用犬粮是按照犬的营养要求，专为犬研制的全营养食品，是犬的理想食品。这类食物经过科学配方，以适应不同生长发育阶段犬的营养需要，具有营养价值全面、适口性好、易于消化吸收、饲喂时无需加工、饲喂方便、保存期长等优点。每天喂专用犬粮并无害处，如果除专用犬粮外再给犬添加其他食物，可能会造成营养成分不平衡，对此应该注意。

(1)专用犬粮的分类　专用犬粮有许多种类，购买专用犬粮时应根据犬种和犬的不同生长期来选择。专用犬粮特点各不相同，可分为多种，如有的偏硬，有的软硬适中，有的偏软等，当然各种口味也十分齐全。

专用犬粮种类很多，一般可分为干燥型、半湿型和湿型（罐装型）和处方饲料等几类。

①干燥型干燥型商品饲料,水分含量很少,约10%~15%,大多呈固体块状。该类型饲料营养较均衡,不需冷藏就可长期保存。其蛋白质含量为20%,碳水化合物为65%,粗脂肪为5%,可消化率为65%~75%。所含营养成分较丰富,经济性也较好属于最为普通的一种类型。干燥型商品饲料一般由玉米、小麦、大豆、高粱、肉粉、骨粉、动物内脏、奶制品、鱼粉、胚芽、矿物质、维生素等加工而成。通常制成颗粒状、饼状、粗粉状、膨化状等种类。在犬生长的一段时间,干燥型商品饲料可作为比较适宜的饲料。但长期饲喂含碳水化合物丰富的饲料,就可能诱发犬发生皮肤湿疹和耳疹病。

②半湿型　半湿型商品饲料营养十分平衡,能量低,含有20%~30%的水分,因为较软,适合幼犬和老犬食用。这类饲料内加有防腐剂,加工成小饼状、颗粒状。干物质蛋白质含量为80%~85%,其主要成分为肉类、乳制品、大豆及油脂类等。该饲料可即开即食,但开封后不宜久存。为使饲料营养完全,最好再加入适量碎肉、肝脏、干酪、鱼粉。值得注意的是,使用这类饲料时,要保证犬有充足的饮水。

③湿型(罐装型)　湿型饲料或罐头饲料,俗称美食型专用犬粮,这类饲料含水量高,为72%~87%,营养成分齐全,适口性好,是较受欢迎的犬饲料。这类饲料是用肉、鱼加工成肉糜状,做成罐头,可以长期保存,蛋白质含量较高,可分为全肉型和完全饲料型。全肉型的成分全部为肉类和内脏;完全饲料的成分除肉类和内脏外,还有多种谷物类、青菜、维生素、矿物质等。这类饲料虽然也具有即开即食、营养全面的优点,但价格较贵。此外,开罐后食物不易保存,易腐败变质,故每罐的量最好是一餐或一天的量为宜。而且罐装的肉制品中经常含有高比例的水分(有些可高达87%)。因此为了确保犬食入足够的蛋白质,至少喂双倍量。假如不能这样做,犬将处于持续饥饿状态。

④处方饲料　处方饲料是一类特殊配方饲料,主要是针对患不同疾病的犬(如心脏病、肾脏病、尿结石等)和不同年龄犬的生理需要和不同病因配制成的罐头饲料。这类饲料都由宠物医师根据犬的具体情况,在进行药物治疗的同时

配合应用,临床效果十分明显。

根据专用犬粮的使用范围,也可将专用犬粮分为三种:有作为日常主食使用的营养较全面的全营养犬粮,有特殊口味的间隔型犬粮,以及生病或孕期专用营养辅助型犬粮等。

(2)专用犬粮喂养原则　犬对幼时吃惯的味道印象最深,也觉得最好吃。犬的许多习惯在幼犬时就已经形成了。如果采用专用犬粮喂养,最好是从幼犬开始。

①专用犬粮饲喂方法　刚开始可以买同种专用犬粮试着喂,然后从中选定它比较喜欢的1~2种,作为它的固定食谱,如没有特殊情况一般不要轻易改变。有人可能会误认为每天只喂一两种犬粮,就算是再理想的配方,犬也会吃腻的,于是自作主张,更换犬粮种类。要知道犬并没有想吃这想吃那的欲望,只要犬爱吃、身体上也没有什么毛病,就应该坚持喂它吃惯的东西。

②专用犬粮更换方法　随便改变喂食的品牌极易引起犬的食欲下降和消化不良。如必须换另一种品牌喂养时,也要先将新犬粮中混入一定量的原品牌喂养时,也要先将新犬粮中混入一定量的原品牌犬粮喂它,最好在犬的身体状况较好时更换。

(3)专用犬粮的选择　在选择专用犬粮时,应根据犬的具体情况分别选购。

①认真阅读产品说明内容,看清产品的使用目的。并确认原材料、成分、内含量、喂食次数及喂食量以及喂食方法、保质期等。

②根据犬的年龄、阶段、营养状况针对性选择专用犬粮。

### 3.犬的饲料配制

(1)家庭配制犬的日粮应注意以下几方面。

①营养要全面　根据犬的生长情况,对营养的击破要和消化生理特点,以及各种饲料的营养成分合理搭配,分别取舍。先考虑满足蛋白质、脂肪、碳水化

合物需要，然后适当补充维生素和矿物质。

②定期更换饲料配方　不能长期饲喂单一饲料配方，应经常改变日粮的配方，调剂饲喂，以免造成偏食和厌食。尽量做到每周更换一次。也不要因为犬是肉食动物而只给其肉或鱼等，否则会容易容易造成犬的营养不良，并易患出血性肠炎。

③考虑饲料的消化率　犬吃进体内的食物不等于全被消化吸收利用。如植物性蛋白质的消化率为50%，有近20%的是不能利用的。因此，日粮中的各种营养物质的含量应高于犬所需要的量。

④注意卫生与掌握火候　犬日粮的制作要注意卫生和火候，这样可以减少犬患消化道疾病的可能，也能增加犬的食欲。

## 种犬的饲养管理

### 1.种公犬的饲养管理

种公犬日常饲养管理的合理性与科学性，直接影响着种公犬的繁殖性能。对种公犬进行科学的饲养管理，不仅可以提高种公犬的繁殖性能，保证精液的质量和数量，而且能延长种公犬的使用寿命，创造更高的经济效益。饲养种公犬的主要目的是获得体格健壮、性欲旺盛、配种能力强、繁育性能好的种犬。由于犬的配种多发生在春秋两季，因而犬的饲养也可以划分为配种区（春、秋季）和非配种区（夏、冬季）。

（1）种公犬的非配种期饲养管理　种公犬的非配种期又称为休养期。种公犬非配种的饲养管理的主要目的是保证犬的体质健康，使种公犬保持健康的体能和强烈的性欲。

①种公犬的营养需求

a，营养需求　种公犬对蛋白质的质量和数量要求较其他生理阶段的犬要高些。若长期饲喂单一来源的蛋白质饲料，会导致因某些氨基酸的供给量不足而造成精液品质下降。钙、磷、硒等矿物质，维生素（A、D、E）含量营养供给不足或营养素不均衡也会影响精液的品质，若长期缺乏维生素 A，会使种公犬性反射降低，精液品质下降，甚至使睾丸发生肿胀或萎缩从而丧失繁殖能力。维生素 D 缺乏时，使钙磷失调，间接影响精液品质。非配种期内饲料中的粗蛋白质含量应降低至 15% ~20%，消化能为 12.54MJ。

b，种公犬的日粮量的掌握　依据种公犬的品种不同、个体体重、饲料的种类、营养成分以及消化吸收能力不同，而采食量也不同。每天饲喂 2 次。采用定时定量饲喂。

②种公犬的管理

a，单圈饲养　要给种公犬一个安静的休息环境，防止外界的干扰，因此，最好进行单独饲养。且种公犬的好斗性强，合圈饲养容易发生打架情况，公犬舍最好远离母犬舍，因为母犬的气味和声音会引起公犬的性冲动，长此以往却得不到交配，会影响公犬的配种能力。若在发情季节，将公犬与不发情母犬一起饲养，会促使母犬发情和激发公犬性欲。

b，加强运动　运动能促进食欲，促进机体新陈代谢，有助于消化机能增强，体质健壮，提高繁殖机能。每天至少运动两次，上下午各一次，每次不少于 1h，夏季在早晨和傍晚，冬季可放在中午。运动不足会降低公犬的性欲。

c，日常管理　高温可降低公犬的性欲，影响精液品质，夏季应做好防暑降温的工作。常见的降温措施有犬舍遮阴、通风、在运动场上设淋水设备等。冬季做好防寒保暖工作。最好每个月定期称量体重一次，保持种公犬的良好体况。定期检查精液品质，从而降低母犬的空怀率。

d，刷拭　经常用刷子刷拭种公犬身体，不仅能促进犬机体的血液循环并使犬有舒适感，增进犬体健康，增加食欲，而且能增进饲养员与犬之间的情感交流，有利于配种和采精，并且还可以防止体外寄生虫病和皮肤病的发生。在夏季，应经常给公犬洗澡，温度较高时，每日可洗 1 ~2 次，洗澡过程中应做好生殖器的清洗和按摩。刷拭和洗澡后的种公犬会提高性欲、性情温顺、体质健康。

(2)种公犬配种期的生理特点与饲养管理

种公犬在配种期会出现许多生理特点和行为反应,因此在饲养管理上也应做出一些相应的调整,采取一些更具针对性的饲养管理方法,从而能提高种公犬的繁殖性能,延长种公犬的使用年限。

①种公犬配种期的生理特点

a,种公犬的性行为　种公犬的性行为是一种先天本能的、无条件的、维持动物繁衍延续所必需的行为。它可以通过嗅觉、视觉、听觉、触觉等感觉器官感受性刺激而进行充分的表现。种公犬的表现是嗅闻母犬的尿迹,对发情母犬进行追逐,不断嗅闻和舔舐母犬的外阴,并用前肢挑逗和搂抱母犬等。

b,种公犬在配种期的其他行为反应

采食量方面:种公犬在配种期间其采食速度和采食量都会显著下降,出现厌食的行为,个别甚至会出现停食的情况,每当母犬发情期的结束,种公犬配种期结束后,种公犬的采食量才会趋于正常。

服从方面:往往在配种期间,种公犬的服从性会大大降低,经常表现出不听指挥、不服从口令的现象,即便采用很强烈的命令时,犬也会出现置之不理的态度。若犬在舍内,就会表现出焦躁不安,在犬舍外表现出惊慌不定。

工作方面:即使工作型种公犬在配种期内进行工作时,常出现工作注意力下降,完成的工作质量较差等现象。

②种公犬配种期的饲养管理

a,适宜的饲粮营养水平　种公犬在配种时所消耗的物质和体能较大,因此在配种期内应给以犬充足的营养供给。日粮营养要完全。配种期饲料中含粗蛋白质20%~22%,消化能12.54~12.96MJ,钙1.4%~1.5%,磷1.1%~1.2%,锰为每天每千克体重需要0.11mg,维生素A为每天每千克体重110IU,维生素E为50IU。若维生素A和维生素E不足,精液数量减少。配种期间适当增加饲喂次数,改为每天早、中、晚饲喂3次,在配种前2h禁止饲喂,以防止在交配过程中胃肠不适,发生意外情况,配种后1h内不要饲喂。

b,配种前后不得剧烈运动　为了保证犬有足够的体力和兴奋性进行交配,因此在配种前不应做剧烈的运动,交配之后也不能进行剧烈运动,应立即让犬休息,迅速恢复体力。

c,定期检查精液品质　对种公犬应进行精液品质的检查,通常是每月一次,当种公犬由非配种区转入配种区时应连续一周检查精液的品质,从而了解种公犬的实际情况。若发现问题应根据调节饲料中的营养物质和管理方法而提高配种效果

(3)合理利用

一般来说,公犬的初配年龄为1.5~2岁,利用强度以每2~3天交配1次为宜。配种时间以犬的性欲旺盛时进行,即早晨或晚上。公犬在8个月左右达到性成熟,但还没有达到体成熟,虽然可以配种,影响种公犬身体发育,降低公犬使用年限。种公犬利用年限一般在6年左右。

### 2. 妊娠母犬的生理特点与饲养管理

犬的妊娠期从卵子受精开始计算,一般为58~63天,平均为60天。妊娠期的长短可因品种、年龄、胎儿数量、饲养管理条件等因素而变化。母犬妊娠可分为三个主要时期:分为受精卵时期、胚胎期、胎儿期3个阶段。①受精卵时期:母犬妊娠前19天,受精卵开始发育,但仍未附在子宫壁上,主要从子宫液中得到营养。②胚胎期:母犬妊娠19~33天,胚胎已经形成,形成一条环状脐带,依靠母体的血液中输送氧和营养。③胎儿期:母犬妊娠第33天至仔犬出生,胎盘和胎犬生长完全。饲养妊娠母犬的任务是保证胎儿的正常生长发育,母犬顺利分娩且产后泌乳力较强。

(1)妊娠母犬的生理特点　妊娠母犬体内因胎儿生长发育的刺激会发生独特的生理变化,分别是行为学变化,生殖器官变化和激素的变化。

①行为学变化　因胎儿生长发育的需要,母犬在妊娠后,母体的新陈代谢

会日益旺盛,食欲明显增加,消化能力也不断提高,行动本能地缓慢而谨慎,温顺、嗜睡,喜欢温暖安静的环境。在妊娠初期,母犬的排便次数没有明显的变化,但随着妊娠的延续,子宫的不断增大,妊娠后期由于腹内压增高,母体由复式呼吸变为胸式呼吸,呼吸次数也随之增加。粪、尿的排出次数增加。随着消化吸收能力的提高,母犬体况逐渐转好,被毛光且亮。在妊娠期间母犬的食欲和采食量明显增加,偶尔出现孕吐现象,食欲有所下降,短期内恢复正常。在妊娠的后期,胎儿体重显著增大,母犬体尺和体重也在不断增加,如果此时营养供给不足或胎儿数量过多,母犬的体况会减退。

②生殖器官的变化　在怀孕期问,子宫颈会分泌一种称为“子宫栓”的黏滞性黏液,同时子宫颈的括约肌收缩很紧,子宫颈管完全封闭,防止病菌的侵入。妊娠后随着胎儿的体积不断增长,卵巢、胎儿沉入腹腔,母犬腹部不断地增大。到临产前,胎儿准备进入产道,因此母体腹部明显下垂。

③激素的变化　在妊娠期间,母犬内分泌系统发生明显的变化,为了维持妊娠,适应内外环境的影响,为胎儿创造有利的生长发育环境,其内分泌系统所分泌的各种激素会保持协调平衡,否则会终止妊娠。内分泌系统的主要变化表现为黄体不退化,产生大量的孕酮以维持妊娠,直到临近分娩数日内,孕酮才急剧减少,或完全消失。而雌激素维持在较低的水平状态。

(2)妊娠母犬的饲养管理

①适宜的饲粮营养水平　饲喂妊娠犬的日粮必须全价优质,严禁使用不新鲜饲料、不明原因死亡的动物产品和含有腺体的动物副产品。妊娠早期的饲喂量不应过高,因为母犬对营养的需要主要用于维持自身需要,胚胎发育所需极少,否则会导致肥胖而发生难产等现象,影响分娩,母犬的饲喂量应在妊娠后第5周开始逐渐增加。妊娠后期胎儿生长发育迅速,不仅要维持胎儿的生长发育需要,还要为泌乳过程做好营养储备。在分娩前,采食量达到妊娠初期的1倍左右。

②妊娠母犬的管理

a,饲喂次数　在妊娠早期每日的饲喂次数为2次即可,中期可增加为3次,到后期则中午要加喂一次,以每日4次为宜,原则是少喂多餐,以减少对子宫的压力。原因是在妊娠的后期,犬的营养需求显著增加,如果每日饲喂次数过少,使母犬一次的摄食量过大,将会使胃部扩张过大而压迫胎儿,从而影响胎儿正常生长发育。但要根据妊娠母犬的胎儿数量而决定母犬的饲料喂量,适度饲喂,防止胎儿过大引起母犬发生难产情况。

b,合理的运动　适当的运动可促进母体与胎儿的血液循环,增强机体的新陈代谢,保证母体和胎儿的健康,从而有利于分娩。运动主要以自由运动为主,禁止剧烈运动,并且有一定的规律性和持续性。在妊娠的前3周内,最容易引起流产,因此应作适量的运动,妊娠中后期,母犬腹部开始明显增大,行动迟缓,应避免剧烈的跳跃运动及穿越狭窄的走廊,并应减少运动量。孕犬每天室外活动最少4次,每次不少于30min,以防流产和难产。

c,日常管理　妊娠犬舍要干净、宽敞、通风换气、光线充足、安静;妊娠40天后应单圈饲喂,以免互相咬架打斗,造成流产,50天后需移入产房。妊娠后期特别要保护妊娠犬的乳房,防止创伤和引起炎症。分娩前几天,用肥皂水擦洗乳房,洗后用毛巾擦干。每天及时观察和记录妊娠母犬的活动表现、饮食、排便等情况,及时发现病因、及时处理,防止病情加重。高温高湿季节必须做好防暑降温工作,以保证胎儿的正常生长发育。

d,加强妊娠犬的保健　母犬在妊娠第3~4周之间,可进行驱虫,分娩前一周应停止洗澡,禁止用梳刷刷洗母犬腹部,临产前几天,可用温水等清洗母犬乳头,动作要温柔。若发现母犬出现腹泻等疾病,应及时找医生治疗,防止乱吃药而导致流产等情况发生。

### 3. 哺乳母犬的饲养管理

母犬的哺乳期大概是45日龄左右。饲养哺乳母犬任务是确保母犬健康和仔犬的正常生长发育。

分娩会消耗掉母犬的体力和养分，母犬体内的激素水平也会发生变化。哺乳期的母犬一方面要恢复自身的体力和营养，另一方面还要供给仔犬的各种营养，故此期的营养需求会大幅提高。要保证哺乳母犬自身的需要和乳汁正常分泌，首先要保证母犬的热量和营养需求。在分娩后最初几天，母犬食欲不佳，应喂给母犬营养丰富、易消化的食物，且应少吃多餐。几天后应逐渐增加饲喂量，要经常检查母犬授乳的情况，对于泌乳不足的母犬，应喂给红糖水、牛奶等，或将亚麻仁煮熟，同食物一起混喂，以增加乳汁。哺乳期间母犬要饲喂蛋白质高的饲料，增加乳汁的营养，使仔犬吃到营养丰富的乳汁。

(1)哺乳母犬的生理特点

①产后恢复阶段的生理特点

a，子宫的恢复　子宫的恢复分为两个阶段：在第一阶段其妊娠期的子宫黏膜表层会发生变性脱落，接着发生再生现象。这种子宫黏膜的再生变化，表现为由子宫经阴道不断排出一些称为恶露的分泌物。其颜色的变化是红褐色或暗褐色一淡红色～无色透明。从开始到结束所需时间3～14天。随后，是子宫复原阶段即子宫的恢复第二阶段。分娩后的子宫因收缩的原因使子宫壁变厚，导致肌纤维变细，结缔组织退化变性、血管也变细都部分被吸收，最后子宫壁又变厚而复原。

b，卵巢机能的恢复　黄体在分娩后完全退化，新的卵泡开始发育并趋向成熟。

c，其他生殖器官的恢复　经过2周的时间，外生殖器官逐渐收缩，后肢行走逐渐有力。

②母性行为表现特点

a，哺乳　少数犬在临产前3～5天，能从乳房中挤出乳汁，而大部分犬则在产后1～2h才开始排乳。犬的初乳指母犬在分娩后最初3～5天所产的乳。初乳的作用是有高浓度的抗体，有一定的轻泻作用，因此要求在仔犬出生后尽快地吃到初乳。

b,母性行为　犬的母性好坏直接影响犬的生长发育,因此应及时观察。母性较好的犬在仔犬出生后能撕破并吞食胎衣、咬断脐带、舔舐仔犬的身体,尤其是头部和肛门,从而使仔犬尽快地呼吸畅通和排出胎粪,且将仔犬的胎便吃掉。母性好的犬能够照顾仔犬,会将爬出窝的仔犬衔回。为了保证仔犬的正常生长,对母性差的犬必须加强人工看护。

(2)哺乳母犬的饲养管理　根据哺乳母犬的生理特点,将哺乳母犬的饲养管理分为三个阶段,分别是产后阶段、哺乳和断奶三个不同的阶段。

①产后阶段的饲养管理这一时期主要是指母犬分娩后 1 ~7 天。

a,适宜的饲喂方法　母犬分娩后 6h 以内,不要提供饲料,准备好饮用温水。母犬在产仔后,往往会出现食欲不振,因此产后最初几天,应给予营养丰富、适口性好的催乳作用的饲料,如鲫鱼、猪蹄等。若乳汁不足,可先喂些红糖和牛奶等,严重时用中药催乳。每次饲喂量要少,以利于内脏恢复,以后逐渐增加;分娩后前 3 天饲料的饲喂量是常量的 1/3. 前 3 ~5 天饲料量是常量的 1/2. 至 5 ~7 天时饲料量与常量相同即可。

b,饲喂次数　每天饲喂 3 ~4 次,饲喂最好定时、定量、定质,每天提供犬清洁饮水。

c,日常管理　母犬产后的 12h 内排出血样分泌物,称之为恶露。因此产后要经常清洗母犬的外阴部等,做好通风换气、防寒降温工作。冬季通风时,防止贼风的侵袭。保持犬舍卫生,严格消毒。

②哺乳阶段的饲养管理　这一阶段主要指母犬分娩后的 7 ~45 天。

a,适宜的饲粮营养水平　哺乳期饲粮中应添加维生素 A、C、E 和 B 族维生素。因为母犬要给逐渐增长的仔犬哺乳,在此期间母犬的采食量逐渐增加,在哺乳第 3 周采食量增加 2 倍,但以后逐渐减少。

母犬的乳腺没有乳池,因此是间断性哺乳。为了提高母犬的排乳次数,生产上采取少喂勤添的原则,日喂次数为 3 ~5 次。

b,日常管理　每天用消毒棉球擦拭乳房一次,发现乳房炎等及时治疗。产床每周晒一次,保持分娩舍内安静。随着仔犬的年龄增长,它的粪便量越来越多,因此应采取人工清理仔犬粪便,保持犬舍卫生。

c,适当运动　母犬产后10天左右可户外运动,每日运动10~20min,好处有三点:一是母犬户外排便可保持犬舍卫生;二是促进母犬恢复健康体况;三是仔犬可跟随母犬学习。但须注意,不要让陌生人接近、抚摸产后母犬和仔犬,以防母犬护仔心切,咬伤人。

③断奶阶段的饲养管理　通常情况下45日龄断奶,常用的断奶方法有强制性断奶、逐渐断奶、分批断奶法等。在断奶之前应减少母犬的采食量,以防发生乳房炎。由于在此日龄期间,仔犬牙齿和牙床发育,易咬伤母犬的乳头,母犬常常躲离仔犬,生产中若发现此种情况,应采取强制性断奶法进行断奶,以防母犬咬伤或咬死仔犬。

### 4. 空怀期母犬的生理特点与饲养管理

母犬空怀期是指从仔犬断奶至发情、配种的时期,包括断奶恢复期、发情期和配种期。持续时间一般在2~4个月左右。空怀期的母犬的生殖系统方面发生着很大变化。此阶段内在表现是卵巢从静止状态逐渐发展到成熟卵泡,并且排卵;外在表现是出现发情行为。

(1)空怀期母犬的生理特点　将母犬空怀期分为两个阶段:分别是恢复阶段和发情配种阶段。恢复阶段是指从仔犬断奶至发情;发情配种阶段是指从母犬发情开始至交配结束。

①恢复阶段的特点　经历妊娠期和哺乳期后,母犬的生殖系统逐渐恢复正常,开始为下一个繁殖周期的到来做好各种准备。哺乳期是对母犬影响最大的应激,消耗了母犬大量能量,致使母犬的体质普遍较差。哺乳期结束后,母犬体力消耗减少,因此采食量发生了明显变化,先降低后增长的过程。被毛逐渐恢复到柔软且富有光泽的状态。母犬断奶日龄的不断延长,在哺乳期表现出的母性行为也已经消失。

②发情配种阶段的特点　母犬的发情阶段一般分为发情前期、发情期和发情后期三个阶段。母犬的发情表现是兴奋性增强,烦躁不安,阴门肿胀,潮红,并有红色黏液溢出,采食量减少。

(2)空怀期母犬的饲养管理　根据母犬空怀期的两个阶段,即恢复阶段和发情配种阶段的生理特点的不同,在饲养管理过程中也采取不同的方法,以促进空怀母犬的健康,同时提高情期受胎率。

①恢复期母犬的饲养管理

a,恢复期母犬的饲养　大部分犬的断奶时间是45日龄,刚断奶的母犬体况较差、偏瘦,还应逐渐减少对母犬的喂饲量,适当减少饮水,待乳房萎缩后再增加喂饲量,以促使母犬恢复体况,为下次发情配种做好准备。因此要增加饲料中的营养物质,采食量由少到多直到正常水平。每日的饲喂次数大概2~3次。

b,恢复期母犬的管理　调整采食量:在母犬妊娠和哺乳期间,为了提高仔犬的出生体重和保证母犬的健康体况,增加日粮的饲喂量,一日多餐。但是在恢复阶段适时调整母犬的采食量,多数犬能自动完成调整过程,只是个别犬需要人为调整。调整此期母犬的采食量和生活习性的具体方法是:若犬采食量较差,应将食物拿走,只供给清洁饮用水;至多经过1周左右的时间调整,可以提高母犬的采食量;在调整时应建立稳定的生活环境;定时、定量、定点饲喂;饮食器具专用,并及时做好消毒,供给充足饮用水。

加强卫生管理:主要指犬体卫生和环境卫生两部分。犬体卫生管理主要指经常给母犬梳理被毛,特别重视犬本身不易舔舐的部位,如臀部、尾部、腹部等。若饲养管理条件好,可以每周给犬洗一次澡,为了防止伤害犬的眼睛或内耳,洗澡时应注意保护犬的头部,若水进入到犬耳中,会导致中耳炎的发生;防止洗浴用品的泡沫进人母犬的眼睛,造成母犬结膜炎。搞好环境卫生主要抓好犬舍的清扫消毒:犬舍应经常保持卫生清洁,犬的粪尿污物应随时清理,一般每月消毒一次,常选用的消毒药物可以是季铵盐类。配制消毒药液的浓度应准确,在消毒时,最好使用喷雾器喷洒,要保证消毒药液接触病原体,且保持一定的接触时间。对犬床、地面、墙壁等活动场所喷洒消毒药物。若传染病流行期应随时消毒。注意犬舍通风,保持犬舍内空气流通。防止犬舍潮湿,保持犬床干燥,

加强锻炼:修养期母犬的护理工作重点是恢复体力,为下一次母犬的发情配种做准备。因此必须加强母犬的体质锻炼。常采用的运动方式是散步、自由玩耍、跑步等。

疾病防治:防止母犬因在哺乳期间采食量大,并经常舔食仔犬的粪便,导致母犬产生消化道疾病和寄生虫病。此期也应加强犬病的防治工作,因此当进入恢复期1周后就应对母犬进行驱虫,因为用于驱虫和免疫的药物会影响犬的排卵和妊娠过程,若母犬出现排便异常情况,也应及时进行药物治疗。对在哺乳期间乳头、乳房外表受到损伤的而发生炎症反应的母犬,应采用相应的护理方法和药物治疗。护理的方法主要用干净的毛巾,每日对乳房、乳头进行3~5次的擦洗热敷。某些母犬的乳房、乳头被抓伤,要根据抓伤的程度采用不同的方法,若是轻微用碘酒涂抹即可,若严重抓伤等则要用抗生素治疗。

异常情况及时处理:在生产中应做到随时发现病体,及时诊治。主要从母犬的采食量、精神状态以及粪便等排泄物等进行观察,有病应早发现、早处理。

②发情配种期母犬的饲养管理

母犬在发情期,通常会出现食欲减退的现象,在生产中应适当增加饲喂次数,从而保证机体的维持需要。

## 仔、幼犬的饲养管理

### 1. 仔犬的饲养管理

仔犬是指从出生到45天的犬。仔犬阶段是犬一生中生长发育最快,发病和死亡数最多的阶段同时也是饲养管理要求最高的阶段。此阶段的饲养管理

任务是确保仔犬的正常生长发育，提高仔犬的断奶体重。

这一时期仔犬的生理特点是：初生仔犬身体弱小，紧闭双眼，耳朵闭锁，听力和视力皆差，消化功能，免疫系统等功能不完善。10～14 天睁开眼睛，但是 17～21 天才能看见物体，出生后 13～17 天，听力才趋于正常水平。初期只能依靠嗅觉和触觉来行动，因此行动不灵活。体温调节能力比较差，仔犬的生长速度较快，10 天的仔犬体重刚出生仔犬体重的 2 倍。

仔犬的饲养管理细节如下。

（1）初生仔犬的护理　为了提高仔犬成活率，及时掌握仔犬的健康状况，应及时细心对初生仔犬护理。一般情况下，新生仔犬的胎衣会被母犬撕开，且根据母犬的母性特点，会咬断仔犬的脐带，并舔干新生仔犬。但在生产中应对不能及时被剥离胎衣的仔犬，为了防止新生仔犬窒息甚至死亡，应尽快清除仔犬口腔及呼吸道内的黏液、羊水等。新生仔犬体重小，易被母犬挤压，严重发生死亡现象，为防止脐带感染，仔犬的脐带在出生后 24h 内干燥，争取 1 周左右脱落。

（2）假死仔犬的抢救　有的仔犬出生后因黏液堵塞鼻塞或羊水进入呼吸道，造成仔犬奄奄一息，但是其心脏和脉搏仍在跳动，称之为假死。应紧急采用各种方法进行救治。多数采用的方法是：先断脐带，用毛巾擦拭口、鼻黏液、然后一是拍打法，将仔犬倒提起，拍打后背，促进仔犬的呼吸；二是伸曲法，一手握着仔犬的头，另一手握着仔犬的尾部，两手分别将仔犬身体卷起再放平，促进仔犬的呼吸。若经 5min 急救，仔犬仍不能自主呼吸，则说明仔犬已经死亡。

（3）及早吃初乳　母犬分娩后 3～5 天内所产的乳汁为初乳，初乳颜色偏黄，有气味，较黏稠，初乳的营养作用是：一含有抗体，即免疫球蛋白，增强仔犬的抗病力。二初乳中含有镁盐、溶菌酶和 κ－抗原凝集素，具有轻泻作用，有利于胎粪的排出，三初乳酸度高，有利于消化道运动。如果仔犬病弱，可将初乳挤出来，随后用注射筒给仔犬饲喂。新生仔犬皮下脂肪少，若等不到足够的营养，就会脱水、严重衰竭而死亡。时间证明，新生仔犬应尽早地吃到初乳，可提高仔犬的存活率和断奶仔犬数。

(4)固定乳头　仔犬出生后本能的寻找母犬的乳头,并吮吸乳头。在仔犬吃乳前应清洗、消毒乳头。母犬一般一胎产仔5~20头左右,因此在每窝中有个别仔犬体质较弱,往往抢不上吃乳而导致体质越来越差,为了让每窝仔犬皆能均匀成长,生产中给仔犬固定乳头。让出生重较小的仔犬吸吮奶水较多的乳头,让出生重较大的仔犬吮吸前面的奶水较少的乳头。从而提高仔犬的成活率。刚开始固定乳头时应及时看管。经过3天的看护就会形成良好的习惯了。

(5)适宜的环境条件　仔犬体温调节功能不完善,因此寒冷会导致仔犬死亡。在生产中要注意防寒保暖,出生后1~14日龄适宜温度为25~29℃,14~21日龄适宜温度为23~26℃,以后接近常温。为了提高新生仔犬的环境温度,可采用多种方法:一在犬床内使用电暖器;二在产床上使用电热毯;三在犬箱里放热水袋;四在犬床上方悬挂红外线灯泡。为防止新生仔犬被烫伤等,应保证新生仔犬和红外线灯泡的距离。

(6)适时补料　随着日龄的增长,仔犬需要的营养越来越多,应及时进行补饲,因为母犬的乳汁已不能满足仔犬的需要。补喂的饲料原则上要味美、新鲜、易消化、适口性好,最好要加一些牛乳拌料。牛奶、羊奶不能直接饲喂仔犬,因为羊奶与牛奶中蛋白质、脂肪和该等含量都低于犬奶,因此必须经过调整后可进行饲喂。10日龄就应开始给仔犬补乳,将30℃左右的牛乳放在盘中,诱导仔犬舔食,每天补饲3~4次。10~20日龄时的补饲料中可用肉汤或粥与牛奶搅拌;20~25日龄时仔犬开始长牙,每日可添加碎肉末、面包或馒头与牛奶搅拌的补饲料200g左右。以后补饲量不断增加。

为了预防仔犬缺铁引发贫血,不仅饲喂母犬含铁丰富的饲料,最有效的办法是在仔犬出生后3~7天内进行补铁,每只仔犬肌肉注射1ml补铁王或富铁力等铁制剂。

(7)异常情况下仔犬的护理　若新生仔犬的数量过多,或受到母犬挤压,或无力吃乳,或母犬患有乳房炎等疾病或死亡等原因,要进行寄养或人工哺乳。

寄养就是给仔犬找个奶妈。寄养不仅能减轻护理人员工作量，还可促进仔犬的正常生长发育，寄养成功的条件是最好选择产仔时间相近（最多差 3 ~ 5 天）、品种相同、母性好、泌乳力强的母犬哺乳，这样可保证仔犬得到充分的乳汁。在生产条件允许的情况下，当优秀种母犬发情配种时，选择另一条非种用的发情母犬（保姆犬）配种，当种母犬产仔后，即可将仔犬寄养给保姆犬哺乳，主要是混淆气味，将保姆犬的尿或乳汁涂在要寄养的仔犬身上，使寄养的仔犬的气味与保姆犬气味相同，一般情况下，保姆犬会把寄养的仔犬当做自己的仔犬进行哺乳；为防止寄养仔犬被咬伤，最好在寄养的 2 天内给保姆犬套上口笼。

人工哺乳时，对于自己不能排粪便的仔犬，用手指模仿母犬用舌舔仔犬肛门——生殖区的动作，按摩，从而刺激仔犬反射性的排便排尿，或用温热湿润的棉球或毛巾在肛门周围轻轻擦拭，刺激及时排出大小便，直至仔犬睁眼后能自己排出大小便为止。人工哺乳通常选用牛乳或牛奶加入一定量的蛋黄进行搅拌，防止仔犬便秘，初期配制的浓度可稀些，以后浓度逐渐加大。从出生到 10 日龄，白天每 2h 人工饲喂一次，夜间 3 ~ 6h 哺乳一次，每只每昼夜可饲喂 100g 左右。10 ~ 20 日龄，日喂量由 100g 逐渐增加到 300g，日喂次数为 6 次左右；以后日喂量不断增加，还应补充些饲料。可选用宠物奶瓶或婴儿奶瓶，应先将奶瓶消毒，将加热至 38℃左右的奶料倒入瓶中，一手托住仔犬的胸部，另一手经奶嘴送入仔犬口中。人工哺喂的奶料可用牛乳或乳粉代替。

（8）仔犬的日常管理　仔犬出生后应逐只称体重，按出生顺序、性别编号，做好标记和各项记录。有个别品种的犬有残留趾，若不剪掉，将来会影响犬的运动。有些品种要求剪尾，因此剪残留趾和剪尾的最适宜时间是出生的 3 ~ 5 天内。出生 5 ~ 8 天以后，在温暖的好天气时，把仔犬抱到室外，与母犬一起晒太阳，一般每天 2 次，每次 0.5h 左右。不仅能使仔犬呼吸到新鲜空气，而且防止软骨症的发生。刚出生的仔犬，双眼紧闭，大概 10 ~ 14 日龄开始睁眼，这时要避免强光刺激，以免损伤视力。为了有利于仔犬爬行，可将毛巾、麻袋垫在仔犬身下。

14～21日龄时给仔犬修趾甲，防止仔犬吃奶时抓伤母犬的乳房。30日龄时驱虫，以后每月一次，连续3次后，可定期驱虫或依据粪便检查结果，确定是否驱虫。1月龄的仔犬即可进行免疫，经过免疫注射后，可产生抗体，增强机体对传染病的抵抗能力。

(9)断奶的日龄与方法生产实践证明，仔犬在45日龄前后断奶是较为科学的。断奶的方法有三种。

①强制性断奶法　到断奶日期时，将仔犬与母犬一次性分开，让仔犬见不到母犬的面，闻不到母犬的味道，吃不到母犬的奶。这种方法的优点是简单。缺点是若母犬的泌乳量高，容易发生乳房炎，应激过大，会导致仔犬消化不良等现象。

②分批断奶法　将体重大、发育好、食欲强的仔犬及时断奶，而让体弱、个体小、食欲差的仔犬继续留在母犬身边，适当延长其哺乳期，以利弱小仔犬的生长发育。优点是采用该方法可使整窝仔犬都能正常生长发育。缺点是管理比较麻烦。

③逐渐断奶法　到断奶日龄前几天，逐渐减少母犬哺乳仔犬的次数，直至仔犬完全独立吃料。此方法的优点是可避免引起仔犬消化不良，缺点是费时、费工。生产中多用此种方法。

**2. 幼犬的饲养管理**

出生45天～8月龄的犬为幼犬，幼犬期是可塑性最强的时期，幼犬在发育的不同时期，其身体各部分的生长发育是不平衡的。从出生到3月，主要增长体长及增加体重；第4个月至6个月，主要增加体长；7月龄后主要增加提高。根据犬的生长特点，在不同时期采用不同的饲喂方法。

(1)幼犬饲喂方式

①第一阶段(断奶～2月龄)　刚断奶的幼犬，常表现不安，容易叫闹。在断奶后的一周内，幼犬的饲料成分及配比应与断奶前的相同，避免断奶的应激

引起幼犬消化不良。为了适应断奶幼犬胃肠消化功能，饲料最好是流质的，随着幼犬年龄的增长，流质饲料的浓度逐渐增加，直至接近正常水平。此期所添加的肉类，应为肉汤等熟食，或用牛奶拌料即可。另外，要注意调整好饲料的适口性。此期幼犬一般饲喂4~5次，其中夜间1次。对于食欲差的幼犬可采用先喂次的，后喂好的，少添勤喂的方法。此方法即可使仔犬食欲旺盛，又防止仔犬厌倦、挑食。

②第二阶段（3~4月龄） 这一时期幼犬的生长速度很快，因此所需要的营养物质也较多，饲粮中需要添加比成年犬更多的蛋白质、氨基酸和矿物质，这一时期幼犬的采食量有所增加，每天的饲喂次数是4次。

③第三阶段（5~6月龄） 此期的幼犬食欲强、食量增加，饲喂时应采用定时定量的方法。定时饲喂可增加犬消化液的反射性分泌，提高饲料的利用率；定量是固定幼犬的采食量，从而保持幼犬旺盛的食欲。每次喂量以幼犬能够在15~30min内吃完为宜，喂量过多，犬消化不了，易引起消化疾病，喂量少，犬吃不饱，影响生长发育，一般喂八分饱即可。每天至少喂3次。

④第四阶段（7~8月龄） 这一阶段的饲料标准可接近成年犬的日粮，日喂次数3次。

（2）幼犬饲喂注意事项

①供给充足水 水是犬体组成含量最多的一种成分，约占犬体重的2/3.饮水不足，或疾病失水达20%就会危及生命。因此在幼犬饲养中，注重水的补充，以便它在吃食及运动前后任意饮用。尤其在夏秋季节，天气炎热，体内水分蒸发快，对于热爱活动的幼犬，若不及时补充水分，常易引起组织内缺水。犬每天每千克体重需水100~150ml。

②某些食物禁止饲喂 凡是调料不许饲喂，包括酱油、味精、糖、大料等。还有一些不易消化的食物，如玉米、大豆等也不要饲喂。

（3）幼犬的管理

①合理运动 适当的户外运动可以增强犬体骨骼，促进新陈代谢，防止缺

钙引起佝偻病的发生,同时对幼犬神经系统的发育也有直接影响,在运动过程中以适应所遇到的各种情况。幼犬的运动形式有散步、奔跑等。运动时间以每次30~60min为宜。2月龄幼犬以自由玩耍为主,防止运动过多会使骨骼弯曲变形。

②保健

a,驱虫　45日龄进行第一次疫苗预防接种。应做好常见传染病的接种预防,主要是犬瘟热、狂犬病、犬细小病毒性肠炎、犬传染性肝炎、犬副流感。接种疫苗时应注意,幼犬身体要健康,无疾病特征,形态表现正常。第一次接种20~30天后再进行接种第二次,这时幼犬的免疫系统产生相应抗体。在生产中可对6~7月龄的健康幼犬,进行第三次疫苗接种。

各种寄生虫可通过食物,皮肤甚至母乳、胎盘(蛔虫、钩口线虫)等多种途径侵入幼犬体内,轻则影响幼犬的生长发育,重则会导致幼犬死亡。寄生虫病的防治主要从三个方面;一是定期驱虫,一年两次,春秋季节进行。二是净化环境,每日清扫犬舍,运动场,定期消毒活动场所,不喂生食;三是严格遵守操作规程,准确配制药液浓度,掌握好消毒药用量。

英国、荷兰及香港等地经常采用的驱虫规程:第一次驱虫在仔犬出生后2周,2~8周龄内每隔2周驱虫一次;2~6月龄间幼犬,每月驱虫一次;6月龄后的幼犬,驱虫间隔时间较长,每三个月驱虫一次。我国一般在犬20日龄时进行首次粪检和驱虫,以后每个月定期抽检和驱虫一次,直至成年。防止污染环境,驱虫后排出的粪便和虫卵等应集中堆积发酵处理,转化成有机生态肥来利用。

常用的驱虫药物有丙硫苯咪唑、左旋咪唑、甲苯咪唑、灭滴灵等,前两种药物对恢弘、蛲虫和钩虫有效;甲苯咪唑对鞭虫、蛔虫、蛲虫、钩虫和线虫有效,磺胺类药物对球虫有效。

b,洗澡　幼犬毛少、短、抵抗力差因此洗澡次数不宜过多。洗澡水应控制在35~38℃为宜,清洗后犬将身上的水分抖落,用毛巾擦干,再用电吹风吹干。选用犬专门的香波,清洗干净,否则留在皮肤上的香波残留液会引起幼犬的皮肤病。防止水进入耳、眼部等。洗澡前不宜喂食,洗澡后应适当休息,尽量减少户外运动。

c,梳理被毛　经常梳理幼犬被毛,不仅能清除掉脱落的被毛,促进血液循环,使幼犬被毛保持健康,并能了解幼犬的总体健康情况。而且可以促进人与犬之间的感情交流。梳理时动作要轻柔,因为幼犬的皮肤柔嫩,容易损坏。梳子可选择毛刷、弹性钢丝刷和金属梳。梳毛的顺序:由颈部开始,自前向后,由上至下依次进行,即先从颈部到肩部,然后依次背、胸、腰、腹、后躯,再梳理头部,最后是四肢和尾部,梳完一侧再梳另一侧。梳毛应顺毛方向快速梳拉。给长毛犬梳理时,应把长毛翻起,然后对其底毛进行梳理,幼犬的底毛细密,若长期不梳理易形成缠结,严重的会导致湿疹、皮癣等皮肤病。

d,修剪趾甲　幼犬的趾甲过长,弯曲会刺伤皮肉,严重导致步态异常,过长趾甲会劈裂,易造成局部感染。因此应定期修剪。应保证修剪长短适度性,若剪过短会伤害血管。常用的修剪工具是趾甲锉或趾甲刀、磨甲工具。

③素质培养

a,体力培养　幼犬断奶前随母犬活动,断奶后应养成独立活动的能力。3月龄开始逐渐增加幼犬的运动量,从3月龄开始,每日2次运动,每次大概500m,4~5月龄可增加到800~1000m;6月龄以上,每次活动可超过1500m。由于6个月前的幼犬骨骼尚未完全发育,不宜进行剧烈的活动。尤其是大型犬的幼仔生长速度要比中、小型犬慢,因此在进行活动时要多注意。可以在运动场内放置些小木球、玩具等,可供幼犬玩要。运动的速度由慢到快,运动的方式为散步、跑步、嬉戏、休息相结合。

b,适应力的培养　在幼犬时就要培养它对不同环境的适应能力。如强光、噪声、黑暗等较为复杂的环境。锻炼的方法是从安静处转移到嘈杂处,从白天到夜晚,从熟悉环境,到生疏环境。中间可掺杂着机动车车辆声和其他动物的声音等;锻炼遵循的原则是"由浅入深,循序渐进",可用食物诱导和语言赞扬,千万不要搞突然袭击,以免对幼犬造成恐惧心理,尤其对有些胆小、反应较弱的幼犬,要用更多的耐心进行培养锻炼。

c,勇敢性的培养　在犬5~7个月龄时应培养犬的胆量。勇敢性的培养主要是通过鼓励幼犬向他人进攻来进行。具体的方法如下:在白天将整群幼犬带领到适当的场地,主人身穿奇装异服,向幼犬做出挑衅的动作,佯装进攻,并做出惧怕的姿态。当幼犬狂叫或追赶他人时,犬主应及时抚摸幼犬助威鼓励,每次练习应使幼犬获得胜利。

d,服从性的培养　幼犬从出生后70天开始进行服从性培养。主要从诱导和鼓励相结合的方法进行锻炼,使幼犬听从主人的指令,佩戴脖圈和牵引,户外活动时不允许其他人抚摸、奖励和饲喂幼犬。

④训练　幼犬性格开朗,接受能力强,对新鲜事物兴奋性高,这一阶段是最适宜进行基础训练的时期,应根据犬的未来用途开展针对性的训练。

⑤分群饲养　犬的品种众多,因此达到性成熟的年龄也有很大不同,个别母犬在6月龄左右达到了性成熟,因此,在生产中应将性别、性情、体况等相似的犬同舍饲养,以免公母犬混养发生偷配等事情。对性情暴躁、体况较差的犬应单独饲养。

## 成年犬的饲养管理

成年犬的饲养就是根据不同生理阶段、不同使用目的,按照成年犬的饲料日粮标准保证均匀充足而丰富的蛋白质、碳水化合物、脂肪、矿物质、维生素和水,尽可能满足犬的生理需要,使其发挥出最大的潜能。成年犬的饲养在条件允许的情况下最好使用全价成品饲料进行喂养,这样既保证营养物质的平衡,又可减轻犬主人的工作量。但犬在配种、妊娠、哺乳、病后康复或训练使用等时期应适当给犬补充营养,还应根据不同季节适量增减饲喂量。所以,对于成年犬的饲养管理必须根据其特征、品种和目的采取有效的饲养管理措施。

### 1. 成年犬的特征

所谓的成年犬是指小型犬和超小型犬生长至18个月，中小型犬和大型犬生长至24个月就称为成年犬。犬成年后，身体各组织器官的生长速度从幼犬期的高速生长转变成逐渐减慢直至停止。与幼犬和老龄犬相比，成年犬处于一生中身强体壮的时期，身体发育成熟，身高、体长逐渐停止发育、各项生理机能均达到正常水平，同时，又出现了发情、配种、妊娠、哺乳等一系列问题。因此，成年犬的一般营养需要是为了满足产热、运动并维持组织新陈代谢的需要。大部分犬都比较贪食，如果只顾满足犬的食欲，不加限制地供给食物，犬摄人的营养成分超过了其维持需要，则会使犬患上肥胖症，进而并发许多其他疾病。因此，养犬者应予以重视。我们人类不喜欢自己的体态肿胖，也就不要使您的犬因饮食过量或能量摄入过多而引起肥胖，影响犬的健康与寿命。

### 2. 成年犬的饲养

成年犬的饲养要根据成年犬的生物学特征与不同阶段的生理学特点制定具体的措施。

(1)选择适当的饲养方案，保证合适的能量的供应　为了保证各类犬获得其所需的营养物质，应根据成年犬的品种、生理阶段和具体表现，按饲养标准的规定，拟定一个合理科学的饲养方案，保证成年犬的各种营养保持平衡。成年犬像其他动物一样，也是靠食物来摄取能量，对每只成年犬而言，含有适宜能量的食物还应能提供所有必需的养分，且这些养分应均衡。糖和脂肪是最基本的能量来源，但成年犬也可从蛋白质中获取能量。虽然糖可以为犬提供能量，但它并不是犬必需的。能量的平衡对保持成年犬的健康至关重要。摄入的能量太少会使其偏瘦，摄入的能量太多会导致肥胖及并发症。例如，体况较好的妊娠母犬，供给能力较高水平的日粮容易导致胚胎的早期死亡，大型犬会导致骨骼变形。另外，成年犬的能量需求取决于它的活动量，如果犬很好动，则需摄入更多一些能量,如果它很安静则需摄入更少一些。而且,不要忘记将它所摄入的其他一些食物考虑在内,即饼干及其他零食的热量也要计算在内,例如成年犬活动量减少可以适当减少它的饲喂量以避免其肥胖。

(2)保证日粮的多样性,调整其饮食的科学配制　成年犬应选用多样性的、适口性好、营养全面、容易消化和吸收和使用方便的全价平衡的日粮,如长期饲料品种单一化,饲料原料不新鲜或变质,饲料味道有异常等都会影响犬的食欲。另外,食物中含食盐或食糖过多造成甜咸味太重等犬都不喜欢吃。

(3)给犬喂食要定时定量,给予适宜的进食量及进食次数　成年犬已经养成了定时和定量的饮食习惯。一到进食时间,犬的胃液分泌及胃肠蠕动都会有规律地加强,表现出饥饿、坐卧不安、食欲强烈,此时给予食物,对成年犬的采食量和消化吸收都有好处。如果饮食时间不稳定,会使形成的条件反射很快丧失掉,不仅影响犬的采食量,而且还会影响消化和吸收,引发消化道疾病。因此,定时饲喂食物十分重要,饲喂的时间可由饲喂次数而定。一般成年犬每日早晚各喂1次。由于犬在晚上还要活动,因此,晚饲量要大一些。每日饲喂食物要定量,不能让犬饥一顿、饱一顿。

(4)保证其原有的喂食环境,且食具要固定成年犬采食时,要求有安静熟悉的环境,这样有利于犬的采食和消化吸收。如果一旦遇有陌生人、噪声、强光刺眼、其他动物干扰等,均会影响成年犬的采食情绪。

### 3. 成年犬的管理

(1)细心观察和掌握犬的基本情况,调整营养需求,防止过肥　保证成年犬良好的饮食习惯及健康的最方便的方法就是对它进行观察。成年犬对食物的需求量减少,但要求营养均衡。如果犬很机警并且眼睛明亮,既不胖也不瘦,那么它就可能健康状况良好且营养摄人均衡,如果犬正在变胖,这有可能是您的喂食过量,应减少食物供给量或者在饲喂肉和饼干时减少其数量,以使其饮食均衡,防止过肥。

(2)充分运动，增强体质　运动可使成年犬新陈代谢旺盛、增进食欲、增强抵抗力，但喂食前后均不宜进行剧烈运动，成年犬每天要通过晒太阳来调节体内钙磷的代谢。

(3)饮食、饮水和器具要清洁卫生　饮水要清洁卫生，食物要新鲜。食具、饮水用具要定期进行消毒，热天1周1次，冷天半月1次。工具、用具、容器要天天冲刷。热天每顿喂后要冲刷，冷天1日冲刷1次。食物要现吃现配，冷天可以1天配1次饲料，但不能过夜。什么时候也不能喂剩食和霉烂变质的饲料。

(4)保证正常的饲喂，纠正偏食　犬进入成年期后，就不像小时候那么容易饲养了，它们会变得挑食、偏食、经常不吃东西，或只吃好吃的东西。这虽然很正常，但为了犬的健康就应该将其纠正。主人不要把食物整天放在那里，任由犬进食，这样会影响犬的身体健康，使犬的食欲变差，体质变弱。应当非常有规律地喂食，给它喂食3h后，不管它吃不吃都要收起食物，而且不让它吃零食，这样犬自然就会吃饭了。重点就是不要惯它，这样才能纠正它的挑食。

## 老龄犬的饲养管理

### 1. 老龄犬的衰老表现

一般来说，犬从7~8岁开始出现老化现象，但家庭饲养的犬一般到了10岁以后开始逐渐衰老。8岁的犬，相当于人的50岁，10岁相当于人的60岁，13岁相当于人的70岁，15岁相当于人的80岁。但由于品种、环境、生活环境和平时照顾的不同，程度也有所不同，主要表现对发情期表现淡化、生殖能力完全停止、皮肤变得干皱、松弛、肌肉老化僵硬失去捍性、被毛缺乏光泽、开始变稀和杂乱，易患皮肤病，脱毛严重，关节间的液体开始干竭，导致发炎及不适。口腔、耳朵、皮肤等部位散发出与以前不一样的难闻气味。被毛变得又干又薄，还时常发生脱落,如果是毛色较深色的犬,可发现毛中夹杂着白毛。眼球晶体变得混浊,傲显灰蓝。口、鼻、耳周围的皮毛变白或变黄。嘴边上的胡须开始稀疏、牙齿脱落,吃东西时咀嚼困难,食欲减退。视力和听力衰退,反应较迟钝,有时在行走中会失控撞到其他物体上。开始衰老的犬,身体很容易疲劳,对运动和玩耍失去兴趣,整天喜欢睡懒觉,尤其怕冷,冬季喜欢卧在有暖气或温暖的地方。另外有一些犬还会出现排泄失禁或乱排泄的现象,对此饲主切不可以进行呵斥和责怪,而是应该给予其更多的关怀和帮助,根据老龄犬的生理特征,给予正确的科学的饲养管理,使爱犬能幸福地安度晚年。

**2. 老龄犬的特点**

犬在衰老的过程中,逐渐发生形态、功能和代谢等一系列的变化。这些变化的总趋势是不利于自身的健康的,具有以下的特点。

(1)生理性特点

①形态变化　随着年龄的增长,老龄犬的外貌形态发生一定的变化,比如被毛粗糙无光泽,皮肤起褶粗糙,由于脂肪的弹力纤维的减少,皮肤松弛,眼睑下垂,眼窝脂肪消失引起眼球凹陷,身高体重下降等。

②机体组成成分变化

a,水分的减少　老龄犬体内由于细胞内液的减少而使其体内水分减少,这在衰老过程中是普遍存在的现象。

b,细胞数量的减少　犬体的老化可使脏器组织中的细胞数量减少,因而导致某些脏器的重量减轻,体内钾、氮和脱氧核糖核酸等含量降低,可使除脂肪组织以外的其他组织与器官表现不同程度的萎缩,尤其是骨骼肌、脾脏、肝脏和肾脏为著。

c,脂肪组织增加,机体的机能减退　随着年龄的增加,犬体脂肪组织增加,其增加量与犬的品种、性别、年龄和采食量相关。但老龄犬的机能变化总表现为储备能力降低,各种功能减退,适应能力减弱,免疫能力降低。

③代谢的变化

a,基础代谢随着年龄的增长,基础代谢呈下降趋势,每年大约降低2%,但基础代谢的下降要受到季节的影响,其变化呈不规则和不稳定状态。

b,蛋白质的变化　老龄犬血液中必需氨基酸水平比青年犬低,组织中蛋白质的总浓度一般无明显的变化,但蛋白质的解毒和代谢酶的诱导时间延长,并且具有特殊功能的蛋白质减少而聚合胶原增多。另外,老龄犬一般蛋白质存储量减少,受侵袭时蛋白合成机能减退。

c,脂肪代谢　脂肪的代谢与年龄密切相关,一般来说,极低浓度的脂蛋白随年龄的增长而上升,5~6岁达到高峰,以后逐渐下降。

d,糖代谢　随着犬的衰老,体内糖代谢也随之升高,因而年龄老的犬的糖尿病的患病率就明显增高,并且老龄犬的糖耐量明显低于成年犬,不同组织的耗氧量也随着变老而降低。老龄犬的肝糖原分解能力提高,细胞内储备的无氧产能途径增强,随着细胞膜通透性的改变,线粒体和氧化作用底物的减少和一些呼吸酶活动的减弱,组织的耗氧量也随之减少。

e,水盐代谢　对于老龄犬来说,机体的水分明显减少以及血清钠的逐渐增加,钙代谢出现异常,钙从骨组织向其他组织转移,矿物质代谢发生紊乱。所以,老龄犬的骨质疏松是不可避免的。

(2)病理性特点

①机能储备减少　在正常的情况下,犬体各个器官均有一定的机能储备以应付各种紧急情况。例如,成年犬在进行体力活动时最大心输出量可高达静息时的5倍,而老龄犬最大心输出量仅为静息时的3倍,心输出量的减少直接影响到冠状动脉的血流量。因此,老龄犬如遇到如发烧和感染等负荷增加时,常可产生严重的后果。

②内环境稳定下降　老龄犬体由于各系统器官,特别是神经内分泌系统机能的衰退,导致内环境稳定下降,不能有效地处理各种不稳定因素的,因而成为许多疾病的诱因。

③免疫抵抗力下降　老龄犬机体的免疫抵抗力较成年犬的明显下降,因而对疾病的易感性就增加。

④活动能力下降　老龄犬由于体力减弱,反应迟钝,运动的灵敏性和准确性下降,活动能力减弱。

### 3.老龄犬的饲养要求

老龄犬的消化能力随着年龄的增大而变化着,所以每天的食物配给量较那些年轻犬应更严格和恒定,从而满足它们的营养需求。许多的因素,如遗传、日常活动、生活环境等在体内起综合作用决定着犬的衰老速度,而营养是另外一个重要的影响因素。

(1)老龄犬的营养要求

①蛋白质的要求　在老龄犬食物中含有18%~20%的优质、容易消化的蛋白质即可以提供充足的蛋白来源。随着年龄增长,如饲喂过多的蛋白质,老龄犬身体内的低脂组织不断减少,肌肉组织不断被脂肪所代替,老龄犬可以早早地出现肾功能损害。通过限制蛋白质的摄入可以限制磷的摄入,特别对有肾脏疾病的犬来说,减少磷的摄入可以延缓其肾脏的损害速度。但老龄犬蛋白质含量不足,会造成机体负氮平稳,加速肌肉等组织的衰老退化,使酶活性降低,引起贫血,对疾病抵抗力减弱,因此选择老龄犬食物时,其食物中应含有优质、容易消化的蛋白质提供充足的蛋白来源,并保持蛋白质中各种氨基酸比例适当。

②脂肪的需求　老龄犬饮食中热能供给应逐渐减少,食物中较低的脂肪含量利于防止老龄犬的肥胖,但就老龄犬而言,在生命的后半程往往有体重降低的趋势。所以,要掌握好防止肥胖和提供充足热量的二者之间平衡。一般来讲,老龄犬的食物应包含10%~20%的脂肪。

③纤维的需求　老龄犬消化功能减弱,肠蠕动变慢,肠道排空时间较长,所以,便秘是老龄犬最常见的消化道疾病。增加食物里的纤维含量可以增强肠蠕

动，缩短肠道内容物的排空时间。纤维素与其他的纤维来源相比，有对矿物质和微量元素利用率影响较少的优点。这一点对于那些年老而且对微量元素的需求已经开始增加的犬是很重要的。

④维生素的需求　犬体组织、器官功能的减退、老化，与维生素缺乏和利用率低息息相关。在老龄犬的营养供应中，要有充足的维生素，凡是由市场上的营养平衡食物喂养的犬一般不会出现维生素缺乏，而家庭自制的饲料如果不特别添加维生素则会出现此病。由于肾脏疾病、糖尿病、肾上腺功能亢进等疾病可引起饮水过多，所以，在老龄犬的食物中添加水溶性维生素是个好办法。

⑤钙磷的需求　骨质疏松症在犬中并不常见，但是退行性关节病变却较为常见，特别是在老龄犬中。其发病率可能仅次于过度肥胖症和重复的轻微外伤。由于老龄犬的肾功能往往受损伤，它们的血磷水平容易升高，导致钙、磷比例失调。对老龄犬来讲，建议给予磷含量较低（0.5%）和钙磷比例恰当的食物。

⑥锌的需求　随着年龄的增长，老龄犬的免疫防御、自身的稳定和监视等免疫机能，以及对高温、冷冻、创伤、射线和疲劳等非特异性刺激的承受能力降低。而锌是多种蛋白质代谢酶中的重要辅酶，补充锌与提高免疫反应具有一定关系。在任何时候，考虑老龄犬的食物添加剂时，都应当考虑到锌。但是应注意的是，盲目地添加过多矿物质是危险的，所以在添加之前应当先征求兽医或专业营养师的意见。

⑦钠的需求　现在犬的营养学在食物里一般没有关于盐摄入量需求的营养要求，但钠盐的摄入量对于年老衰弱的犬非常重要。盐能使水分在体内储存增多、排出减少，加重心脏负担，增加心脏病的发病率，也可使高血压较其他年龄段的犬更为多见。老龄犬每天每千克体重最低需要4mg钠，但不应超过每天每千克体重50mg的量，或者多到6～12倍。老龄犬的钠摄入不应超过每天每千克体重25～50mg，干性食物中应包含0.2%～0.35%的钠。

⑧其他食性　老龄犬有一些不良生活习惯或训练习惯会影响犬的生活习

性,直接影响犬的健康。例如,吃垃圾、乞食、食粪等。如果犬长期吃垃圾、粪便或乞食,都将对犬的健康和长寿造成影响,甚至危害到犬的生命。掌握老龄犬的营养需要,适当调节饮食,可以延长老龄犬的寿命。

(2)老龄犬的饲料配合要求

①要求饲料原料多样化,做到多种饲料原料科学合理的搭配,以发挥各种物质的互补作用,提高饲料的利用率和营养需求。

②营养水平要适宜,结合老龄犬的生理和行为特点,使各营养之间达平衡,其中特别注意氨基酸的平衡,才能收到良好的效果。

③要考虑饲料的适口性。适口性一定要好,以提高老龄犬的食欲。

④要注意老龄犬的采食量和饲料体积的大小关系,若配料体积太大,犬往往吃不完,若体积太小则吃不饱。

⑤控制饲料中粗纤维的含量,否则影响犬对饲料的利用率。

⑥一定不要用发霉变质和有毒的饲料原料,否则会影响饲料的利用率,引起中毒性疾病和犬其他疾病的发生。

### 4. 老龄犬的管理

老龄犬最明显的表现是性情、皮肤和被毛的变化。性情改变主要表现是兴奋性降低,不活泼,反应变得迟钝,运动减少,不愿走动,睡眠增加,体力明显减损,轻度的训练或者工作就会发生疲劳。因此,必须加强对老龄犬的管理。

(1)体贴关爱老龄犬,逐渐建立感情　老龄犬的腰力、脚力已不如从前,无法活泼地在游戏中与主人增进感情,这时,取而代之的,经常的抚摸是让它最感舒适的爱的表示。主人应多花时间陪伴老龄犬,细心观察它的每一点变化。尤其是在家里有了新成员时,万万不要冷落了这位忠心耿耿的老朋友。当它犯了错误,千万不要粗暴地责怪它,给它造成心理负担。另一方面,老龄犬也有顽固的倾向,如果情况不严重,主人应以体贴的心情包容。正因为它们需要一个安静而祥和的休息环境,请尽量避免大声斥责。

(2)休息　老龄犬的各项身体机能开始衰退，需要稳定、有规律、慢节奏的生活，不要轻易改变它的作息时间。老龄犬睡觉的时候，不要打搅和惊吓它，让它充分地休息。由于老龄犬的感觉比较迟钝，您抚摸它之前，应该先轻声呼唤它的名字，让它对您的到来有个思想准备，免得受到惊吓。那些自己有院子的家庭，开车停车时一定要事先检查一下老龄犬是否在车的附近，因为它的反应比较慢，很可能无法像成年犬那样及时躲避危险。

(3)运动　随着年龄增长，老年犬很容易疲劳，变得好静喜卧，运动减少。此时不要强迫它持续地运动，对老龄犬应减轻训练和工作强度，散放或散步时时间不宜过长。可选择凉爽的天气，以悠闲散步的方式最佳，应给它机会，自己决定是继续活动还是停下休息。另外，肥胖、有心脏病的犬要注意呼吸与心跳速度，运动的程度更要控制。

(4)温度　老龄犬由于皮肤变得干燥，被毛发生脱落而变得稀疏，这使得老龄犬对温度的适应力变低，过冷过热都容易引起不适。所以在炎热的夏季要做好防暑工作，应让犬待在阴凉而通风的环境中；在寒冷的季节，要做好保温工作，即使风和日暖的天气也不要让犬在外面待得太久。

(5)洗澡和梳理　对于老龄犬每月最好给洗一次澡，水温要适宜，时间要短，洗后一定要吹干，以免感冒而引起其他疾病。另外，无论长毛犬还是短毛犬，都应经常梳理被毛。梳理过程中，可以促进血液循环和皮毛健康，检查它的身体有无包块、淋巴是否肿大，尤其是腋下、大腿根这样的疾病多发部位，同时也是增进感情的好机会。

(6)定期体检　老龄犬的定期体检非常重要。因为，老龄犬的器官机能处于不断衰退的时期，尤其对心脏、肾脏、肝脏、膀胱等重要器官定期体检，这在老年阶段极其重要。听诊心脏、肺脏、肠管蠕动、血液化验、肾脏和肝脏的功能，拍片子观察膀胱内是否有结石等都是必要的。

(7)老龄犬安乐死　当犬因年龄或患有不治之症或达到无法舒适生活的地步，为了不使其饱受痛苦，对老龄犬应采取安乐，只需注射一针过量的麻醉药

(盐酸氯胺酮或戊巴比妥钠等)便可让它安然睡去,在无任何痛苦的情况下安静地死去。

### 5. 老龄犬在饲养管理中应特别注意的事项

(1)老龄犬的胃肠机能与身体的其他器官的机能变化一样,是一个功能逐渐下降的过程,再加上运动量的改变会使肠道的消化吸收能力,以及肝、肾的过滤和解毒等功能都会变化,应注意降低食物硬度,适量补充钙、铁、维生素及其他微量元素,更换不同口味的食物,禁食不宜消化的食品,保证清水供给。

(2)老龄犬的骨质疏松是不可避免的,这与老龄犬的矿物质代谢有关。骨质疏松使得老龄犬易损伤腰椎,易出现骨折,所以,对老龄犬应注意食品的科学性搭配和运动。

(3)如有条件,应给老龄犬刷牙,可减少牙龈发炎引起的细菌侵入。如果老龄犬的口腔有异味,出现流涎,吃食逐渐减少,怕冷怕热,则应考虑是否有牙结石的发生。对于患牙结石的老龄犬,应请兽医消除牙结石,并治疗牙周炎。

(4)心功能下降应引起重视,犬也有一定比例心脏病的发生率,尤其是观赏犬,所以,犬的主人应保持犬每日合理的运动量,并且定期请兽医做保健性体检。

(5)慢性肾衰竭是每一个老龄犬都要面对的问题,迟早会不同程度地发生尿毒症。肾脏的主要功能包括排泄(如蛋白质代谢的废物)、调节(如酸碱平衡)和生物合成(如红细胞生成素的合成),而当。肾脏组织60%以上的结构被广泛地破坏之后,氮血症或尿毒症才出现。氮血症发生时,可能无明显的临床症状,但是血液检查会发现尿素浓度上升,可见肌(酸)酐或其他非蛋白含氮化合物。尿毒症则是多系统中毒综合病,与肾衰竭的进一步发展有关,出现与氮血症有关的临床症状,包括多尿症和烦渴、厌食和体重减轻、黏膜苍白和(或)溃疡、呕吐等。

(6)膀胱结石和尿道结石是老龄犬的又一高发病、与食物和感染有关;发病时，患病犬排尿困难，尿淋漓，甚至无尿，膀胱中常充盈尿液，X线检查可确诊结石的位置、大小和数量，需要麻醉后实施导尿、冲洗尿道，甚至手术取出结石。为了避免或延缓结石的发生，正确为犬选择食品并进行定期尿检是必不可少的。

(7)对于老龄犬的眼睛和耳朵要经常护理，用湿棉花清除过多的黏液，并清洁眼睛周围的皮肤，定期检查内耳道，清除耳螨。

(8)便秘也不容轻视。便秘的原因多种多样，有的是由于肠内容物的物理状态不同而引起的，也有的与肠蠕动机能差有关。由于便秘常伴发有肠排泄物中有害成分被吸收，对身体危害大，因此，密切关注老龄犬的排便情况，发现问题应尽早解决。

(9)治疗时以食疗加临床对症治疗为主，但必须清楚，所有的治疗不可能达到有效治疗的作用，适当的药物治疗能够改善患慢性肾衰竭的老龄犬的生活质量达数月甚至数年。因此，应该通过对老龄犬定期的血、尿检查，发现早期症状，做出早期诊断，并根据病情调整老龄犬的饮食，以减缓肾衰竭的过程。

总之，老龄犬带给宠物主人的不再是调皮捣蛋的乐趣，欢叫奔跑的愉悦，而可能是难闻的气味、莫名的吼叫、冷漠的态度以及接二连三的生病，而宠物主人也应在它们身上获得快乐、得到寄托的同时，尽自己的义务让它们尽量较少痛苦地度过它们的最后时间。

## 犬的调教与训练

### 1. 犬训练的生理基础

犬在生存中感受到体内外各种不同的刺激时，所做出相应的回答性动作，总称为犬的行为。训练犬的直接目的就是使犬具有良好的行为习惯和服从性，提高其先天所具有的素质，形成一定的能力，从而使犬更好地为人类服务。在训犬时，要研究犬的行为的产生及其生活规律，应懂得条件反射原理，明确训练员在训练中的作用，掌握训练原则及要领，了解外界条件与训练的关系等。犬具有发达的神经系统和高级神经活动的机能，对环境变化的适应能力很强。大脑神经系统的基本活动过程是反射活动，犬的训练就是以条件反射原理为依据的。

(1)反射的类型

反射是动物机体对外界各种刺激产生的反应。犬的神经系统的反射活动，是实现犬的行为的生理基础。不论犬的行为有多么简单和复杂，其实质都是神经系统的反射活动。犬的神经系统很发达，对外部环境变化的适应能力很强。根据反射活动形成的过程，可将反射分为条件反射和非条件反射，这两种反射的类型都是神经系统的兴奋性活动。

①条件反射

条件反射是犬在后天生活过程中获得的经验活动，即暂时性的神经联系，为适应不断变化的条件而形成的反射。由于这种反射不是定期和经常的，所以一旦条件不存在，反射强度也会下降或消失。人们教给犬的每一个动作都是条件反射，必须定期地进行重复训练，不断强化，才能得到巩固，不然经过一段较长的时间后，条件反射就会淡化、消失，学会的动作也就会忘掉。比如一只训练有素的警犬。如果不能保持训练强度，甚至不再训练，那么在执行任务时会变得笨拙，甚至有生命危险。

条件反射形成的神经机理是大脑皮质发生暂时神经联系的结果。因为外来的各种刺激所引起的兴奋过程，是沿着不同的神经通路(反射弧)传向大脑皮层的相应部位的，所以，在大脑皮层内就出现了由各个刺激作用所引起的独立的兴奋点。犬在不断变化的环境中，很难保证正常的生理活动，必须在非条件反射的基础上，借助于高级神经中枢(大脑皮层)机能活动建立起比非条件反射的数量更多的、适应性更强的条件反射，是由一定刺激的信号作用所引起的。如从未挨过棍子打的犬，当它第一次看到拿棍子的人接近时，不一定表现出防御反射。但当它受到棍子打并感到疼痛后，就表现出主动的或被动的防御反射，这是非条件反射。在此之后，当犬再看到拿棍子的人接近时，不等用棍子打它，它就表现出防御反射，这就是条件反射。因为拿棍子的人在打犬时，所表现出的打的动作和棍子的形象，一定是和犬挨舟时所感到的疼痛同时伴随出现的，因而拿棍子的人的出现，就具有了引起犬发生条件性的防御反射的信号作用。条件反射是犬在一定的生活条件下建立起来的，是不稳定的和一时性的，既容易产生也容易消失。

②非条件反射

犬的非条件反射是先天遗传的，生下来就有的一种反射，不用任何后天学习。因为犬生下来在生理机能上就具有实现这种反射的反射弧，只要有一定的刺激，不论是犬体内部或外部的刺激，直接作用于某一感受器，就会引起相应的反射活动。如仔犬生下来就会呼吸、吃奶、唾液分泌、眨眼、排便等反射活动，这些都是先天性的非条件反射。与犬的生存有密切关系，并在犬的训练中主要非条件反射有以下几种。

食物反射　犬为了正常生存而获取食物的本能行为，是一种非条件反射活动。人们可以充分利用犬的食物反射，通过科学精心饲养管理，保证犬的正常生长发育，并借以建立和增强犬对训练员的依赖性。训练中，还可以利用犬的食欲，以食物刺激为诱饵，引导犬做出一定的动作，再通过食物奖励来强化和巩固犬的正确动作，加速能力的培养。

防御反射　犬在适应自然界生存条件中，对不利刺激采取消极或积极防御的行为，是犬护卫自身免遭伤害的一种非条件反射活动。这种反射表现为两种形式，一种是主动防御反射（凶猛、扑咬）；另外一种是被动防御反射（畏缩、逃避）。可以根据训练科目能力培养的要求，采取相应的机械刺激手段，迫使犬产生适度的被动防御反射而做出训练的动作，也可以通过较强的机械刺激，达到制止犬的某些不良习性的目的。如果训练员采取足以能激发犬产生仇视性的方法，也有助于培养犬的警戒反应和勇于攻击、凶猛扑咬等主动防御能力。

猎取反射　猎取反射是指犬先天遗传的寻觅或捕获猎物的本能活动。犬虽具有这种先天性能，但个体『甘J差异较大，所以需要通过耐心而巧妙的诱导手段，充分调动和发展犬对获取所求物品的高度兴奋和强烈占有欲。这一反射是培养犬积极进行鉴别、追踪、扑咬、搜索等作业能力的重要基础。

探求反射　这一反射能使犬敏锐地发觉外界环境的微小变化，以使犬不断地适应于外界环境。探求反射与犬的学习行为有密切的关系，训练中，利用新异刺激的手段和犬的探求行为，可有助于相关能力的培养，并可通过环境锻炼，培养犬的适应性，消除新异刺激性对训练的影响。

性反射　犬借以延续后代的一种本能行为。犬的这一反射是犬繁育的重要基础，可以为训练提供优质犬源，但性反射对犬的训练和使用都有不同程度的不利影响。

自由反射　长期处于拴系或圈养条件下生活的犬，总是力图挣脱所受限制，获得自由活动的机会，是犬挣脱自身活动所受限制的一种反射行为。在长期圈养和紧张训练过程中，为解除犬的超限抑制，缓解神经活动状态，在训练间隙放犬自由活动片刻，使其获得必要的自由。自由反射有助于发展犬的活动，耐力和技巧，对发泄过剩能量也有一定的作用。

姿势反射　是维持躯体姿态的正常平衡及运动的随意自如的一种本能活动。犬的活动必须保持正常的相应姿势和运动的平衡，因此在训练中可以利用犬固有的自然动作及躯体平衡的运动反应，通过正确的引导和适当的强制，以进行基础科目的训练，使犬形成符合规范化要求的服从性科目。

(2)条件反射建立的过程

训练犬学会各种本领的过程是通过训练使犬形成条件反射的过程。引起条件反射需要有刺激(非条件刺激和条件刺激)，两种刺激结合使用时，可以使条件反射强化。在训练犬建立和强化条件反射中，应注意以下几点。

第一，建立条件反射时，要将条件刺激与相应的非条件刺激结合起来作用于犬，这是条件刺激建立的基础。而且条件刺激的作用先于非条件刺激的作用，并要重复结合，连续作用，直至条件反射的形成。条件刺激主要是指口令和手势，非条件刺激是指能引起犬非条件反射的刺激。

第二，建立条件反射时，相关的非条件反射中枢应处于兴奋状态，这是条件刺激建立的条件。因为条件反射是建立在非条件反射的基础上，如果与建立条件反射相应的非条件反射中枢缺乏足够的兴奋，条件反射的形成是非常困难的。犬如缺乏非条件反射活动的足够兴奋性，就失去了应有的基础，条件反射就难以建立。

第三，建立条件反射时，必须正确掌握刺激的强度，条件刺激强度要弱于非条件刺激，这是条件反射建立的前提。刺激强度过强，会引起犬对训练害怕或逃避训练；刺激强度过小，不能引起相应的反应。在相对比较的情况下，使用强的刺激要比使用弱的刺激形成条件反射快些，反应量也大些。过强和过弱的刺激，都很难形成条件反射。因此，在训练中所使用的口令刺激或其他非条件刺激的强度，应尽量适应于犬的具体情况。

第四，建立条件反射时，犬体必须健康，犬的大脑皮质应处于觉醒状态，同时也不应被其他活动所占据，是建立良好的条件反射的保证。因为犬体的任何病理刺激和大脑的不清醒，都将影响暂时神经联系的接通，阻碍条件反射的形成。如训犬时，犬处于瞌睡状态，条件反射的形成就会很缓慢或受到阻碍，甚至不能形成，因为这时犬的大脑皮层产生了抑制，训练就没有效果。

(3)条件反射建立与消退

①条件反射建立的基本原则

接近原则　条件刺激与非条件刺激必须在结合应用的时间与空间上接近。应条件刺激在先，非条件刺激在后。在使用条件刺激时，避免错误使用或过于频繁使用，而很少结合非条件刺激，将会导致犬条件反射形成慢，执行命令迟缓，兴奋性降低，所训科目不易巩固。

重复原则　条件刺激与非条件刺激必须重复结合作用。在正确掌握刺激接近律的基础上，对犬重复施以刺激，才能保证条件反射的建立。但是，过于频繁的重复使用刺激也不会得到好的效果,在一次训练中同一科目训练过久,将使犬兴奋性下降,出现超限抑制,而导致训练失败,所以重复刺激应在下一次训练中进行。

强度原则　正确掌握刺激强度是训练的关键。强刺激引起强反应,弱刺激引起弱反应,超强刺激则引起抑制。同一强度的刺激作用于不同的犬,其效果是不一样的。因此,在训练中要区别对待,正确掌握和应用刺激强度及方法。

强化原则　条件反射必须通过相应的非条件刺激的支持,反馈及加强,才得以建立和巩固。若在重复训练中只使用条件刺激或非条件刺激强度不够,则此科目会消退。

干扰原则　由于某些新奇或突然的刺激所引起的反应,能对条件反射的发生,消退产生外抑制或解除抑制作用。因此,在受训犬初训时,应在清静的地方,避免外界新异刺激对训练的干扰,但在受训科目完成并巩固后,可使受训犬逐渐适应外刺激而不受干扰,使其达到实际使用要求。

消退原则　产生消退的先决条件是完全中止强化。已形成的条件反射在完全失去强化后,必然产生反应减弱和消退现象。所以,在受训犬完成科目的条件反射目标后还应经常复训,加以巩固。

②条件反射的消退

对于已形成的条件反射,如果只给予条件刺激,而始终不给予非条件刺激强化,久而久之,原来的条件反射逐渐减弱,甚至不再出现,这称为条件反射的消退。这种消退的实质,是由于在大脑皮层原来产生条件反射的中枢内,由条件刺激所引起的兴奋状态,因条件的改变而转化为抑制的状态。条件刺激失去了原有的兴奋效果,而重新获得了抑制作用。

消退抑制的形成,并不能完全证明原来的条件反射已经被彻底消除和暂时联系已被彻底破坏,因为经过一个时期以后,原来的条件反射又会出现。训练经验证明,犬的某些不良联系虽经消退,但有时还会重新出现,因此,需要不间断地彻底进行消退。就是在彻底进行消退以后,若一经强化,又会比较容易恢复。

除经常注意强化外，还有一些情况可使条件反射暂时消退，例如，一个条件反射正在进行时，突然出现一个新的强的刺激，就会抑制这个条件反射。此外，条件刺激太强或作用时间过久，也会抑制正在进行的条件反射。总之，为了建立条件反射，使用的条件刺激要固定、强度要适宜，而且要经常用非条件刺激来强化和巩固。否则已经建立的条件反射也会受到抑制而逐渐消失。

(4)条件反射建立的意义

传统观点认为，条件反射的建立，是由于在条件刺激的皮质代表区和非条件刺激的皮质代表区之间多次的同时兴奋，发生了机能上的暂时联系。条件刺激在皮质引起的兴奋，可以通过暂时联系到达非条件反射的皮质代表区，于是引起本来不能引起的反应。目前，暂时联系的神经机制尚不清楚。条件反射建立之后，如果反复使用条件刺激而得不到非条件刺激的强化，条件反射就会消退。条件反射是后天获得的，是在生活过程中通过一定条件，在非条件反射的基础上建立起来的反射，是高级神经活动的基本调节方式，人和动物共有的生理活动。形成条件反射的基本条件是无关刺激与非条件刺激在时间上的相结合。任何无关刺激与非条件刺激相结合，都可以形成条件反射，一般认为必须有大脑皮质参加才能实现。

## 2. 犬的训练准备

(1)受训犬的选择

训练中，并非所有犬都具有优良品质，要训练出一只高质量的犬，对于受训犬必须进行严格的选择，这是训练的先决条件。受训犬应从优良品种或具有显著杂交优势的犬群中择优选择。每只犬都有学会各种技巧的本能，但其掌握技巧的程度，常因犬而异，这与犬的品种、个性、年龄、神经类型等有关，因此，对受训的犬都应进行严格的选择。当然，由于目的不同，选择的条件也有所不同。

①体型外貌

体型外貌上要求外观各部发育匀称,被毛光泽,牙齿锋利,肌肉发达,雄壮强健,姿势端正,行动敏捷,机警灵活。符合各种犬基本体貌要求,生长发育符合各犬种标准,步幅、步态正常,行动机警灵活。

②年龄

任何年龄的犬均可进行训练,年龄一般以 3 月龄至 1 周岁为合适(3 月龄起进行基础训练,7~12 月龄可接受专项训练)。

③神经类型

神经类型方面,最好是活泼型和兴奋型犬,但安静型犬也可以。犬的神经类型可在自然条件和训练过程中,通过观察和研究犬对不同刺激反应的情况进行简略判定。

④其他

性别　不同品种的犬有其独特的个性,不同性别的犬也有其特殊性。训犬时公犬、母犬均可。一般而言,母犬表现温驯,具有良好的家庭行为,比公犬训练容易,但母犬每 6 个月发情一次,此期不宜训练。公幼犬个体大,发育期间表现为盛气凌人的雄性化行为。公犬在初情期和两周岁左右,其雄性化行为变得突出,这常常导致训练困难。公犬强壮好斗,作为护卫犬或狩猎犬更合适,但它们接受庭院训练稍困难一些,易分散注意力和损害东西。

感觉器官　参加受训犬还要求听力、视力良好,嗅觉灵敏、嗅认方式好、反应速度快等。

主要反应　应选择猎取反应、主动防御反应和食物反应占优势的犬,凡反应迟钝,或探求反应、被动防御反应占优势的犬,或是猎取反射退化的犬(衔取不兴奋),都不能作为受训犬。

(2)训犬的基本方法

①机械刺激法

机械刺激法是利用器具,在犬不听指令时用来控制其行为的方法,具有一定的强制性,能引起犬的触觉和痛觉,在犬随行和受训时,如果不按主人的意图行事，可以拉牵引带（狗链），迫使犬不能做违背主人意愿的事。训练中所使用的机械刺激，除抚拍作为奖励的手段外，按压、扯拉牵引带、轻打以及在必要时使用刺钉脖圈等，从而能迫使犬做出相应的动作和制止某些不良行为。

不同强度的机械刺激能引起犬的不同反应。一般来说，弱的刺激引起弱的反应；强的刺激引起强的反应；超强的刺激就会使犬产生超限抑制，甚至产生神经症。所以在训练中，要防止对犬使用超强刺激，以免使犬产生超限抑制和出现"害怕"训练员或逃避训练的现象。也要避免缩手缩脚，不敢使用刺激或使用刺激过轻，妨碍条件反射的形成和巩固。在一般情况下，比较适应使用中等强度的刺激，在具体使用时，还要根据犬的特点和当时的具体情况灵活运用。

在训练中，对犬使用机械刺激时，必须针对与训练动作相适应的部位，否则，会达不到应有的效果。如训练中我们使用机械刺激迫使犬做出坐下的动作，就要按压犬的腰角，如果不是按压犬的腰角，而是按压犬的背部，犬就不可能坐下，这是因为神经系统对刺激的反应，是按照一定的神经通路来实现的。这种方法的缺点是，如果过多或过强地给犬以机械刺激，会影响犬对训练员的依恋性，并造成神经活动的紧张状态，对训练产生抑制；优点是，在机械刺激的作用下必然会使犬做出相应的动作，并能保持这种姿势的固定不变。当运用得当时，还能使条件反射得到巩固。

②食物刺激法

食物刺激对犬具有重要的生物学意义，食物是训练员用来奖励犬的正确动作和诱导犬做出某些动作的一种刺激。食物既可作为非条件刺激，也可作为条件刺激。当食物用来强化条件刺激和奖励犬的正确动作，直接作用与犬的口腔，引起咀嚼、吞咽等非条件反射时，食物就是非条件刺激；当训练员在一定距离，以其气味和形态作用于犬，并在食物诱导下使犬做出卧下、坐下等动作时，它就属于条件刺激。食物刺激法是在犬受训成功或吸引其注意力时给予食物奖励，调动训练积极性的一种方法。如果只训练，忽视奖励，犬会觉得训练是一件极没有意思的事，一切训练手段都将是徒劳的。食物可以刺激犬的条件反射,让它知道如果听话就有好处。

食物刺激法的缺点是,犬的动作不易准确,对食物反应不强的犬,当环境中出现新异刺激影响时,训练员的口令或食物诱导都会对犬失去作用;优点是,在食物刺激的诱导下,可以使犬迅速地形成许多条件反射,如坐、卧、吠等。同时利用食物刺激训练,犬在做动作时表现活泼兴奋,并能增进犬对训练员的依恋性。

③机械刺激和奖励结合训练法

在训练中将机械刺激和奖励结合起来使用,可以取长补短,收到良好的效果。这种方法是在犬拒绝接受训练时用机械法强迫其按指令行动,同时在动作成功或有起色时要给予奖励。如果机械刺激强度过大、过频繁,会使犬产生逆反的反射,从每次受训开始就恐惧、躲避,记不住动作的要领。奖励虽然是必需的,但要适量,如果奖励过多会影响正常食欲,也不利于以后的训练。可以结合抚摸和口头表扬,达到奖励的目的。

④模仿训练法

这种方法是以利用动物的先天本能特性为基础,来模仿其他动物的动作,可以生动有效地让犬明白要做什么,训练效果有时是机械刺激法所不及的。其实质,就是借助其他犬的活动影响,来诱发犬的兴奋性,使其做出相应的动作。如在训练犬扑咬时,可以利用多条主动防御反应较强的犬轮流对助训员进行扑咬,而让那些主动防御反射不强的犬临场观摩,同时,训练员加以鼓励和助威,为犬壮胆,这样就能逐渐提高犬的主动防御反应。

(3)训犬的基本原则

①循序渐进,由简入繁

对犬完成动作的训练必须遵循这一原则,不可急躁冒进,犬的每一种能力的形成,都是按一定的程序训练完成的。根据犬的训练客观规律分步骤、分阶段、由简单到复杂、逐步过渡能力进行培养,对犬的训练不能追求一次成功,有时几十次甚至上百次,要根据难度而定。如训练犬作揖的同时发出叫声,要分站立、摆手、吠叫三步训练。在完成动作训练(或称能力培养)过程中,一般应经过以下 3 个阶段。

第一阶段:在安静的环境里进行训练,利用口令和手势做指导,防止外界刺激的诱惑和干扰。让犬能做到所要求的动作,在完成动作时要给予奖励,不正确的动作要及时而耐心地纠正。同时,正确利用正负强化对比,使犬对不同的口令、手势形成分化。

第二阶段:此阶段要求犬能根据训练员的口令和手势将各个独立形成的条件反射有机地组合起来,形成一种完整的能力。此时,环境条件仍不应复杂,在不影响训练的前提下,要加强环境锻炼,经常更换训练场地使犬逐步适应,为下一阶段打好基础。同时,对犬的不正确动作和延误性口令必须及时加以纠正,并使用强迫性手段,适当加强机械刺激强度,给予刺激,正确动作及时给予强化,并给予奖励。

第三阶段:是在复杂环境中就是要求犬在有外界引诱的情况下,仍能顺利执行口令。为此,在进行鉴别训练时,为使犬的大脑活动保持高度集中,仍应在安静的环境中训练,以免影响鉴别的准确性。同时,应注意因犬而异,训练条件难易结合,而且要易多难少的,逐步增加难度,培养犬适应复杂环境的能力。

②因犬而异,区别对待

这一原则体现了犬个体的特殊性和犬种的差异性,强调了在训练中具体问题具体分析。在训练过程中,依据年龄、犬种和个体的自身素质特点和神经类型,在训练方向、训练科目选择上和训练进度安排上,要因犬制宜,区别对待。对不同年龄和神经类型的犬进行训练时,必须考虑其特殊性和差异性。一方面,训练方法要具有针对性;另一方面,所需要培养的能力要与犬的个体特点相适应。虽然犬在身体结构以及生活习性上大致相同,但性格存在很大差异。这些差异决定了训练的成败。如果不了解犬的性格,盲目训练很可能一事无成。虽然每条犬都有嗅、闻、衔取等本能,但由于每只犬的神经类型不同、个性不同以及饲养目的不同,因此,训练中应根据犬的不同特点,分别对待。

兴奋型犬　这种犬的特点是兴奋性强，抑制性弱，应该利用和调动这一点，同时培养其克制力。主要反应是凶猛好斗，活动力强，不易安静。此类型的犬能忍受强的机械刺激，因此在训练基础科目或制止某些不良行为时，可以采取较强的机械刺激。平时要严格管理，加强犬的依恋性和服从性培养。除训练需要外，要多牵引、少散放，减少自由活动的时间和机会。在培养犬的抑制能力时切忌急躁冒进，同时，注意每个训练阶段和步骤之间的相互衔接，如果训练员急于求成，将使训练遭到失败。同时，这种犬在每次进行科目训练之前，要适当降低一些兴奋性。

活泼型犬　这种犬的特点是兴奋和抑制过程都很强，相互转换也很灵活，其行动特征很活泼，动作迅速敏捷，对一切刺激反应很快。训练这类犬时，要根据犬的主要反应特点采取相应的方法，训练方法不当，容易时犬产生不良联系。要求训导员要特别注意自己的影响手段，才能收到良好的训练效果。

安静型犬　这种犬的特点是不易兴奋，往往会适应不同环境，在训练中形成条件反射的速度比较慢，但形成抑制性条件反射较容易。其速度相对也要快一些，形成后比较巩固。对待这类犬应该沉着、冷静、耐心地进行训练，不宜操之过急。也要适当提高它的兴奋性，着重培养其灵活性。在训练中多采用诱导的训练方法和较多的重复口令，才能收到比较好的效果。但是，要避免迅速而连续地发出不同的口令或使用兴奋和抑制相冲突的刺激。否则，犬往往不能立即反应过来，甚至造成神经活动高度紧张。只有当犬的能力有了一定程度的提高后，方可对延误执行口令的表现适当地加强机械刺激。

被动防御反应型犬　这种犬的特点是容易受到惊吓，在训练时对惩罚和训斥表现强烈，经常试图逃避。对强刺激或突发活动适应慢，行为活动受抑制或表现畏惧，训练应重点培养其主动防御能力。训导员在初接触这种犬时，态度要好，奖励要多，防止由于突然惊吓使犬长期不敢接近训导员而影响亲和关系的建立，尤其是注意调教恐惧心理。在训练扑咬时，助训员要挑引得当，采用模仿训练方法，尽量激发犬主动防御兴奋，防止因急于求成而使犬遭到挫伤。在管理和训练过程中,遇到犬有害怕的事物,要采取耐心诱导的方法,使其逐渐消除被动状态并加以适应。

主动防御反应型犬　这种犬行为暴躁,能忍受刺激,活动不容易受到抑制,属于兴奋型的犬。在管理和训练中要对其严格要求,加强依恋性、服从性的训练。扑咬训练要充分利用其长处,但要严防乱咬人、畜事故的发生。由于这种犬兴奋性较高,训练时可适当加强机械刺激。对少数凶猛而胆小的犬,原则上不要使它受到过分的刺激,应通过训练,使其逐渐变得胆大起来。

食物反应强的犬　这种犬对食物高度兴奋,容易接受食物奖励,食物可以调动积极性和巩固训练成果。但如果是警犬,还应再增加拒食他人食物的训练,不随地捡食的良好习惯。在训练中可多采用食物刺激,充分利用其长处。

求反应型犬　这种犬对周围环境中的某些新异刺激很敏感,经过多次接触,仍不减退和消失,这一特点与犬的灵活性和适应性不良有关。对于这种犬平时多接触新环境,增加遛犬的时间和地点。每次训练前,先让犬熟悉环境,尽量选择安静而无外界刺激诱惑和干扰的训练场地。训练中出现探求反射时,训导员要设法把犬的注意力引到训练科目上来,也可适当使用强制手段抑制探求反射。

凶猛好斗的犬　这种犬基本上属于兴奋性高的犬,要适当加强机械刺激,发挥其抑制过程。在管理训练中要严格要求,加强依恋性、服从性和扑咬训练,以充分利用其所长。但要防止乱咬人、畜。对于少数凶猛而胆小的犬,应加强锻炼,防止过分刺激,使犬逐渐变得胆大。

此外,还可能遇到其他类型的犬,训练中对待它们的训练原则是扬长避短,全面考虑犬的品种、年龄、神经类型与行为反应之间内在的联系及相互关系,巧妙地应用条件反射与非条件反射性刺激及逐渐改善的方法加以训练。

(4)训犬的基本要领

在训犬的过程中,虽然犬种很多,训练目的不同,但要领都是一样的。掌握要领就可以成功地训练各种犬。

①诱导

诱导就是在训练中利用食物、器具等犬感兴趣的东西吸引犬的注意力，调动其积极性，借以建立条件反射的一种手段。在训练初期，为了使犬对口令和手势尽快形成条件反射，加快训练的进度，采用诱导训练是非常有效的。幼龄犬适宜使用此种方法，因为它们的体质和神经系统的发育尚不够健全，忍受强迫的程度较弱。对不符合训练要求的行为，训导员要迅速地加以纠正，从而形成正确的行为动作。在训练中，训导员也要创造一种愉快舒适的气氛，对犬表现出的符合训练要求的行为都要给予奖励和口令进行强化。

诱导方法的优点是，犬动作兴奋自然，特别对嗅认和分析气味的效果较好，对所训科目不会产生抑制；其缺点是，不能保证犬在任何情况下，都能按照要求顺利、准确做出动作。此法的问题在于如果换了物品或没有食物奖励可能口令作用不大，因此应注意以下问题。

使用诱导要掌握好时机，不要始终不变的使用，应与一定强度的强迫手段相结合，这样既可保证训练的顺利进行，又可保持犬的兴奋性，防止以诱导代替口令和手势的做法。

要防止因诱导而产生不良联系，应注意穿插不同的器具，让它明白训练目的。如犬在衔取中，只衔动的物品；在鉴别中，犬根据人的表情、动作而对所求气味反应。

要根据犬的神经类型、特点适当运用，对于沉着、安静、不太兴奋的犬可多用，而兴奋、灵活的犬宜少用。

②强迫

强迫是使用机械刺激和威胁的语调使其不得不完成训练。一般所有的犬和所有的训练内容都会用到强迫法，特别是训练无进展时使用。在建立条件反射的初期，强迫手段的刺激强度要适中，其目的是迫使犬做出动作，并对口令形成条件反射。训练中犬的动作拖拉或不规范时，通过机械刺激与口令、手势重复结合，进行动作整形，使犬做出正确的动作。在犬疲劳或生病时，不能使用强迫手段，要给予适当的休息或及时治疗。为了更好地运用强迫要领，要注意以下内容。

运用强迫必须与奖励相结合，因为威胁音调和强有力的机械刺激，会引起犬产生超限抑制和对训练员的依恋性，甚至逃避训练。为了缓和犬的神经活动过程和达到巩固条件反射的目的，在每次强迫犬做出正确动作以后，必须给予充分的奖励，且奖励强度要大于被迫的强度。不然当犬的恐惧感达到一定程度时会影响训练内容的强化，同时也影响与主人的感情。要让它知道惩罚和奖励都是针对训练，如果成功一定有奖励（可以是抚摸）。

运用强迫要及时、力度不要过大，次数不要频繁，口令和相应强度的机械刺激必须结合。这样才能加强对犬神经系统的影响作用。即使在犬对口令已经形成条件反射后，为防止条件反射的消退，还应适当地结合机械刺激强化，防止犬对训导员产生惧怕的后果。

运用强迫方法要针对不同科目，灵活运用。在使用科目中，如训练鉴别、追踪、搜索等更要慎重适度，以免产生不良后果。

运用强迫应根据犬的特点分别对待。对于皮肤敏感，灵敏性较强的犬，特别是胆小的犬，刺激强度要适当小些；但对于那些能忍受强刺激的犬，刺激强度可适当大些。

③禁止

禁止是通过使用威胁音调发出的口令，同时伴以强有力的机械刺激，为了制止犬的不良行为而采取的一种手段。不良行为主要是指不利于训练和使用的一些恶习。如接受他人食物，随意扑咬人、家禽等行为。对犬出现的不良行为必须及时禁止，对于犬延迟执行指令或服从性差的表现，只能运用强迫，不能使用口令。为了正确使用禁止手段，训练员应掌握以下内容。

在"非"的口令形成条件反射后，要不间断地结合机械刺激，以免消退。制止犬的不良行为时，主人的态度必须严肃，制止一定要及时，最有效的时机是当犬有不良行为表现时立即制止。过后制止或斥责不但无用，反而会使犬的神经活动产生紊乱。训练员的态度要严肃,但不代表打骂犬,每当犬闻令停止不良行为时,要给予奖励。

机械刺激的强度要根据犬的特点分别对待,尤其对待幼犬的训练和管理要特别注意。如对于制止有效但反应迟缓的犬,也要配合机械刺激来加强记忆。

④奖励

奖励是为了强化犬的正确动作,巩固已培养的能力,调整犬的神经状态而采取的一种手段。奖励的方法有:喂食、抚拍、准予游散和表扬(如发出"好"的口令)等。一般在科目训练的初期,努了使犬迅速形成条件反射及巩固所学的动作,必须给予一定的奖励。当犬对"好"的口令形成条件反射后,食物的奖励则可逐渐减少,但为了防止条件反射的消退,有间断性的结合食物奖励也是必要的。另外,犬在完成一项比较紧张的作业(追踪、搜索)以后,使犬散游片刻,或者利用犬对衔物的高度兴奋,满足它的衔取欲,这都是很好的奖励方法,在训练中要加以运用。为了正确的使用奖励,在训练中要注意以下几点。

奖励必须及时、恰到好处,并应根据不同情况,采用不同的奖励方法。当犬根据口令或在强迫作用下做出正确动作时,应给予奖励,只有及时奖励才能起到强化正确动作的作用。但是过早地使用奖励,容易导致犬所做科目的动作变形。

奖励时,主人的态度必须和蔼可亲,以便使犬对训导员的温和表情产生同步反应。

使用奖励要根据不同的科目正确灵活运用,适时而熟练地利用刺激,是取得良好训练效果的保证。

(5)训犬的注意事项

每位养犬的人都希望自己的犬听话,能完成几个动作。除选择合适的犬种外,训练本身也很重要,应遵守以下几点,

在训练初期,犬的反应迟钝或拒绝训练,不要因此而打骂犬。和其他动物一样,犬对人抱有非常强的警戒心,不明原由的被打、被踢,只能造成"被虐待"

的印象。在这种环境下成长起来的狗存在着极度不安全感,有时会攻击力量较弱小的群体,如小孩或老人,甚至会发生咬伤人的危险事件。如果形成了训练和挨打之间的条件反射,其他内容的训练也会受影响。

要坚持,不能半途而废。不要希望所有的犬都是“天才”,犬不是只教一两次就马上记住并照办的动物,很多动作都需要在不停地训练中逐渐形成记忆,靠习惯养成。因此,要求训练员要有耐心,不断地对它进行训练。训练中必须反复多次地进行,直到犬学会、做对为止,切勿中途放弃或迁就。

训犬员只能由一人担任,切忌因多人训练造成口令和要求各异而使犬无所适从。如果多人训练,犬会有不同的反应,而且可能不听原主人的口令,使训练失去意义。另外,同一人的语调和内容要一致,不要有制止和表扬模棱两可的话。

为了让狗理解和记忆,训练时口令最好使用简短、发音清楚的语句,而且不宜反复地说,一般不要超过3个字,因为犬只能记住发音顺序,不会编排人的语言。发出命令时,要避免大声大气或有发怒的口吻。因为狗是非常敏感的,上述做法会使狗渐渐地把挨骂和训练联系在一起。另外,同一口令对不同性情的狗要采用不同的口气,训养者要根据自己狗的性格选择不同的方式。

每次训练的时间不要过长,最多不超过15min。凡犬做对动作时,要及时给以奖励(赞扬、抚摸或给它爱吃的东西)。

### 3. 犬的训练

#### (1)宠物犬的基本训练

训练宠物犬是为了让犬拥有和人生活所必需的习惯,同时给家人增添乐趣。宠物犬的基本训练3个月大后就可以了,此阶段犬的玩心很重,所以可以将训练当成游戏和它一起玩。在训练宠物犬之前,必须掌握一些养犬知识,大致了解宠物犬的品种、个性特征等,再根据周围环境和家庭条件等因素,全面考虑,做出正确选择。

①宠物犬听话训练

购买宠物犬后，要调教犬养成与主人共同生活的行为，如果不注意对犬进行调教，听之任之，则很可能使犬养成多种不良行为，招来许多麻烦，直至最后厌恶它。调教犬听话常用的方法是奖励和惩罚。奖励常常用的方法是抚拍、赞美或给予食物，惩罚常用严厉的语气责备或用报纸卷起拍打犬的臀部。

呼名　使犬成为家庭成员的第一步是给犬取一个名字。呼名，是引起犬注意力所必需的声音信号。一般起名常用犬易分辨和记忆的词，愈简单愈好。对犬呼名的训练通常是在幼龄犬时开始。但成年犬也能习惯于呼名。呼名训练必须反复进行，直到幼犬对名字有明显的反应为止。呼名训练的时间，应选择在犬心情舒畅、精神集中的过程中进行。犬对名字的反应表现是，当犬听到主人呼名时，犬能机灵地转过头来朝主人看，并高兴地向主人摇尾巴，等待命令或欢快地来到主人身边。为了使犬学会一听到呼名就做出正确反应，主人应将犬的名字和一些令犬愉快的、积极的事情联系起来。如犬饥饿，主人喂食时，呼叫它的名字，或在呼名后，以食物为奖励，同时可以与赞美及抚拍结合使用。如果主人使用名字把犬呼叫到身边后斥责，甚至打它，这就破坏了呼名训练。另外，避免呼名的声音过高、过于频繁，特别是在进行某种科目训练发出口令之前，容易使呼名和口令两个声音信号发生重叠，从而导致口令的信号失去作用。

听话训练　训练宠物犬，要靠手势和语调来进行训练。如幼犬随地排便，应先说制止的话，再做出制止的动作，比如说“不行”的同时举手做“打”的动作。为了训练犬听话，主人应站在犬的前面，发出“别动”的口令，同时向前推出右手做拒绝姿势。如果犬欲走动，则向前将其按住，再发出“别动”的口令，并用手指向犬窝的方向，发出“回去”的口令，然后将犬拉到犬窝里，令其别动。如每当有客人来访，犬也会变得兴奋，常会围绕客人的脚前脚后不断嗅闻，往往使客人感到很紧张。如果此时能将犬喝住并让其离开，则显得犬很有“教养”，主人训练有方。这样反复多次训练即成。

②固定地点大小便训练

养在家里的宠物犬,最重要的是不能随地大小便。否则就没有玩赏可言。固定地点大小便训练,最好从幼龄犬开始。幼犬一旦会爬行就离开犬窝排大小便,且喜欢用鼻子嗅找以前大小便过的地方。如果犬住在房间外或能自由进出的犬舍,则问题很简单,犬本身会选择大小便的地方。幼犬在3~4月龄以前,自己控制排便能力较差,膀胱充满尿液后,或者遇到刺激和干扰时,就会随地小便。正常情况下幼犬每天要小便10~20次,大便4~5次以上。

一般情况下,犬有排便的预兆时,会出现不安、转圈、嗅寻、翘尾、下蹲等行为,对于生活在城市公寓或单元套房里的幼犬,在开始几天应特别注意犬的恶作剧,应充分利用犬吃食后想排便的机会加以调教。在一固定场所铺上报纸,在上面涂上犬尿,在犬要排泄时(四处闻),把它带到报纸处,一闻到尿味它就会在报纸上撒尿。这样经3~4天后,犬一般就会自动地到厕所排便。但是,在这期间主人必须加以监督。经过大约10天时间,犬就会完全养成上厕所的习惯。训练中要注意,报纸不能挪动地方,地也别用有异味的消毒水擦洗,以便使犬能通过气味找到大小便的地方。当犬排便后,应充分奖励,如与犬嬉戏一会儿,然后放下犬让其进犬床睡觉。对于不能每次都到指定地点排泄的,要发现一次惩罚一次。另外,犬外出时,有在路边撒尿做标记的习惯,这是犬的天性,要与随地大小便区别开,但在城市街道上,犬的这种习惯也有碍卫生。因此,领犬外出时,一定要带脖圈,用皮带引导。如能训练犬到厕所大小便,则是最理想的。

③犬的姿势训练

站姿　训练犬的站姿时,利用犬怕跌倒的心理,在一块面积较小并高出地面的地方进行,可利用一块垫高的木板或小桌。首先将犬抱到小桌上,让它的后腿靠近小桌的边缘部分,松开手,犬由于怕跌倒,便四肢发软想趴下,这时要一只手托住它的下巴或前胸,另一只手轻轻向后拉犬的尾巴,注意不能只拉尾毛,以免引起疼痛。托着前胸的手同时配合着向后推,使犬不能坐下。当犬发觉后脚将失去支撑,再后退就要踏空时,就会本能地把身体向前倾,向上挺起,前肢踏实，脚趾收紧，呈现出一种四肢挺直，昂首挺胸的标准姿势。利用这种方法重复多次，使犬的站姿养成，以后即使站在平地上，只要主人拉住尾巴向后牵引，犬便会反射性地摆出标准的优美姿势。

坐下　坐下是培养犬衔取、鉴别等能力的组成部分，是多种动作训练的起点，也是多种专业训练科目的重要基础。要求受训犬在听到口令后，能迅速而正确地做出坐下的动作，而且能坚持一定的时间。

训练时，让犬站立在主人左侧，发出“坐”的口令的同时，用右手提脖圈，左手按压犬的腰角。当犬在此机械刺激下被迫坐下后，应立即用食物、抚摸或赞扬的话给以奖励，经多次反复训练后，犬就能养成坐下的动作。在此基础上，结合手势进行训练。如犬已能做好“坐”的动作，还应逐步训练延长其坐的时间，喊“不要动”，手掌前推，人慢慢后退，停下来，手掌不要放下，长坐 3～5min 就算合格。为了巩固训练的效果，并使其更加完善，必须进行强化训练。在培养犬的这一能力时，不能急于求成，要通过逐渐提高的方法来培养，使犬能在比较复杂的环境中，仍能按照训练员的指挥做出坐下的动作，并保持坐下这一动作的持久性。

卧下　卧下的动作，应在“坐”的动作学会之后进行。卧下的姿势最适合于犬的休息。使犬养成按照口令卧下的习惯，可依据犬的个体特征，采用两种方法：第一种方法是采用食物的鼓励，主人在犬的右侧，面向犬，用右手持食物，从犬嘴的上方慢慢向下方移动，同时发出卧下的口令，并向下方拉动牵引带，给以刺激。此时犬在食物和机械刺激下，便可做出卧下的动作，当犬卧下时，用食物和抚拍加以鼓励奖励。卧下的姿势保持 10～15s 后，让犬自由活动，以后随着条件反射的形成，逐步取消奖励和刺激。另一种方法是按压肩胛部牵拉犬的前腿，让犬坐下后，主人应蹲下，两手分别握住犬的两前肢，向前拉伸，并用左臂压犬肩胛，犬即会做出卧下动作，当犬卧下时应给以食物奖励。以后，应让犬在一定距离内，结合手势（左臂下垂，手掌向前，掌心向下，并上下挥动）进行训练，以提高其做动作的水平，延长指挥距离，并能按主人的口令和手势坚持卧下

5min 以上的能力。在训练的过程中,如果犬试图站起来,训练员要以严厉的语气重新发出“卧下”的口令,同时按压犬的肩胛部,不准许犬站起来。

犬在一两步的距离内,能根据口令和手势顺利地做出卧下的动作后,就可以逐步延长指挥距离。如果犬在任何条件下,都能随着训练员的口令与手势,在离开 15m 远的距离,准确无误地由任何其他姿势转变为卧下的姿势,使姿势保持 15s,可以认为卧下的动作已经训练成功。

站立　站立的训练,是使犬养成在一定地点站立不动的能力。站立姿势对保证犬的清洗、梳理被毛等有重要意义。在训练时,将犬带到较清静、平坦的地方,先令犬坐下,然后轻轻提拉牵引带,发出“站”的口令和手势(右臂向犬的方向伸出,手心向上),当犬站立后,要给予奖励。训练时结合口令让犬站立,主人要逐渐离开犬的身边,使犬延长站立的时间。在此基础上,逐渐养成能按手势或口令站立并能持续一定时间的能力。如过犬不站立,要结合托腹的刺激方法使犬站立。训练时需要注意的问题:一是在初步练习阶段,避免站立时间过长;二是经常把犬从站立的状态召唤到自己跟前;三是猛拉牵引带迫使犬离开原地;四是没有及时阻止犬离开原来位置的企图。

作揖　作揖的训练,是在“站立”动作的基础上进行。训练时主人站在犬的对面,先发出“站”的口令,当犬站稳后,发出“谢谢”的口令,同时用手抓住犬的前肢,上下摆动,做出作揖的姿势。重复几遍以后,给予抚摸和食物奖励。然后与犬拉开一段距离,发口令时,不再用手辅助。如果犬不会做,再重复几次,直到犬会做为止。训练开始时,要防止犬对手势所产生的条件反射,可以用简单的手势进行训练,但当动作很稳固以后,只要发出“谢谢”的口令,站立和作揖这一系列反射活动会一气呵成,而不需要发出两次口令。

握手　不论任何体型、品种的犬,学习握手都是非常容易的。某些品种的犬(德国牧羊犬、北京狮子犬等),甚至不必训练,当你伸出手时,它会把爪子递给你,这是它向你表明,它知道你要它干什么的表达方式。对其他犬,只要略加训练就能达到这一目的。

训练时，先让犬面向自己坐下，然后伸出一只手，并发出“握手”的口令，同时伸手抓住右前肢，上抬并抖动，并保持犬的坐姿。如此训练数次，犬就能根据口令，在训练员伸出手的同时，迅速递上前肢进行握手。在握手的同时，发出“你好”表示高兴的样子。犬对握手这个动作很容易顺从，通过握手可以与人进行情感交流，在犬高兴的时候，也会主动递上前肢与人握手。

在训练犬时，应选在空旷的场地进行，不要被外界环境干扰，这样犬才能专心学。每次练习一种动作，每天15min，当犬熟练掌握一项动作后，再教下一种。当犬做错了或不听指挥时不要过多处罚它，当它做对了就立刻摸摸它的头，赞美几句，它就会更服从，因为鼓励永远不嫌多。

(2)工作犬的基础科目训练

人们通常把具有一定作业能力并能协助人类从事相应实际工作的犬称为工作犬。如果把普通犬训练成工作犬，除了犬自身具备的素质外，必须通过相应的基础科目训练来实现。工作犬基础科目的训练是为使用科目和实际使用奠定基础，培养犬的服从性，使犬更好地服从主人的指挥。基础科目训练的内容很多，现就常用的几个科目训练法介绍如下。

①前来

前来的训练，是使犬在任何情况下，能根据主人的手势和口令，顺利而迅速地来到训练员左侧坐下的能力。训练时，先叫犬的名字以引起犬的注意，然后发出口令“前来”，右手做来的手势（右手向前平伸，掌心向下，高与肩平，随即自然放下），同时左手拉训练绳并向后退，以使犬前来，当犬来到训练员前面时，应及时奖励，这样经过多次的训练，犬即可根据口令顺利前来。

另外，可利用食物和能引起犬兴奋的物品作奖励，诱使犬来到跟前。方法是牵着犬游散时，训犬员一手牵着缰绳，先用亲切的声调呼叫犬的名字，以引起犬的注意，然后发出前来的口令，同时用另一只手拿食物给犬看，利用食物的引诱，使犬跑到训犬员跟前。然后训犬员向后跑开几步，并重复发出前来的口令，再给犬看好吃的食物，当犬再次来到训犬员跟前时，就要用食物、抚摸和好的奖励再次夸奖给予鼓励。在训练初期,往往有的犬听到训犬员的口令不到跟前来时,训犬员就要以较严厉的声调,重新发出前来的口令,同时用缰绳轻轻地将犬拉到自己跟前,对其坐位不正可用左手加以矫正,然后及时以好吃的食物加以鼓励,但不能采用追捉犬的方法,否则,会使训练受到影响。这些动作可以定期重复,直到犬一听到前来的口令后,就跑到训犬员眼前为止。

也可以利用手势,与口令"前来"相结合,与此同时,或者稍早一点作个招呼回来的手势。当犬回来时,就要用食物等给予鼓励。重复练习时,口令要逐渐晚于手势发出,而且在多次重复训练之后,手势和口令对犬具有等同效力,这时犬就可以依口令而来,而且也可以依手势而来。如只打手势犬不回来,那就稍早或同时于口令重新再打一次手势。以后口令的发出越来越晚于手势,最后即可只打手势而不发口令。

所有这些动作都是逐步加速完成的。如果犬能从任何距离、在任何时候并有多种外界吸引力和刺激的地方,随着声口令和手势的下发,就迅速跑到训犬员跟前,并从后方绕过,停在训犬员左腿,又正确地坐下来,对犬前来的训练就取得了成功。在训练的最后阶段,要逐渐增加将犬召回的距离,并要在具有大量外界吸引力和刺激物等较复杂的地区,以及各种气候和昼夜不同的时间进行训练。

在训练时应注意,有的犬往往听到口令或看到手势而不来。此时,主人一定要耐心,想办法采取一切足以使犬兴奋的动作,如拍手、后退、蹲下或向相反方向急跑等,促使犬前来,切不能用威吓的声调发出前来的命令,否则会使犬受到影响。有的犬受到新异刺激后,不但不来,反而到处乱跑。此时应抓住训练绳,但缰绳拉的过紧会造成犬的疼痛,当犬来到身边时,应及时给予奖励。

②随行

随行训练的目的是养成犬根据主人的指挥,靠近主人左侧并排前进的能力,并保持在行进中不超前、不落后的正确姿势。训练时,发出"靠"的口令,左手自然下垂轻拍左腿部。训练方法可分为三步。

第一步　先在清洁平坦的地面，令犬游散一会儿，让犬排除大小便和熟悉环境。然后用手拉住牵引带，呼叫犬名引起犬的注意，使犬对随行口令形成条件反射。先使训犬员和犬同时采取基本立正姿势。然后，训犬员以左手拉住牵引带（在距颈圈 20～30cm 处），轻轻地握住缰绳，使犬位于训犬员的左方，让左腿靠近犬的右侧肩胛部，这是约束犬，并令其与训犬员随行的最好姿势。其次是呼叫犬的名字，在发出“随行”的口令的同时，向前猛拉一下缰绳即开始进行训练。每次行走，应不少于 50～100m，时间不超过 20min。最初训练可让犬走里圈，当有一定基础后，再使犬走外圈。

在最初进行的训练中，可能出现犬跑在前面、斜侧方或落在训犬员后面等现象，这时应该以平静的语调发出“随行”的口令给予纠正，同时拉缰绳或利用能引起犬兴奋的物品进行逗引，使犬靠到正确的位置。在使犬获得正确位置后，训犬员要以抚拍、“好的”口令或食物加以鼓励。如犬跑到前面时向后拉，落在后面时向前拉，跑向斜侧方时向自己这一边拉。当犬回到训犬员腿旁站在正确的位置时，就要及时地给予鼓励，并继续进行随行训练。经过多次反复训练后，可使缰绳放松或拖在地上，如犬超前或落后，要随时发出口令“靠”，并同时拉一下缰绳加以矫正，这时犬能立即靠在正确的位置上来，就证明对口令的条件反射已基本形成，可转入下一步的训练。

第二步　使犬对随行的手势形成条件反射的训练。其方法是，随行时把缰绳放长一些，握在右手，以便于训犬员使用手势。在作出手势的同时发出“随行”的口令，并伴有牵引缰绳的刺激，经过反复多次的训练，即可对手势形成条件反射。对于个性较强的犬，在“随行”科目训练中，在使用牵引缰绳达不到预期作用，有时可使用敏感项圈或用针刺，作为非条件刺激物来完成训练任务。

受训犬在不使用缰绳的条件下，可以用不同的步伐和变换行进方向（快步、慢步、跑步、停步等），都能随着训犬员的一声口令或手势，很快地站在或走在正确的位置上，就说明“随行”的训练获得成功。在变换步伐和进行方向时，注意防止踩到犬的足趾。

第三步　当最初阶段的条件反射形成后，要逐步进行深化训练。在复杂的环境中进行随行训练，当犬受到新异刺激影响不执行口令时，可用威胁音调的口令，同时猛拉缰绳，迫使犬能正确随行。这一训练除专门进行外，也可结合平时的散放，在训练使用科目中穿插进行。当犬在比较复杂的环境中不用牵引，能依照训犬员的指挥，正确的随行时，说明这一能力已经形成。

在训练时需注意的事项有：一是训犬员过度强烈的牵扯缰绳，口令声音太大、并常常带有恐惧的声调，特别是不考虑犬的个性，而使用针刺或敏感颈圈；二是经常、重复口令，而没有拉动缰绳提起犬的注意力；三是经常紧拉缰绳，使犬对待持续前进产生反感情绪。

③衔取

衔取动作的训练，是在多种科目训练的基础上，使犬养成按照口令和手势，把物品衔给训犬员的能力，是培养专业用犬多项特种科目。衔取训练是比较复杂的一种动作，因此，训练时必须分步进行，逐渐形成，不能操之过急。练习时可按下列方式进行，分为如下三步。

第一步　首先应训练犬养成"衔"、"吐"口令的条件反射。训练的方法应根据犬的神经类型及特殊情况分别对待，一般多用诱导和强迫等方法，第一次作业应在较为清静的地方进行，事先应当选好犬感兴趣、愿意衔取且又便于使用的物品，如旧手套、木棒、绳子、布块等。

诱导的方法，先是使犬坐在训犬员的左腿旁，左手握住缰绳，右手拿着叼衔物，呼叫犬的名字，并在犬的面前摇晃衔物，以引诱犬衔住物品，对犬发出"衔"的口令，并允许犬抓住叼衔物。当犬刚一咬住衔取物时，就要用"好的"语言或抚拍予以鼓励，同时重复发出"衔"的口令。当犬能衔、吐叼衔物后，慢慢减少摇晃衔物的引诱动作，使犬可完全根据口令衔、吐叼衔物。为使犬不随意丢掉叼衔物而咬的更牢固，训犬员可握住衔物的一端并轻轻拉向自己的方向，以提醒犬要将衔物咬紧。如果犬衔得很好，就要在发出"随行"的口令之后，和犬同时跑出5~6步，然后转为步行，并在下达"吐"的口令之后，拿取犬口中的衔取物,同时要用抚摸和食物进行鼓励。同一时间内,应重复训练2~3次。

有的犬须用强迫的方法法进行训练,此时,令犬坐于主人左侧,发出“衔”的口令,右手持物品,左手扒开犬嘴,将物品放入犬的口中,再用右手托住犬的下颌。训练初期,在犬衔住几秒钟后即可发出“吐”的口令,将物品取出,并对犬给以奖励。经过反复训练多次后,犬可按照口令进行“衔”、“吐”训练。

在此基础上,再进行衔取抛出物和送出物品的能力,以使犬具有鉴别式和隐蔽式衔取的能力。在训练衔取抛出物时,结合手势进行,如右手指向所要衔取的物品,当犬衔住物品后,可发出“来”的口令,吐出物品后要给予奖励。如犬衔而不来,则应利用训练绳掌握,令犬前来。

第二步　养成犬衔取训练员抛出和送出去物品的能力。当犬养成能从手里很好地衔来衔物的习惯时,就应当教犬衔取扔出的衔物并把它送回来。训犬员呼叫犬的名字后,用衔物刺激犬,然后将衔物向前扔出3~4步远。此时用右手从下向前扔出衔物,用这个动作来代替“衔”的手势。同时下达“衔”的口令,并和犬一起迅速走到衔物跟前,再重复“衔”的口令。让犬衔住片刻(30s左右)后,发出“吐”的口令,主人接下物品后,应给以食物奖励。当犬顺利地衔回抛出的物品后,进行送物衔取的训练,将物品送到犬能看见的地方,训犬员再回到犬的身边,指挥犬去衔取,犬如将物品衔回,应及时给予奖励,然后下达“吐”的口令,将物品接下,再给予奖励。反复多次后即可形成条件反射。

如犬走到衔物跟前没有叼取衔物,那训犬员就用脚拨动衔物,之后当犬衔起衔物时,训犬员就要发出“前来”的口令将犬引到自己身旁,然后停下来发出“吐”的口令而拿走衔物,并用食物给予奖励。重复练习3~4次后,应使犬休息5~7min,然后再重复练习。

训犬员可逐渐将衔物抛出的距离越来越远。在下达“衔”口令的同时,朝抛出物品的方向作一“衔”的手势(右手指向所要衔取的物品),并向前走去,以此来促使犬行动的积极性。而后训犬员要在奔跑着的犬的后面,慢慢地也就完全不需要再离开原地了。当犬刚一衔住衔物时,训犬员就要下达“前来”的口令，当犬衔着衔物跑到训犬员跟前，并从身后面绕过，坐在左腿边，坚持片刻后，要下达“吐”的口令。并拿走衔物，递给犬好吃的食物予以奖励。如果犬不习惯于从训犬员身后绕过来，那就在犬衔着衔物跑来时，下达“坐下”的口令和手势，使其坐在自己的前面。

第三步　是使犬养成隐蔽式和鉴别式衔取的能力。开始用短缰绳进行作业，随后用加长的缰绳，再以后即可不用缰绳。到后来衔物扔出的距离可加大到20m。

隐蔽式衔取的训练，是培养犬养成对衔物坚持衔来和寻找的能力，可不要让犬看见。训犬员手持衔物，将衔物扔到10~12m远的草丛里，扔出时只能让犬看见衔物的飞行，但不能看到落在哪里。经过5~6s，训犬员下达“衔”的口令，并放开犬去寻找。犬如能通过嗅觉寻找回衔物，应给予奖励，如犬不能找回衔物时，训犬员应引导犬找回物品。就这样，可逐渐使衔物的形状、材料和重量多样化，并不断深化训练条件，如使训练场上有诱惑力的刺激物，有外来人、火车、汽车等。

鉴别式衔取的训练，训犬员先扔出不少于15m距离的各种物品，开始时，犬试图找到衔物，而向各方乱跑，这时训犬员就应立即给予帮助（朝衔物的方向作手势或向衔物走去）。如果犬在扔出衔物后立刻试图跑去衔来，那么训犬员就要下达“坐下”的口令，并牵拉一下缰绳使犬平静，使犬坐下来之后再下达“衔”的口令和出示手势令其去衔来。如果犬随着训犬员的口令和手势，能迅速无误地找到衔物回来，且从训犬员右方绕过，坐在他的左腿旁，交出衔物，可认为“衔”的训练已经养成，犬不从身后绕过、直接坐在训犬员的前面也是允许的。

在衔取训练中，应注意以下几点。

为保持和提高犬对衔取的兴奋性，训练时应选用犬最兴奋的物品，而且，衔取次数不能连续过多。对犬每次正确衔取，都应充分地加以奖励。

要注意纠正犬在衔取时撕咬、玩耍和自动吐掉物品的毛病，以保持衔取动作的正确性。

为提高犬对各种衔物的适应性,在训练中不能总是使用同一样的物品,要应经常更换衔物的品种。

为防止犬早吐物品,训练员的接物动作不能突然,食物奖励也不应过早过多,只能在接下物品后给予奖励。如当犬叼着衔物时,不能给犬出示好吃的食物。

要养成犬按训练员指挥进行衔取的能力,不能使犬随便乱衔物品。

在训练开始时,扔出衔物的距离不要太远,不能把引起疼痛的衔物放在犬口中。

④吠叫

吠叫的训练是使犬养成按照训犬员的口令或手势。而吠叫报警的能力。训练犬吠叫,在犬执行多种特殊任务时,是非常必需的。如在侦查服务中,犬用吠声报告发现隐藏的敌人,在警卫服务中,犬用吠声报告有外人接近。可以通过以下几种方法进行训练。

食物引起犬吠叫　训犬员令犬坐下,把牵引带的一端拴在其他牢固的物体上或踩在脚下,发出口令与手势的同时,用食物在犬的前面引逗。由于食物刺激引起犬的兴奋,但又吃不到食物,犬就可能吠叫。训犬初期,只要犬有吠叫的意识,就应立即用食物加以奖励。此种方法对食物反应占优势的犬比较有效,也是最常用的一种方法。训练过程中食物引逗应逐渐减少,直至完全取消,使犬依据口令、手势吠叫。

利用犬的依恋性引起吠叫　将犬带到安静而又陌生的地方,并将其拴在牢固的物体上,训犬员先设法引起犬的兴奋性,然后立即走开一定的距离,回头喊犬的名字,并发出“叫”的口令和做出手势,犬由于看到训犬员走开和听到喊它的名字,就会兴奋的吠叫。这时,训犬员应立即跑到犬的跟前,给予食物和抚拍等奖励,然后放犬游散片刻。

利用犬的主动防御反应引起吠叫　训犬员将犬牵到自己身边后,从远处慢慢接近犬,并作出引起犬注意的动作引逗犬,这时训犬员用右手指向助训员并对犬发出“叫”的口令。当犬能叫或有叫的表现时,应立即用好的口令和抚拍加以奖励。助训员借训犬员奖励犬的机会,就停止引逗或隐藏起来。这样反复多次,就能基本形成叫的条件反射。以后逐渐减少和免去助训员的引逗,只利用手势和口令就可引起犬的吠叫。这种方法对于主动防御反应占优势的犬比较有效,但不可过多利用,以免使犬养成见人乱叫的不良联系。

除了以上几种训练方法外,还可以在每次散放之前,利用犬急于出舍的自由反射进行训练,以及利用“模仿”的方法和抓住犬自发吠叫的一切机会,建立条件反射。对衔物感兴趣的犬,也可采用衔取物品的方法进行训练,将衔物放在犬能看到而又衔不着的地方,令犬衔取,同时发出“叫”的口令,犬如吠叫就立即将物品给犬衔,并给予鼓励。经过反复训练,即能使犬养成对衔不着或衔不动的物品自动吠叫的能力。以后,将犬带到有各种引诱刺激物的环境中结合使用科目进行训练。同时,为尽快地使犬对吠叫的口令和手势建立条件反射,训犬员不论对犬的大声或小声吠叫,都应加以奖励。此外,不能在同一训练时间内使犬连续吠叫次数过多,以免产生抑制。随着犬的吠叫能力的提高,食物奖励的次数可适当减少。

⑤安静

安静的训练,是使犬养成在刺激的环境下,保持安静的能力。训练方法是,训犬员带犬到训练场,让助训员先以鬼祟的动作接近犬,当犬欲吠叫时,训犬员发出“静”的口令,并利用手势,动作是将右手置于嘴前,伸出食指,与鼻成一直线,同时轻击犬嘴,禁止犬叫出声音,以保持安静状态。在日常管训中,要抓住犬表现乱叫的一切时机,进行安静课目的训练。

⑥禁止

禁止的训练是培养犬能够按照训犬员的口令,立即停止不良行为的能力。训练这一动作的目的是为了纠正犬乱咬人、畜以及制止犬随地捡食和不吃生人给予的食物,防止发生意外事故。可以采用以下几种方法进行训练。

犬不良行为的训练　将犬带到有行人、车辆、畜、禽活动的场所，将牵引带放松，让犬自由活动，但要严密监视其行动。如犬有扑咬人、畜的表现时，应立即以威胁声调发出"非"的口令，同时猛拉牵引带，当犬停止不良行为时，就用"好"的口令加以奖励。在最初的作业训练中，制止犬不良行动的训练必须重复，但不能多于 3 ~ 5 次，每次间隔时间 10 ~ 15min，经过多次训练后，可根据犬的反应程度，改用训练绳掌握，随后不用训练绳。为了防止对犬失控，在不使用训练绳练习时，应给犬戴上口套，直至犬能在任何环境下准确无误地停止任何不良行为，就认为习惯已经养成。这一训练除了用一定时间专门训练外，还应结合日常管理进行训练。

犬不捡食的训练　训犬员可选择在外界诱惑刺激物少的环境，预先将食物放在明显的地方，然后允许犬游散，并逐渐靠近食物的地点，当犬有想吃的表现时，立即用威胁声调发出"非"的口令，并猛拉牵引带，予以制止。当犬停止捡食后，给以奖励。在此基础上，可采用上述方法，将食物分别放在比较隐蔽的地方，反复多次训练即可。但是，为了彻底纠正犬随地捡食的不良行为，除了有意地布置食物进行专门训练外，还必须与日常的管理结合起来进行经常的训练，同时伴以适当的机械刺激予以强化。

拒食的训练　训犬员将犬带至训练场地，助训员很自然地接近犬，并给予食物。如犬表现想吃食物时，助训员就要轻轻拍打犬嘴。然后再次给犬吃，若犬仍有吃的表现，再给予较强的刺激。此时，训犬员就发出"叫"的口令，并假装打助训员，给犬助威，以激起犬的主动防御反应。当犬对助训员表示吠叫时，助训员应趁机逃跑，训犬员则应对犬奖励。

在训练时，也可采取其他方法。助训员先将食物扔到犬的跟前，而后离去。如犬表现扒取或捡食时，训犬员立即发出"非"的口令，并猛拉牵引带，如犬不再捡食，给予奖励，并让其游散片刻。在此基础上，应进一步加强巩固和提高这一能力。当这一能力形成后，还应结合扑咬进行训练。

禁衔他人抛出物品的训练　训犬员牵犬到训练场后，由两名助训员走到训犬员跟前，各持数件物品。训练时，先由一名助训员将手中的物品抛出，如犬欲追衔时，训犬员应立即发出“非”的口令，同时猛拉牵引带加以制止，当犬停止后应给以奖励。接着由另一助训员再抛出物品，犬若想追衔时，应重复上述方法加以制止，经过反复训练3~4次。当犬不再追衔他人抛出的物品时，可认为训练已经养成。

除了以上几种训练方法外，在训练过程中应注意两点事项：一是“非”的口令和猛拉牵引带的刺激，应在犬刚要表现或正在出现不良行为时使用，但这种刺激力量必须适合犬的神经类型和体质情况，以免产生不良后果；二是训练时要适当减轻刺激量，以免引起犬过分抑制而影响到其他课目的训练。

⑦跳跃

跳跃的训练是为了培养犬根据训犬员的指挥，通过各种可能通过的障碍物的能力，以适应实际使用的需要。训练犬的跳跃动作时，可从跳30~40cm高的小板墙开始。训犬员牵犬从距离小板墙5~6m处，然后训犬员和犬一起跑到小板墙前时，发出“跳”的口令，同时向小板墙方向提拉牵引带，当犬跳过时要以食物和抚摸为奖励，并重复训练2~3次。在此基础上，还可利用食物或其他能引起犬兴奋的物品加以引逗，使之跳过。当跳跃训练熟练时，就可训练犬根据口令和手势独立跳跃的能力，当犬在训犬员的帮助或引逗下，能顺利地跳过小板墙时，可根据需要训练跳跃栅栏、圈环、跳高架等动作，以后的训练就应逐渐增加跳跃的高度。

⑧上下登降

上下登降的训练，是将犬牵至阶梯前，培养犬能顺利上下阶梯的能力。当犬能按照口令和手势，顺利而又兴奋地单独上下阶梯后，就可训练登降天桥、独木桥等。训练时，训犬员带犬到平台的阶梯跟前，发出“上”的口令，并同犬一起登上阶梯。在上阶梯时，训犬员就应给出“上”和“好”的口令，当犬走上平台，给予抚拍和食物奖励。稍停片刻之后，发出“下”和“好”的口令，同时带犬慢慢下来。也可利用食物或能引起犬兴奋的物品，引逗犬登上平台阶梯。将物品与食物分别摆在阶梯的各层或放到平台上，然后发出“上”的口令。由于物品或食物激发了犬的兴奋，可使犬顺利地走上平台。有的犬对食物或物品不太兴奋，可采用结合训练法。即令犬在阶梯前坐下，训犬员持训练绳的一端先登上阶梯，然后发出“上”的口令，如犬不上，猛拉训练绳，迫使犬上去。当犬上去后，应及时给予奖励。

无论采取何种方法，当犬能自由上下阶梯后，就可训练犬根据口令和手势单独上下。训练时，令犬面向阶梯坐下，叫犬的名字，使其前来，接着发出“上”的口令和手势。如果犬到了阶梯的中途表现徘徊时，应提高声调重复口令。当犬走上平台后，应给予奖励。稍停片刻，再发出“下”的口令，如犬不能根据口令走下阶梯，训犬员应发出“来”的口令，并假装要跑的样子，利用犬的依恋性诱犬下来。犬下来后，要及时给予奖励。

⑨匍匐

匍匐的训练，是在犬已养成“坐”和“卧”的能力后开始训练的，培养犬按照训犬员的口令和手势匍匐前进的能力，以适应现场使用的需要。最初的训练，应选择没有石块、树枝和尖锐杂物的平坦地方，令犬卧在训犬员旁边，左手拉牵引带，发出“匍匐”的口令后，轻轻拉动牵引带往前方扯拉，并用手势指挥犬匍匐。当犬往前匍匐时，训练员要及时给予奖励。如果犬试图站立起来，训犬员则要强令犬卧下，并用左手按压犬背部继续指挥犬匍匐。经过反复训练，就能使犬对口令和手势形成条件反射。由于匍匐的动作会使犬很快疲劳，因此在开始的训练时，匍匐的距离不应超过1～2m，此后，即可培养犬匍匐前来和前进的能力。能力养成后，即可通过匍匐前进结合扑咬训练。

除了上述训练方法，也可以利用食物的刺激，训犬员令犬卧下，然后右手持食物，先给犬嗅，然后发出“匍匐”的口令，将食物递向前，与犬的前足持平，左手按压犬的背部防止犬站起来，引诱犬向食物的方向匍匐前进。此时，训犬员要重复“匍匐”的口令，并用“好的”话加以赞扬，犬做出匍匐时，可以允许犬吃掉食物。随着匍匐习惯的养成，训练应逐步深化，可增加匍匐的距离或在比较复杂的环境进行训练。如犬可依据口令独立完成匍匐动作，前进15m长的距离，认为匍匐动作的习惯已经养成。在匍匐训练过程中，训犬员也可能发生一些错误，如最初训练中，牵拉牵引带过猛、匍匐距离太大、训练环境复杂等，应注意以下事项。

匍匐训练时，对犬的体力消耗较大，因此，不能连续训练，前进的距离要根据犬的体力以及训练程度来确定。

能力复杂化的训练，要结合实战需要进行锻炼。

训练中有时需要加大一些刺激量，但不要使犬产生过分抑制。

⑩游泳

游泳的训练，是为了养成犬能根据训犬员的指挥下水，顺利游过一般河流的能力，以备实际使用的需要，也有助于犬的体格发育和健康成长。犬具有游泳的本能，但如果不加以训练，有些犬是不习惯于下水的，因此，还须进行专门训练。

游泳训练可在夏天温暖天气，给犬沐浴时结合进行。训练方法是，训犬员选择一个地岸坡度较小、清洁而又较浅的池塘、小河等处，采用若干件犬最兴奋的衔取物品，如木棒、皮球等，对犬引逗后逐次将其扔到水中，同时发出“游”的口令和手势，并引导犬下水，使犬习惯在浅水中活动。如果犬因怕水而不下水时，训犬员可以将犬包起来，放到靠近岸边5～10cm深的水里，一面抚拍，一面给予奖励，这样可以使犬逐渐对水养成习惯。

当犬能在浅水中自由的游泳时，便可进一步将犬引入深水处。有的犬初到深水处可能前爪胡乱击打水面，此时训犬员要帮助犬适应，使犬平静的向前游走，经过这样的几次训练，犬就敢于下水游泳了。在以后的训练中，还要进行延长游泳时间、游泳距离和通过河流、单独游泳或在有诱惑刺激物的情况下训练。

为了在实际工作中，使犬能顺利地通过河流，追捕罪犯，可结合扑咬进行训练。使犬养成游泳习惯时，不能采取强迫的方法，每次训练结束后，应使犬的被毛干透，如果犬能较长时间的待在水里，无论有无训犬员的陪同，都能很好地游过长达50m的距离，则认为游泳的习惯已经养成。训练初期时，训犬员可能用错误的训练方法，如采用强迫手段把犬扔到水中、衔取物抛的过远或在深水急流中进行训练，为避免这些错误，应注意以下事项。

游泳训练之前应对犬进行健康检查，发现异常应停止训练。

游泳训练应有组织地进行，以确保人、犬安全。

训犬员下水游泳时，严禁采用强迫的方法将犬扔于水中。否则，就会使犬对游泳课目的训练产生被动防御反应，而影响训练和使用。

不应带犬到急流或水草很多的池塘中以及污水中去游泳，以免发生意外影响到犬的健康。

游泳训练完毕，应让犬奔跑一会儿，然后用干毛巾擦拭犬身，以使犬的被毛很快干爽。

⑪扑咬

扑咬的训练是为了养成犬根据训犬员的口令与手势，能够迅速、敏捷、凶猛、机巧地与犯罪分子进行搏斗，并将其捕获的能力，此科目的训练能体现犬的信心和胆量。扑咬的训练要由经验丰富的助训员参加，最初的训练应选择在引诱刺激物少的地方进行。在每次训练之前，训犬员必须与助训员研究好具体的训练方法和进程。此外，训练中还应经常更换助训员并准备好防护用具，如护身衣、化妆服、护袖、破布片、树条等。

犬胆量与仇视的训练　训练时，选择相对清静的场地，训犬员牵犬到训练场后，令犬朝助训员出现的方向坐好。助训员化好妆，带好防护用具，隐蔽于训练场内。训犬员以半蹲姿势，对犬发出“注意”的口令，以右手指向要犬注意的方向。助训员听到“注意”的口令之后，从远处发出一定的声响，以引起犬的警觉。稍过片刻，助训员手持破布片或树枝从隐蔽处出现，做出鬼祟的动作，进一步引起犬的高度注视。在引逗的过程中，做出夸张的动作表情挑衅犬，设法激发犬的仇视性。训犬员在训练中，要不时对犬发出“注意”、“袭”的口令，当犬表现出凶猛的攻击行为时，助训员做出害怕的姿势逃离训练场。

扑咬的训练训练时，选择清静的场地，助训员从远处出现，并用破布条或树枝不断接近或挑逗犬，这时训犬员发出“袭”的口令，并要尽量鼓励犬扑向助训员，但是要加以控制，不要急于让犬扑咬。只有当犬的凶猛性达到足以能够扑咬助训员的程度时，才能放犬扑咬。这时助训员应做出害怕的动作，引诱犬开口撕咬，有意识地让犬咬住破布、树枝或护袖，同犬搏斗、僵持片刻。犬在训犬员带动下能表现凶猛扑咬时，就应开始长距离的追扑训练。如让助训员离犬远一些，当训犬员发出“袭”的口令之后，让犬跑一段距离追赶助训员再扑咬。在犬追赶助训员的过程中，训犬员要尾随犬后，注意犬的表现并及时给予奖励。

训练初期，多数犬不敢咬硬质的东西和咬死口，因此，助训员要灵活应付。当犬咬住后，助训员要假装与犬搏斗，训犬员要不断发出“袭”和“好”的口令，并假装打助训员给犬助威，使其越咬越紧，越咬越凶狠。但扑咬的时间不宜过长，助训员要掌握时机停止与犬的搏斗，表示屈服和投降，训犬员乘机发出“放”的口令，使犬放口，将犬牵好，由其他人将助训员带走。然后给予犬奖励。助训员的挑衅动作，应随着犬的扑咬能力的提高而逐渐减少，以养成犬完全按训练员的指挥进行扑咬或放口的能力。

在犬具备扑咬能力之后，就应该逐渐进行能力的深化和巩固训练。主要是结合各种条件，有计划的训练，使犬的扑咬能力逐步改善，以达到锻炼和提高犬的扑咬能力，适应现场使用的要求，使犬在各种情况下，只要闻令都能勇猛扑咬。训练时可结合枪声、拒食、抛物引诱以及在不同环境、不同的助训服饰和护具、不同助训姿势等条件下进行。

训练中也会遇到一些咬而不放的犬，主要是由于在训练初期，与犬的搏斗时间过长，犬的凶猛性提高过快，对这类犬就要用威胁音调重复“放”的口令，同时伴以强的机械刺激。经过这样多次训练，便可使犬对“放”的口令形成条件反射。如果犬的数量多，为尽快使犬养成扑咬能力，开始可采取集体训练的方法。因为犬多势众，可以互相“模仿”激发其凶猛性，训练时应把犬牵好，注意安全。

4. 影响犬训练的因素

(1)训犬员的影响

训犬员是指对犬进行饲养管理、训教引导和指挥、使用的专门人员。训犬员对犬训练的影响最大,在犬的日常生活与饲养管理中,时刻都与训犬员生活在一起,接触机会最多,训犬员应注意培养犬对自己的依恋性,逐渐消除犬对自己的防御反应和探求反应,使犬熟悉自己的声音、气味、行动特点,并产生兴奋反应。在培养犬的依恋性中,训犬员要亲自喂犬、谢绝别人接近犬,如果犬对训犬员的依恋性很差,可直接影响训练效果和质量。

①训犬员在与犬接触时,声调要温和、态度要灵活、举动要正常。避免粗暴的恐吓、突然的动作以及其他能引起犬主动或被动防御反应的刺激。如犬在无意中做错了事,用威胁的音调令犬来到跟前,并用绳抽打以示惩罚。这样,以后犬听到"来"的口令时,不但不来,反而逃跑。

②训犬时要防止急躁的情绪,对于转化慢的犬,适应新训犬员和新环境要有一个过程,只要训犬员精心饲养管理和爱护犬,一旦建立起依恋性,是很牢固的。训练中不能执行"因犬制宜,分别对待"的原则,而是用同一种方法、同一种条件进行训练,这样只能使犬对信号进行极简单的执行。

③训练时必须在清静的场地进行,避免将口令与同犬谈话的语句混淆使用。一方面使犬难以对口令形成条件反射;另一方面,不必要的语言将成为犬的新刺激,引起犬的探求反射,影响犬按照口令来执行训练的正常步骤。

④奖励食物、抚摸或"好"的口令,对犬的训练可起到奖励和强化的作用,但不科学地使用奖励,却会引起相反的作用,模糊了正确与错误的界限。因而,奖励必须有明确的目的性和针对性。

⑤避免"超限"训练。"超限"训练是指过分长时间地令犬重复同一动作或同一科目。这样,可导致犬的神经系统过分疲劳,不但不能缩短训练过程,反而拖延训练时间,有的甚至造成犬被淘汰。通常发生在其他的犬训练科目发展较

快，而自己的犬进展较慢时。因此训练中不应操之过急。

训犬员不仅是受训犬的主要刺激者，也是受训犬的综合复杂刺激者。因此，在犬的训练中，要求训犬员在每个具体的细节训练中，都要给犬明确的信息，以便能使犬在短时间内建立有效的条件反射。

2. 饲养管理的影响

①饲养对训练的影响

饲养与训练有密切的联系，只有正确的饲养，才能使犬参加正常的训练。如果饲料不新鲜、有刺激性、过热或过凉、饲料不定量，不保持一定的营养标准，餐具不洁、不消毒，或以腐败变质的食物喂养，以及不给饮水等，都能影响到犬的训练效果和使用。

②管理对训练的影响

在犬的管理中，切不能任意交给他人饲养和管理；要密切注意犬的行动，防止误咬事故；培养犬的良好习性；做好卫生工作及防止私自交配等，以提高训练水平。禁止私自纵犬与其他犬咬斗，或纵犬追逐猎物和其他动物等。

# 第十七章　宠物猫的饲养

## 宠物猫的品种

### 1. 云猫

因其毛色似天上的彩云而得名,该猫生活在我国南方。云猫的毛色呈棕黄或黑灰色,头部为黑色,眼睛下方及侧面出现白斑,身体两侧有黑色花斑,背部有数条黑色纵纹,四肢及尾巴有深色斑纹,外观漂亮,且很有观赏性。喜食椰子树和棕榈树汁故又称为椰子猫和棕榈猫。该猫的繁殖期不固定,一年两胎,每胎产仔2~4只。

云猫

### 2. 山东狮子猫

因颈部毛长,形如狮子而得名。主要分布于山东省。毛色为白色、黄色或黑白相间的。身体健壮,尾部粗大,抗病力强,耐寒力强,捕鼠能力强。繁殖力低,每年一胎,每胎产仔2~3只。

### 3. 狸花猫

该猫在我国各地均有分布,只是在陕西、河南等地较多。颈、腹下毛色为灰白色,身体其他各部位黑、灰色相间的条纹,形如虎皮,短毛而光亮润滑擅长捕鼠,产仔率高,不耐寒,抗病力弱,与主人的关系不太密切,不恋家。

### 4. 四川简州猫

在我国广大农村饲养量较大,体型健壮高大,动作十分敏捷,擅长捕鼠。

### 5. 泰国猫

又名暹罗猫,原产于泰国。泰国猫是短毛猫的代表,在世界各地相当流行。

(1)体型特征　身体修长,体型适中且紧凑。脸尖,呈楔形。鼻子长而直,耳端尖、直立。眼睛两端上翘呈杏仁形状。四肢、尾巴细且长。被毛短而细致,厚实光滑。刚出生的泰国猫毛色几乎全白色,随着日龄的增长而呈现不同的特点。泰国猫毛色的显著特征是在白色的背景下,配以颜色较深的脸、耳朵、四肢和尾巴。根据毛颜色的不同,泰国猫又分为四个不同的类型。

①海豹色重点色　是暹罗猫的传统颜色,最早于19世纪80年代出现于欧洲。成年猫背部为浅黄褐色,腹部为白色,脸、耳朵、四肢和尾巴呈现海豹样的褐色。

②巧克力色重点色　在象牙白的背景下呈现奶油巧克力色。

③乳黄重点色　耳朵、尾巴、脸部皆呈乳黄色,背部和两侧呈现浅乳黄色。

④蓝色重点色　是传统暹罗猫之一,从20世纪30年代起成为最受欢迎的品种之一。背部、尾呈现淡蓝色,眼睛呈现碧蓝色。

(2)性情　情绪多变,多愁善感,攻击性和嫉妒心较强,大方热情,叫声较大。

(3)生产性能　母猫性成熟较早,五月龄可配种受孕。产仔数较多。

### 6. 波斯猫

波斯猫属长毛猫,是世界上爱猫者最喜欢的猫品种之一,素有“猫中王子”、“王妃”之称。有关波斯猫的起源问题说法不一,比较统一的观点是波斯猫身上有阿富汗长毛猫和土耳其安哥拉猫的血统,因而起源于土耳其的可能性比较大。在1871年才开始进行科学选育，因此波斯猫是一个现代品种。

（1）体型特征体长40～50cm，尾长25～30cm，肩高30cm。骨骼粗壮，全身肌肉发达，背短而平，肩和臀高度相同，尾巴和四肢稍短。头部浑圆，鼻短而宽，耳小，眼睛又大又圆，稍突出。波斯猫眼睛颜色因毛色的不同而有差异。但多数是黄色、琥珀色或是双眼颜色各异。两只眼睛的颜色越纯、越深越好，颜色均匀更好。波斯猫尾巴短且圆，低落拖地。波斯猫被毛长且有光泽。由于颈和肩部的被毛更致密，在外观上看，犹如一头小狮子。耳朵内外、趾间皆有毛。

波斯猫毛色繁多，但可分为三大类共计88种颜色。

①单色　黑色、白色、蓝色、奶油色（米色）、浅红色（黄褐色）。单色猫眼睛的颜色大多是黄色的。

②多色　被毛的颜色在一种以上，眼与被毛的颜色不同。例如，栗鼠色，在白色的背景上，背、头和尾部出现黑色斑点，黑黄白色等。

③杂色　被毛呈不同颜色和图案，如从灰色到棕色，从天蓝色到橘黄色；有的呈现老虎斑样外观。

（2）性情：外静内动，乐观向上，待人真诚，气质高雅。

（3）生产性能：波斯猫每窝产仔2～3只。

### 7. 喜马拉雅猫

属于长毛猫，在1929年由泰国猫、巴曼猫和波斯猫杂交培育而成。名字与喜马拉雅山无关，而是来源于喜马拉雅兔，因为两者的毛色、长相相似。

（1）体型特征　身材矮胖，四肢强健短直。具有波斯猫的典型头型，圆顶状的头部。眼睛大而圆，呈现蓝色。耳小，短鼻。短尾且尾毛茂密。喜马拉雅猫既有波斯猫突出的长毛，又有泰国猫的典型毛色。毛长可达12cm，毛柔软厚长。被毛有点状颜色，共计7种，分别是海豹点、巧克力点、蓝奶油点、丁香点、玳瑁点、橙色点和蓝色点。这些色点分布在猫的腿、脚、尾巴、耳朵和面部等处，因此该猫也被称之为色点长毛猫。

(2)性情　聪明文雅，温柔美丽，顽皮可爱，叫声悦耳。

(3)生产性能　雄性喜马拉雅猫在 18 月龄左右达到性成熟，雌性要早些。每窝产仔 2～3 只，刚出生的猫被毛较短且几乎是全白色，6 月龄以后才长出花斑。

①巧克力重点色猫　被毛基色是象牙白色，耳、尾等处有深咖啡色花斑。

②海豹重点色猫　被毛基色是乳白色，面部、耳、尾部等处呈现深海豹褐色。眼睛呈现深蓝色。

③蓝色重点色猫　被毛基色是白色，眼、鼻、腿等处是蓝色。

### 8. 缅甸猫

属于短毛猫，原产于缅甸，是 1930 年从缅甸仰光带到美国的雌性猫与雄性暹罗猫杂交培育而成的。

(1)体型特征　肌肉结实有力，头圆略尖，两耳的间距稍大，耳端稍尖呈圆形。眼睛圆而大，被毛短且稠密，光滑富有光泽。毛色有棕色、红色、蓝色、橙黄色、巧克力色和深褐色等。

①红色缅甸猫被毛是浅橘红色。

②巧克力色缅甸猫　耳朵和面部颜色较身体其他部位颜色深，被毛基色是褐色。

③棕色缅甸猫美国人只接受紫色和棕色的缅甸猫，被毛呈深海豹色。

④蓝色缅甸猫被毛呈银灰色。

(2)性情诙谐幽默，性格温和，勇敢活泼，乐于接触人。

(3)生产性能性成熟较早，母猫在 7 月龄能发情配种，平均窝产仔 5 只。寿命较长，大概 20 岁左右。

### 9. 苏格兰猫

又名苏格兰塌耳猫，在 1961 年，一个叫威廉的苏格兰牧民发现了折耳猫，并与动物遗传育种学家共同培育了这一珍贵的品种。

(1)体型特征身材矮胖,头宽而圆,眼睛大且圆,典型特征是耳小且向前下垂,尾巴有弹性,长度占身长2/3。被毛短且细密,且柔软有弹性。毛色种类较多,有黑色、浅蓝色、金黄色等。

(2)性情热爱主人,留恋家庭,遇到猎物时勇敢出击。

(3)生产性能猫在4月龄就长出典型的塌耳。

### 10. 阿比西尼亚猫

又名埃塞俄比亚猫和芭蕾舞猫,属于短毛猫。在英国培育而成。

(1)体型特征体型中等,四肢高而细,肌肉发达,尾巴长短适中。头略尖呈楔形,眼睛大呈杏仁形,耳大,锥形尾。被毛柔软且富有弹性。毛色有巧克力色、淡紫色、蓝色、银黑色、红褐色等。典型特征是毛颜色有层次感,越接近根部毛颜色越浅,越接近尖部毛颜色越深。

①红褐色阿比西尼亚猫　眼睛呈现琥珀色。

②淡褐色阿比西尼亚猫　幼猫在出生后3周会出现斑纹,头顶盖呈深色。

(2)性情　记忆力和幽默感较强,顽皮好动,有野性,害怕陌生人。

(3)生产性能　母猫产仔数较少,且妊娠期需要特殊照顾,产仔时需适当助产。

### 11. 美国短毛猫

又名美洲短毛虎纹猫,原产于美国。

(1)体型特征　身体强健,头圆,耳直立。眼圆稍向外倾斜。被毛坚硬,耐寒、耐潮湿;冬季短毛增厚。毛色比较多,主要包括以下几种。

①白色美国短毛猫　毛色纯白,无杂色,眼睛颜色常呈金黄色,也有蓝眼睛,但是蓝眼睛侧耳聋。

②暗灰黑色猫　头宽圆,眼睛呈金色。

③斑色　斑色是一大类毛色的统称,斑纹与毛色构成了图案组合。

④多色和杂色　除上述所说颜色外还有玳瑁色。被毛基色是黑色,点缀着红色和奶油色花斑,眼睛金黄色等。

(2)性情　聪颖淘气,适应性强,忠于主人,性情随和,擅长捕鼠。

(3)生产性能　窝产仔猫数4只。

### 12. 巴厘猫

20世纪50年代,在美国的泰国猫的饲养者收获了不同于泰国猫的仔猫,即被毛为丝状长毛的突变个体的仔猫,这就是新品种巴厘毛的雏形。因为巴厘猫被毛光滑柔顺,像是印度尼西亚巴麒岛上的舞蹈家,因此而得此名。实际上和巴厘岛毫无关系。

(1)体型特征　身材修长,肌肉发育良好,腿细长,且前腿稍短于后腿。头呈楔形,鼻直且长,眼睛呈杏仁形,眼睛深蓝色。丝状被毛,毛长5cm,长毛下无绒毛。与泰国猫一样,毛色的显著特点是浅色被毛基色,在面、耳朵、下肢和尾巴等处有深色斑块。

①海豹色点　被毛基色是奶油色,面部、耳朵、尾部、爪呈深褐色。

②巧克力色　被毛基色为象牙白色,尾长而如羽毛形。

③丁香色　被毛基色为雪白色,添加巧克力红灰色色点。

(2)性情　步态优美,跳跃能力强,交际广泛,叫声具有祈求的声调。

(3)生产性能　窝产仔猫数3~4只,性成熟较早,若与泰国猫杂交,后代具有泰国猫的被毛特征。

### 13. 俄国猫

又名俄罗斯蓝猫,素有“短毛猫的贵族”的美称。一个世纪前,从俄国的港口通过海运输入英国,经英国人培育改良成现在的品种,该猫受到世界各地人们的喜爱。见彩图2—52。

(1)体型特征　身材细长,骨骼发育良好,头略尖,耳大直立。杏核眼,眼为绿色。锥形尾,长且光滑。被毛短且厚实,显著特点是呈貂样银灰色光泽。毛的颜色从灰色到蓝灰色,分布均匀平整,因为有些毛色为蓝灰色,所以称之为俄罗斯蓝猫。

(2)性情　沉稳安静,聪明,叫声轻柔。

(3)生产性能　一年产两窝,每窝产仔猫4只。

### 14. 土耳其安哥拉猫

原产于土耳其首都安卡拉,是波斯猫的祖先,是现存最古老的品种之一。

(1)体型特征　体型苗条,身体健壮,头中等大小,中间脸型,杏仁眼,耳大而尖,锥形尾。丝状被毛,无底层绒毛,易于梳理。柔软细腻,颈部、腹部和尾巴的软毛较丰厚。起初猫的颜色只有白色,现在毛色多样化,有黑、蓝、白、红等清一色,也有斑纹色,最受欢迎的是白色。白色土耳其安哥拉猫眼睛颜色不同,若是蓝眼睛则可能出现聋子,颈部周围毛较长。

(2)性情　温顺,恬静端庄。

(3)生产性能　性成熟早,但特征性被毛特点在2岁时才能长出来。

## 宠物猫的选购

### 1. 宠物猫品种、性别、年龄、毛种的选择

当您决定养一只猫时,就要考虑一个问题,究竟选择哪种类型的猫饲养?

(1)宠物猫的品种选择选猫就如同找对象,讲究的也是“门当户对”,在选择时应当将双方的性格、感情、共同时间等诸多的因素都应该考虑进去,不能有半点马虎,更不能心血来潮。如果您对猫的品种没有选好,就会被它弄得焦头烂额,最后不得不重新再给它找个新主人。因为猫的品种有上百种,而常见的

也有40多种。因此,在选择时很难用一个标准来衡量究竟哪个品种好,哪个品种差,不过有一点应当搞清楚,饲主需要纯种猫还是杂种猫。如果饲主仅仅是想买一只宠猫做伴的话,那就没有必要非买纯种猫不可,因为杂种猫同样能够满足要求,买杂种猫又不会花太多的钱,而且杂种猫的被毛及外形特征选择的余地大,同时还具有高活力、抗病力强、易饲养管理等优点。究竟买什么品种的猫,这就要根据饲主的家庭条件和个人的具体情况来确定。

如果饲主是一位离、退休老人或独身人士,需要一只猫朝夕相处、相依为伴的话,那么饲主可以选择一只活泼伶俐、顽皮好动、善解人意的猫,它会给主人带来无穷的乐趣和消除寂寞感。像泰国猫、缅甸猫、喜马拉雅猫等。这类品种的猫体质强壮、体形修长,好动,而且聪明伶俐,善解人意,可供选择。而像俄国蓝猫对饲主来说就不太适合了。

如果饲主既美丽可爱而平常又特别喜欢收集小玩偶一类的物品,那么饲主最好选择一只波斯猫或者是巴厘猫品种的猫。这类品种的猫温文尔雅、反应灵敏、喜静少动,尤其是它那一身蓬松柔软而又光滑的长毛,给人一种既华丽又高贵的感觉,它在饲主的居室中不动时,就像一只活的玩偶。它们那种尖细而优美的叫声以及爱在主人面前撒娇的顽皮劲儿,一定会更博得人们对它们的宠爱。尤其是当客来访时,在客人面前,怀抱抚摸猫咪时,定会更显出女性主人的温柔和对生活的挚爱。

如果饲主是一位有小孩的双职工家庭,可选择泰国猫或缅甸猫。这类品种的猫,天性聪明,活泼好动,对主人感情深厚,它们将是主人家孩子的忠实伙伴。在与猫玩耍的过程中,教他(她)学会如何友善待人,理解爱和感情的需要。在照顾猫的同时,也培养了孩子们的责任心。

如果饲主住平房有院子而又为鼠所困扰的话,不妨选择一只善于捕鼠的猫,如阿比西尼亚猫,尤其是我国的四川简州猫、山东狮子猫、狸花猫等,它们都是体壮灵活的捕鼠能手。这类品种猫定能满足饲主的需要。

如果饲主想选种、育种,参加猫展或是想成为一个养猫专业户,那么纯种猫

(特别是流行品种、稀有品种和外貌独特的品种)将是您追求的目标。在养猫的同时再做一些品种繁育工作,这样不仅可以满足饲主个人养猫的喜好,同时,还可增加一些经济收入,并为我国猫品种的培育做出贡献。

下面几点可供您在购买纯种猫时参考;首先对您所购买的猫品种应当清楚,同时注意观察是否符合品种要求;其次,在购买小猫时,应先观察该猫的父母,因为有些外貌特征(如被毛的类型、毛色等)只有小猫到了成年后才能表现出来;再有就是要看所购买猫的家谱,每种猫都有家谱,上面记载着它的品种来源、性别、体态特征(毛色、眼睛颜色)及其祖先,并且看其在世界猫种中所占的位置等。

另外,选择纯种猫还是选择普通猫进行饲养是值得一提的问题。选择普通猫(中国种)适应性好,便于饲养,价格又不贵。如果饲主想养一只与众不同的逗人喜爱的猫就选择一些国外品种猫。选择一些国外著名品种猫费用不小,饲养难度也较大。

(2)宠物猫的年龄选择　成年猫的独立生活能力比小猫强,无需太多的照顾,也不必教那些它已经掌握的本领,如果必要的话,一天喂一次食就可以了。但成年猫在以前的环境中生活习惯了,较难适应新的环境,同时一些适合原来主人的脾性,也未必会一定得到新主人的喜欢。因此,成年猫换到新环境后的头几个月,不能任意让其跑出户外,以防外出后找不到家或重新回到原来的家去。一个比较繁忙的家庭或老年人,最好选择饲养一只成年猫。

小猫就比较容易适应新的家庭和新的主人了。因为小猫对第一个家庭及其主人的印象比较浅,一般1周后就可以熟悉新的环境。像所有的小动物一样,主人需要花更多的时间来照料和训练小猫,比如训练小猫用便盆等,而且还要按时喂食。开始时每天要喂四五次。若小猫生了病,护理也要比成年猫麻烦得多。家里的小孩常把小猫当成玩具,喜欢和小猫玩耍,这样很容易伤害小猫,而一只成年猫则会保护自己,可以回避小孩的"非礼"。如果小孩闹得太过分,猫能进行不伤害小孩的防卫,过不了多久猫和孩子可以形成一种友好谅解的状态。一般认为小猫断奶离窝的最佳时间是6~8周龄。这时小猫已基本具备独立生活的能力。如果离窝过早,小猫的独立生活能力较差,照料稍有不周,就易生病甚至死亡。

如果家里养了其他小动物,就应该选择一只小猫,因为小猫的适应能力强,短时间内就可以熟悉其他小动物;如果家里要养一只能捕鼠的猫,就该选一只成年猫,成年猫敏捷、灵活,能胜任捕鼠工作。

猫的年龄可根据猫的牙齿和毛的生长情况来判断。一般情况下,猫生后第2~3周开始长乳牙,2~3个月长齐乳牙,并开始换牙,至6个月时,永久门牙全部长齐。1年后下颌门牙开始磨损,5年后犬齿开始磨损,7年后下颌门牙磨成圆形,10年以上时,上颌门牙磨损成圆形。也可根据毛的生长情况和毛的颜色变化情况大致鉴别猫的年龄。猫出生6个月后,长出新毛表示成年;六七年后进入中年期,此时,嘴部长出自须;到老年期,则头、背部长出白毛。

(3)宠物猫的性别选择　公猫好动,活泼可爱,对主人很亲热,也比较聪明,接受训练的能力比母猫强,经过训练可以学会很多有趣的动作,饲养要求相对讲比母猫低些,体格健壮,抗病力强。较适合老年人或性格比较内向的人饲养。但有时公猫性情比较暴躁,攻击性强,有可能抓伤人或其他小动物。在性成熟以后,易到处“撒尿”以划出自己的势力范围。

母猫性情温顺,感情丰富,易和主人建立起深厚的感情,容易饲养管理。但在繁殖季节,母猫每隔3~4周就有1次发情,求偶的叫声很难听,而且总想跑出户外,如果任其与公猫交配,则要怀孕和产仔,产仔后需要主人的精心照料,小猫离窝后要适当处理。母猫的抗病力较公猫差,特别易得产科病。

如果您对公猫和母猫的缺点都不能忍受的话,可以对母猫作卵巢摘除术,这样会使母猫成为人们更好的宠物,因为这时母猫已不存在发情和妊娠的过程。公猫在幼小时即予阉割,就不会因到处“撒尿”而破坏房间的卫生,同时还可使公猫安心地待在家里,不会再出去四处寻觅母猫。

成年猫性别鉴定比较容易,未去势的公猫在其后腹下有一对睾丸。小猫的性别鉴定比较困难一些。但只要掌握了正确的方法,也还是较容易的。具体鉴别方法:用手掀起尾巴,这时可以看到尾下有两个孔,上面的是肛门,下面的是外生殖器开口处。比较两者之间的距离,距离长者为公猫,一般为 1~1.5cm。距离短者为母猫,两孔几乎紧挨在一起。外观上,公猫尾巴下面有两个点":"像冒号一样;母猫的则像一个倒过来的感叹号"!",即肛门孔呈圆点状,其下部的外生殖器开口呈扁的裂隙状。去势后的成年公猫因已摘除睾丸,所以,也要看肛门和外生殖器开口的距离,一般为 1.5cm,而同龄的母猫只有 1cm。

(4)毛种选择　猫的毛种有长毛种、短毛种与无毛种之分。是选长毛猫还是选短毛猫?长毛猫和短毛猫各有千秋。长毛猫看起来像一个毛茸茸的玩具,特别漂亮,柔软的长毛摸起来特别舒服;而短毛猫精神抖擞,容光焕发,确实也令人心动。但是长毛猫的梳理工作,对人们来说就是一个令人头痛的问题。如果饲主对长毛猫的被毛梳理不及时的话,那么这漂亮的长毛很快就结满毛球,其样子不但丑陋,而且还影响了猫的健康,因为猫有舔毛的习惯,在舔毛过程中不知不觉地吞下了大量的毛,时间久了,就会在胃内形成毛球,导致呕吐。相对来说,短毛猫就不必花费那么多时间去梳理了。从猫的性格来说,长毛猫性格更为温顺、机警怯懦,独居不群,娇媚;食量小,比较挑食;喜欢与熟人接近;爱干燥、爱清洁,贪舒适、安静。短毛猫的性格要比长毛猫强硬,不大择食,食性比较杂;不喜欢主动依附于人,善攀能爬,捕鼠的本领要比长毛猫强。但是不管长毛猫或是短毛猫,都会有掉毛的情形。很多养猫的人,常为家里飞扬的猫毛而感到苦恼。这时,饲主可以考虑养只无毛猫。加拿大无毛猫并非总是完全没毛,它们的毛很细且紧贴皮肤,感觉就如一个温暖的桃子一样。它们的鼻子、尾巴和脚趾往往也长有少量的长毛。加拿大无毛猫并非完全不需要饲主清理,由于没有毛发,导致身体油很多,所以饲养时要经常给它们洗澡。

另外,猫被毛颜色大概可以分成全色、深褐色、重点色、貂色、玳瑁色、白色六个类别。同一品种的猫,被毛颜色类型也不是完全相同的,而各人喜爱的颜色也不相同。因此,在可能的条件下,尽可能挑选自己喜爱的毛色。

总之，选择何种猫饲养，要因人、因时、因地而决定。

## 2. 宠物猫的挑选

(1)选购途径　如果饲主已经决定养猫的话，那么通过什么途径才能买到或找到所喜欢的猫呢？一般有以下几种途径。

一是当饲主的街坊、朋友或者同事家母猫生了小猫，可能急着想把他(她)家的小猫送给一个“门当户对”的猫爱好者，以期不受虐待，这时饲主可从中选择一只进行喂养。

二是可以到举办的猫展去选择。许多繁殖猫的人和其他的猫主人会在猫展上展示自己的猫，在猫展上不仅能够选到您所喜欢的品种和花色，同时还能学习到不少养猫的知识以及学会一些鉴别猫好坏的具体方法。宠物商店或集贸市场也是选购猫的主要场所。那儿出售的猫价格通常比较合理，但容易感染和蔓延疾病，小猫特别容易生病，买回后不太好养。饲主决定要在那儿买猫的话务必要对猫做彻底的检查。

三是可以通过保护小动物协会，他们推荐认可的猫咪可能满足饲主的要求。也可以利用现代的高科技网络工程或是宠物热线进行联系选择。

四是如果饲主有足够的支付能力，想从国外购买优良品种猫的话，可以通过中国种畜进出口总公司进行办理。

如果饲主要购买价格昂贵的纯种猫，请兽医检查更有必要。正规部门出售的猫会提供一个血统证明书。购买品种猫时一定要细心看清楚猫种名、出生年月日、性别、毛色、繁殖者、免疫时间等内容。

(2)品种及外貌特征的鉴定　猫的品种很多，每一品种都有其外形特征，因此，选购猫时必须要根据每一品种的外形特征标准来考虑。挑选前应阅读一些有关该猫品种的资料，初步了解这种猫的外形特征和特性，然后运用这个标准去衡量选购对象各个方面的情况。

(3)健康检查　挑选猫的重点在于看这只猫是否身体健康，是否活泼可爱。饲主可以到猫的主人家挑选，也可以去宠物市场或商店购买，关键在于首先必须了解这方面的一些常识，以便选择一只聪明伶俐健康的猫。

在主人家选猫时，要先看看猫妈妈和同窝猫的身体情况，因为母猫的健康与否可直接影响下一代猫的身体状况，向主人询问仔猫父母的情况（包括品种、既往病史、疫苗接种情况等）。观察同窝小猫，您应选择那些体质强壮、被毛光滑、食欲旺盛的猫，而不要选择一窝中体形较小的猫，因为那样的猫多是先天发育不足，生下后体质较弱，再加上吃奶不足，导致发育不良，这样的猫不仅生长缓慢，而且容易生病，给日后饲养可能带来不必要的麻烦。

在市场或宠物店里选猫的时候，卖主或店主也不可能完全告诉饲主想知道的一切情况，基本上要依靠买主自己的观察来判断猫的优劣。如果有一群小猫可以挑选的话，首先观察活动力比较强的猫，然后再找那些反应机警、好奇心强，并且乐意让人接近的猫。买主可以使用逗猫棒或其他的逗猫用品逗弄小猫，来观察小猫的反应能力和四肢的活动能力。为了避免选到病猫或体质状况不好的猫，选购时可以参考以下几点。

①眼睛　明亮圆大，灵活，有神，第三眼睑即瞬膜不外露，不流泪，没有任何分泌物，也没有炎症，两眼大小一致。不要选择第三眼睑外露遮盖一部分眼球的猫，外露越多，病情越重；也不要选择流鼻涕、眼泪的小猫和眼睛会有脓性或浆液性分泌物，这些通常是有病猫的标识。

②鼻子　通过鼻端可以感知猫的体温高低。鼻子凉而湿润，没有分泌物。不要选择鼻端发热发干，甚至龟裂或者有黏性鼻水的猫。

③耳朵　干净无污物，两耳竖立（塌耳猫除外），活动自如。可以在猫的左右耳后，轻轻拍掌，观察猫对声音的反应，以确定它的听力，健康猫对外界声音反应灵敏。如果仔细检查发现耳朵内黑褐色的耳垢，或有抓痕，这样的猫很可能有耳疥虫。

④口腔　掰开下颌，看看口腔内是否干净，有没有溃烂，牙齿有没有牙垢，牙齿颜色是否为白色，牙龈、舌头和上颌是否为粉红色。发烧时猫的口色为潮

红色，贫血时为苍白色，病重时为青紫色等；口腔内如果有口臭味，就应该注意口内是否有溃疡、水泡或有否消化系统疾病。

⑤被毛和皮肤　全身被毛应当富有光泽、柔软，没有掉毛的区域，无外伤，结痂。如果被毛稀疏不均，呈斑块状的毛长或毛短，仔细观察还有毛屑，这样的猫可能患有皮肤病。病猫的被毛往往比较粗乱，缺乏光泽，体瘦，无力。翻开皮毛检查，如果发现一些小黑点类的冻西，说明这只猫身上有跳蚤。皮肤柔软有弹性，皮肤无肿块，皮肤不发红，皮温不凉不热，温和适手。

⑥肛门和外生殖器　肛门清洁，紧缩干爽，近的被毛上不应沾有粪便污物。抬起猫尾巴，确认有无腹泻。生殖器官发育正常，繁殖力强。种公猫不应是隐睾、单睾的，2个睾丸发育应正常、均匀。

⑦肚子　肚子是否浑圆，有无硬块，抚摩肚子时，有无不耐烦的表现。

⑧四肢　猫站立时，其四肢有无弯曲变形，有无外伤和硬块，行走时步态是否平稳、灵活，躺卧时是否神态正常。有四肢疾病时，行走蹒跚或跛行，站立姿势不正，腹痛时躺卧不自然。

⑨呼吸　猫正常的呼吸次数是20~30次/分，如果呼吸次数增多或减少，有可能发生了疾病。当然要排除季节、气温以及活动量因素的影响。

⑩其他检查　选择同一品种猫时，还应注意以下几点：第一，要注意观察猫的头部。因为头部和脸部最能代表猫的品种特征。第二，观察猫的脊背。要选择脊背适宜的，鲤鱼背与凹背都不好。第三，观察猫的前脚形状。脚呈平行状态为最好。第四，观察猫的后脚形状。直立时，双脚呈平行状态为好。第五，看爪，要求爪尖排列紧密、均匀且较圆。除了上述条件之外，还要了解猫的性格特征。要选择温顺、活跃的猫。当选中了一只小猫时，就应当试着呼唤它，看看猫有无反应。如果小猫容易受惊或龇牙咧嘴，就要仔细观察其是否身体不适，是否害怕新主人或不适应新环境。

### 3. 宠物猫运输及途中和到达目的地管理

(1)宠物猫运输及途中管理　如果是从外地购猫，猫的运输就是非常重要的问题,在运输前做好充分的准备工作,在运输途中应认真护理。

在运输前应到当地兽医防疫部门进行检疫,办理检疫手续,只有健康猫才能进行运输。如果是长途运输应准备一些晕车药、镇静药、止吐药等。运输途中,注意车船内的气温,以防止着凉或中暑。运输途中,应给猫足够的饮水,但不应喂得太饱。猫在刚上车船时,可能十分恐惧,应在其身边轻轻抚摸或给予镇静药。

(2)宠物猫到达目的地管理　新来的猫咪,尤其是小猫,总会成为家里的新焦点,家里人和朋友都想认识它,还想摸摸它并和它玩。在这个兴奋的时刻,对孩子就会有一些特殊的要求,因为他们往往不了解新来的小猫意味着伙伴,而是把它当成玩具来对待。即使如此,也要尽量保证把新来的小家伙介绍给家里人时,周围不要有太多人围着。饲主不应直接在客厅把猫咪放出来,相反,要马上把它带到它的砂盆、睡觉的窝、吃饭喝水的食盆和水盆那里去,那里将成为它的固定地盘。这些东西那是日常生活中的一部分,它们能给小猫以安慰。这时,应该给它一些水和一点食物。

到达目的地,不应让猫马上饮食,可让猫喝些水。另外提供安静的环境,尽快适应新环境。让其充分地休息,排出大小便,再给予少量食物,应喂它以前吃惯的食物,且不宜过饱。

## 家庭养猫用品的准备

### 1. 猫窝(舍)的准备

猫窝是猫睡觉和休息的地方,在买猫之前就应该预先准备好。有些猫的主人喜欢与猫同床共被而眠,这是不科学也不卫生的。现在市场上有各种各样的宠物的窝,你可以根据家里的风格来选择。你既可以选一个有四围带顶棚的便携式小窝,也可以选一个开放式的,也可以自己动手根据需要制作。猫窝可以用小木箱、篮子、藤筐、塑料盆、硬纸箱等做成,但必须要有足够的面积,以猫能够伸直腿为准。猫窝的内外面及边缘必须光滑、无尖锐硬物,以免损伤猫。猫以塑料、木、藤制品为好,这样便于清洗和消毒。

在猫窝底垫以废报纸、柔软垫草,上面再铺上旧毛巾或旧床单、毯片、椅垫等,使猫窝既温暖又舒适。因为猫很警觉,不愿待在四壁高高围起的窝里,所以猫窝的侧壁应有一侧较低,这样便于猫的进出,也使猫躺在窝里就能观察到外面的动静。

在饲养过程中猫窝应保持清洁,没有异味,并应经常更换猫窝的铺垫物,将换出的脏物处理掉。随着季节的变化,适当增减铺垫物。猫窝应安放在室内干燥、僻静、不引人注意的地方,最好能照到阳光,不宜放在阴冷潮湿之处。此外,猫窝应高出地面,这样既能保持干燥、清洁,又可使通风良好,保持凉爽。

对于养了一大群猫的家庭,就需要为它们设计和构筑猫舍或猫笼。其设计的基本要求是:冬暖夏凉,光照充足,温度适宜,干燥通风,清洁卫生,运动戏耍设备齐全,牢固耐用。群养猫分为散养和笼养两种方式。散养需要猫舍和运动场,猫舍是用来供猫吃、喝、拉、撒、睡的地方,而运动场是供猫戏耍的地方;笼养是将猫放在笼子里饲养,笼子的材料可用金属或质地硬的塑料,笼子应安放在笼架上,可以单层,也可以双层或三层,每只笼子里饲养数目的多少,视笼子的体积而定。

### 2. 猫的食具准备

为了猫的身心健康,应在饲喂猫时选择使用猫的食具,因为将饲料放在桌子或地面上饲喂时,容易使猫感染病菌而生病。食具是指食盆、饮水器具、人工哺乳的奶瓶、煮烧猫食的器具等。其食盆和水盆最好是既要便于洗涤,又要结实、较沉、不易打碎的瓷质或不锈钢制成。食盆下最好垫上废报纸,保持地面的清洁。

现在市场上有一种能定时换格的食盆,专门为那些没办法定时给猫咪喂食的忙碌的主人们所设。主人可以预先订好时间,食盆上的盖子到时就会自动打开,露出食物。水盆里的水由蓄水箱自动加满,但是一定要记得常常给蓄水箱换水。

### 3. 猫玩具、磨爪器的准备

猫像儿童一样,非常喜欢玩具,尤其是橡皮球、线球和气球等圆形能滚动的东西。猫喜欢动,不爱静。因此,可以在室内挂一些飘动的彩带、纸条、布条等,如果准备几件能动的小玩具,将引起猫的极大兴趣。而一些电动的或上弦后能叫、能动的小老鼠、小青蛙等,对猫来说更具吸引力。猫玩具可以自行制作,只要您的猫觉得有趣就行。但要注意玩具的安全和卫生,给小猫买玩具的时候一定要检查一下玩具是不是实心的。有的玩具虽然价格很便宜,但是上面可能会往下掉塑料渣,小猫稍有不慎就会吞食进去。有的塑料对小孩是安全的,但是对小猫却可能是有毒的。

磨爪是猫天生的本能,如果养猫之后不想使家具或沙发伤痕累累,那么主人应该为猫准备磨爪器具。这样既有利于猫的健康,又有利于保护家庭装饰。专门的磨爪器可以去宠物商店买到,这些磨爪器大多是由瓦楞纸板或毯子片制成的,其形状类似于搓衣板。买回后,将其放在猫容易看到的地方,并引导它去使用。您也可以自己制作磨爪器,在坚硬的物体外面包上废旧的毯子或草席,毯子或草席被猫抓破后,可以随时更换。

### 4. 猫便具的准备

便具包括猫砂盆、猫砂及猫铲。一些宠物商店内,有猫专用的砂盆出售。可选的砂盆种类确很多,有最普通的塑料盒,也有带盖的箱子(笼子),这种箱子(笼子)前面有给猫进出的小门,还有能够减轻气味的过滤器。买砂盆关键的一点在于它们必须易于清洗,而且要很结实,这样才能禁得住频繁的清洗和消毒。饲主还必须把这种箱子(笼子)放在一个易于清洗的地方。如果买不到，也可以自己动手制备。选择一些易清洗、不易吸收臭味、不易破损的材料，如薄铁板、塑料盆和搪瓷盆等。木箱和纸箱不适合做厕所，因为粪尿易被吸收，造成厕所长期滞留粪尿味，有碍卫生。

为了便于清扫和保持卫生，便盆底部要铺垫5cm厚的锯末或沙土、炉灰等，这些松散物便于猫便溺后用爪子掩埋。这些垫料颗粒不宜过细，以免黏附于被毛上，影响猫的美观。垫料中可以加入少量小苏打，以消除猫尿的臊味。垫料也可以使用在宠物商店里买的猫砂，猫砂品种非常丰富，它们都有减轻气味、吸收尿液的作用，并且猫咪很容易就能拨开猫砂在里面方便，这也符合猫咪的习性。最好不要使用木屑、刨花、灰渣、灰烬和报纸来充当猫砂，另外，一些松木制品也会有刺激作用，因此这里也不推荐。

### 5. 猫美容器具的准备

为了使猫更加美丽动人，必须为其准备一些常用的美容器具，包括梳理用具、洗澡用具和修爪用具等。梳理用具有梳子、刷子和小镊子等。梳子以木质为宜，以避免梳理时产生静电引起被毛竖立，另外还要注意梳子的末端不应过于尖锐；刷子有专用的兽毛刷等。洗澡用具有专用毛巾、澡盆、专用洗涤香波（要用对猫的皮肤无刺激性的猫咪专用浴液）、脱脂棉棒、吹风机和取暖器、按摩器（刷）等。修爪用具有剪刀、指甲钳、指甲锉、小砂轮或砂皮纸等。另外，还应该准备一些用品，如胶带、橡胶手套、粘毛滚刷、吸尘器等。

### 6. 猫旅行用具的准备

养猫之后，肯定避免不了外出旅行或带猫去宠物医院看病，就需要一个盛猫的专用箱子（笼子）。宠物商店里有这类专用箱子（笼子）出售。这类箱子（笼子）大多是由塑料、藤等材料制成的。买笼子的时候要考虑全面，不要因为那些装小猫的笼子小巧可爱就一时冲动地购买下来，要有长久的打算。谨慎地挑选。考虑猫的成长需要，笼子大小至少在30cm×30cm×55cm。但是对于有些体型特别大的成年公猫,最好还是选择再大一号的笼子。如果小猫要进行一次旅行,它们通常会喜欢比较小的笼子,但是笼子也不要太小,因为猫也需要转身和伸懒腰的空间。同时还要让它们能够看到外面,这样它们就不会有那么强的压迫感。如果旅行时间比较长(超过一两个小时),那么笼子里要放置砂盆、水盆和食盆。但是如果要带小猫到非常远的地方去,比如带它去参加一个展会,那么一定要记住,笼子越大越难带。观察一下展会里的展览者,不难发现经常有人因为笼子太大而累得腰酸背痛。

旅行用具可以选择简易的纸盒箱,最好外面涂有一层塑料。这种纸箱买来的时候是扁的,有的还是组装的,比较适合携带生病的、甚至是患了传染病的动物,因为纸箱很便宜,用完之后就可以烧掉。但是这种箱子(笼子)不适合长期使用,因为不能有效地进行清洗和消毒,而且也不耐用。传统一点的饲主可以选择柳条编织的篮子,这种篮子形状各异,而且通常会安装皮带扣和把手。这种篮子很漂亮,而且还可以当成小猫睡觉的窝来使用,这样一来装在里面旅行的时候小猫就不会害怕了,因为这就是它自己的床。

还有一些市面上很常见的产品。有一种金属线编织的笼子,尤其是白色塑料皮包裹的金属线编织成的那种更加畅销。这种笼子非常方便进行消毒,并且猫咪装在世面也能清楚地看到外面。笼子顶端的开口处有硬线编成的盖子,由一根独立的滑竿固定住。还有一种塑料的笼子,这重笼子上面有精心设计的通风口,而且能够拆卸以彻底地清洗,拆装都很简便。但是这种塑料笼子的质量不是很好,因为塑料制品很容易断裂,时间长了也容易老化。如果在日照强烈的地方携带,笼子里的温度很容易就变得过高。顶端开口的笼子从设计上看最实用,因为这种设计能让猫和主人都省力。侧开口的笼子容易使猫咪受惊,而且也不容易把它再放进去。

如果买不到称心如意的,饲主也可以自己动手制作。找一个长为40cm左右、宽和高均为30cm左右的纸箱,在箱壁上打几个通气孔,箱底铺上垫子即可。使用时,将猫放进去,然后在箱外用绳子捆好,系成手提状。

#### 7. 食物的准备

(1)猫粮　饼干状干性食品、营养搭配均衡。

含有必需营养的综合营养食品,口味多种,直接食用,备足清水。这种食品可锻炼牙床,且易于保存。

1~6个月的小猫一天至少要吃3餐,6个月以后可减少到一天2餐。在1岁以前要吃幼猫粮,等到1岁后换成猫粮,成猫已不再需要幼猫粮中大量的热能和营养素,如果继续吃幼猫粮,会导致营养过剩,引起肥胖问题。某些猫粮品牌出产"全猫"猫粮,适合各个年龄段猫咪食用。

猫粮饲喂保存都很方便,但在现实养育过程中,许多成年猫的泌尿系统疾病,与只食用猫粮有一定的关联。强烈建议以猫粮为主食饲养时,务必使猫咪养成多喝水多排尿的习惯,日常也需加以其他辅助食物以帮助猫咪补充获取水分。

(2)罐头　种类丰富,味道可口。

虾、鱼等高级原料做成的罐头,种类繁多,易于挑选,味道可口。受猫咪欢迎,但并非含有全部营养素,最好和干性食品混合食用。开启后注意保鲜。

(3)猫饭　自行加工,当一定注意营养全面和均衡。

猫饭以鱼肉、鸡肉、牛肉为主,出于营养考虑,可适当搭配蔬菜拌饭。自制食品时,不要放调料(盐可放少量),骨头最好挑出。

(4)常见的猫咪食用植物(可备选)

①盆栽式猫草　并不是所有的杂草都含有猫咪所需的叶酸成分,在稻科或苜蓿科等细长的草中可以发现小麦草、燕麦、稞麦等,此外目前市面上有卖一种昵称为"猫的色拉"的草中也含有叶酸。

②木天蓼　大部分猫咪无论是嗅到、舔到或尝到木天蓼的味道都会立刻呈现出兴奋状态,出现流口水以及在地上打滚的情形,有点类似发情或撒娇的状态。木天蓼这种含有些微药物疗效的植物,只能种植在寒带、纬度较高的国家,

如日本、韩国等。日本人把它当作是健康食品,用来加入食物作佐料,助长元气,所以若猫咪一闻到木天蓼,会精神大振,活动力变强。其他类似的猫草如樟脑草、鱼腥草也都有相同的效力。1 岁以下猫不可使用。

③猫咪薄荷草　现在市面上非常流行一种产自北美称为神奇猫草的猫薄荷草,许多猫咪很喜欢吃猫薄荷草,这种薄荷类的植物内含有猫薄荷内酯,会让约 2/3 的猫咪发生效用,与木天蓼等猫草类似,其强效的猫草还可以促进猫消化并帮助排除体内的毛。1 岁以下猫慎用。

**8. 其他用品的准备**

准备 1 ~ 2 本有关科学养猫及猫病防治方面的书籍,以便使您了解、认识和正确地饲养猫,并尽早地发现猫是否有病。给猫准备一个足够的活动空间。猫喜欢钻桌子爬柜子,因此除了要保持这些地方干净之外,还要注意把那些重要的或易碰坏的物品收藏好,以免造成不必要的损失。

另外,家庭内准备一些常用的诊疗用具和常用的药品等,常用的诊疗工具主要有体温表、注射器、针头、剪刀、镊子、药棉、纱布、绷带卷等,常用的药品有吐毛球膏、洗耳液、氯霉素眼药水、灭虱、灭蚤香水等。

## 猫的营养需要与饲养标准

**1. 猫的消化系统特点**

猫野生时期以食肉为主,家养驯化以后逐渐变为以肉食为主的杂食性。猫的牙齿没有磨碎功能,对付骨类食物困难较大,而犬则有强有力的磨碎性磨齿可以对付骨类食物。猫总是借助头的摇摆来咬肉食,并且总是弓着身子坐在食物前吃食,而不是像犬那样用前肢抱住食物,借助强壮的颈部肌肉和门齿将肉和骨拉出。这也与猫的牙齿有关,因为猫不像犬那样嚼碎食物,而是把食物切割成小碎块。猫舌表面有许多方向朝向口腔底部的乳头，非常坚固、粗糙，似锉刀样，可舔食附着在骨上的肌肉，也可以梳理被毛及清除身上的污垢。猫的口腔腺特别发达，吃食时分泌大量稀薄的唾液，不但能湿润食物，有利吞咽和消化，而且唾液里的溶菌酶还能杀菌、消毒、除臭，保持口腔的清洁和卫生，防止变质的、腐败的肉类危害口腔器官。味蕾不仅分布于舌上，而且还分布于软腭和口腔壁，使猫能够选择适合自己口味的食物，能辨别咸、甜、苦及水的味道，但不能感觉甜味。猫食管可做反向蠕动，能将囫囵吞下的大块骨头或有害物质呕吐出来。猫胃是单胃，呈梨形囊状。猫的胃腺很发达，整个胃壁上都有胃腺分布。小肠盘曲于腹腔中，其长度约为猫的身长的3倍，比草食动物短得多，仅为相似体重兔的1/2. 盲肠不发达，只有兔的1/20。但其肠壁短、宽、厚的特点，具有明显的肉食动物特征，说明猫虽然经过较长时期的家养驯化，但其解剖生理构造仍保持着肉食动物的特性。

## 2. 猫的营养需要

猫所需要的营养成分与其他动物相同，主要包括水、蛋白质、碳水化合物、脂肪、维生素和矿物质六大类。

(1)水　水有助于猫体内营养物质的运输、消化、吸收、溶解和排除某些经过代谢后产生的废物，还可以减少关节摩擦，猫通过饮水和排出水分，还可以调节体温，猫是比较耐渴的动物之一。猫肾脏的远曲和近曲小管里有相当量的脂肪，这对于猫的高代谢能力和水的保留，有一种特殊作用。随着年龄的增长，猫每千克体重对水的需求量在逐渐减少，但老年猫饮水过少会引起尿结石。

(2)蛋白质　蛋白质是生命的基础，它是维持动物健康成长和肌肉活动的必需物质，故需要全面而均衡的蛋白质。猫需要高蛋白成分的饲料，但猫对植物蛋白质的消化吸收、利用能力都较差，因此动物性饲料更适宜猫的需要。如果长期给猫喂以单调的食品，会使猫食欲减退，应经常调换口味。

喂成年猫的干饲料中，蛋白质的成分不得低于21%，幼猫的干饲料中，蛋白质成分不应低于33%。如果用牛奶喂猫，在牛奶中还需要补充蛋白质，因为牛奶的蛋白质不及猫奶的蛋白质含量高，猫奶中蛋白质含量为9.5%，占猫奶干物质的50%左右，牛奶中需要将蛋白质补充到猫奶的含量，还需加入适量的维生素A、维生素D或鱼肝油。猫视网膜里含有大量的牛磺酸，牛磺酸促进猫的视网膜的正常生长，保证猫的敏锐视力。当猫饲料中牛磺酸缺乏时，视网膜会出现退行性的病损。因此。在喂猫时要保证饲料中含有0.1%的牛磺酸，以防止猫的视网膜病损。

(3)脂肪　体内脂肪是构成组织细胞的重要成分，是脂溶性维生素的溶剂，也是储存能量和供给能量的重要物质。猫长期喂低脂肪饲料，会导致猫的精神倦怠，被毛粗乱无光，生殖器官发育不良和缺乏性欲而不能繁殖。猫喜食脂肪，而且能吃大量脂肪，脂肪含量高达占饲料中干物质的64%，也不会引起任何异常。当然，如果脂肪含量过高，会引起猫的肥胖，同时，由于脂肪在胃里停留时问较长，容易使猫产生厌食而导致营养不良，造成营养代谢紊乱。

(4)碳水化合物　碳水化合物主要包括淀粉和纤维素。淀粉是猫身体能量的主要来源，有助于脂肪的氧化，这主要在肠道被分解成葡萄糖而被吸收利用。纤维素不宜消化，却有助于肠蠕动而维持猫正常的消化活动。在喂含碳水化合物丰富的食物(如米饭、馒头等)时，最好配上些鱼、猪肝、鸡汤等。用牛奶喂猫，由于猫对蔗糖、乳糖不能充分消化，因此，猫吃了牛奶后往往会肚子发胀或引起腹泻，此时应立即停止。即使有些猫无不良反应，喂过牛奶后也应立即给清水让它自饮。

(5)维生素　维生素是猫体内必需的营养成分，有些维生素在猫体内可以合成，如维生素K、维生素D、维生素C、维生素B等，还有部分维生素，猫体内不能合成或合成不足，需要饲料供给。

猫对各维生素的需求量与其他肉食动物和杂食动物都不同。

猫对各种维生素的需求量及缺乏症状

| 名称 | 日需量 | 主要生理功能 | 主要来源 | 缺乏症临床表现 | 说明 |
| --- | --- | --- | --- | --- | --- |
| 维生素 A | 1500～2100IU | 维持上皮组织的健全和完整，维持正常视觉，促进生长和发育 | 动物肝脏、蛋黄等 | 厌食，消瘦，结膜炎，角膜炎，夜盲症，生殖力下降，上皮角质化 | β-胡萝卜素不能在体内转化 |
| 维生素 D | 100IU | 促进钙磷的吸收与骨骼的钙化 | 可在体内生成；鱼肝油 | 易患佝偻病、骨质疏松症 | 能在皮肤内合成 |
| 维生素 K | 很少 | 促进肝脏合成凝血酶原等 | 肠内合成，绿色植物 | 凝血时间延长 | 肠道内可以合成 |
| 维生素 E | 0.4～4.0mg | 维持正常生殖机能，防止肌肉萎缩等 | 动植物组织中，蚕蛹等 | 厌食，不爱活动，长蹲坐，生殖机能紊乱等 | — |
| 维生素 $B_1$ | 0.2～1.0mg | 促进食欲，促进生长 | 谷物外皮、青绿饲料、酵母 | 食欲不振，呕吐，体重减轻，脱水，代谢障碍 | 泌乳、高热时需求增加 |
| 维生素 $B_2$ | 0.2mg | 促进生长 | 瘦肉、奶类 | 白内障，脱毛，消瘦，缺氧，脂肪肝 | 泌乳、高热时加量 |
| 维生素 $B_6$ | 0.2mg | 参与红细胞的形成，在内分泌系统中起作用 | 酵母、肉、豆类 | 食欲下降，生长缓慢，惊厥，肾脏疾患，排尿困难 | 泌乳、高热时加量 |
| 维生素 $B_{12}$ | 0.003mg | 参与核酸与蛋白质合成及其他中间代谢 | 鱼粉、肉粉、肝、发酵制品 | 红细胞性贫血，生长缓慢，神经系统受损 | 在钴不缺乏时，肠道可以合成 |
| 烟酸 | 2.6～4mg | 起传递氧的作用 | 生肉、生肝脏等 | 腹泻，消瘦，糙皮病，口腔溃疡等 | 泌乳、高热时需加量 |
| 泛酸 | 0.25～1mg | 为中间代谢的必要因子 | 奶粉、发酵制品 | 消瘦，肝脏有脂肪变性 | — |
| 叶酸 | 0.1mg | 与红细胞、白细胞成熟有关 | 肝脏、绿色植物 | 巨幼红细胞性贫血，白细胞减少 | 必须在食物中 |
| 生物素 | 0.1mg | 促进不饱和脂肪酸的合成 | 谷物、干酵母、奶制品 | 脱毛症，唾液分泌增多，血痢等 | 可通过肠道合成 |
| 胆碱 | 100mg | 有防治脂肪肝的作用 | 天然饲料脂肪中均有 | 生长缓慢，脂肪肝 | — |
| 维生素 C | 少量 | 参与代谢，促进伤口愈合，增加抵抗力 | 自行合成 | 一般不会引起缺乏 | 能在代谢中合成 |

(6)矿物质　猫所需要的矿物质主要是钠、氯、钙、钾、镁、磷、铁、锰、铜、碘、锌、钴等。它们在动物机体内不产生能量，但它们是动物机体组织细胞，特别是形成骨骼的主要成分，是维持酸碱平衡和渗透压的基础物质，并且还是许多酶、激素和维生素的主要成分。矿物质在猫的营养成分中占的比例很小，并且相互不能代替和转让。

①常量元素　钙、磷两种元素占猫体内矿物质总量的70%，是形成骨骼的主要元素。大约有99%的钙和80%的磷构成骨骼和牙齿，还有约1%的钙存在于血清和软组织中，20%左右的磷多以核蛋白的形式存在于细胞核中，也有微量的存在于血液中。猫每100毫升血液中含钙为9.5mg左右，含无机磷5～7mg。

幼猫的生长发育、成年猫机体和生命的维持都需要矿物质。猫一般不发生缺磷现象，但容易缺钙，猫缺钙常见的原因是常用剔除骨头的鱼和肉喂猫造成的，主要表现为不爱动、懒散、喜躺卧，随后出现四肢跛形，严重时后肢瘫痪。

钠、钾是猫机体主要的阳离子，另外还有钙离子和镁离子。钠、钾、氯三种元素主要分布在体液和软组织中，其作用是维持渗透压、酸碱平衡等。健康猫饲喂日常食物，电解质不会缺乏，只要在猫生病发生呕吐、腹泻和肠道阻塞时，电解质的平衡才会招致破坏。

②微量元素　微量元素虽然含量很少，但生理功能却很大。

铁、铜、钴与造血有密切关系。铁是合成血红蛋白的重要原料，缺铁易使猫贫血。铜虽不是血红素成分，但却是铁正常代谢所必需的，对血红素和红细胞形成催化作用，因此缺铜也会发生贫血。钴是蛋白质代谢中起重要作用的维生素 $B_{12}$ 的重要成分，猫可以吸收利用肉中的铁、铜和钴，一般不会缺乏。但由于牛奶中这种元素含量很低，因此以牛奶为食物的猫需要另外补充铁和铜元素，否则容易贫血。

碘是组成甲状腺素的必需成分。猫缺碘，30 周后甲状腺功能降低、甲状腺体萎缩。表现为生长缓慢、被毛稀疏、头部水肿、表情呆板、不易怀孕，有的难产，胎儿有腭裂等。如果幼猫食物含碘量波动较大，如含碘低的肉类改喂含碘丰富的鱼类，时间长了，会引起甲状腺功能亢进，患猫好动又以疲劳。

## 猫的饲料

### 1. 饲料种类

（1）动物性饲料动物性饲料是猫机体蛋白质的主要来源，也是脂肪的主要来源。因为猫是食肉动物，所以动物性饲料是猫的主要食物，约占猫日粮 80% ~85%。动物性饲料来源十分广泛，几乎所有畜禽的肉、心脏，以及鱼粉、骨粉等均可做猫的饲料。鱼类、鸡蛋、动物脂肪等是非常可口的佳肴,鸡、鼠、蛇、蚕蛹和昆虫等动物,也是高蛋白饲料。

(2)植物性饲料　植物性饲料通常指农作物和农副产品饲料,主要包括大米、大豆、玉米、大麦、小麦、土豆等含淀粉较多的谷物以及含蛋白质较多的饼类饲料,如豆饼、花生饼、芝麻饼等,人们所吃的米饭、面包、饼干等猫更爱吃。但植物性蛋白比动物性蛋白的利用率要低得多。

(3)矿物质饲料　矿物质饲料主要指骨粉、石粉、碳酸钙、磷酸氢钙、蛎粉和食盐。食盐主要供给氯和钠的需要,骨粉和磷酸氢钙既补充磷又补充钙,而且钙磷比例恰当。

(4)商品性饲料　现在市场上也有不少猫的商品性饲料出售,商品性饲料按含水量可分为三种:干燥型、半湿型和罐头型。

因为猫是完全肉食者,故此它们的主要能量及营养来源来自于动物性蛋白质及动物性脂肪,而不是碳水化合物。严格来说,若猫日常饮食中有足够的动物性蛋白质及脂肪,它们根本不需要碳水化合物也可健康的生存。但市面上一般给猫食用的干粮往往含有大量谷物,以致碳水化合物含量高达35%~40%。猫的身体结构并不善于处理大量碳水化合物,如猫日复一日地吃着干燥型饲料,含过多的碳水化合物,患上糖尿病及肥胖症的机会会大大提高。以干燥型饲料作主食的猫虽已比吃湿粮的猫多喝水,但相比之下,它们真正吸取到的水分仍比吃湿粮的猫少一半。这使得长期只吃干猫粮的猫长期陷入慢性缺水的状态,令排尿量减少,尿液过度浓缩,以致日后容易出现泌尿系统的毛病。并且由于猫科动物源自水源缺乏的沙漠地带,它们的身体构造是从食物中吸取大部分所需的水分。它们所捕获的小动物(如老鼠、小鸟等)含水量通常也不少于60%。另外,也因源自沙漠,它们的口渴机能也不如狗及人类等敏感,这就解释了为何大部分猫都不怎么喜欢喝水。饲喂时不能以干粮作为它们唯一的主食。优质的湿粮(自制或罐头湿粮)才是最接近猫理想饮食的主要食粮。

### 饲料的配制

目前我国养猫者绝大多数不为猫特别配制饲料,只在自己的饭中配以适量的鱼和肉,一般来说,这种猫食基本能满足猫的营养需要,米饭作为植物性饲料提供充足的碳水化合物,鱼、肉作为动物性饲料给猫提供丰富的蛋白质及其他营养成分(如钙、磷等),食盐、骨粉等作为矿物质饲料加以补充。一般情况下,未必会影响猫的生长发育。但为了使猫更加健康地发育,根据其营养需要,将各种饲料按一定比例配合,制成营养比较全面的日粮还是很有必要的。

在配制饲料前,饲料一般都要经过加工处理,目的是增加饲料的适口性,提高饲料的消化率,防止有害物质对猫的伤害;猫吃食很挑剔,故饲料必须洗净,如食物污秽不洁,甚至是自己吃剩的食物,猫也宁愿挨饿也不愿再吃;各类肉食要煮熟,切成小块或剁成肉末,与其他饲料拌喂。生肉易使猫患寄生虫病或感染传染病,而太熟了又破坏蛋白质,损坏维生素,因此肉以半熟为宜。当然在某些情况下,如猫对烟酸的需求量增加时,可喂一些经检验合格的生肉。骨头可制成骨粉,可买也可自己制作。总之,无论配制什么饲料,原料一定要经过加工处理才可配制。

## 种猫的饲养管理

### 1. 种公猫的饲养管理

种公猫饲养的好坏,对其配种能力和精液品质有着重要的影响,因此在种公猫的非配种期,也应保证饲料的质量。在配种期,要消耗大量的体力,食欲也因此减退,为了保证种公猫的精液品质,应提供些体积较小、质量高、适口性好、易消化、富含蛋白质和微量元素的饲粮,如鲜瘦肉,肝和奶等。种公猫的日喂量通常为3次,配种时间是清晨6点,配后1h后饲喂。中午要让猫充分的休息。

下午6点第二次交配。种公猫的配种每天不能超过两次,每次间隔一般在10～12h左右。频繁的交配会导致公猫的配种能力下降,也会缩短种公猫的使用年限。种公猫要进行适当的运动,从而增加食欲,增强精液的品质。

### 2. 妊娠猫的饲养管理

猫的妊娠期为58～71天,平均为63天。这一时期的任务是保证胎儿的正常生长发育和正常分娩。

(1)妊娠母猫的饲养

①妊娠初期妊娠开始至30日龄妊娠初期,胎儿较小,无须提供特殊的日粮,但是要注意饲料的质量,即微量元素的补充。

②妊娠中期　指妊娠30～48日龄。胎儿发育迅速,妊娠猫的代谢增强,对营养物质的需求量增加,蛋白质需求量增加15%～20%;能量的需求量也有所增加。因此,饲粮中应多添加些猪肉、牛肉、鸡肉等动物性脂肪。

③妊娠后期　指妊娠最后15天。胎儿的生长发育速度非常快,应增加采食量20%～30%。但是采用的饲喂方法是少量多餐的,每日饲喂4～5次,夜间应给妊娠母猫补饲一次。饲喂过多会导致腹压过大而伤害胎儿。减少富含碳水化合物的食物(如米饭、馒头)的供给量,防止猫过胖而难产。但是饲粮中增加蛋白质和矿物质的喂给量。

(2)妊娠母猫的管理

①适当运动　母猫在妊娠期间,采食量不断增加,因此应做适当运动,防止母猫过胖而导致肌肉的张力减退,子宫肌的张力和收缩力也减弱,导致分娩时分娩力量不够而难产。每天晒1h左右太阳,还可利于钙的吸收。

②日常护理　妊娠母猫喜好安静,不愿意受到任何打扰,因此为猫选择一安静、干燥、温暖的住所。勿驱赶和打骂猫,为猫洗澡和梳毛时动作要轻柔,保护猫的腹部不受到任何不适当的挤压。

③选择产房　为了让猫顺利分娩,因此在猫分娩前7～10天左右,选择合

适的产房和产箱,放在固定的地方,让猫熟悉环境、饲养人员和食物,增强猫的安全感。

④防止猫流产　普通母猫流产现象一般较少发生,但是比较名贵的品种易发生流产。流产主要包括营养性流产、机械性流产和疾病性流产。只有了解流产发生的原因,生产中才能采取有效措施减少流产现象的发生。

a,营养性流产　是指母猫在妊娠期间,饲料品种单一,食物中缺少蛋白质、维生素及某些矿物质,摄入脂肪过多,引起母猫肥胖,均可引起流产。因此猫的营养要全面。

b,机械性流产　妊娠母猫被追赶、踢打、惊吓、猫与猫打斗以及在猫笼里碰撞、挤压所导致的流产。因此在母猫妊娠期间,不应拽猫的耳朵或尾巴,尽量减少碰触猫的腹部。

c,疾病性流产　是指妊娠期间母猫患腹泻、肠炎及子宫疾患等也可能引起流产。因此在妊娠期间不能给猫驱虫和喂药,保证食物的干净,一旦出现疾病应立即就医。

### 3. 哺乳母猫的饲养管理

(1)哺乳母猫的饲养　母猫分娩后体力消耗很大,体质较弱,为了更好的哺乳,增强机体的抗病力,要增加饲喂量。虽然母猫在分娩后的2天内,食欲下降,但是应供给充足的饲料和清洁的水。产后3天,将猫的日喂量提高3~4倍。多喂些富含蛋白质的催乳料,如鱼、肉、猪蹄汤、骨粉等,每天的饲喂次数为4~5次。

(2)哺乳母猫的管理

①环境条件　注意产房的温度,温度过高或过低,不利于母猫恢复体况,也会影响猫的哺乳。应保持环境的安静、干燥,防止他人打扰。产后猫的母性较强,通过气味来辨别是否是自己所产的仔猫,若仔猫身上有异味,猫会将其咬伤。因此尽量不要将仔猫从产箱中取出观看。注意乳房部位的卫生,每2~3

天用无刺激性和特殊气味的消毒剂消毒,防止乳房炎的发生。

②防止母猫的异食癖　个别猫产后咬死自己亲生的仔猫的现象,称之为猫的异食癖。青年母猫和老龄母猫皆有发生,主要因素一是新生仔猫身上有异味,或是母猫产后受到惊吓;二是母猫患有神经质,经常舔舐仔猫,导致仔猫出血,被吞食;三是饲料中缺乏蛋白质、维生素和矿物质等;四是母犬吃了死胎。防治措施:一是增加饲粮中的蛋白质含量,在哺乳母猫的饲料中添加些肉等;二是注意环境条件,防潮,防吵闹;三是对刚出生的死胎应及时处理,避免母猫采食。

## 幼猫的饲养管理

### 1. 仔猫的饲养管理

仔猫是指刚出生到断奶前的猫。该阶段猫的死亡率是生产中最高的。因此在生产中应提高饲养管理措施,促进仔猫的正常生长发育。

(1)仔猫的生理特点　刚出生的仔猫全身披毛,仔猫出生时身体各器官发育还不完善,但是具有良好的嗅觉和味觉,听力和视力较差,直到出生后第 8 天才能听到声音。刚出生时双目紧闭,一般要在 9 天左右才睁开眼睛,能看清楚物体,仔猫在出生后的 9 天中,除吃奶外,都在睡觉。刚出生的仔猫体温调节能力比较差,体温较低,而这时仔猫皮薄毛稀,生产中注意保温工作。但随着日龄的增长,体温逐渐上升,到第 5 日龄时,趋于猫的正常体温。根据仔猫的生理特点,其饲料管理细节列举如下。

(2)仔猫的饲养

①尽早让仔猫吃上初乳　刚出生的仔猫体内不能产生抗体,因此易受到细菌、病毒的侵害而患病。但是仔猫可获得被动免疫力,即通过吃初乳可获得母猫的抗体,而且新生仔猫的肠道容易吸收初乳中的抗体,可提高仔猫的抗病能

力，这对于保护仔猫的健康十分重要。因此，仔猫出生后应及时吃上初乳，否则会因血糖过低，体温过低而死亡。要想让仔猫尽快地吃到初乳，最好在仔猫出生后24h内及时哺乳，如果时间过长，会影响仔猫肠道对抗体的吸收率，吸收能力随着时间的增长而减弱。仔猫出生2h左右，寻找乳头，开始哺乳。母猫每胎产仔2～6只，若有体弱的仔猫，一定要让它吃上母乳，尤其是分娩后3天的初乳。仔猫每天应达到饱食，才能安然入睡，提高仔犬的生长速度。

②固定乳头　一般来说，每窝仔猫中有体重相对来说较大的，就有相对较小的。往往较小体重的仔猫在吃奶时找不到或抢不上乳头，这时应该进行人工固定乳头，并将其放在泌乳量多的乳头上，生产中称之为“雪中送炭”。大概要进行3天左右的训练，就可达到了固定乳头的目的，一旦吸乳位置固定后，仔猫间不会发生争抢乳头的现象。生产中往往在仔猫出生后2～3天内确定乳头。这样整窝仔猫能均匀生长。此时生长较好的仔猫腹部圆润，皮肤富有弹性、被毛光亮、安静入睡。而长期未饱食的仔猫通常表现为体型瘦弱，皮肤呈暗淡颜色，被毛蓬乱缺乏光泽。

③寄养和人工哺乳　仔猫出生后，有些母猫死亡，无乳或发生疾病时，应该给仔猫寄养。寄养成功的条件是产仔时间接近，不应超过3天；寄养的母猫母性要好，泌乳量高。可将寄养母猫的奶液或尿液等涂抹在被寄养的仔猫身上，混淆气味，这样寄养母猫可接受仔猫来进行哺乳。

也可采用人工哺乳方法。常选用的液体食物是鲜牛奶或鲜羊奶，在饲喂时，可在奶中加入适量的鱼肝油、葡萄糖等。混合牛奶饲料的具体制作方法是：先将鲜牛奶9ml（也可用奶粉代替）放入一杯中，加入3ml清水，再加入2匙葡萄糖和6滴鱼肝油，混摇，将其搅拌均匀，饲喂时应保证奶温在37～38℃。可用塑料注射器或猫用奶瓶，也可用早产儿使用的奶瓶，作为人工哺乳工具。人工哺乳时，为防止食物进入仔猫的气管和肺中，应让仔猫的头平伸而不抬高，抓住仔猫的颈部，将奶瓶的奶嘴慢慢放入仔猫嘴里，边观察仔猫的吃奶情况，边缓慢挤压奶瓶。仔猫喂奶的次数：出生～7日龄，每3小时喂一次，每次2～3ml；7～

14 日龄,每 3 ~4 小时饲喂一次,每次 3 ~5ml;14 ~21 日龄,白天每 3 小时一次,晚上喂一次,每次 8 ~10ml。此时,仔猫已开始学会从食盘中舔食食物,因此应给仔猫补饲些易消化的食物。如煮熟的动物肝脏等。要对补乳的器具及时进行清洗、消毒,防止仔猫病从口入。人工哺乳后,应模仿母猫哺乳时舔舐仔猫,用棉签或手指轻轻抚摸仔猫的外生殖器,以刺激仔猫排便排尿。当仔猫开始排泄时,要及时用手纸将排泄物擦拭干净。排泄后,若肛门出现红肿的现象,可涂抹红药水或青霉素眼药膏,效果较好。

④保温　刚出生的仔犬体温调节能力比较差,因此应给仔猫提供温暖的环境生长。常用的是保温箱、红外线灯。出生 24 小时以内的仔猫,最适宜的温度是 32℃,14 日龄内适宜的温度是 27℃左右,14 日龄以后最适宜的环境温度为 21℃。在炎热的夏天,猫的箱内温度不能过高,否则会导致仔猫中暑而死亡。

⑤日常管理　经常保持猫舍卫生,及时更换箱内垫料,清扫污物,及时消毒,提高仔猫的成活率。

### 2. 幼猫的饲养管理

猫的哺乳期大概为 35 ~40 天。幼猫指从断奶到 7 月龄的猫。幼猫断奶后,断奶后的幼猫无论在生理上还是在心理上,以及饲养管理等方面发生了明显的变化,因幼猫生长发育十分迅速,所需要的营养物质也较多。所以对这一时期的饲养管理必须十分重视。这一时期的主要任务是促进幼猫的正常生长发育。

(1)幼猫的饲养　要按照幼猫食品标签的要求进行饲喂。幼猫的采食量也随着年龄、体重、性情、品种的不同商不同。一般情况下,猫对食物有自我调节能力,不会饮食过量的。不应让猫养成偏食的习惯,尤其是鱼类和肝类食品,因此,食谱应定期更换,在更换时,应注意要逐渐改变,否则会造成幼猫肠胃不适而腹泻。幼猫喂食场所应干净、安静的地方,对食物盆等每天应及时清洗。在夏天温度较高时,容易导致饲料腐败变质,应注意食具、水盆和猫舍、猫笼的卫生及周围环境的卫生，做到定期消毒，一周至少消毒一次，防止幼猫食物中毒。为了防止幼猫发生胃肠炎，可每周饲喂一次土霉素。

(2)幼猫的管理

①人与猫交流　有些幼猫排斥人，不乐于人接近，因此主人不能对其大声呵斥，强制拥抱幼猫，应与猫多玩游戏，增进感情，经常抚摸幼猫的耳朵和下颌，并且用语言鼓励幼猫，当猫玩耍累了，就让它睡觉，否则会使猫受到惊吓而躲人，不敢接近人。当猫在吃食或排便时，不要打扰它。

②保健　从幼猫断奶后至6月龄以前要每月驱虫1次，6月龄以上的猫可每季度驱虫1次即可，常用的驱虫药物有丙硫苯咪唑、吡喹酮等。体外寄生虫的消除主要是经常给幼猫洗澡。在8～12周龄时进行第一次免疫接种，注射狂犬病疫苗，此疫苗是一种灭活的细胞疫苗，3月龄以上的幼猫，首次接种应肌肉注射2次，每次间隔4周。此外还应预防其他传染病：猫瘟、传染性肠炎、猫病毒性鼻气管炎。注射疫苗时应注意，猫体是健康状态，接种疫苗后1周内，避免洗澡，出去玩耍等。

③疾病防治　10～12周龄的幼猫，对外来病原侵袭的抵抗力很弱，主要是因为从母猫中获得的母源抗体基本上已消失，而自身的免疫系统还未完全建立起来，易患各种疾病。因此，应加强幼猫饲养管理，冬季的幼猫应防止天气寒冷而导致的感冒严重会导致肺炎。一旦发现幼猫有异常行为，如呕吐、多泪、瘙痒等应立即就医。

④日常管理　猫舍应保持清洁，及时通风，冬季要防寒保暖，夏季要防暑降温，提供给猫充足的饮水。每周可用0.1%新洁尔灭或2%～3%来苏水儿喷洒消毒。

⑤调教　断奶之后就应调教猫固定排便。猫是喜欢清洁的动物，正常情况下不会随地大小便。若是没有为幼猫提供固定排便的器具，幼猫常会躲藏在隐蔽、安静的角落里排便，不仅不利于清扫，而且会导致屋内臭味浓厚。应将便盆放在安静、光线较暗和易发现的地方，在盆内可放些砂土或猫砂等垫料。通常

可选用吸水性、除臭的猫砂。猫砂通常有两种,一种是膨润土猫砂,吸湿性较强的猫砂会很快吸干粪便里的水分,结成一个小块。在清理时,不用整盆倒掉,用带漏孔的猫砂铲铲出这些小块即可。一天清理两次即可。可随时添加猫砂。另一种是水晶猫砂。主要成分是二氧化硅,无毒无污染,颗粒呈白色圆珠状。吸收尿液后会成黄色,每天只需清理变色的颗粒即可。通常使用时,猫砂便盆应放置在通风、干燥处。调教时,在猫窝旁边放便盆,当猫排便焦急时,将其引入到便盆边,诱导幼猫在盆里排便,最好盆内有幼猫的尿味,经过3天调教,就成功养成定点排便的习惯了。

## 成年猫的饲养管理

成年猫是指生长发育基本成熟,并可以进行繁殖的猫。成年猫体长一般为40~50cm,公猫体重为3~4kg,母猫为2~3kg。前肢五趾,而后肢是四趾;爪发达而尖锐,呈三角钩形,并能缩回,是猎取食物的重要工具。

### 1. 成年猫的饲养

养好成年猫的关键是要合理地饲养管理,饲养与其他阶段猫大致相同,饲养主要是要配制好成年猫的日粮,才能满足成年猫的营养需求,30周龄时每千克体重每天只需要0.42MJ维持基本的生命活动的需要,但不同阶段的成年猫,应适当地调整饲料量及代谢能。妊娠的猫需要经常供给蛋白质、钙及优质脂肪等,但脂肪不宜过多,哺乳期母猫则需要更多的能量,尤其是哺乳高峰时,每天每千克体重所需的代谢能可超过1.05MJ,此时即使不加限制,母猫的体重也会有所下降。

成年猫的营养需求:成年猫营养需求的满足与否,直接影响猫的生长发育和抗病力,营养需求满足的成年猫身体健壮,对一些病毒性疾病、细菌性疾病、寄生虫性疾病的抵抗力强,容易产生抗体获得免疫力。反之,营养缺乏的成年猫对任何生长阶段都将产生不利的影响。如母猫在妊娠期间或妊娠前的营养状况会直接影响胎儿的发育、体质及产后的成活率，哺乳期的母猫的营养供应水平对仔猫的生长发育影响更大。所以，成年猫的营养需求是非常重要的。

### 2. 成年猫的饲养要求

①成年猫喜欢温热煮熟的食物　凉的和冷的食物不但影响成年猫的食欲，还容易引起成年猫消化功能紊乱，所以喂猫的食物要温热。另外，成年猫的食物应煮熟喂给，煮熟的食物可增进适口性，有利于消化吸收，并能预防原虫性寄生虫、致病细菌和有害的毒物危害，比如猫吃生鱼、生肉等易感染绦虫病。

②成年猫对粮食中的能量含量要求不高，尤其是节育后的猫，能量含量过高很容易发胖。但要求有较高的蛋白质成分，尤其是动物性蛋白质，它对成年猫身体健壮，被毛光亮很重要。

③猫不宜长期喂给全肉类食饵　食肉过多易发生钙缺乏症，造成佝偻病、骨质疏松、牙齿脱落等病症。动物的肝脏中维生素 A 和维生素 D 含量丰富，其中维生素 A 对猫的健康十分重要，但要适量，摄取量过多会引起关节变硬或麻痹，一般每周饲喂 1 ~ 2 次动物肝脏即可。

④喂猫的地方和食具要固定，环境要安静且保持食具的清洁卫生　成年猫不喜欢在嘈杂和强光的地方吃食，对食具和环境的变换非常敏感，有时因换了地方和食具而引起拒食。另外要保持食具的清洁卫生，对于猫的食具、砂盆、玩具、猫舍及其他生活用具，要定时清洗、消毒，保持干净。

⑤必须科学供水　首先，保证饮水清洁卫生。以免感染肠道病菌；其次，要有充足的清水，让猫自由饮水，保证饮水量，不能用菜汤和淘米水等所代替，而且每天都要换水和洗刷饮水器。如果饮水不足易发生呕吐和下痢性脱水。

⑥注意观察猫的食欲　这是了解猫身体状况的重要途径。影响猫食欲的原因很多，但主要的有 3 个，即饲料原因、环境原因和疾病原因。所谓饲料原因，就是喂猫的饲料单一，或饲料不新鲜，或者饲料的气味、浓度、味道不对胃口

等。猫的嗅、味觉很灵敏，饲料稍有霉变或异味，猫就会拒绝进食。另外，饲料的味道不要太淡、太咸。猫喜欢吃甜食或有鱼腥味的饲料。环境原因，如强光、喧闹。有陌生人在场或有其他动物干扰等都会影响猫的食欲。若这两个因素都改善了，猫的食欲仍不好转，那就可能是疾病原因。这时要更加仔细地观察、照料，发现疾病要及时请兽医诊治。

### 3. 成年猫的管理

对于成年猫的管理，无论是家庭养猫或专业户养猫，都必须有一套全面而严格的管理制度和方法，才能健康地饲养成年猫，尤其是家庭养猫。因此，对于成年猫管理应注意以下几点。

(1)与猫交朋友，逐渐建立感情　成年猫的自尊心很强、重感情，不仅不能忍受粗暴的对待，有时就是稍有疏忽也会表示不满意。即使和主人的感情很深厚，只要主人开始疏远或粗暴地对待它，猫也会断然地躲避，甚至远离出走。因此，对于成年猫的饲养一定要有耐心，建立人猫亲和，增进猫对主人的感情。

(2)禁止用大量生的动物性饲料和残羹剩菜喂成年猫　用少量生的动物内脏喂成年猫，具有轻泻作用，但大量饲喂时，会引起腹泻，导致脱水和电解质平衡紊乱。此外，生的动物性饲料中易携带具有感染力的寄生虫卵、弓形虫的卵囊或肌内中的滋养体等，猫食后就可以受感染。生的动物肉或内脏煮熟后，寄生虫卵、成虫、幼虫都可被杀死，能有效地防止猫感染寄生虫病。生肉或内脏中可能在动物生前就感染了各种细菌或病毒性传染病，用这些动物的肉或脏器喂猫，猫就有感染传染病的可能，某些人畜共患病还可能经猫传染给人。动物性饲料腐败变质后，可产生某些毒素(如葡萄球菌毒素、肉毒梭菌毒素等)，引起猫的急性中毒，甚至死亡。

残羹剩菜中虽含有多种营养物质，但其中盐分含量很高，由于猫对食盐的耐受量比人低得多，猫常易发生食盐中毒，会引起脑组织水肿、脑室积液，使猫处于兴奋状态，最终昏迷而死亡。

(3)经常给猫梳理被毛和洗澡　对于成年猫,尤其是长毛猫,应经常梳理其被毛和给它洗澡。梳理被毛和洗澡不仅是为了清洁和美观,而且有防治体外寄生虫、皮肤病、促进血液循环和新陈代谢等健生防病的作用。

(4)保持猫舍和食具用具的清洁卫生　无论是家庭养猫或专业户养猫,都必须有一套全面而严格的管理制度和方法,才能获得健康的猫,尤其是家庭养猫。一般家庭养的猫活动范围有限,都与主人共同生活在一个环境中,因此必须注意保持室内猫舍和食具用具的清洁卫生,这样才有利于猫和主人的健康。首先要训练猫在固定的地点便溺,便盆要经常清洗和更换垫物,保持清洁、无臭味,防止猫因感到便盆脏而更换便溺地点。猫舍及食具和便盆要经常清洗,定期消毒或在太阳下暴晒,这样既可保持清洁卫生,又能预防疾病。猫舍的设计应考虑到防暑、防寒、通风、透光、干燥和卫生。猫舍垫料要经常更换,猫舍要经常用药物消毒,但不能用气味太大或刺激性强的消毒药,可选用0.1%过氧乙酸、百毒杀、消毒王、次氯酸钠等消毒药,这些消毒药的刺激性小、杀菌力强,喷洒在猫舍及其周围环境中,能杀死大多数病菌。用0.1%新洁尔灭浸泡食具、便盆5~10min,或用3%~4%热碱水浸泡,洗刷后再用清水冲洗干净。

(5)猫舍要保持良好的温度和湿度　成年猫一般都有怕热喜暖的习惯,对寒冷有一定的抵抗力。因为猫体表缺乏汗腺,体热不易排出,特别是波斯猫等品种,被毛长而厚实,体热更不易散失,因此要注意饲养环境的温度和湿度。一般来说,成年猫可在气温18~29℃和相对湿度40%~70%的条件下正常生活,最适合的气温为20~26℃,最适的相对湿度为50%。气温超过36℃可影响成年猫猫的食欲,体质下降,容易诱发疾病。因此,当气温过高时,应采取降温措施,例如将成年猫饲养在通风凉爽的地方,室内多洒水或用电扇吹风,注意防暑。

(6)擒猫的方法要正确　不要让猫有恐惧感和疼痛感,不要在喂食后立即擒拿,更不要拦腰抓按,动作要轻缓,以免对其造成伤害,同时也避免伤人。因猫的性情暴躁,发怒时容易抓人、咬人,提醒您一定小心谨慎。

(7)猫爪的修剪　成年猫的爪子十分锋利,是捕鼠、攀登和自卫的武器。猫爪生长很快,为了保持爪的锋利或防止爪过长而影响行走,避免抓伤人或抓破衣服、家具等室内陈设,因此,要定期修剪猫爪,一般以1个月左右修理一次为宜。

(8)家庭养猫如不需要繁殖,则可施行绝育手术　即公猫摘除睾丸,母猫摘除卵巢。绝育手术对猫的生长发育和健康基本上没有影响,亦不影响猫对主人的亲善友好态度。相反,却可以加速猫的生长,使猫变得更加温顺,易于管理。

## 老龄猫的饲养管理

### 1. 老龄猫的衰老表现

猫的寿命一般都比较长,大多数猫都活到12~14岁。猫在8~9岁时,开始进人老年期。与老龄犬相似,猫进入老龄阶段,生理和身体上会发生很大的变化。大部分老龄猫的运动量减少,眼神逐渐失去灵敏的目光,眼球晶体变得混浊,微显灰蓝。听力衰退,有些猫会逐渐失去听觉。被毛比以前干涩,显得又薄又干,脱毛严重,身体变弱,肌肉萎缩,关节间的液体开始干竭,引致发炎及不适。口、鼻、耳周围的皮毛变白或变黄。伴随着老龄猫会出现异常行为或患病症状,如流涎、便秘、消瘦、肥胖等。但猫衰老过程缓慢,衰老迹象不明显,一般情况下,出现下面的一些现象就表明猫已经衰老了。

(1)活动能力　不像过去那样活泼好动,而是变得懒惰少动。

(2)睡眠　每天睡眠时间长,特别喜欢在阳光下睡觉。

(3)听力与视力　不如以前敏锐,对事物的好奇心降低。

(4)皮毛　被毛变粗硬且色泽变为灰色,胡须变白,皮肤弹性较差。

(5)好生病　病情重,恢复慢,如肾脏病变、肝脏病变等。

2. 老龄猫的饲养

老龄猫的各种生理机能都有不同程度的变化，良好的营养对老龄猫非常重要，精心的饲养管理会延长猫的寿命。

(1)猫进入老龄后，由于牙齿及嗅觉的衰退，其食欲不如以前，胃肠消化吸收能力下降，所以老龄猫不太容易保持其正常体重，大部分猫变得消瘦，这对其健康非常不利。为了保持它们的健康体重，老龄猫对食物的质量要求高，即包括高质量的蛋白质，如鸡肉、鱼、蛋等，又能供给必需脂肪酸。必需脂肪酸有助于老龄猫渐渐焦枯的被毛仍然保持柔软光滑。同时食物中必须加入专门对猫有吸引力的配料和香味，供给的食物既能提供高能量又易消化吸收，食物还不应太硬，以免咀嚼困难。老龄猫容易出现脱水现象，应给予足够的饮水。

(2)老龄猫摄入蛋白及脂肪的量较以前应有所下降，各种矿物质及维生素的量应有所强化。例如，为了预防尿路结石，应选用含镁较低(低1%)，pH值偏酸性。

(3)老龄猫活动减少，胃肠功能减弱，肠道蠕动缓慢。有些老龄猫随着消化系统功能衰退会引起便秘。因此，食物中需要增加纤维素的含量，用以刺激肠道增强蠕动，防止便秘发生。也可以给猫灌一勺药用液体石蜡。应注意区分猫是排便困难还是排尿困难，因为后者可能是由严重的潜在疾病引起的，需要立即医治。

(4)由于老龄猫的运动量减少，应减少饲喂量以防止肥胖。肥胖的猫会出现不适、急躁，并易得一些严重的疾病，例如糖尿病。肥胖也使它难以为自己梳理毛发进而导致皮肤疾病。

(5)由于老龄猫牙齿脱落，咀嚼困难。所以要吃松脆可口易消化的食品。并且少食多餐，这样才能保证摄入的食物被充分吸收。

(6)由于老龄猫嗅觉及味觉会有所衰退，它们的胃口也会大减。可将食物加热至35℃或为猫提供味道浓重的食品，例如，在食物中加入一些沙丁鱼。

（7）老龄猫的发病率随着年龄的增大而增加，主人要做到能诊断这些疾病并做恰当的治疗和预防。所以，常与兽医取得联系，定期进行检查，一般 1 ~ 2 个月一次为宜，保证生命质量。

### 3. 老龄猫的管理

猫的寿命一般在 12 ~ 14 年，特殊的管理可以延长猫的寿命。所以对老龄猫应给予更多的关心和照顾，让它们增加生活的自信心。

（1）猫具有天生的独立性，不愿随意依附别人，但它的嫉妒心很强，老龄猫更是如此，它会嫉妒自己的伙伴和别的动物，甚至嫉妒家里的人。因此，在对老龄猫的管理上要多关心老龄猫，要经常给予抚摸或用其他爱抚方式，让猫觉得主人仍然很需要它，使猫增强自信心和安全感。

（2）老龄猫比其他的猫更容易遭受各种疾病的困扰，其中包括慢性肾病、口腔疾病、肿瘤、肌肉的变性退化、心血管病和糖尿病等，平时要注意观察猫的各种行为，发现有异常情况，要及时找兽医治疗或借助于喂养，大部分可以预防。

（3）衰老是一个动物体内自由基数量增加的复杂过程，机体靠抗氧化物来抵抗这些自由基。当猫老了，其免疫系统的能力减小，所以在饲料里添加维生素 c 和维生素 E 可对延长老龄猫的寿命。

（4）老龄猫活动不灵活，动作不灵敏，应避免高难度动作。因为老龄猫肌肉、关节的配合及神经的控制协调能力已明显下降，骨骼也变得脆弱，因此为防止肌肉拉伤或骨折等，应避免高难度动作运动。

（5）有条件应给老龄猫刷牙，以减少牙龈发炎引起的细菌侵入；经常用湿棉花清除过多的黏液，并清洁眼睛周围的皮肤；定期检查内耳道。

（6）猫衰老后，食欲会减退、吸收能力会下降，所以应喂些高热量的细软饲料。实验证明，减少老猫饲料中的蛋白质营养并不能推迟肾的老化，反而促进了肌肉衰退和免疫能力的下降。饲料中应减少磷的含量，避免增加尿酸含量、可防止草酸盐结石，这是老龄猫容易自发的疾病。

# 第十八章　特种宠物饲养

## 观赏鸟

### 1. 鸟的概述

鸟在分类学上属于脊索动物门脊椎动物亚门鸟纲动物。到目前为止，全世界鸟类已接近9800种。地球上生存着约1000亿只鸟。中国鸟类的生物多样性居世界前列，从物种数量来说，仅次于南美洲的巴西（2000种）、秘鲁（1678种）和哥伦比亚（1567种）。据2002年郑光美报道，我国有1294种鸟。世界263种画眉科鸟类中，有117种分布于我国。雉类和画眉类的大多数不具迁徙习性，是永久居民，因而中国素有"雉鸡王国"和"画眉乐园"的美称。

目前，我国能笼养供观赏的鸟类已有百余种，主要是雀形目，此外还有鹦形目、鸽形目、鸡形目、雁形目等。

自古以来鸟类就深受人们喜爱，为大自然增添了生机和诗情画意。《诗经》、《尔雅》、《山海经》、《禽经》等书中都有关于鸟类的生活习性、饲养管理等方面的记载。周代人们已经开始养鹦鹉，汉代已经养信鸽，唐代已经养黄鹂，宋代除大量养鸽外，百灵、画眉也很盛行。

鸟类品种众多，习性各异。鸳鸯由于颜色鲜艳和雌雄相依的生活习性而具文采，鹤类身姿清秀，举止优雅大方，行止节奏分明，有时翩翩起舞，舞姿潇洒，叫声悦耳洪亮，古人有"鹤鸣九皋，声闻于天"的赞美。雉类如孔雀、金鸡、铜鸡、七彩山鸡等，雌雄在羽色和体格上有显著的差别，雄的羽毛颜色十分美丽，闪耀着金属光泽，具有很好的观赏价值，金鸡独立，孔雀开屏等一直为人们喜闻乐见。鸣禽体型小巧，大多数营巢巧妙，或羽色艳丽，或善于鸣啭，或擅长效鸣学舌，如画眉、百灵等都是著名笼养观赏鸟类。

## 2. 鸟的生物学特征

### (1)鸟体外貌特征

鸟是一类适应了空中飞行而特化了的高等脊椎动物，是由爬行动物演化而来的。特征是全身被有羽毛，体呈流线型，前肢变成翅膀，后肢形成双脚。鸟体共分为头、颈、躯干、尾、翼和脚，共6部分，现分述如下。

①头部

上嘴　上嘴即角质化的上嘴壳，其基部与额部前缘相接。上嘴的脊部为嘴峰。嘴峰的长度是鸟类分类的重要依据之一。

下嘴　下嘴是角质化嘴壳的下部，其基部与颏的前缘相接，上下嘴壳是鸟类取食的重要器官。

蜡膜　蜡膜为部分鸟类如鹦鹉、鸽、鹰、隼的上嘴基部的膜状物，它覆盖于上嘴基部，名为蜡膜。鼻孔开口于蜡膜上。

额部　额部位于头顶的最前端，与上嘴的基部相接连。

头顶　头顶位于额的后方，头的上方正中部位。

枕部　枕部也称后头，位于头顶之后下方的上颈部。

眼先　眼先位于嘴角至眼间的部位。

耳羽　耳羽位于眼的后方，常为覆盖在耳孔间的细羽。耳羽的羽色常为区分鸟类的特征之一。

颊部　颊位于下嘴基部后方，眼的下方。

颏部　颏位于下嘴基部的后下方。

②颈部　颈部位于枕部下方。可分为上颈部(颈项)和下颈部；其两侧称

颈侧，正前方称前颈；前颈的上前方称为喉部。

③躯干　为鸟体中主要部分，可分为以下各部。

背部　背部位于颈之后方，腰之前方。

肩部　肩部位于两翅的基部，左右两肩的中间又称肩间部。

胸部　胸部位于颈的下后方，背部的腹面。又可分前胸和后胸两部分。

腰部　腰位于背部的后下方，其后方为尾基部。

肋部　肋又称体侧，位于腰部两侧，又可分为左肋和右肋。

腹　腹前与胸部相接，后方止于泄殖孔。

④尾部　鸟类以尾羽构成尾，在运动时用以平衡体躯。中央一对尾羽，称为中央尾羽；最外侧尾羽，称为外侧尾羽；覆盖于尾羽基部之羽，称为尾上覆羽和尾下覆羽。

⑤翼　翼也称翅膀，是由前肢演化而成。主要由骨骼及飞羽构成。飞羽依其着生位置可分为初级飞羽、次级飞羽和三级飞羽。初级飞羽着生于腕骨、掌骨和指骨；次级飞羽位于初级飞羽内侧，着生于尺骨之上；三级飞羽位于次级飞羽内侧，亦着生于尺骨之上。此外，尚有覆盖于飞羽基部的羽毛称为覆羽，其名称分别为初级覆羽、次级覆羽。

⑥脚　鸟类的后肢，通称脚。可分股、胫、跗和趾等部分。股部通常被羽毛覆盖，体表不易明显识别；部分鸟类的胫部亦全部或部分披羽，裸露部分被鳞片覆盖；跗部是鸟类脚部最显著的部分，有些种类在跗内后方生有角质的距，是自卫和争斗的利器；大部分鸟类足生四趾，三趾向前，一趾向后，适于在枝头栖息，也适宜地面跳跃前进；部分鸟类则两趾向前，两趾向后，适于攀跃枝头，而不适于地面活动。

(2)鸟的食性

鸟类按其食性可分为食谷鸟、食虫鸟、杂食鸟、食肉鸟几类。

①食谷鸟　也叫硬食鸟。这类鸟以植物种子为主要食物，嘴呈坚实的圆锥状，短而粗，峰脊不明显，进食时常咬开坚硬的种子外壳，食取种仁，其消化的特

点是:腺胃细小,肌胃发达丰厚,内膜粗硬,常贮有砂石粒,盲肠退化消失。在家养宠物鸟中,雀科和文鸟科均属于此类,如金丝雀、黄雀、蜡嘴雀、灰文鸟、金山珍珠等。

②食虫鸟　也叫软食鸟,这类鸟以昆虫,浆果为主要食物,嘴细而长,形状多样,有些种类的嘴较软,嘴基部还有须。其消化道的特点是:无嗉囊,腺胃细长,肌胃坚实,肠管较短,盲肠未消失。食虫鸟种类多,数量大,约占鸟类总数的一半,但这类鸟较难饲养,人工繁殖更难,且多属捕食害虫的益鸟,应注意保护。大山雀、黄鹂、靛额、啄木鸟均属此类。

③杂食鸟　其食性较杂,有的以食谷为主而兼食虫,有的以食虫为主兼食谷。从家庭饲养的角度考虑,把前者归为硬食鸟,把后者归为软食鸟。杂食鸟的嘴形一般长而弯,有峰脊,其消化道的特点是:腺胃与肌胃几乎等长,肠管中长或较长,盲肠退化或消失。百灵、八哥、鹩哥、画眉、太平鸟均属于此类。

④肉食鸟　也叫生食鸟。此类以肉、鱼为主要食物,饲养时还不能用其他饲料代替。其嘴形有的钩曲,有的宽大,有的细长,其消化道的特点是:腺胃发达,肌胃较薄,肠管较短。翠鸟、雀鹰、白鹭、鹳、朱鹮均属此类鸟,比较好养。

(3)鸟的繁殖习性

各种鸟的性成熟年龄差异很大。一般小型鸟为 8～12 月,中型鸟约 2 年,大型鸟至少要 3 年以上。人工饲养条件下,由于环境因素和饲养条件改善,性成熟年龄有提早的趋势。

①季节性　鸟类生殖器官发育受光照周期的调控,导致鸟的繁殖具有季节性。在自然界,大多数的鸟以春季和秋、冬季繁殖为最多,只有少数的鸟能够终年繁殖。

②求偶配对　求偶是发情的表现,求偶行为大多发自雄鸟。求偶时多数雄鸟声音高亢豪放,或婉转清扬,有的雄鸟则以羽色取悦于对方,有的则表现飞鸣、伸颈、突胸等特殊的动作,有时还发生争斗。

在雄鸟追求下,雌鸟动情中意后,两鸟或同鸣共舞,或互相为对方梳理羽毛,反复几次后,两鸟即行交配。

③筑巢产蛋　鸟巢是鸟产蛋、孵化、育雏的场所。绝大多数鸟类单独营巢,每一对鸟占据一个巢区。筑巢一般由雌鸟承担,如山雀等,还有些是雌雄鸟协作筑巢的,如家燕、黄鹂等,也有专门由雄鸟筑巢的,如黄莺等。

巢筑好后雌鸟就开始产蛋。最少的每窝一枚,多的每窝 26 枚,一般每窝 4 ~8 枚。鸟蛋的形状和颜色式样很多,大多数鸟类的蛋为椭圆形,蛋上具有各种斑纹,如斑点、块斑、环斑、条纹等,形成保护色,不易被敌害发现。

④孵化　孵化一般由雌鸟来承担,少数由雄鸟承担,也有个别由其他鸟承担。如杜鹃自己不会筑巢、孵蛋,会将蛋产在其他鸟的巢中,让其他鸟做保姆代育。

⑤育雏哺育　鸟类的雏鸟可分为早成性和晚成性两种。早成性雏鸟在孵出时已经充分发育,眼已睁开,腿脚有力,全身披着丰富的绒毛,在绒羽干燥后就能跟随亲鸟啄食。晚成性雏鸟出壳时尚未充分发育,眼不能睁开,不能行走,全身裸露,只有很少纤细的绒羽,需由亲鸟喂养,继续在窝内完成发育过程。鸟类抚育幼雏的行为是一种本能。亲鸟在育雏期间十分紧张,每天喂食活动要用 16 ~19h,往返近百次。亲鸟衔食归来踩动树枝和巢时,幼雏就产生伸头张口反应,显示口腔内特别鲜明的颜色,如红色或黄色,以激发亲鸟的喂食本能。不张口的雏鸟,亲鸟不喂食。

### 3. 常见宠物鸟的饲养

#### (1)百灵鸟

①百灵鸟的种类

蒙古百灵　体大(18cm)的锈褐色百灵鸟。胸具一道黑色横纹,下体白色。头部图纹特征为浅黄褐色的顶冠缘以栗色外圈,下有白色眉纹伸至颈背,在栗色的后颈环上相接。栗色的翼覆羽于白色的次级飞羽和黑色初级飞羽之上而成对比性的翼上图纹。虹膜褐色,嘴浅角质色,脚橘黄。鸣声甜美,因此常为笼中鸟。

凤头百灵　又叫角百灵，体型小，头顶上的羽毛未长而窄的羽冠，竖立而成凤头状，上体一般沙褐色，下体棕白。

鹰嘴百灵　嘴长，大而弯曲。上颌角质鞘长于下颌，其尖端呈钩状向下弯曲，似鹰嘴。

②百灵鸟的习性　百灵鸟是地栖鸟类，它在地面稍凹处或草丛中筑巢，善于奔走，巢区内多有杂草掩蔽。巢由雌雄亲鸟共同营筑，以干枯枝叶杂草及泥土编织和垒砌而成。

百灵鸟喜凉怕热，但也能适应夏天30℃以上的干热天气，并能度过短暂的一35℃的低温；甚喜沙浴以降温防热、清理羽毛和身上的脏物。

百灵鸟的食性较杂。春食嫩草芽、草根、种子等；夏秋主食昆虫；冬食草籽和谷类，也取食昆虫和虫卵。

③饲养管理

饲喂　饲养百灵鸟应根据其生长发育过程，饲喂不同配方的饲料。

a，填食期　从野外掏取的第7天的小百灵鸟，还不会自行进食，必须人工填食。填食时左手握着小鸟，用右手握着食棒，用右手食指左右触动其嘴，发声引诱其张嘴，小鸟张嘴时将食棒填人口中，随着小鸟的吞咽动作将食棒趁势往嘴里送。

b，上槽期　填食7天时，羽毛覆盖整个躯体，可将幼鸟放入小型鸟笼中，继续填食7天左右，在喂养前发出固定的信号和手势，然后在笼中放置食罐或食槽，将和好的饲料放入食罐或食槽内，雏百灵见到食后，逐渐自己去吃，称之为上槽。上槽期的饲料配方与填食期相似。此期的主要目的是让小鸟能顺利地自行啄食。

c，换羽期　头窝鸟一般在8月下旬至10月上旬进行换羽，即脱掉卵毛换上接近成鸟的毛色。换羽期一般长达40～50天，饲养管理好则换羽期短；反之则长，甚至不少的幼鸟因过不了换羽关而死亡。换羽期营养消耗量大，增加蛋黄小米中的蛋黄比例,增喂蝗虫、蚱蜢、黄粉虫、油葫芦等活虫以外,还应增加瘦肉丝和少许骨粉及青菜。此期须注意的问题是不要营养供应过多,使小百灵鸟太肥,不听呼唤,在笼子里乱跳乱撞,日后难以调教。

d,换食期　小百灵换羽以后,可逐步由面食换成米食。在换食时应逐渐过渡,可在笼内设置两个食罐。一个盛面食,另一个盛米食,面食量逐渐减少,米食量逐渐增加,最终完全去掉面食而只留米食。有些小百灵鸟吃面食习惯了,不喜欢吃米食,就必须在米食里多加些蛋黄,等习惯后,就可以完全取消面食。

e,成鸟的喂养　成鸟的主食为米食,其配方同换食期。为促春鸣,可喂些柳树芽或榆树芽,在夏季适当喂少量的荸荠片,每天加喂些动物食品,如黄粉虫4~5条,少量蚂蚱、蟋蟀、清蒸于鱼片或碎瘦肉等。换羽期和发情期管理应更为精细,发情期要增加蛋黄含量,通常500g小米中蛋黄5~6个,以增加营养。并要保证每天有活虫或油菜籽或者麻籽的供应。

饮食和环境卫生　百灵鸟对环境的要求较高,污染的环境、不良气味都会引起鸟儿的不叫与发病。夏天应避免烈日晒,冬天应防止受冻,并应在温暖时进行日光浴。夏季太热,适当给百灵鸟水浴,可向鸟体的背腹部喷水(不要向鸟头喷水),以羽毛潮湿为度。

百灵鸟对温度的要求

| 日龄/天 | 1~5 | 6~10 | 11~20 | 28以上 |
|---|---|---|---|---|
| 温度/℃ | 35~37 | 32~34 | 26~31 | 20~22 |

鸟笼内应保持干燥清洁,排出的粪便及时用竹夹取出,笼底垫沙每星期更换1~2次。食罐和水罐应经常刷洗。饮食要讲卫生,腐烂霉变饲料不能用。如进行填食,一定要先洗手,以免手上的污物或盐分进入鸟体内引起发病。调配饲料用的水和饮用水必须清洁,最好用凉开水或新的自来水,不得用碱水或含盐的水,更不能用脏水。

遛鸟　每天清晨或傍晚应手提鸟笼到环境优雅的地方遛鸟,一边走一边随步行节奏摆动鸟笼,使鸟得到活动。

调教　调教百灵鸟是为了叫口好，能上台。调教首先应经常用活虫对雏鸟进行引逗，锻炼鸟的胆量，培养它与人的感情。当雏鸟身上绒羽一脱完，幼鸟喉部鼓动并发出“咕咕”声（俗称“拉锁”），此时即可调教它鸣叫。要在清晨和傍晚将幼鸟带到有叫口百灵的地方让它学口。第2年春天为“押口”或者叫“靠口”的最佳时期，小百灵模仿能力很强，能学会老百灵的很多音节和套数。一般押口经过6～10个月就能出叫，如超过一年还未学会这种鸟可以淘汰。

（2）画眉

画眉也叫虎鸫、金画眉。分类在雀形目鹟科画眉亚科。主要生长在中国的江苏、浙江、安徽、湖北、四川、云南、贵州、陕西等地，台湾地区也有，但外表略有不同。为广州市市鸟。该鸟为普遍性留鸟，主要栖息于海拔1000公尺以下之山丘的浓密灌木林中，喜欢在晨昏时于枝头上鸣唱。画眉性格隐匿、胆小，领域性极强，雄鸟性凶好斗。平时只有在秋季才会三五成群的出现，叫声明亮悦耳，为鸣鸟中之佼佼者，常被捕捉饲养而成为笼鸟。由于画眉雄鸟好斗，不少地方都有人训练其打斗观赏，甚至赌博。画眉鸟食性杂，以水果、浆果、种子及昆虫为主食，笼养画眉的饲料主要是蛋炒米和适当的菜叶和昆虫。每年春夏季节开始繁衍后代，一窝约产3～6枚卵。笼养画眉如果饲养得好，其寿命一般可达15年左右。

①种类

大陆画眉　体长约24cm，体重50～75g。上体橄榄褐色，头和上背具褐色轴纹；眼圈白、眼上方有清晰的白色眉纹，向后延伸呈蛾眉状的眉纹；画眉的名称由此而来。下体棕黄色，腹中夹灰色。

雌雄画眉同色，故从外形上难以区别，一般是从画眉的鸣中声来鉴别。“画眉不叫，神仙都不知道”的说法，雄鸟善鸣叫，婉转动听。雄鸟额部较宽，额角突出，大腿和跗都比雌鸟显得粗壮有力。雌鸟体型较雄鸟短小，头圆也小。

白画眉　乃世间罕见之珍品，是千万只鸟中极其少见的羽毛变异者，《鸟经》称之为画眉王。白画眉集打斗、鸣叫于一身。

台湾画眉　台湾岛特有种，身长约24cm，全身棕褐色，顶冠、颈后、背部有深色粗条纹，腹部有细条纹，但没有画眉的白色眉纹，而且体色较画眉更偏棕色。

白耳画眉　俗名白耳奇（眉鸟），身长约24cm，翼长约10～11cm。雌雄羽色相同，头顶为蓝黑色而有光泽，后颈至背、喉至上胸皆为灰黑色。下背、腰、尾上覆羽为橙褐色；尾羽较长为黑褐色；翼为黑色而有光泽。嘴为黑色，脚为肉色。下胸至尾下覆羽为栗褐色，因为有一道很长的白色过眼带，一直延伸到耳后，并散呈须状，故名白耳画眉。声音嘹亮优美，与冠羽画眉一样，是清晨鸣唱声最大的鸟类之一，为台湾特有种。

冠羽画眉　褐头凤眉，身长12～13cm，翼长约6cm；雌雄羽色相同，头顶上有高耸的暗褐色冠羽，冠羽下方为灰白色，外加两撇小八字胡。背部为橄灰色，腹面为黄白色。初、次级飞羽为暗褐色，脸部灰白略带黄色。颈侧有一弧形线斑与过眼线、颚线相连。胸以下略带黄色，尾下覆羽杂有栗褐色羽毛。嘴为黑色，脚为黄褐色。台湾特有种，是中、低海拔山区普遍的留鸟。足迹遍布海拔2000～6000m之间，分布广。

②饲养技术　画眉鸟是属于野生的鸟类，栖息在山野之中，它的活动范围，多在人迹罕至之处，故其性野。一般饲养来源是从鸟店购得。幼雏阶段的画眉，性较温顺，人工饲养起来也较容易，成鸟则因已习惯在山野，性强难驯，但因其体格强壮，唱、打都较人工饲养长成者为佳，因此为玩家们所喜好。

笼关　画眉性喜清洁，养鸟者每鸟须备竹笼两架，以便每天轮流洗涤。铁丝笼或人造塑料笼均不是理想鸟笼，前者易生锈，后者气味非鸟所喜。所以，鸟笼以竹制者为上佳驯养画眉要用画眉笼，不可过大，也不可过小，形状适宜。在我国从古至今传统的画眉笼为圆形笼，一般高32cm，直径宽为22cm，外挂布罩，底铺细沙，内挂食、饮水器。

选种关　鉴别声音和鸣叫能力：画眉的歌唱技能要素，主要表现在鸣叫的模仿能力，能模仿别的鸟叫或各种小动物的叫专声。有的画眉能学鸡叫和其他鸟鸣,这是优质鸟;有的鸟争鸣能力很强,能表现出战斗、驱赶、威吓、胜利的争鸣叫战的气氛。

饲料关　画眉鸟最喜欢吃的是活食,凡属昆虫类小动物,都喜欢啄食。人们为了方便,多饲蚱蜢,每鸟每天约 20 ~ 30 只足够,多则浪费。

饲喂关　坚持“三定”:一定时,每天喂 3 次,从早 7 点投喂;二定量,自由采食,吃饱为宜;三定水,供足清水,自由饮,不可饮污水。

管理关　注意以下几点:不可直接在太阳光下暴晒,但在室内饲养光线要充足;坚持单笼饲养,一鸟一笼,不可混养;在驯化雏鸟时,不可与其他同类鸟“对唱”,但成鸟以对唱为佳;画眉喜安静,应适时扣罩;冬季要防脚冻,所挂之处温度不能过低。

防病关　做到“两早”:一无病早防,每隔 3 ~ 5 天清扫笼舍,每天喂前刷洗食、水器,严禁喂霉变饲料;二有病早治,经常观察画眉动态,已发现常见病有尾脂腺炎,在画眉受惊吓、感冒、中暑或因饲料脂肪含量高及缺水时,易发生,应及时治疗,否则可引起死亡。

③画眉训练

鸣唱训练

a,雏鸟鸣唱的调教　当雏鸟的尾羽开始长出来的时候,已有低鸣的能力。如果可以以收音机给予音乐的刺激,即可看到雄鸟的喉部一起一伏地鼓动,似乎欲鸣的样子;也可以用其他的乐器刺激雄鸟的喉不鼓动。最适合的学习时间是在第一次换羽开始在山林中捕捉回来的雏鸟,在训练的时候必须环境清静,而且最好用雏鸟喜欢吃的饲料给予鼓励。

b,用鸟师帮带　画眉的饲养者多数是以叫口好或者是优秀的老画眉作为教鸟师。俗话说,“名师出高徒”。让接受调教鸟与鸟师笼放在一起,听鸟师鸣叫,边听边学,这样子可以使画眉的叫口比较准确,声音婉转。调教的画眉从开口到大开口鸣叫一般要 2 ~ 3 年。因此,必须耐心地调教。如果是要模仿其他鸟的鸣叫声,可能时间要更加长一些。使用这种鸟师带的方法,切忌与其他鸟放在一起。

角斗训练　许多鸟类在繁殖的过程中养成了强烈的排他性，画眉鸟就是一个很好的例子，正是因为这种排他性，使画眉雄鸟十分好斗。

选择斗鸟除了要选择排他性强的鸟以外，还要选择那些性烈难服的个体，只有性烈难服的鸟，才能培养成善斗的“将军”。

斗鸟在饲养上也应该有所不同。笼要比较大的，食物要增加蛋白质的含量，减少脂肪的含量，多喂活食，如蹦蹦跳跳的蝗虫等，以便训练其捕捉攻击的敏捷性。

(3)绣眼鸟

绣眼鸟分布在中国南方各省，并迁徙到广东、福建等沿海地区越冬。它们非常活泼，常在树枝上跳来跳去。主要以小型虫类为食，还能用舌头吸食花蜜。春末至夏末，雌雄生活在一起，其他时候则集成大群。它们把巢建在不高却叶子茂密的树枝上，很难发现它们。巢用苔藓、细草、羽毛等建成，非常精巧。它们每窝产蛋4~5枚。

绣眼鸟

绣眼鸟是体型纤小，羽毛常为绿色，眼周有白圈，嘴小而尖，舌能伸缩，舌尖有两簇刷状突，可伸入花中捕食昆虫或采食花粉。绣眼鸟分布于亚洲，非洲和澳大利亚，在一些偏僻的海岛上也能见到，共约11属90种，我国有1属3种。

①红肋绣眼鸟　别名粉眼、白眼儿、红肋粉眼，属雀形目，绣眼鸟科。红肋绣眼鸟体长约10cm。全身大部绿色，仅腹面白色，而肋呈显著栗红色，眼周具白色。繁殖在东北、河北北部、甘肃西南部，迁徙时经沿海各省及四川、云南等

地，在云南南部及以南地区越冬。

②暗绿绣眼鸟　广东人多称它们为相思仔、白眼圈。台湾多称为绿绣眼，亦称青笛仔、青啼仔。日本称为目白。其他俗名包括绣眼儿、粉眼儿、粉燕儿、白眼儿、白日眶等。中国著名的观赏鸟，体型小，羽几乎纯绿，眼周有白圈。

③灰腹绣眼鸟　体小（11cm）的橄榄绿色绣眼鸟。似暗绿绣眼鸟，但区别为沿腹中心向下具一道狭窄的柠檬黄色斑纹，眼先及眼区黑色，白色的眼圈较窄。虹膜黄褐色，嘴黑色，脚橄榄灰色。该物种已被列入国家林业局2000年8月1日发布的《国家保护的有益的或者有重要经济、科学研究价值的陆生野生动物名录》。

④诺福克岛绣眼鸟　又名白胸绣眼鸟，是世界上最稀有的鸟类之一。白胸绣眼鸟长达14cm，是最大的绣眼鸟之一。翼展阔7.5cm，重约30g。它们的头部呈淡绿色，颈部呈橄榄绿色，喉咙及腹部白色。它们的眼圈是白色的。雄鸟与雌鸟相似。

（4）靛颏

靛颏分红、蓝，是时下最流行的高雅类观赏鸟。

①红靛颏　又名红颏、靛额、红喉歌鸲、红脖野鸲。属雀形目、鹟科、鸫亚科。夏季在我国的东北、青海和四川北部繁殖，冬季在我国的西南部越冬。

红靛额是我国传统的笼养鸟。过去，多在皇家宫廷中饲养，北京天桥的三鸟楼、五家茶馆也有专门喂养。这种鸟经过换食调养后鸣叫，再配上精制的笼子，出口价格很高。红靛额身体修长、俊俏、体长约16cm。雄鸟体羽大部分为橄榄褐色，各羽的中央略现深暗色。脖子上的羽毛火红，眼上有一白色眉纹。胸部灰色，两肋棕褐色，腹部白色，雌鸟喉部白色，眉纹淡黄色。虹膜褐色，嘴暗褐色，脚肉色。

②蓝靛颏　又叫蓝颏、靛额、蓝脖、蓝喉歌鸲、九圈领等。属雀形目、鹟科、鸫亚科。夏季在我国的东北、西北地区繁殖，秋末迁徙时，经东部和中部各省，到云南西部、广东、福建一带越冬。蓝靛颏体长约14cm，雄鸟上体羽色为土褐

色，头顶羽色较深，有白色眉纹，脖子上的羽毛呈亮蓝色，中央有栗色块斑，胸部有黑色和淡栗色两道宽带。腹部白色，两肋和尾下覆羽棕白色。雌鸟酷似雄鸟，但颏部、喉部为棕白色。虹膜暗褐色，嘴黑色，脚肉褐色。

## 观赏鱼

### 1. 金鱼

金鱼古称“金则”，谐音为“金玉”或“金余”，象征着和平、幸福、富丽、快乐、名贵。它不仅色彩多样，红、黄、黑、蓝、棕、橙、花七彩纷呈，雍容华贵。而且体形婀娜多姿，雅艳兼备，人们誉之为“金鳞仙子”、“水中牡丹”。金鱼的故乡在中国，其祖先是鲫鱼，经过长期自然影响和人工饲养筛选，才出现了今日金鱼家族。

(1)金鱼的主要品种及特征

金鱼的品种大体可分为草种、龙种、文种、蛋种四大类。

①草种金鱼是金鱼中最古老的一个品种，又称金鲫种。体质强壮，适应能力强，容易饲养，成为目前大面积观赏水体的主要金鱼品种。

外观体形似鲫鱼，身体呈纺锤形，体躯狭长而侧扁，头部扁尖，具背鳍，尾鳍呈叉形单叶。根据尾鳍形状的不同，草种金鱼分短尾和长尾，短尾称“草金鱼”，长尾称“燕尾金鲫”，也称“彗星”。

②龙种金鱼　龙种金鱼是现代金鱼的代表品种，也是主要品种。其主要特征是体短，头平而宽，眼球膨大突出眼眶之外，似龙眼，故得名龙睛；鳞片圆而大，胸鳍长而尖呈三角形，背鳍高耸。按尾鳍形态可分为蝶尾、凤尾和扇尾龙睛。按体色分为红龙睛、墨龙睛、蓝龙睛、紫龙睛、朱砂眼龙睛、红白花龙睛等。龙种金鱼有50多个品种，名贵品种有凤尾龙睛、墨龙睛、喜鹊龙睛、玛瑙眼、葡萄眼、蝶尾等。

③文种金鱼　又称文种，其体形近似“文”字形，故而得名。文种金鱼身体短宽，呈三角形，头尖如鼠头，背鳍发达，尾鳍延伸。体色多为红色、紫色、蓝色和红白花斑。文种分六大类：头顶光滑为文鱼型；头顶部具肉瘤为高头型；头顶肉瘤发达包向两颊，眼陷于肉内为虎头型；鼻膜发达形成双绒球为绒球型；鳃盖翻转生长为翻转型；眼球外带有半透明的泡为水泡眼型。代表品种有文鱼、鹤顶红和珍珠金鱼等。

④蛋种金鱼　蛋种鱼的主要特征是体短而肥，呈卵圆形，形如鸭蛋，早在公元1780年已将此类鱼称作“鸭蛋鱼”。无背鳍。有成双的尾鳍和臀鳍。此类金鱼的生命力强于龙种、文种，生长速度快。

蛋种分七型：尾短为蛋鱼型；尾长为蛋凤型；头部肉瘤仅限于顶部的为鹅头型；头部肉瘤发达并包向两颊、眼陷于肉内的为狮头型；鼻膜发达形成双绒球的为蛋球型；鳃盖翻转生长的为翻鳃型；眼球外带半透明泡的为水泡眼型。

(2)金鱼的饲养管理

①放养密度　金鱼具有群聚的习性，进行群养有利于金鱼的生长发育，但放养密度不能过大。密度如果过大，鱼体的活动受到限制，水溶氧消耗量大，水质也会迅速污染变质，轻则会阻碍鱼体发育，重则使金鱼窒息死亡。

金鱼的放养密度视品种、鱼龄、体型大小、气温以及饵料种类而有差异。一般情况下，水深30cm、注水5kg左右的养鱼木盆中，可以放养5～6cm长的金鱼5～6尾。饲养中可根据容器和鱼体大小，参照上述数字酌情增减。

②喂食　喂食不但要定时，还要定量。

金鱼摄食的时间从夏季来看，如果气候正常，每天摄食量最多时刻是早上6～7时。因为这时气候凉爽，是金鱼体力充沛、活动量最大的时候。此时喂食，进食快，食量大，是投食最适当的时间。但是随着季节变化、气温逐渐下降、喂食时间必须往后推移。一般来说，春、夏、秋气温较高时，早晨喂食比较合适，秋末及冬季气温较低时，以中午喂食为宜。

金鱼的饥饱和消化吸收状况可从鱼粪的颜色上进行判断。如果鱼粪呈绿色、黑色或棕色，表明金鱼摄食适度，消化吸收良好；如果鱼粪呈白色或黄色，表明金鱼吃得过饱，不可再喂饵料。

③换水　鱼盆中的水必须经常更换。在温暖季节，每天应换一次水。换水时，用虹吸管从鱼盆底部将积存在盆底的污物连同旧水一起吸出。吸出量是盆中水量的1/3. 然后换入经过暴晒、合格的新水。一次换水不能过多，否则会引起金鱼生活环境的剧烈变化，使金鱼不能迅速适应新水环境而食欲减退。

④注意水温和水中氧气状况　金鱼最适的水温是15～25℃，此时鱼体能充分摄取食物，迅速地生长发育。水温如高于30℃或低于10℃，鱼体则普遍厌食，活动迟缓，生长缓慢。如水温高于40℃或低于0℃，鱼体即趋于死亡。

适合金鱼正常生长发育的水体中的水溶氧量，应不低于5.5mg/L。如果水溶氧量低于4.0mg/L时，金鱼表现发呆、食欲不良、生长缓慢；如果水溶氧量是低于2.0mg/L时，金鱼呼吸频率显著增加，并发出轻轻响声。进一步发展，鱼体就会窒息死亡。

⑤越冬　金鱼越冬期间，必须保持适当的水温，以便能够安全越冬。我国幅员辽阔，各地温差悬殊。北方地区冬季气温可以降到零下15～30℃，应将金鱼移入室内饲养，保持0℃以上水温；河南、湖北等地，冬季气温常降到零下7～8℃，在养鱼盆上加盖防寒物，就可在室外越冬，无需移入室内；至于广东、福建等地，冬季温度稳定在零上5～10℃之间，金鱼完全可在室外越冬，不必采取防寒措施。在冬季，不论室外还是室内，水温都较其他季节降低，金鱼摄食和活动都有所下降。因此，可以减少喂食量，换水次数也可以减少。

### 2. 海水观赏鱼

覆盖地球表面77%的海洋，给种类繁多的海洋生物提供了备具特色的栖息场所，世界上已查明的海洋鱼类约有2万余种。著名的品种有女王神仙、皇后神仙、小丑鱼、蓝魔鬼等。

(1)海水观赏鱼的常见品种

①小丑鱼　小丑鱼是对雀鲷科海葵鱼亚科鱼类的俗称。在成熟的过程中有性转变的现象,在族群中雌性为优势种。在产卵期,公鱼和母鱼有护巢、护卵的领域行为。其卵的一端会有细丝固定在石块上,一星期左右孵化,幼鱼在水层中漂浮之后,才行底栖的共生性生物。因为脸上都有一条或两条白色条纹,好似京剧中的丑角,所以俗称“小丑鱼”。

②黄肚蓝魔鬼　又名变色雀鲷,分布于中国南海、中国台湾和印度洋、太平洋的珊瑚礁水域,属雀鲷科,体长10~12cm,椭圆形。体色天蓝,嘴部有蓝色或黑色花纹,胸鳍下方的腹部一直到尾柄上方都是鲜黄色,尾鳍、臀鳍鲜黄色,鳍边缘白色。

③三点白　分布于印度洋、太平洋、红海的珊瑚礁海域和日本、中国南海、中国台湾等地,属雀鲷科,体长10~15cm,椭圆形。全身浓黑色,各鳍黑色,背鳍前方有一个白点,体侧各有一个银白色圆点,共三个白点而得名。

④黄火箭　分布于中国南海、中国台湾和印度洋、太平洋的珊瑚礁海域,蝶鱼科。体长20~25cm。头部呈三角形,嘴呈管状向前突出,眼睛到头顶呈灰褐色,眼睛到腹鳍呈银白色,眼睛藏在黑带中并向嘴部延伸。体色鲜黄,尾鳍银白色,其余各鳍鲜黄色,臀鳍末端靠近尾柄处有一个黑色圆斑,俗称假眼。

⑤黑白关刀　黑白关刀也叫长鳍关刀,有一个非常长的背线。身体白色带两条宽宽的黑色条纹,眼睛上也有一个黑纹穿过。尾鳍及背鳍呈现亮黄。一些关刀也被叫做蝶鱼。水族箱饲养时适合与温和的鱼及其他同种鱼混养而且同时人缸。黑白关刀游泳时,背上的长刺是此鱼的亮点,很漂亮。

⑥月光蝶　分布于印度洋和太平洋礁岩海域,我国南海也有分布。体长15~20cm。头小,嘴尖。体色主基调为黄色,体上半部浅褐色。眼部有一条黑带,紧邻其后有一条白色带纹,鳃盖后缘有一条镶黄边的黑带向背部延伸。背鳍、臀鳍宽大,且边缘黑色,尾鳍黄色,且边缘黑色。

⑦女王神仙　分布于太平洋珊瑚礁海域,体长20~25cm,卵圆形侧扁。体

金黄色,全身密布网格状有蓝色边缘的珠状黄点,背鳍前有一个蓝色边缘的黑斑,鳃盖上有蓝点,眼睛周围蓝色,尾鳍鲜黄色,胸鳍基部有蓝色和黑色斑。背鳍、臀鳍末梢尖长直达尾鳍末端。

⑧皇后神仙　体长40cm,幼鱼体色为蓝色,其上有白色条纹。随着年龄的长大,白色逐渐转变为黄色,条纹变成水平的波纹。体侧自鳃盖后缘到尾柄有数条平行的蓝色带纹贯穿身体前后。眼部有棕褐色带,嘴银白色,鳃盖上有一条黑带,下颌黑色。背鳍布满蓝色花纹,边缘黄色,臀鳍深蓝色,并有黑色花纹,尾鳍黄色。

(2)海水观赏鱼的饲养管理

海水观赏鱼对饲养管理的要求较高,特别是海水观赏鱼中的蝶科鱼类、棘蝶科鱼类对水质的硬度、水的循环过滤流量、光照和水温的调节以及饵料品种的选择与需求要求很高,必须认真对待。

①饲喂　海水观赏鱼从野生的海洋环境中被移入水族箱人工饲养的环境中,会出现不同程度的不适感,故要有一个适应的过程,时间长短不一。当海水鱼一旦适应了水族箱中的生活环境,就可以引诱它们摄食饵料。其开食时间较长,一般应选择其熟悉的海洋中的活饵来诱发食欲,以后逐渐过滤到投喂海洋中的死亡食物,再过滤到人工配合饵料或当地来源较广泛的食物。这样,海水观赏鱼就会逐渐适应水族箱中的生活环境。

②水质调控　高盐度鱼类(如海水观赏鱼类、珊瑚、海葵等无脊椎动物)对海水的水质要求较高,海水盐度在30%左右,海水相对密度在1.022~1.023.人工海水可采用人工海水直配制。低盐度鱼类(如石斑鱼、花斑海鳗、花斑虎鲨、海龟、黛瑁等)要求海水盐度在20%左右,海水相对密度在1.017~1.020.人工海水可采用人工海水盐配制。低盐度鱼类(如东方暗色河鲀、绿河鲀、金鼓、绿鼓等)喜生活在半卤半淡的水质中,它们中有些品种亲鱼在淡水中繁殖,卤水中生长;有些品种亲鱼在卤水中繁殖,但幼鱼是水中生长的。各种鱼类对温要求在26~28℃,水硬度在7~9°dH,水的pH值约为8.0~8.5。

各种海不观赏鱼饲喂条件

| 鱼种 | 黄肚蓝魔鬼 | 三点白 | 黄火箭 | 黑白关刀 | 女王神仙 |
| --- | --- | --- | --- | --- | --- |
| 饲养水温 | 26～27℃ | | 27～28℃ | | |
| 海水相对密度 | 1.017～1.023 | | | | |
| pH 值 | 8.0～8.5 | | | | |
| 水硬度 | 7～9°dH | | | | |
| 饵料 | 海藻、丰年虾、冰冻鱼肉 | | 藻类、软珊瑚、水蚯蚓、红虫 | 鱼肉、贝类、水蚯蚓 | 海藻、冰冻鱼虾肉 |
| 混养 | 珊瑚、海葵 | | 不可与珊瑚等无脊椎动物混养 | 藻类或浮游动物 | 软珊瑚等无脊椎动物 |

③日常观察

恐惧感观察　由于品种不同、习性差异,加上饲养密度较高,易使鱼产生恐惧感,导致相互之间的斗殴、撕咬。故必须细心观察,及时采取妥善的防范措施。

食欲观察　可在投饵时观察食欲状况,如发现离群食欲减退或拒食的鱼,应及时找出原因,加以解决。

夜间观察　夜幕降临后,海水观赏鱼都有各自的栖息领地,有的隐藏于岩石洞穴中,有的隐藏于斧劈珊瑚中,有的横卧于珊瑚砂上。

粪便观察　海水观赏鱼每天排粪 1 ~ 2 次,粪便颜色,有的品种(如蓝倒鲷、人字蝶、红小丑等)粪便呈白色液状,有的品种(如珍珠狗头、皇后神仙等)的粪便呈碎屑状,有的品种(如花斑海鳗等)的粪便呈颗粒状,观察时注意粪便的状况是否正常。

④水族箱的清洁卫生　水族箱内的海水在养鱼前是洁净透明的,但在饲养一段时间后,由于鱼类的排泄物会使蓝藻类大量繁殖,月余后的水族箱的内壁或底会滋生一层蓝色或褐色的藻类,随着海水的老化以及藻类繁衍的日趋旺盛,仅靠生物过滤系统的作用已远不能达到根除藻类的效果,从而影响了水族箱的观赏效果。

### 3. 热带淡水观赏鱼

热带鱼生于热带水域。热带鱼分为淡水热带鱼和海水热带鱼。但在近热带和与之交界处的南北温带水域,凡有观赏价值的鱼类品种,也归入了热带鱼,所以，其分布还包括部分亚热带地区。此小节所介绍的是生活于淡水中的热带观赏鱼品种。

(1)热带淡水鱼的常见品种

①孔雀鱼　别名彩虹鱼、百万鱼、库比鱼，原产于南美洲的委内瑞拉、圭亚那等地，主要栖息于淡水流域及湖沼。孔雀鱼的繁殖能力很强，并能耐受污染的水域，具群集性。孔雀鱼性情温和，能与温和的中小型热带鱼混养。孔雀鱼体长4～5cm，是最容易饲养的一种热带淡水鱼。它丰富的色彩、多姿的形状和旺盛的繁殖力，备受热带淡水鱼饲养族的青睐。尤其是繁殖的后代，会有很多与其亲鱼色彩、形状不同的鱼种产生。雌、雄鱼差别明显，雄鱼的大小只有雌鱼的一半左右，雄鱼体色丰富多彩，尾部形状千姿百态。

②剑尾鱼　原产于墨西哥、危地马拉等地的江河流域。体长形，长约13cm，雄鱼尾鳍下叶有一呈长剑状的延伸突，是较容易饲养的热带淡水鱼品种。剑尾鱼在水温20～25℃，弱酸性、中性或微碱性水中都能正常生长和繁殖，最适生长水温为22～24℃，杂食性，性格温和，易和别的热带鱼混养。剑尾鱼6～8月龄性成熟，每隔4～5周繁殖1次，每次产鱼苗20～30尾，适宜繁殖的水质为pH7～7.2.硬度6～9度。

③月光鱼　原产于墨西哥、危地马拉等江河流域。月光鱼雄鱼的体长有4～5cm，雌鱼体长5～6cm。短小而侧扁，头吻部尖小，尾部宽阔，胸腹部较圆厚，尾鳍外缘浅弧形，背鳍稍偏后，与腹鳍、臀鳍对称。此鱼原种的体色为褐色或黑色，体侧有零星的蓝色斑点，因尾柄处有一块新月形黑斑纹而得名。品种有红月光鱼、蓝月光鱼、金头蓝月光鱼、黑尾月光鱼、红尾月光鱼等。饲养水温18～24℃，喜弱碱性水质。饵料以鱼虫为主。繁殖水温25～26℃。繁殖期间，雄鱼的体色会逐渐变深、变亮，臀鳍演化成输精管。雌欲腹部膨大，体色比雄鱼要浅。

④食人鲳　又名食人鱼或水虎鱼，体呈卵圆形，侧扁，尾鳍呈叉形。体呈灰绿色，背部为墨绿色，腹部为鲜红色。牙齿锐利，下颚发达有刺，以凶猛闻名。

雌雄鉴别较困难。一般雄鱼颜色较艳丽,个体较小,雌鱼个体较大,颜色较浅,性成熟时腹部较膨胀。体质强壮,容易饲养,不能与其他鱼共养。对水质要求不严,喜弱酸性软水,适宜水温为22~28℃。

(2)热带观赏鱼的饲养管理

热带鱼的饲养管理是一项综合性工作,它包括用水、投饵、保温等,它要求掌握热带鱼不同品种的生活习性,有针对性地完善热带鱼的生活环境。

①饲养设备　热带鱼的饲养设备除水族箱和水质过滤器外,还有水质循环过滤设备、加热设备、增氧设备、照明设备、抽水设备等。

②投饵

觅食习性　热带鱼的饲养水温一般是控制在24~28℃之间,在这一温度范围内,热带鱼的食欲旺盛,生长迅速,它不受外界气温变化影响,始终维持在一个相对稳定的状态中。热带鱼的饵料有鱼虫、水蚯蚓、纤虫、黄粉虫、小活鱼、颗粒饲料等。

投饵次数　热带鱼的投饵量应根据鱼体大小和数量多少来决定。家庭饲养热带鱼,一般每天只需投饵1~2次,其投饵量以5~10min内吃完为宜。大批量饲养热带鱼时,每天需要投饵2~3次;繁殖时期的种鱼,一般每天投饵3~4次。更换新饵料时,投饵量要由少逐渐增多,运输前要停饵1~2天。

③用水

a. 兑水　兑水是指部分换水这是热带鱼饲养中经常采用的简便有效的方法。兑水前,先将水族箱内的加热器、充气泵、循环过滤泵等电器的电源关掉,然后用纱布擦净水族箱四壁玻璃或景物上附生的青苔,待水静置15min后,水中悬浮物全部沉入缸底,用橡皮管轻轻地吸出底部污物。一般吸出的水量约占总水量的1/4~1/3。然后将备好的同温度的新水,沿着缸壁缓缓地注入。

b. 换水　换水是指全部更换饲水,它是改变水质的最简单有效的方法,但换水的工作量较大,尤其是水族箱有景物时,工序复杂繁琐。换水前,将水族箱所有电器的电源切断,将鱼和景物全部取出,放去水。水族箱冲洗干净后,将景物全部放好,放入新水备用。

## 斗鸡

斗鸡在民间最早是一种用于观赏娱乐的鸡种,当时并没有专用的品种,后来通过人们长期的精心选拔和培养,才初步形成了一种战斗性能较强的品种。这一品种的出现,受到当时封建领主的欣赏,因此就千方百计地进行搜罗,把这些优良品种网罗入深宫官邸,经过选拔、配种、繁殖并精心地培养,使这一古老鸡种的斗性得到显著提高,并逐渐定型。另一方面,斗鸡也由原来的观赏逐步沦为赌博工具。

我国历史上有关斗鸡的记载甚多,如春秋时期,季郈为了斗鸡而得罪于鲁昭父,双方因此竟打起仗来,汉末三国时,魏明帝曹叡,为了斗鸡竟在邺都(今河南临漳县以西)筑起“斗鸡台”。唐朝唐玄宗李隆基,为了清明斗鸡而设鸡场于两宫之间,养雄鸡千余只,并选六军小儿五百人为鸡奴,命贾昌为五百小儿之长,以司其职。到了宋代,京都开封盛况空前,百业俱兴,斗鸡之风,不仅京都,就是远处西南的四川,也是斗鸡如狂。所以太宗时张泳曾有:“斗鸡破百万”、“骄马黄金路”的诗句,以揭露当时四川官僚的罪恶情景。由此可见,我国历史上玩鸡斗赌之风虽然盛行,然而由于历代斗鸡爱好者的垄断和时代交通条件的限制,所以斗鸡在全国的分布并不广泛。除客观条件的局限以外,就斗鸡本身来说也存在主观方面的限制,如喂鸡方法、训练技巧、选种培育、繁殖发展等,都有着严格的要求和非常保守的习惯。随着时代的发展,交通的改善,近百

斗鸡

年来国外一些国家也喂养斗鸡，如英美、印度、菲律宾、泰国、越南、西班牙、古巴等都有数量不等的斗鸡。

### 1. 外貌特性

(1)体型

前胸要宽，羽毛要紧凑，身架要利落，选择“小头大身架，细腿线爬爪”的体型。螃蟹盖身型及枣核身的体型要淘汰。

(2)体重

斗鸡体重一般分三种等级，大号斗鸡体重为4.0kg左右，中号斗鸡为3.5kg左右，小号斗鸡为3.0kg左右，公鸡超大型者有5.0kg左右者。

(3)骨骼

根据斗鸡的特殊性格和战斗的需要，其骨骼一定要坚实，各部位的骨骼长短，粗细比例要匀称，过于细长或短粗都不利于战斗。

(4)毛色

一般以青、红、紫、皂为上色。青色即乌黑色的毛羽，正面带有青绿色的亮闪，底绒为白色，并有白沙尾。有些地方把青鸡叫做“乌云盖雪”。红色即项背为红色毛，群边毛为灰褐色，尾为黑色或带白沙尾，红鸡出壳后的绒毛为白色。紫色即项背的羽毛为深红或黑红，有青紫和白绒紫两种。皂色即全身羽色均为黑色，黑如皂布无亮光。

(5)头部

相对来说，头小脸皮紧薄细致为好。耳环要小，不能有重冉，脑门要宽厚，眼窝要深大，冠要小而正直，五官长得要谐调。嘴形要求既粗直又长尖，大弓形嘴形不好，嘴要尖而利为佳。过细过长(俗称竹签嘴)者不可取。嘴色要纯净，一般只有黄白两种，成鸡嘴色不能带有黑色。鼻翼要外扇，鼻孔要大而长。

(6)眼色

一般分白、黄、红三种,其他还有菊花、豆绿等,但以纯白色为上品。两眼要有神,目光要锐利,同时眼窝要深,眼眶要大,眼珠要小。

(7)冠形

一般分平顶与花冠两大类。平顶又称顶头,平顶中又有窄面、宽面、鹅顶、柿饼冠之分。花冠又有翘花冠、小花冠、大花冠、寿星冠、麦穗冠、开山斧之分。根据战斗要求,冠形以小而细者为好。

(8)腿爪

腿分大腿与明腿。大腿与明腿的弯曲度要大,俗称"大腿弯",弯度大,弹跳力强。大腿要粗,明腿要细,肉要长在大腿上,明腿要皮包骨头,不要有一点肉。两腿间的间距要大,即裆口要宽,爪片要大,爪要细,要干,要长,趾间的角度要大,后小爪要向后展,以便于站落稳当。

### 2. 斗鸡类型

我国的斗鸡按其地理分布可分为以下四种类型。

(1)中原斗鸡

包括河南斗鸡、鲁西斗鸡和皖北斗鸡,产区位于广大的中原黄河冲积平原一带,目前社会存量约16万余只,其中河南斗鸡约占3/4。

河南斗鸡主要分布于洛阳、开封、郑州三市,河南斗鸡以其体大、骨粗、肌肉发达、勇猛善斗、宁死不屈而闻名。

鲁西斗鸡原产于山东西南部一带,即郓城、嘉祥、鄄城等。鲁西斗鸡头小、脸狭长、眼大、耳叶短小。毛细,羽色主要有黑色、红色和白色之分。

皖北斗鸡分布于安徽省北部的阜阳、亳州、淮北、淮南、蚌埠和宿州等地,皖北斗鸡体型紧凑,体格结实,羽毛薄,腿高而粗壮,脖粗而长,胸部宽厚肌肉丰满。

(2)吐鲁番斗鸡

分布于新疆维吾尔自治区吐鲁番、部善和托克逊一带，数量不多。吐鲁番斗鸡冠矮小为复冠，耳叶为红色。喙为褐色。毛色分黑色、麻色和浅栗褐色三种。公鸡镰羽呈黑色带青铜光泽，跖呈肉色，亦有青色，有的颈羽、皮肤呈肉色。

(3)西双版纳斗鸡

产区在云南西双版纳傣族自治州橄榄坝一带，西双版纳斗鸡头小呈半梭形，豆冠，冠、耳叶呈红色。喙短粗呈弧形，呈黄或褐色。虹彩呈橘红色。

(4)漳州斗鸡

漳州斗鸡主产于福建漳州市芗城区的天宝、芝山、石亭、浦林镇及市郊，分布于厦门、泉州等市，饲养量6万余只。漳州斗鸡头小，脸狭长，眼大有神，耳叶短小，呈圆形，从喉部到嘴部有一条不大的垂肉。

### 3. 饲养管理

(1)育雏期斗鸡的饲养管理

1～30日龄是斗鸡的育雏期。

①温度　一般第1周温度约35～37℃。第2周起每日降低1℃，降到25℃就不再降了。

②湿度　1周龄为相对湿度60%～70%，1周龄以后相对湿度为55%～60%。

③通风　在保证温度的前提下进行适当的通风换气，一般室内要以人进去后没有刺激味为标准。

④光照　出壳后20h至1周期间要全日光照，光照强度为每平方米4W，1周后为每天16h光照，光照强度为每平方米2w。

⑤饮水　斗鸡在出壳毛干后应先饮开水，将开水凉至雏鸡体温温度36℃左右即可，水中可加入0.02%的土霉素。饲养斗鸡在一生中绝不能断水。

⑥开食　饮水后即可开食,可将饲料用少量的水拌成潮湿状,用手将料撮细撒在纸上,让斗鸡自由采食。头 3 天以不断料为好,3 天后改用食槽。食槽要放在灯光下,饲喂时要以少食勤添。每次添料视上次所添的料吃净为好。

(2)育成期斗鸡的饲养管理

30 ~ 90 日龄是斗鸡的育成期。

育成期斗鸡好动,采食量增加,应给予足够的饲料,一般采用自配饲料,但营养价值要全。在饲养中要注意场所及饮水卫生。忌喂发霉饲料。定期在饲料中添加些土霉素,可起到防病的作用。

育成期斗鸡已表现出明显的斗性,最好小圈饲养或单笼饲养。单笼饲养时,每天定时下笼活动,否则,易失去斗性。若出现斗伤,应涂红霉素眼膏,或用酒精、碘酒消毒处理。

(3)成年斗鸡的饲养管理

换过 3 ~ 4 茬羽毛,老翅长齐,即为成鸡,一般 9 个月龄。成年斗鸡的公、母配比按 1:3 分组饲养为好,这样才能保证产蛋和受精率。饲养期间尽量保持环境安静。产蛋期尽量减少外界干扰,产蛋鸡的饲料配方可采用蛋鸡的饲料配方,若母鸡产软蛋或发现啄蛋现象,说明饲料中钙元素供应不足,要进行补钙。另外,每天保持 15 ~ 16h 光照,强度为每平方米 2W。

## 赛鸽

### 1. 赛鸽的品种

赛鸽亦称"竞翔鸽",专用于竞翔比赛的鸽子。赛鸽一般体型不大,成年公鸽约 500g,母鸽约 450g。骨骼硬扎,肌肉丰满,眼睛明亮,羽毛薄而紧,羽色主要有雨点、黑、绛、灰、白、花等多种。传统的赛鸽品种有戴笠鸽、红血蓝眼鸽、李种鸽、竞翔贺姆鸽、鼻瘤鸽等。按赛程可分为中程鸽、短程鸽、长程鸽和超长程鸽。

(1)戴笠鸽

亦称“戴老头”或“老方丈”,中国赛鸽的品种,原产中国北京,由于其头顶有少数白毛,好像戴了一顶白笠帽得名。体型壮硕,圆头巨额,颈项强劲,短脚挺胸,翅膀有力,趾宽。颈部左右两边有白色斑羽。有“三不”优点:一不中途降落,二不入他人鸽舍,三不落网陷阱。

(2)红血蓝眼鸽

原产地是福建漳州龙海县,红血蓝的特征在于眼砂,宝蓝色的底砂,配上成块的血红色面砂,并以此得名。红血蓝体形较小,俗称“燕种”,体型匀称,翅膀特长。红血蓝有四大特点:一是高翔,二是翻飞,三是夜游,四是恋巢性强。

(3)李种鸽

李梅龄先生是我国养鸽史上第一位自成品系的赛鸽家,从比利时和德国引进了10羽名系种鸽,经过多年的精心培育而成的优良品系——李种鸽,该鸽具有持久的飞翔能力,为我国著名的赛鸽。该鸽的特点是具有卓越的飞行能力,一天可飞行20h。

(4)竞翔贺姆鸽

亦称“贺姆传书鸽”,外国赛鸽的品种。羽色以雨点和灰为主,体型几乎具备了竞翔鸽标准体型的所有特征,以飞行速度快而著称。

(5)鼻瘤鸽

为我国云南名种鸽。该鸽的鼻部蜡膜特别发达,具有在恶劣气候条件下飞翔的特性。

### 2. 赛鸽的生活习性

(1)白天活动,晚间栖息

白天活动十分活跃,频繁采食、饮水;晚上则在棚舍内安静休息。经过训练的赛鸽,能在傍晚前不寻找栖息地,而在夜色蒙蒙中鼓翼奋飞,甚至是在夜间飞行。

(2)反应机敏,很怕惊扰

鸽子休小质弱,缺乏抵御天敌的能力,因而反应机敏,有较高的警觉性,对外来的刺激反应十分敏感,因此,在饲养管理上要注意保持鸽台周围环境的宁静。

(3)好清洁、干燥

要求有清洁、干燥的环境和适宜的温度,保持鸽子健康。因此鸽舍应干燥向阳、通风良好,夏季能防暑,冬季能防寒。

(4)情感专一,一夫一妻

鸽子是"一夫一妻"生活的鸟类,在饲养管理中要注意鸽子的配对工作,鸽子在丧偶后要经过较长的时间才重新配对。

(5)记忆力强,固守积习

鸽子有较强的记忆力,对固定的饲料、饲养管理程序、环境条件和信号等能形成一定的习惯,甚至产生牢固的条件反射。此外,鸽子有强烈的恋巢性,人们就是利用这个习性来训练培养赛鸽,使赛鸽能从数百千米甚至上千千米以外飞回鸽舍。

(6)嗜盐性

嗜盐性强。野生原鸽长期生活在海边,常饮海水,形成嗜盐的习惯。经过几千年驯养的家鸽,至今仍保持这种习惯。

### 3. 赛鸽的饲养管理

(1)坚持少给多次喂料的原则

根据实践经验,供给鸽子饲料应坚持少给多次的原则,避免鸽子挑食和浪费饲料。

(2)定时定量供给保健砂

保健砂是养好笼养肉鸽必不可少的物质,它能维持成年鸽的健康,促进仔鸽生长,防止肉鸽软骨症和产软壳蛋、薄壳蛋、破壳蛋等。保健砂能补充鸽子在饲料中不能摄取到的营养和微量元素,并且非常有利于鸽子的消化。

(3)不断供水

每只鸽子每天需水量平均为50ml左右,夏季及哺乳期饮水量多些,秋冬少些。

(4)检查饲料和饮水的质量

经常检查饲料,发现霉变的饲料应立即停用。保持水源清洁和饮水的卫生,每天早上清洗水槽,更换新鲜饮水,防止被尘埃、粪便等污染。

(5)人工补充光照

光照会刺激性激素的分泌,促进精子和卵子的成熟和排出,光照方便产鸽吃料和喂仔,利于乳鸽生长,体重增加。

(6)环境与卫生

保持鸽舍的安静和干燥,定期消毒,同时做好防病治病工作。

## 宠物兔

### 1. 宠物兔品种

(1)波兰兔

原产于波兰,体重小于1.6kg,是纯种兔中最娇小的。身圆头短,两只耳朵竖起及靠在一起,长度不过7.6cm,毛短及浓密。

(2)侏儒海棠兔

别名侏儒荷达特、侏儒熊猫兔。侏儒海棠兔可分为两种,一种是全身为纯白体色,在眼睛部位带有黑色眼线;另一种同样有黑眼线,只是雪白体身上还带有些许斑点。侏儒海棠兔的体型娇小,肩部至臀部成圆弧状,头大且耳短(理想的长度约6cm)、眼珠深啡色、全身白色,同样是纯白色及只有围着眼睛的毛是黑色的,耳朵不长于7cm。由于它的体形小,只要养在小空间里就已足够。

(3)磨光兔

原产于英格兰,体型小,为迷你兔型。鼻子比较短,鼻尖也是塌塌的,常见黑色。

(4)多瓦夫兔

原产于德国,迷你型兔,成年兔体长仅30cm,体重1~2kg,体型非常娇小,可说是真正的“迷你兔”。毛色有灰色、黑色等。

(5)喜马拉雅兔

原产于喜马拉雅山脉南北地区。体重1.1~2kg,身体较长,头长及窄,颜色很特别:眼睛为红色,身体的末端处(尾、足、耳、鼻)为黑色,其余全为白色。

(6)荷兰垂耳兔

原产荷兰,体型超小。体重2kg。毛色有纯色、刺鼠色、杂色、铜铁色、橙色宽条纹等。性情温顺,喜爱干燥清洁,胆小。

**2. 宠物兔的饲养管理**

(1)仔兔的饲养管理

根据家兔的生长发育阶段,把从出生到断奶期中的奶兔称为仔兔。其间又划分为两个发育期:仔兔出生至睁眼(10~12日龄)前称为睡眠期,其后为开眼期。

兔子

①仔兔的生理特点其一，睡眠期的仔兔要到4日龄以后才逐渐长毛，眼、耳闭塞，看不见、听不着，不会跑动，几乎不能自我调节体温；其二，生长发育特别快；其三，适应能力和自我保护能力极差，容易受到环境温度、食物的变化及有害微生物等的伤害。

②养好仔兔应抓好以下几个重要环节

睡眠期　保证仔兔早吃奶，吃饱奶；做好保暖防冻工作；对开眼后的仔兔及时实行“补饲”。

开眼期　仔兔一般为12天左右睁眼，开眼早表明体重好，开眼迟表明仔兔体质发育不良；开眼期仔兔饲养管理重点是适时补饲。

(2)幼兔的饲养管理

幼兔是家兔生长发育的旺盛期，也是发病和死亡率最高的时期。饲养管理的质量，在一定程度上决定其生产潜力的发挥和养兔的成败。

幼兔的饲养管理重点在“保证营养，精心护理”。在喂料方面，除要坚持少吃多餐，定时定量，不要突然更换饲料品种和大幅度增加喂量以外，在食槽和饮水器的选型和设置上，要便于多只兔同时进食和保证饮水；在管理方面，要避免舍内温度过高过低，潮湿和风速过大，还应注意保持笼具、饲料、饮水的清洁卫生和适当的饲养密度(在55era×75cm的笼内,养4~8只兔为宜)。饲养人员须随时仔细观察幼兔的采食、粪便及精神状态,及早做好,疾病的防治和接种疫苗。

(3)后备兔的饲养管理

后备兔是指3月龄后至初配前的青年种兔。后备兔的饲养管理直接关系到种用兔的配种繁殖效果及其品种优良性能的发挥或退化,甚至失去种用价值。

后备兔的饲养要保证一定量的蛋白质(15%~16%)和钙、磷、锌、铜、锰、碘等矿物微量元素,以及维生素A、维生素D、维生素E的供给,适当限制粮食类精料比例,增加优质青饲料和干青草的喂量。作好兔瘟、呼吸系统疾病的预防接种和疥癣病的定期防治;防止后备种公、母兔间早交乱配。

(4)种公兔的饲养管理

在兔群中,种公兔的数量最少,但养好种公兔至关重要。抓好种公兔的饲养管理,要在以下三个方面把好关。

①营养供给要全面、均衡公兔的种用价值首先取决于精液的数量和质量。而精液的数量和质量与营养,尤其与蛋白质、维生素和矿物微量元素密切相关。日粮中蛋白质过低或过高,都会使活精子数减少,导致受胎率和产活仔数下降。如果缺乏钙和维生素A、维生素D、维生素E,公兔不仅会表现出四肢无力,性欲减退,还会导致精子发育不全,活力下降,数量减少,畸形精子增加,使母兔累配不孕。

②与仔、幼兔、母兔相比,公兔挑食性明显喂公兔的饲料,要求体积小,适口性要好,花色品种多、消化性良好。少用质量低劣的青、粗饲料,以增进公兔食欲,保证营养、避免公兔肚腹过大,影响配种。

③种公兔笼位要宽大、位置适中,以方便配种操作,不宜与母兔笼位相邻,注意光线充足。

④使用公兔要讲科学　在配种季节过度使用公兔，或公兔数量过多致使部分公兔在较长时间闲置不用都不对，不是造成配种效果不好，导致公兔早衰，就是引起公兔发胖，性欲下降，甚至失去种用价值。

(5)种母兔的饲养管理

种母兔是兔群的基础。养好种母兔是扩大兔群、增加生产的重要前提。由于种母兔在空怀、妊娠和哺乳三个阶段中的生理状态有明显的差异，因此在饲养管理上应抓好以下主要环节。

①空怀母兔的饲养管理

喂养空怀母兔，以保持不肥不瘦的体况，健康、发情周期正常为目的。如果母兔过瘦，会导致激素分泌减弱，卵子发育不良，从而造成累配不孕，长时间空怀。在管理上要严格实行单笼饲养，防止母兔跑出笼外与公兔乱交配，或母兔间相互爬跨而导致空怀，母兔“假孕”，影响正常繁殖和母兔健康。

②妊娠母兔的饲养管理　从受配到产仔为母兔的怀孕期，一般为 30～31 天。饲养管理的好坏，将直接影响母兔的产活仔数、仔兔初生窝重及仔幼兔的生活力。

喂怀孕母兔的饲料，要求营养好、易消化、体积小。切莫饲喂发霉、腐烂、变质和冰冻饲料，否则死胎、弱胎增加，还易引起流产。

怀孕期母兔的管理，重在保胎。受孕后 15～25 天这段时间，是母兔流产高发期。为此，要尽力保持兔舍的安静，不要随意追捉母兔，除非特殊情况，禁止疫苗注射和进行外寄生虫戡皮肤病的治疗。

③哺乳母兔的饲养管理从分娩到仔兔断奶，称为母兔的哺乳期，一般为 28～42 天。搞好哺乳母兔的饲养管理，一是为仔兔提供量多质好的奶水，二是为促使母兔能维持良好的体况和繁殖机能，有利于再一次发情受孕。

兔乳的营养非常丰富，为各种家畜之冠。在哺乳期，高产母兔每昼夜平均泌乳 200g 左右。由此可见，母兔为恢复产仔造成的体能损失、维持自己的正常生命活动和产奶，每天要耗费大量的营养物质，尤其是蛋白质、能量和钙、磷，这些物质只能从日粮中获得。此外,要时时查看母兔的泌乳情况(看仔兔是否吃饱),发现缺奶或奶多都要及时调整饲料的喂量和带仔数。寄养仔兔时,应先将被寄养的仔兔放入保姆兔产的仔兔箱内,12h 以后方可让母兔哺乳,以避免母兔识别出“养仔”而被咬死咬伤。在母兔哺乳期抓捉母兔和仔兔较频繁,操作要轻,防止造成母、仔兔的皮外伤,尤其是母兔乳房,以减少球菌感染,引起脓胞、乳房炎等疾病。笼舍要清洁,巢箱要保持温暖、干燥、柔软。

# 第十九章　动物标本的巧妙制作

## 无脊椎动物标本的采集与制作

无脊椎动物是一个庞大的类群,不仅种类繁多,而且个体到处可见。尤其是其中的昆虫,约有300万余种,在动物界中种类最多,与人类的关系非常密切。因此,无脊椎动物的采集和标本制作,是同学们学习动物标本制作的一个重要方面。

### 1. 昆虫标本的采集与制作

昆虫的种类繁多,千姿百态,天空、地上、土内、水里到处都有它们的踪迹。昆虫属于节肢动物门、昆虫纲。整个昆虫纲共有300余万种,占整个动物界的3/4,是动物界中种类最多的类群,也是与人类关系非常密切的动物类群。

采集昆虫标本虽然比较容易,但要做到有系统地积累典型的标本却也不是轻而易举的事。在野外采集前应做到:①要熟悉各种昆虫的生活习性,掌握采集对象的变态类型、栖息场所、发生时间、采集方法等,也是制订采集方案时需要考虑的问题;②还需针对采集对象事先准备好各种采集工具,熟练掌握安全的操作方法,以取得预期的成效。采集过程中要尽量避免过量乱采,尤其是比较珍贵的虫种,更要妥善行事。

通过昆虫标本的采集与制作,同学们能够进一步掌握昆虫学方面的知识,从而补充课堂学习的内容。可以了解到昆虫的生态、生活环境的多样性及地理分布状况,并学会识别害虫和益虫,为今后学习甚至工作打下基础。本节主要介绍不同昆虫标本采集、制作、保存的方法和技能。使同学们基本学会昆虫分类的知识及鉴定方法。

(1)常见昆虫的种类

昆虫是无脊椎动物中唯一有翅的动物,它在动物界中属于节肢动物门、昆虫纲,按照分类的阶梯(界、门、纲、目、科、属、种),昆虫纲内又可分许多目。根据昆虫的翅、口器、触角、足等形态和结构等特点,昆虫纲还分有翅亚纲和无翅亚纲,下分30余个目。现仅就其中比较常见的10个目简要说明如下:

①直翅目

体大、中型;前翅窄长,革质;后翅宽大,膜质;咀嚼式口器,不完全变态。如蚱蜢、蝼蛄、蝗虫、油葫芦等。

②鳞翅目

成虫体表及膜质翅上均被有密布的毛和鳞片;虹吸式口器(幼虫为咀嚼式口器);完全变态。蝶蛾类昆虫均属此目。

③膜翅目

体型微小直至中等,一般有两对膜质的翅;体壁较坚硬;头部可以活动,口器大多为咀嚼式,属于蜜蜂科的为嚼吸式;完全变态。如蜜蜂、长脚胡蜂、姬蜂、赤眼蜂等。

④鞘翅目

前翅,角质,质地比较坚厚,静止时左右两前翅在背上相接成一直线;后翅,膜质,常折在前翅下;咀嚼式口器,完全变态。如金龟子、星天牛、七星瓢虫、叩头虫等。

⑤双翅目

成虫有1对发达的前翅,后翅则退化成平衡棒;口器为刺吸式或舐吸式;完全变态。如蚊、蝇等。

⑥同翅目

四翅质地相同,均为膜质;刺吸式口器;不完全变态。如蝉、叶蝉、蚜虫、白蜡虫等。

⑦半翅目

体形略扁平;多数有翅,少数无翅;前翅基部是角质,端部是膜质;后翅膜质;刺吸式口器;不完全变态。如椿象、盲椿象、臭虫等。

⑧脉翅目

翅膜质,翅脉网状,前后翅形状大小相似,完全变态。成虫、幼虫均为肉食性,捕食多种粮棉害虫,为重要的害虫天敌。如草蛉、蚁蛉等。

⑨蜚蠊目

前翅革质,后翅膜质;足发达善疾走,不完全变态。如蜚蠊、土鳖等。

⑩蜻蜓目

翅狭长、膜质,前后翅长短相等;咀嚼式口器;不完全变态。如各种豆娘、蜻蜓等。

(2)常用昆虫标本采集工具

常言道:“工欲善其事,必先利其器。”采集昆虫标本需事先准备好各种采集器材和工具,既要完备,又要使用灵活、携带方便,还要注意安全。尤其是远程的野外采集,更得考虑周密,备好备足。属于采集现场使用的大小工具、器材,要随用随收,免得遗忘丢失。毒瓶、毒剂之类和其他危重物品,更需随身携带,做到万无一失。

下面介绍一些昆虫标本采集常用的工具及其制备、操作方法。

①采集网

采集网是采集昆虫的必备工具。根据网的用途不同,它的形状、大小、构造也不一样。大致可分为4种:

捕网:又名抄网,主要用于捕捉快速飞行的昆虫,如蝶、蛾、蜂、蜻蜓等。捕网由网柄、网框、网袋三部分组合而成。

捕网可以自己制作,网袋选用薄而柔的细纱,颜色以白色或淡色为宜,如珠罗纱或蚊帐布,也可用尼罗纱巾改制,以便能减少空气阻力、加快挥网速度,刊于昆虫入网,便于透视网内。网袋的长度一般是网框直径的2倍,其底部要做成圆形,直径应不小于7厘米,以便于取出采到的昆虫。

依图剪好网袋,沿着弧形边把两个半片缝合成一个整体网袋,然后把网口布边缝在网袋上。网口布边是双层的,以便穿入铅丝支撑网口。

用粗铅丝弯成直径约33厘米的圆圈作为支撑网袋的网框,穿入网袋的双层布边中,末端固定在网柄顶端。为了携带使用方便,还可以把网框的铅丝从中央剪断,断端各弯一小圆圈,互相环套在一起,折叠成半圆;末端设法固定在网柄顶端,做成装卸方便的折叠式网袋。

网柄一般选用直径1.5~2厘米的轻韧不易折断的木棍或竹竿制作,柄长1~1.35米。也可用铝管截成几节,用螺丝口互相连接成一根易于装拆的网柄。还可以用纺织厂的旧纱管制成插接式网柄。

纱管是一种用厚约2厘米的硬纸板压制成的一端细、一端粗的空心管,表面涂有一层防护漆,质轻而有一定的强度。将一节纱管的细端插入另一节纱管的粗端口内,如此连接5~6节,再把网框固定在顶节上,就做成了插接式网柄。采集途中把纱管放在采集袋里,用时再把它连接起来,携带使用都很方便。

扫网:主要用来捕捉栖息在草地、灌丛等低矮植物上或行株距间的临近地面、善于飞跳的小型昆虫。

扫网的制作方法和捕网大致相同,但扫网的网柄较短,60厘米左右即可;网框的铅丝也比捕网的略微粗硬,网袋宜选用比较耐磨的粗纱布,常用质地结实的粗白布或亚麻布制作,在网的底部开个小口,用时将网底扎住,也可在网底开口处用橡胶圈扎一只透明的小塑料瓶,这样可以及时看清扫入网中的昆虫种类和数目。扫捕时小虫被甩人管内,虫量满时取下小管,盖上透气瓶盖,再另换扎一只,继续扫捕。

水网:主要用于采捕水生昆虫。网的结构也由网柄、网框和网袋三部分组成,但形式和质地却多种多样,主要根据水域的深浅、河溪的宽窄、水草的疏密以及所要采集的昆虫种类来选择形式和质地。

为了减少水的阻力，网袋宜选用透水性较强的材料，如马尾纱、尼龙纱、铜纱、棕榈纤维或亚麻布制成等。为了作业时操作灵活，要选用轻便不易变形的网柄。水网的形式很多，如铲网、拖网等，前者适于捞捕泥沙中昆虫，后者适于拖捞深水中昆虫。一般使用的水网可以参照如图，根据捕捞对象设计制作。

刮网：主要用来采捕生活在树下或墙壁等物上的昆虫。与扫网类似，但网框做成半月形，弦用钢条，网袋用白布做，要浅，并且底下开口。采集昆虫时，在开口外扎一透明塑料小瓶，刮下的昆虫就可落入小瓶中，在采集昆虫过程中，要使弦的一边紧贴树干或墙壁等，以免昆虫掉落地上。

②毒瓶

采集昆虫时，对用来作标本的昆虫，采到后要迅速杀死，以防其挣扎逃跑或损伤肢体及鳞片脱落。这就需要用毒瓶及时将昆虫杀死。尤其是在夜晚灯下诱捕，虫量较多，来势迅猛，更需备有一定毒力的毒瓶，以便随时更替处理。

常用的毒瓶，一般选用质量较好的磨砂广口瓶。这种瓶的容积较大，盖上瓶口比较严实且不易脱落，使用比较安全。还有利用罐头玻璃瓶加配塑料盖的，也很经济实用。

专业采集用的毒瓶，毒剂使用氰化钾（或氰化钠），它的毒力较强，昆虫人瓶后可迅速致死。由于这种毒剂剧毒，在制作、使用和保管中要特别注意安全，防止发生事故。废弃不用的毒瓶要妥善水解、深埋，严禁随意丢弃。一般学校仅限于辅导老师制备使用，同学们实习时可另选用其他有一定毒力而比较安全的药物。毒瓶的制作方法如下，但要注意前两种仅供了解，不适于同学们使用。

氰化钾（钠）毒瓶

以氰化钾为毒剂的毒瓶制作方法：先将小块氰化钾或其粉末，轻轻放人瓶底，摊平；一只高 15 厘米、瓶底直径 18 厘米的玻璃广口瓶，可放入毒剂 1 厘米厚。然后在毒剂上面平铺 1.5 厘米厚的锯末，稍压平整，锯末层上平摊一层厚约 0.5 厘米的生石膏粉，亦稍压平整，再盖上一张与瓶体内径大小相同的滤纸片，徐徐向瓶内滴水，直到水滴通过滤纸渗透到石膏层的层底为止，盖上瓶盖，经过10余小时，待石膏层凝固，放上一两张滤纸，瓶外面写上“毒瓶”字样的标签，毒瓶就做成了。

用乙醚或醋酸乙烷或三氯甲烷等麻醉剂制毒瓶

用麻醉剂做毒剂时，不能将药直接放到瓶中。有两种方法：a，先在瓶底铺一层棉花，然后倒入药液，以浸湿棉花为止，再在棉花上面铺一层锯末，锯末厚度0.5厘米即可，然后在其上铺一层滤纸，将瓶口用软木塞塞紧；b，用药物将棉球浸湿（以下滴药为止），然后用图钉固定到广口瓶软木塞的底面。由于乙醚挥发很快，要随时添加才能保持药效。当棉花球上的药挥发完后，再滴上一些。

适于同学们使用的毒瓶——用苦桃仁制毒瓶

制作时，先将桃仁加水浸湿以后捣碎，然后放入毒瓶，上面再铺一张吸水纸便可使用。一个500毫升的毒瓶，至少应放置30克桃仁。如果没有桃仁，可改用新鲜的山桃叶和山桃嫩茎上的树皮，将二者加水捣碎，放入毒瓶使用；也可改用捣碎的枇杷仁、青核桃皮或月桂树叶，作为毒杀物质。

毒瓶做好以后，为了加固瓶体，防止瓶底破碎后药层撒落，常在瓶外以药层为准连同瓶底加粘一层胶布或透明胶带防护，这样可更加安全耐用；为了携带使用方便，还可在瓶体外配装背带。

毒瓶内放滤纸，主要是为了吸水，视纸的湿度和污染情况，及时予以更换。毒瓶内壁要经常擦拭，以保持洁净透明。使用毒瓶时，一次放入的昆虫不宜过多，不可将大型和小型、较软和较硬的昆虫混合放入一个毒瓶里，以防互相践踏，伤及虫体。为了防止瓶内昆虫互相碰撞，可在瓶内放些凌乱的纸条。对于鳞翅目昆虫，为了防止翅上鳞片脱落，可以先将这类昆虫放入三角纸包里，再将纸包放入毒瓶内毒杀。

③三角纸袋

又名昆虫包，主要用来保存鳞翅目昆虫标本。采集前制备好一定数量的大小不一的纸袋，依照虫体大小分别放入各袋，每袋可装1个或几个同种标本。

纸袋轻巧,不致损伤标本,而且便于携带。

三角纸袋的材料一般选用半透明纸,裁成长、宽比为3:2的长方形纸块,然后依图所示,折叠而成。

放入袋内的标本,以在袋内的斜边存放为好,这样易于从边口取出。此外,采集前应先将采集日期、地点、海拔高度、采集人等写在袋的直折边上,不要装虫后再写,以免标本压损。

④吸虫管

有些体型微小或匿居洞穴、墙缝等处的昆虫,用一般采集工具不易捉到,都可以用吸虫管来吸取。用于吸取隐居在树皮、墙缝、石块中的小型昆虫,如蚊类等。

其制作很简单,用无底的指形管或玻璃管,两端塞好木塞,塞中央各钻一小孔,在孔中各插入一小玻璃管,一端套上橡皮管,另一端套上吸气球。简易的吸虫管就做成了;或者在有底的指形管的一端塞好木塞,木塞上钻两个孔,分别插入玻璃管和带吸气球的橡皮管,如图所示。

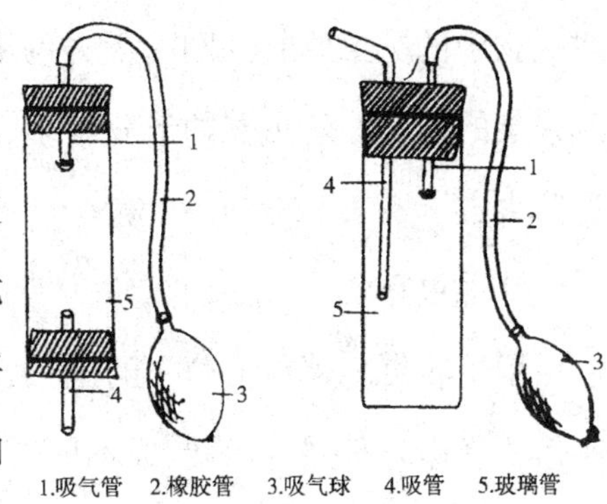


吸虫管

图中所示的橡胶管和吸气球,可以用医疗上充气的吹胀气球,变成吸气球时,需将进气一端的活门卸下来,倒换在另一端。另外,在吸管末端管口还需蒙一小块棉纱或绸纱,以防小虫吸入球内。

采集时,将吸管口对准或罩住要采集的昆虫,按动吸气球将昆虫吸入管内。吸管中还可以放入蘸有乙醚等麻醉药剂的小棉球,将昆虫熏杀后,再移入其他容器或纸袋中保存。

⑤三角盒

三角盒是用来在野外临时存放包有蝴蝶成虫的三角纸袋的。

⑥采集伞

用来承接高处落下的昆虫,如图所示。采集伞柄可以伸直或拉平,伞兜面料和一般晴雨伞相同,颜色宜用淡色,便于识虫收集。作业时撑开伞面倒放在地上,伞柄平放便于移动,用毕折叠。

⑦采集包

采集包是用来装采集工具、玻璃瓶、指形瓶、毒瓶的用具,用料可用小帆布做成工具袋或书包样式,内外多做些小口袋,袋上有盖,装小瓶时掉不出来;采集包还可以做成子弹袋样式,束在腰间方便使用。

⑧烤虫器

用于收集隐藏在枯枝落叶和烂草等腐烂物中的昆虫。使用时,将野外采来的腐烂物放入有隔筛的铁皮圆筒中,用电灯或其他热源增高温度,利用热量将腐烂物中的昆虫驱赶到圆筒下方的漏斗中,再从漏斗落入毒瓶或酒精瓶内,达到采集的目的。烤虫器的形式很多,可根据其原理自行设计制作,但使用时要严防火灾。

⑨采虫筛

用于收集隐藏在土壤中的昆虫,筛的形式和质地多种多样,可以自己动手制作。制作时,用铁丝编制成不同大小眼孔的圆框,几个圆框按一定距离套叠在一起,大眼孑乙框在上方,小眼孔框在下方,将套框装进在一个上下开口的布口袋中,下口扎上一个收集昆虫的毒瓶,便制成了采虫筛。使用时,将野外采来藏有昆虫的土壤,从袋口装入上层铁丝框中,提起口袋用力抖动,昆虫便被筛出,并按体型大小,分别留在不同层次的铁筛上或落入下面的毒瓶中。

⑩卧式趋光采虫器

用于收集枯草烂叶中的昆虫。采虫器用粗铁丝做支架,四周用黑布做罩,形成一个长口袋,袋的前端连一方盒,盒正面安装玻璃,盒的下方连一收集瓶,收集瓶上口与方盒相通。用时,将野外收集的含虫的枯草烂叶,从袋后端装入袋中,利用昆虫的趋光性,使其向透光的方盒集中,最后落入下面的收集器内。这种采虫器适于收集无翅昆虫。

⑪趋光分虫器

趋光分虫器和扫网配套使用。用于收集和分类扫网采集的各种昆虫。这种分虫器是用薄木板或铁皮做成长方形盒,盒盖是一个能够抽动的门,盒的窄面一端开3个高低不同的圆洞,每个圆洞外装有一个能提起和关闭的铁扣板,铁板上套有一个与洞口相同的橡胶圈,在橡胶圈内放进一个口径适合的玻璃管,用时将扫网采来的含虫碎枝杂叶放入盒中,关闭盒盖。盒内的昆虫在趋光性驱使下以不同的飞翔能力或爬行速度,趋向不同高低的指形管中。这种分虫器适合于体型小,但弹跳、飞翔力较强的昆虫。

⑫诱虫灯

诱虫灯是用于采集夜间飞行活动的昆虫,如各种蛾子和甲虫。诱虫灯分为固定式、悬挂式和支柱式3种。同学们在野外采集期间,可采用结构比较简单的支柱式诱虫灯。

过去使用的光源,主要是各种油灯、汽灯、电灯等,都有一定的诱虫效应。现在认为比较理想的光源是黑光灯。试验证明,多种昆虫对波长为30~400纳米的紫外线有最大的趋向性。黑光灯发出的光波长在360纳米左右,对一些趋光的昆虫有强烈的引诱力,而且耗电量较普通电灯节省,所以是一种经济有效的诱捕工具,支柱式黑光灯的装置如图所示。

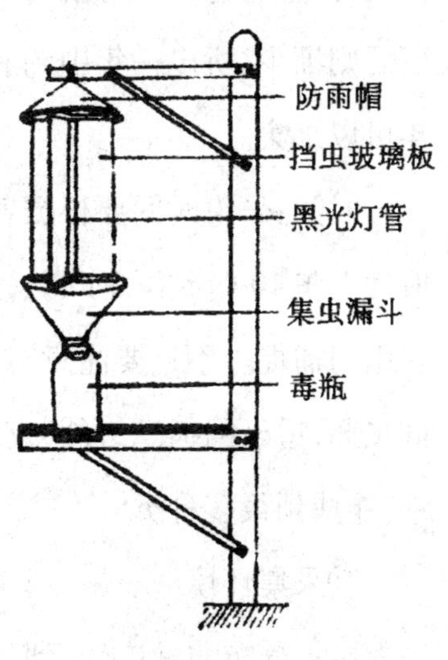


支柱式黑光灯装置图

在距离电源较远的地方,也可使用汽灯、煤油灯或电石灯作诱捕昆虫的光源,但要特别注意避免发生火灾。

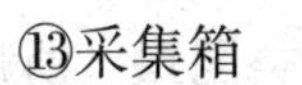

⑬采集箱

采集箱用来放毒死的昆虫。制作方法:在长宽各30厘米、高10~15厘米的废木箱里面用木板分成多格即可。也可用废木板钉成长宽各30厘米、高10~15厘米的小木箱,箱内用木板分成多格,用帆布条做成背带钉到小箱上,背在肩上，十分方便。

⑭其他采集用具

采集铲、采集耙、毒虫夹、镊子、刀、剪、毛笔、放大镜、指形管、广口瓶等。

(3)昆虫标本采集的时间和环境

①采集时间

由于昆虫种类繁多，生活习性很不一致，一年发生多少代，一代有多长时间，何时开始出现，何时停止活动等等，各类昆虫很不一样。即使是同一种昆虫，在不同地区或不同环境中也有所不同，所以采集昆虫的时间就很难一致，应该因虫而定和因地制宜。然而同学们采集昆虫，主要是掌握采集方法，认识一般种类，可依据一般昆虫的活动情况进行采集活动。

季节：由于昆虫总是直接或间接与植物发生关系，所以可以说，一年中植物生长的季节，也就是采集昆虫的时间。一年中，就一般昆虫的活动情况来说，我国北方地区，每年4月就可以采到一些昆虫，6~8月为盛期，最易于采集，10月以后则渐少，所以一年中约有1/2时间适宜一般采集；我国华南亚热带地区终年可以采集。

时间：采集时间要根据各种昆虫生活规律而定。一天中采集最好时间，一般为上午10时到下午3时，这段时间是昆虫最活跃的时间，遇到的昆虫最多，宜用网捕捉。不过要注意有许多昆虫到黄昏才开始活动，它们当中有的种类成群飞翔，适于网捕。另外，夜间活动的昆虫种类比黄昏活动的还要多，用灯光诱集，能捕到很多种类。

②采集环境

昆虫分布非常广泛，到处可以采集，各类昆虫往往各有其喜好的环境，在这种环境下就容易采到这类昆虫，在另一种环境下则可采到另一类昆虫。所以在采集昆虫前，一定要熟悉各种昆虫的生活环境、生活习性，然后去采集。昆虫一般栖息的环境，大致有以下8个方面。

水中：水中生活的昆虫主要为鞘翅目和半翅目两类，它们生活的各个时期都在水中，只是成虫由于趋光性的驱使，偶尔在夜间飞到陆上。另外，蜻蜓目、蜉蝣目、襀翅目等目的幼虫生活在水中。水生昆虫有的潜水生活，有的漂浮水面，池沼湖泊中多水草的地方是采集水生昆虫的理想环境。对于流水环境，要特别注意水边和水底的石块上，常有许多昆虫附着或在石块下隐藏。

地面和土中：昆虫纲中绝大多数的目，都有在地面和土中生活的种类，所以这种环境极其广泛。采集时，要特别注意砖头、石块下面，尤其是比较潮湿的地方，常隐藏着各种昆虫，是采集的好场所。许多昆虫深入土中，或在地下做巢。等翅目的白蚁和膜翅目的蚁、蜂，都是土中昆虫的主要种类。蚁巢的洞口围有一圈土粒，白蚁巢则高出地面形如坟头，蝉的幼虫有的在地面做成泥筒，虎甲幼虫则在地下穿直洞等，这些都可以作为采集的线索。

植物上：昆虫大多直接以植物为食，或以植物上的其他昆虫为食，所以植物和昆虫的关系最密切，是采集昆虫的最好环境之一。植物体上有不少现象可以帮助我们寻找昆虫。例如枝干枯萎常常是由于甲虫幼虫正在蠹食为害；枯心白穗可能里面有钻心虫、黄潜蝇或茎蜂等昆虫；卷叶缀叶表示其中有虫，常常是鳞翅目幼虫或象鼻虫等；枝叶上有蜜或生霉，说明枝叶上有大批蚜虫、介壳虫、木虱等昆虫寄生。

虫粪满地证明树上有昆虫，由粪的形状，可以大约知道是哪类昆虫。例如，天蛾幼虫不易发现，但根据地面上它的新鲜粪粒，垂直往上观察，就会发现它的所在位置；叶片变色或有斑点，常常是蚜虫、木虱、网蝽、蓟马一些刺吸式口器的昆虫取食的结果，翻看这种叶片背面，必能发现同翅目、半翅目以及缨翅目的昆虫；叶片被咬成缺刻，是咀嚼式口器昆虫取食的结果，在这种叶片上，常可采到鳞翅目、鞘翅目、直翅目的成虫、若虫或幼虫；潜叶和作虫瘿都是昆虫为害所致，潜叶昆虫包括鳞翅目、双翅目、鞘翅目和膜翅目等 4 个目的许多种类，致瘿昆虫除去上述 4 个目外，还有半翅目、同翅目、缨翅目等 3 个目；果实、种子被蛀食，主要是食心虫为害的结果等等。

动物上：寄生在动物体上的昆虫也不少，除去虱目和食毛目全部寄生于动物体外，蚤目的成虫、双翅目、鞘翅目、半翅目等目的少数种类也寄生在动物体上，无论是家禽、家畜，还是野鸟、野兽的体表，都可能有这些昆虫寄生。另外，还有一些蝇类幼虫寄生于兽类体内或皮下等处。

昆虫上：昆虫本身也有许多昆虫寄生，如很多寄生蜂寄生在鳞翅目幼虫体内。采集鳞翅目幼虫或卵进行饲养，常可得到各类寄生性昆虫。

垃圾和腐物中：很多昆虫是腐食性的，在垃圾和腐物中常有许多甲虫和蝇类集聚。

灯光下：各目昆虫除去原尾目、双尾目、虱目、食毛目、蚤目等不具趋光性以外，其他各目几乎都具有趋光性。因此夜晚采集时最好的环境是在灯光下捕捉。

室内：室内也有许多昆虫栖息，粮仓、冬季温室都是采集昆虫的好地方。

(4)采集昆虫的一般方法

昆虫标本的采集是实习工作中最基础的工作，采集到昆虫的质量优劣、种类多少，关系到实习任务完成与否，因此必须努力做好采集工作。昆虫种类繁多，习性各异，应根据不同虫种的生活习性和栖息、活动场所，分别采用不同方法进行捕捉。采集昆虫方法很多，最常用的方法有以下几种。

①网捕法

网捕法是最常用的方法之一，捕捉有翅会飞的昆虫大都用此法。即用前面介绍的捕网捕捉飞虫，其操作步骤有下列几点。

观察虫情：采集昆虫标本有定点采集和随机采集。a，定点采集是预先选好某种昆虫经常栖息、活动的场所进行一定范围的搜索捕捉。如菜粉蝶多在甘蓝等十字花科蔬菜田间上空飞动，花椒凤蝶多在花椒树附近上空盘旋飞动，这些地方虫量较多，可选择性强，适于定点单项采集。b，随机采集属于一般考察采集，在一定范围内广泛收集各类昆虫，或者遇到就采，或是有计划、有目的地择采。不论是定点采集还是随机采集，初到采集现场，不能操之过急，先要冷静地观察虫情。尤其是在虫量不多的情况下，更应仔细观察动静，摸清其飞动规律，包括飞动的高度、速度、方向等,结合当时的风向、风速等气象因素,再做好准备,开始挥网捕捉。

顺势兜捕:摸清虫情后,待其再次飞临,可用目测方法判断其飞动方向、高度和速度,结合风向、风速等条件,手握网柄,瞄准方位,等进入有效距离后顺势举网一挥即可捕之入网。所谓顺势兜捕,就是在静观不动的情况下,根据昆虫飞临方向,或迎面或从侧面选择最佳捕位,出其不意,一举入网,如一网失误,不必尾追,而是以逸待劳,一网不入,再等二网。

翻封网口:一旦虫入网内,要随即翻转网袋,把网底甩向网口,封住网口入网的昆虫才不致逃逸。挥网捕虫和翻封网口是连续、快速的两个动作,也是用网捕虫的一项基本功。

取虫人袋:入网的昆虫需立即取出。取虫时先隔网看清是哪类昆虫,如果是蜂类,要用镊子夹取放入毒瓶中;如果是蝶、蛾类,不要用手捏翅,而要用一只手从网外捏住其胸部,并用力捏一下,使昆虫窒息,另一只手伸进网内,接过昆虫,从网中将昆虫取出,两对翅向上对叠,放入纸制三角袋中。其他昆虫可用手拿出放人毒瓶。慢慢收缩网袋,减小它在网内挣扎活动的范围,然后待其稍停,趁势隔着网袋用手轻捏虫胸,使它停止活动,再用小镊子伸进网里,夹其翅基取出,放入毒瓶致死后转放到三角纸袋内。

②扫描法

在大片的草丛或茂密的小灌木丛中,用扫网扫捕昆虫,方便实用。方法是:一手握扫网柄,网口对准扫描方向,在草丛或灌木丛上方扫描并画“8”字形,一边扫一边前进。这样网内就会扫进一定数量的昆虫,并集中到底部的小瓶中,将扫到的昆虫倒入毒瓶中杀死,再倒在白纸上挑选,将需要的保存,不需要的扔掉。

扫捕时由于反复在植物上网扫,所以扫到的不仅有昆虫,而且还会有植物的叶、花、果实,这就需要进行挑选,挑选时最好用趋光分虫器进行。当扫描一段时间后,打开网底,将扫集物倒入随身携带的容器内,如果网底装有塑料瓶,则在瓶内装满扫集物时取下更换。返回住地后，将上述容器或塑料瓶中的扫集物倒入趋光分虫器中将虫分开，达到挑选目的。如果没有趋光分虫器，可将扫网中的扫集物直接倒入毒瓶，等虫被熏杀后，再倒在白纸上或白磁盘中进行挑选。

③振落法

有些昆虫具有“假死”的本能，这是一种简单的非条件反射，当虫体受到机械性（物体接触）或物理性（光的闪动）等刺激后，引起足、翅、触角甚至整个虫体突然收缩，由原栖息地落下，状似死亡，稍待片刻又恢复了自然活动，这就是“假死”。如金龟子、小麦叶蜂的幼虫、棉象鼻虫等，受到突然振动后会立即从寄主植物上自行落下，假死不动，可趁机采集。

有些昆虫虽不具有假死性，但在其正常栖息取食时猛然摇动寄主植物，也会自然落下，如槐尺蠖等一些有吐丝下坠习性的鳞翅目幼虫和甲虫，就可用振落法收集。

对于高大树木上的昆虫，可用振落的方法进行捕捉。其方法是先在树下铺上一块适当大小的白布、塑料薄膜或采集伞，然后摇动或敲打树枝树叶，利用昆虫的假死的习性，将其振落并收集。用这种方法可以采集到鞘翅目、脉翅目和半翅目的许多昆虫。有些没有假死习性的昆虫，在振动时，由于飞行暴露了目标，可以用网捕捉。所以采集时利用振落法，可以捕到许多昆虫。

有些昆虫虽不易振落，但由于受惊而爬动，暴露了真相，也利于捕捉。

④刷取法

有些在寄主植物上不太活动的微小型昆虫，如蚜虫、红蜘蛛等，用昆虫网很难扫人，用振落法又不易奏效，这时可用普通软毛笔直接刷入瓶、管内。刷取时要选择虫体比较密集的小群落，一笔即可刷取许多。要注意用笔尖轻轻掸刷，不可大笔刮刷而伤及虫体。

⑤搜捕法

有些虫体较小或栖息地点较为隐蔽的昆虫，需根据它们存在的某些迹象进行仔细观察搜索才能找到,如蚜虫生活在植物的嫩芽或叶下面,使植物的叶卷缩变形。同时由于它们分泌蜜露,因此在同一地方也可以找到蚂蚁、食蚜蝇等昆虫。在枯死或倒下的禾苗基部附近能找到地老虎、金针虫、蛴螬等地下害虫。在腐木或树皮下能找到各种甲虫。在较老的树皮下,可找到木蠹蛾、灯蛾的幼虫及多种鞘翅目昆虫,如天牛幼虫、叩头虫幼虫、金花甲等。在石块下面可以找到蝼蛄、蠼螋、蟋蟀等。在土壤中可找到蛴螬、金针虫、地老虎幼虫等。在存水的树洞中,可采到双翅目昆虫,如蚊的幼虫。在水中能采到蜉蝣目、蜻蜓目、翅目的昆虫和半翅目的水黾类、鞘翅目的龙虱等。在高山、森林、沼泽、湖泊的沿岸可采到双尾目、原尾目、弹尾目等无翅昆虫。

因此,树皮下面、朽木当中是很好的采集处;砖头、石块下面也是采集昆虫的宝库,可以到处翻动砖石土块,一定有丰富的收获。采集无翅亚纲的双尾目、弹尾目、原尾目等,更要依靠搜捕法。另外,遇到蜂巢、鸟兽巢穴,不要放过,因为会有许多昆虫栖息其中。蚁巢和白蚁巢中有不少共生的昆虫,如注意搜索,会有很大收获。在秋末、早春以及冬季里,用搜索法采集越冬昆虫更为有效,因树皮、砖石、土块下面,枯枝落叶中,甚至树洞里面都是昆虫的越冬场所。

发现这些小昆虫时,要用吸虫管捕捉或用毛笔刷入瓶中。总之,注意在不同的环境中搜索,可以得到不少稀有种类的昆虫。对于枯枝落叶中的昆虫,可以连同枯枝落叶一起带回,用烤虫器或采虫筛等工具分离。

⑥诱集法

利用昆虫对光线、食物等因子的趋性,用诱集法进行采集,是极省力而又有效的方法。利用昆虫的趋光性、趋化性、食性的不同诱集昆虫,也是采集昆虫的重要方法,常用的诱集法有以下几种。

灯光诱集

多种昆虫具有趋光性,主要是因为它们复眼的视网上有一种色素,这种色素只吸收某一种特殊波长的光,刺激视神经,通过神经系统影响运动器官,从而使它们趋向光源。利用这一特性,可以设计各种各样的诱灯来诱集昆虫,如手提汽灯、节能灯、黑光灯、煤油灯笼等。将灯放在野外或房间附近,就会诱集来许多昆虫,如夜蛾、灯蛾、尺蠖蛾、天社蛾、毒蛾、木蠹蛾、枯叶蛾、卷叶蛾等各种蛾类;各种甲虫类如叩头甲、步行虫、虎甲、斑蝥、隐翅甲、萤火虫、金龟子和一些膜翅目、直翅目、脉翅目的昆虫。

同学们可以采用前面所讲的支柱式黑光灯诱虫装置来诱虫。架设黑光灯可用木杆或铁制三脚架。一般在比较开阔的田野上,灯管下端,以距地面1.7米左右为宜;如在特殊作业区,如高秆作物(玉米、甘蔗等)区,需高出植株0.35~0.7米,以免灯光被遮掩。

毒瓶在需要用的时候再安放,当晚作业完毕即行收回。如属临时定点采集,开灯时间以当地傍晚常规点灯时间为准,一般需延至次日2~8时,由于不同的时间有不同的昆虫出没,所以应组织好人力分班轮流看守,坚持采集。如属定点常年系统收集,则需用大型毒瓶,内放纸条,锁在固定灯架上的木匣中,通宵开灯,次日天明关灯,取回毒瓶,分拣标本。还有的利用旧闹钟改制成定时开关,为的是避免过时耗电。

灯光诱捕的方法很多,不论使用油或电作能源,必须注意安全,尤其是在山林附近,更得遵守林区守则,注意防火,夜间灯下作业每组需配备2~8名作业人员。

糖蜜诱集

蝶蛾类喜欢吸食花蜜,许多甲虫和蝇类也常到花上或集聚在树干流出的含糖液体上。利用昆虫这种对糖蜜的趋性,可以在树干上涂抹一些糖浆进行诱集。一般用50%红糖、40%食用醋、10%白酒,在微火上熬成浓的糖浆,用时涂抹在树林边缘的树干上,白天常有少量蛱蝶等蝶类飞来取食,夜间则可诱到许多蛾类和甲虫。用手电筒照明检查,凡停集的用毒瓶装,飞动的用网捕,大型蛾类可直接用注射器注射石炭酸毒杀。使用糖蜜诱集时,要注意蚁类和多足纲动物也喜食糖蜜,常将所涂抹的糖浆霸占,使别的昆虫不敢前来取食。可在涂有糖浆的树干下面圈上一圈黏纸,使这些动物无法接近糖浆。

腐肉诱集

利用某些昆虫对腐肉一类物质的趋性进行诱集，也是一种有效的采集方法，尤其适于采集各种甲虫。诱集时，将一个玻璃瓶埋在土中，瓶口与地面相平，瓶内放置腐肉或鱼头一类腥臭物，如果瓶口较大还应在瓶口上方用树枝或石块进行遮盖，以防鼠、鸟衔食。过些时候检查，则会有许多甲虫落入瓶中。腐肉诱集的甲虫主要为埋葬虫、隐翅虫、阎魔虫以及一些金龟子等。

异性诱集

有一些昆虫的雌性个体能释放一种性信息素，将距离很远的同种雄性个体吸引到身边进行交配。如舞毒蛾、天蚕蛾、盲蝽等。根据昆虫的这一习性，可将采到的或饲养出的雌蛾囚于小纱笼内，挂在室外，则能诱来许多同种的雄蛾。但雌蛾一定要用没有交配过的，因为雌蛾一旦交配，便停止释放性信息素了。

⑦水网法

水栖昆虫采集可用水网捕捉，水网的种类和制法在前边已讲到。捕捞水中的昆虫可使用拖网，捕捞水下的可用铲网。将水边的藻类等连同泥沙一起捞起，可以采到蜻蜓目、蜉蝣目的幼虫和半翅目、鞘翅目的昆虫。

(5)几种主要昆虫采集法简介

上面介绍的各类采集法是指一般方法。由于各类昆虫的构造和生理特征上的差异，各类昆虫又有不同的采集处理方法。为了保证采集昆虫的质量，下面再介绍几类昆虫的采集方法。

①鳞翅目昆虫

鳞翅目昆虫包括蝶类和蛾类，其中有最美的和最大的昆虫，也有微小的和非常脆弱的昆虫。它们的身体和翅上都被盖着鳞片，这些鳞片极易脱落，一旦擦去一部分，不但使标本失去了美丽的外貌，而且也降低了标本的价值，所以在处置标本时要特别注意这一点。蝶类是日出性昆虫，蛾类是夜出性昆虫。因此捕捉蝶类昆虫应在上午10时到下午2时这段时间，并且要到草地或花丛等处；捕捉蛾类则要在傍晚。在捕捉到蝶、蛾类的较大昆虫后，除用手将其胸部捏一下使其窒息外，还要在腹部用注射器注入氨水或草酸溶液，以便彻底杀死它们。

②双翅目昆虫

双翅目昆虫包括蚊、蝇、虻、蚋等仅具有1对翅的昆虫，这类昆虫身体细小，要用吸虫管采集。由于体表常有刺毛等构造，极易损坏，所以采到的标本不能与其他昆虫标本混合存放，要单独用指形管或小瓶存放。在采集这些昆虫的标本时，要注意了解它们的生活环境。如食蚜虻、长吻虻、寄生蝇等常喜欢停留在花丛间，其他双翅目昆虫多分散在池沼、小溪边。

③膜翅目昆虫

膜翅目昆虫包括各种蜂类和蚂蚁，其中有体型极为微小的，如寄生蜂等。体型很小的要单独用小毒瓶装起杀死；体型大的种类可放到大毒瓶中杀死。但它们将死时会从口中冒出大量蜜汁一类物质，容易损坏毒瓶中其他标本，因此毒死后要及时取出单独存放。这类昆虫常可在花丛中、树木上或地面等处找到。

④鞘翅目和半翅目昆虫

鞘翅目包括各种甲虫，半翅目包括椿象类等昆虫，这两类昆虫一般体壁坚硬，在毒瓶中可以活得很久，所以采集到的这类昆虫最好在毒性较大的毒瓶中单独存放，避免相互碰撞损坏标本。这类昆虫通常飞行较少，行动较慢，容易捕捉。

⑤直翅目和螳螂目昆虫

直翅目中的蚱蜢、蝗虫、蟋蟀、纺织娘等昆虫，螳螂目中的螳螂，这类昆虫在毒瓶中也是比较难毒死的，放在毒瓶中的时间可长一些或在毒瓶中添加药液，使其尽快死亡。

下面介绍几种蝴蝶的采集方法：

①蝴蝶在空中：挥动捕蝶网，待蝴蝶入网后，将网底向上甩，连同蝴蝶倒翻到上面来。

②蝴蝶在花上：先靠近蝴蝶，再惊动它，待它飞起后，猛挥蝶网，在花朵上方

将蝴蝶捕入网内。这样可以避免将花朵一同挥进网里。

③蝴蝶在地上:靠近蝴蝶,用盖压的方法,将蝴蝶罩入网,再用右手将网底拉起,使蝴蝶向上飞,左手封住网口,这样,蝴蝶就逃不掉了。

④蝴蝶在树干上:用网口较小的捕蝶网,顺着树干自下而上靠近蝴蝶,向上挥动蝶网,网底要向上甩。

⑤蝴蝶在树叶上:将捕蝶网从叶侧面和上方靠近蝴蝶,注意不要碰动四周树枝。

⑥蝴蝶在阳光下:将捕蝶网从迎光的一面靠近蝴蝶再加以捕捉,以避免捕蝶网的投影将蝴蝶惊飞。

⑦蝴蝶在有刺的植物上:要等蝴蝶飞起后再捕捉,否则,植物上的棘刺会将蝶网纱钩住,拉破。

⑧诱捕蝴蝶的方法(昆虫、蛾可以用灯光):a. 将腐烂的桃、香蕉等果实放入铁罐中,放在太阳下曝晒,促使其发酵。放置地可选择在山林小路上。b. 将红糖、醋、黄酒掺在一起,加热后熬成糖浆。放置地可选择在粗大的麻栎树干上。c. 用适量的盐溶化在水中,制成淡盐水。在郊野小溪旁,挖一个 10 厘米深、50 厘米直径的小坑,然后泼进盐水。d. 将先捕到的雌性成虫用标本针定位在花上、草地上和水边,可诱来雄蝶。e. 将各色花纸剪成花形,放置在草丛中。

对于其他昆虫,可根据上面的思路设计捕捉方法。

(6)采集昆虫应注意的事项

能够做标本的昆虫要完整无损,这样才有观察研究的价值。昆虫有变态习性,同一种昆虫有不同形态,各形态阶段都要采捕,以便做生活史标本。因此,采集昆虫时,要注意以下方面:

①全面采集

采集要全面要细心,凡采集到的昆虫不论大小要一律保管好,不要只要大的不要小的,只采好看的,不采丑陋的;也不要只采飞的跳的,不采不动的。初学昆虫采集的人,往往只采体型大的,不采体型小的;专采色彩鲜艳的,不采色彩暗淡的;只采特殊的,不采普通的;有了雄的不要雌的;有了成虫不管幼虫;只看到飞的而不去找隐蔽的,等等。然而昆虫中绝大部分都是一些体型微小、行动隐蔽和色彩暗淡的种类,不少重要害虫和珍贵种类往往出自这类昆虫。

此外,还要注意采集变态昆虫的雌虫、雄虫、成虫、幼虫等不同发育阶段的个体,对于了解昆虫的生活史,这些都是研究的重要材料,不应随便取舍,必须要全面采集。

②标本完整

注意标本完整性。在采集过程中尽量不损伤昆虫的各个部分,如附肢、触角、翅等。否则就降低了标本的价值,给标本的鉴定研究带来困难。

如果一份昆虫标本破烂不堪,翅破须断,这对研究来说非常不便,其学术价值就会大为降低,甚至成为完全无用的材料。所以无论采集什么昆虫,不管使用什么工具和方法,都要尽量使采到的昆虫保持完整,这就必须注意采集、毒杀、包装、保存、运送、制作等每一个环节,都要用正确的方法进行操作。

虽然标本应尽量争取完整,但也不是说有一点残缺就不要了,尤其是稀少的种类或只有1~2个标本,即使再破也要保留,在没有确定它的价值以前,绝不要随便舍弃。

③正确记录

所有标本均应有采集记录。记录内容包括采集号数、采集日期、采集地点、采集人姓名、栖息环境、寄主名称、采集点的海拔高度、生活习性等。其中采集日期、采集地点和采集人三项最为重要,应详细记录。昆虫采集记录无统一记录表格。为了野外记录方便,可按上述记录内容,自行设计采集记录表,印制成册,以利于记录和保存。同时,同地所采标本要单独一处存放,不要混放。

及时做好完整全面的记录。采到标本一定要及时做好记录,如采集时间、地点、采集人、采集环境、昆虫大小、体色等。不知名的昆虫,要编好号。若是害虫,还要记上危害情况、发生数量等。

④保护昆虫资源

采集昆虫标本时,所采的种类和个体数量,应以需要为依据,不要乱杀滥采。尤其是稀有种类和本地区特有种类,更应加以保护,因为稀有种和特有种,都是分布地区很窄,个体数量极少的种类,如果一网打尽,则以后不易再采到,甚至可能因此而绝种。

(7)昆虫标本的制作

采集来的昆虫标本要及时作好处理,以便能长久而完整地保存下来。虽然制作昆虫标本比制作大中型脊椎动物标本较容易,但要制成真正合格的成品也不简单。制作昆虫标本和制作其他标本一样,要本着“精心设计,精心施工”的原则,把平凡的系列操作认真贯彻到每个步骤中,才能制成以科学性为主、以艺术性为辅的栩栩如生的合格标本。

昆虫在生长发育过程中要经过一系列外部形态和内部结构的变化,由卵开始到孵化出幼虫,再经化蛹而羽化出成虫,这种变态类型称为“完全变态”。有的昆虫从卵里孵化出的幼虫与成虫的形态结构基本相似,不再化蛹而直接成长发育为成虫,这种变态类型称为“不完全变态”。另外还有其他变态方式的昆虫。由于昆虫的种类不同,变态类型又不一样,这就给采集和制作比较完整配套的昆虫标本带来了困难。

在制作昆虫标本时,必须针对虫种、虫态、虫体结构、制作目的等,分别采用不同的制作方法制成标本。制作昆虫标本的方法一般可分为液浸和干制两大类,不论采用何种方法,制出的标本都以保持虫体完整、姿态自然、特征暴露充分为首要原则。

①昆虫干制标本的制作

绝大多数的昆虫都可用干制法制成标本长期保存。干制昆虫标本在教学、科研、科普展览等方面有重要应用。用于制法制作昆虫标本需要一定的操作技术。使标本干燥以后,用昆虫针固定在标本盒里长期保存,这种昆虫标本称为干制标本。干制标本的制作多用于体型较大,翅和外骨骼比较发达的成虫。蛹和幼虫经过人工干燥以后,也能做成干制标本。

成虫干制标本的制作

a,软化。

采回的昆虫标本如不及时制作,放置时间一久,躯体就会干燥,关节、翅基会变得僵硬。这样的标本用来加工展翅、调姿,事先需要进行软化处理,否则不能动手操作。较稳妥的软化方法是把标本放入还软缸内,置放一定时间,待躯体、翅基、关节等软化灵活后,再按新鲜标本的方法来加工制作。存放在标本盒和标本柜内的昆虫标本,如果存放日久,虫姿变形,也可以把它们放到还软缸里,待软化后再重新调姿。

还软缸和干燥缸一样,只是在缸底放入湿沙,把要还软的标本放入缸内的瓷屉上(如果标本是装在三角纸袋内的,可连同纸袋一起放入缸内),同时把缸盖盖严。由于缸内湿度较大,逐渐润及标本,这就使虫体关节、翅基等关键部位得以软化。

还可以直接用干燥器软化,先在干燥器内底部铺上潮湿的细沙,再将装有昆虫的三角包放在干燥器内磁盘上。为了防止标本发霉,应在沙面上滴上几滴石碳酸或甲醛溶液,最后将盖盖严。如果使用广口瓶,可在瓶内潮湿细沙上放一张滤纸,再在滤纸上放置装有昆虫的三角纸包。如果需要软化的昆虫不多,也可将三角纸包放在潮湿的净土层中,外面罩个玻璃罩进行软化。

进行软化的昆虫标本,由于虫体大小、质地以及放置时间不同,软化所需的时间也不一样。因此,标本放进缸内后要经常检查,检查时可用小镊子轻轻触动各关键部位,如果发现已经适当软化,就应立即取出,以免因软化时间过长,整个标本变得过度湿软而报废。此外,还要注意缸内标本切勿触及湿沙、浮水。一般情况,夏季3~5天,冬季1周就可使昆虫软化如初。

b,针插。

干制的成虫标本除垫棉装盒的生活史标本外,一般都用插针保存。

a)昆虫针的型号

昆虫针主要是对虫体和标签起支持固定的作用。目前市售的昆虫针都用优质不锈钢丝制成,针的顶端镶以铜丝制成的小针帽,便于手捏移动标本。按针的长短粗细,昆虫针有好几种型号,可根据虫体大小分别选用。

目前通用的昆虫针有7种,系用不锈钢制成,由细至粗,共有00号、0号、1号、2号、3号、4号、5号等7个级别。从0至5号,6个级别的针都带有针帽。只有00号不带针帽,其长度仅为其他各号针长的1/2。

0号针最细,直径0.3毫米,每增加一号其直径增加0.1毫米,0~5号针的长度为39毫米。另外还有一种没有针帽的很细的短针,也叫"微针"、"二重针",是用来制作微小型昆虫标本,插在小软木块或卡纸片上的;00号针自针尖向上1/3处剪下即可以作二重针使用。

b)针插部位

还软的昆虫,要用昆虫针穿插起来。针插时,先要根据虫体的大小,选择适宜型号的昆虫针,即虫体小使用小型号针,虫体大使用大型号针。0号、00号昆虫针专供穿插微小昆虫时使用:

昆虫种类不一,插针的位置也有所不同,这是由各种昆虫身体的特殊结构所决定,在国内外都有统一规定,绝不能随意更动,以免破坏被插昆虫的分类特征,使标本丧失完整性,甚至影响分类鉴定。

蝶蛾类等鳞翅目昆虫的插针部位在中胸背板中央;蜜蜂、胡蜂等膜翅目昆虫的插针部位在中胸背板靠近中央线的右上方;椿象等半翅目昆虫的插针部位在小盾片略偏右方;蜻蜓、豆娘等蜻蜓目昆虫的插针部位在中胸背板的中部;金龟子、各种甲虫等鞘翅目昆虫的插针部位在右翅鞘的内前方;蝗虫、螽斯等直翅目的插针部位在前胸背板后方,背中线的偏右侧;蝇类等双翅目的插针部位在中胸靠右方。

c)插针方法

用镊子或左手捏住昆虫的胸部,右手拿住昆虫针,从应插入部位插入。插针时,务必使昆虫针与虫体成90°角,避免插斜而造成标本前后、左右倾斜。

对于微小型昆虫如跳蝉、飞虱等不能直接插针,需用微虫针穿刺或用胶液粘在小三角纸卡上，然后用昆虫针固定。此法又名“二重针刺法”，其操作方法如下。

其一，二重针刺法：用小镊子夹起虫体，按规定针位用微虫针垂直刺穿，并把标本插在小软木块上。然后用昆虫针穿插小木块。以三级台固定虫位，加插标签，标本和标签都位于昆虫针的左边。

其二，胶粘法：把普通卡片纸剪成底边长0.4厘米，高为1厘米的微型三角卡，用昆虫针针尖蘸一点乳胶，轻轻点在三角卡尖端上，然后用针尖把虫体粘起，放在点有胶液的三角卡尖端，并迅速向后撤针，以免把虫带起。这一操作最为关键，主要是针尖上胶液不能过多，再就是靠熟练的操作技术。粘好的标本如需调整，可用昆虫针针尖拨挑。

d）虫在针上的位置

已插好针的标本，要进一步调理虫体在针上的适当位置，并使附插标签各就各位，做到层次分明、规格一致、便于移动、利于观察。插针时如虫位过高，即针帽与虫体距离过短，手指移动标本时就容易触伤虫体；虫位过低又影响下面所附插的标签。为了使虫体和标签保持适当距离，一般都是用三级台（又称平均台）来进行调理。

三级台用优质木块或有机玻璃板按一定尺寸分层制成，其总体长度为75毫米，宽25毫米，每层面积25平方毫米。最下层的厚度是10毫米，中层比下层高出8毫米，最高层比中层又高出8毫米。各层台面中央以5号昆虫针帽为准，垂直穿一针孔，其中最下层针孔直穿到底，中层针孔只穿到本层底，最高层针孔穿到中层底。

使用方法是将已针刺的标本反过来，针帽朝下，插入最下层针孔的底部，用镊子轻推虫体，使虫背紧贴本层台面，这样就算定好了虫背至针顶间的距离，所以此层又名“背距层”。然后将记录采集地点、日期的小标签放在最高层台面上，用针尖在标签的右端直穿本层孔底，如此又定下了采集地点、日期标签所在的位置。最后，定名的小标签是在中层针孔上插好的。于是，虫体、标签就都用三级台定好位置了。

二重针上的三角纸及软木条,插在三级台的第二级高度,虫体背部至针帽的距离,相当于三级台的第一级高度。体型较大的昆虫,可使下面两个标签的距离靠近些。

c,展翅。

对于无翅昆虫和鞘翅目、半翅目等目的昆虫标本,在针插后,只需把触角和足整理好,标本制作就完成了。但对大多数有翅昆虫来说,为了便于观察和研究,针插后还必须进行展翅。

同学们初学展翅常会感到无从下手,一不小心,翅面就破了,甚至残损报废,留之无用,弃之可惜。因此,同学们练习展翅技能时,宜选用虫体大小适中、虫翅比较柔韧的虫种,如菜粉蝶。

菜粉蝶也叫"菜白蝶"、"白粉蝶",属鳞翅目、粉蝶科,在我国分布比较普遍,一般甘蓝、白菜、萝卜田间以及其他十字花科、豆科、蔷薇科等植物上都能采到。菜粉蝶一年中繁殖世代较多,虫态叠置,在甘蓝植株上常可同时采到卵、幼虫、蛹及植株上空飞舞的成虫,这对试制整套生活史标本十分有利。菜粉蝶的翅较柔韧,展翅时容易拨挑整理姿势,适于练习展翅的基本操作。对菜粉蝶的展翅技术熟练之后,练习其他蝶蛾类的展翅就比较方便,可收到循序渐进、触类旁通的效果。

a)展翅板展翅法

蝶蛾类昆虫标本,需要展翅保存,一般采用在展翅板上展制。

制作展翅板宜选用质量轻软的木材,如杉木、泡桐等,这是因为质柔便于插针,尺寸可按图示比例制定。板面保持一定斜度,主要是为了展翅时使虫翅略微上翘,待干后虫翅回缩正好展平。右侧板面前后两端与底托凹槽的接触部分,各镶一条与凹槽相吻合的横木条,便于在槽内左右推动以调整沟槽的宽度。在底托右侧凹槽上穿孔安一个螺丝作为旋钮,如图中的4所示,为的是固定沟槽的宽度。沟槽底部贴一条软木板,用以插针。

也可把展翅板做成固定式的，需多做几种沟槽宽窄不一的样式，以便根据虫体大小来分别选用。

用展翅板展翅的操作步骤如下：

其一，调整工具。

使用活板式昆虫展翅板，需先根据虫体（头、胸、腹）的粗细移动右侧板面，使虫体正好纳入槽内，以左右两侧不触及板体为准，不过宽或过窄，然后拧紧旋钮。

接着把插好针的虫体放进沟槽，针尖插在底部软木板上，并用小镊子上下调理虫体，使虫体背面与沟槽口面相齐。为使虫体稳定，可在其腹部两侧加插大头针固定，以防在展翅时左右摆动，干扰操作。

其二，制备纸条。

展翅时主要是用大头针和纸条来固定虫翅，纸条的长度和宽度根据翅面大小来定。所用的纸应选择韧性较强、不易拉断的白纸，并按纸的纤维条理顺向剪开，这样的纸条就不致在固定虫翅时一拉就断。

不宜选用透明玻璃纸或其他透气性较差的纸，以免影响虫翅干燥而使翅面发皱。纸条制备不当，会影响展翅操作，既耗时间，还影响标本质量。

其三，挑翅固定。

虫体在沟槽内固定后，就可以进行展翅了，一般直翅目、鳞翅目、蜻蜓目的昆虫，使两前翅后缘左右成一直线，后翅也展成飞翔状；双翅目、膜翅目的昆虫使前翅的顶角与头左右成一直线。

操作时，先展左侧前后翅，再展右侧前后翅，这样便于照顾两对翅的左右平衡。同侧的前后翅中，先展前翅，再展后翅。用纸条在前翅基部附近把虫翅压在板面上，纸条上端用大头针固定在翅前方稍远一点的位置上，左手拉住纸条向下轻压，右手用解剖针或昆虫针向上轻挑前缘。挑翅时要选择翅前缘较硬些的翅脉。此时边挑前翅，边看前翅内缘，挑到前翅内缘与虫体体轴垂直，再稍向上挑一点，以待虫翅干燥后向下回缩，正好与体轴相垂直。

然后把左侧触角沿前翅前缘平行压在纸条下面，接着挑展后翅。在不掩盖后翅前缘附近的主要斑纹特征的情况下，把后翅前缘挑在前翅内缘的下面，并拉直纸条，平盖在前后翅的翅面上，下端用大头针固定。用同样的方法，把右侧前后翅分别展开，同时也展开右侧触角，固定纸条，则左右两对虫翅便初步展成。为了加固翅位，保持翅面平整，在左右两对翅的外缘附近，再各加压一纸条。

不论是加固还是调姿用的大头针，都要向外斜插，既可加固针位，又不妨碍操作观察。

其四，调理虫姿。

展翅后的标本，将昆虫头部端正，触角成倒"八"字形，腹部如内脏太多，可在展翅前将内脏取出，塞入适量脱脂棉。如果腹部向下低垂，可在下面垫些脱脂棉或软纸团向上托起；如果腹部向上翘起，则可用小纸条把腹部下压，以大头针固定。其他部位需要调姿时，也可照此办理。

其五，干制标本。

展好翅、整好姿的标本，即可连同展翅板头朝上尾朝下地垂直挂在干燥的墙壁或木板上。要注意避免日晒，防止被其他昆虫咬损。一般有 7～10 天即可干妥。

其六，撤针取虫。

标本干妥后，即可轻轻撤针，去掉纸条。应先撤两侧外边的纸条，再撤靠近翅基的纸条。不可胡乱撤针，以免损伤标本。撤针后用三级台调理虫位，加插标签。

其七，入盒保存。

制成的展翅标本，可以放入标本盒（柜）内长期保存。

为了便于记住展翅操作要点，可记住四句口诀：针穿中胸槽内镶，四翅紧贴板面上，前翅内缘调角度，后翅前缘摆妥当。

b）平板展翅法

蝶蛾类昆虫除用展翅板展翅外,还可用平板展翅。平板可选用平整的厚纸板,如瓦楞纸板、可发性聚苯乙烯泡沫塑料(俗称克发或泡沫塑料)板等。版面的大小可自由选定。展翅方法如下:

其一,将虫体腹面朝上,用昆虫针在中的中央刺穿插在平板上,使虫背紧贴板面。

其二,用展翅板展翅一样的方法展开四翅,但后翅前缘要压在前翅的内缘上。

其三,干后撤针去掉纸条,轻轻退下原插的昆虫针,换上一根比原针稍粗的昆虫针,按原针孔插入中的中央,再在三级台上调理虫位,加插标签,即可入盒保存。

c)微小型昆虫展翅法

有些微小型蛾类,因虫体较小,用板槽过大的展翅板展翅不方便,可以制备一种挖槽的小木块来展翅,称为展翅块,如图所示。

展翅块的大小,一般是35毫米×35毫米或35毫米×25毫米,上面开1道或2道5毫米宽的沟槽。沟槽的底部中央穿一针洞,为稳定针位,可在针洞内塞一点棉花。

将已插针的标本插在槽底的针洞内,按照展翅板展翅的方法,先展开左侧前后翅,不用大头针和纸条,而是用细线(缝衣用的棉线或尼龙线,木块边棱处有小刀刻缝,线即嵌在缝中)压住已调好翅位的翅面。然后将线拉向右侧,用同样的方法展开右侧的前后翅,最后把线固定在另一缝中。

为了避免细线损伤翅面或干后留有线痕,可在翅面上垫一小块比较光滑的纸块,即可保持翅面平整无损。

d)蝶蛾类胶带贴用法

在日常使用中,蝶蛾类插针标本往往因为经常取放和传递观察而损坏,同时又鉴于蝶蛾类主要特征多位于翅面,因此,用透明胶带粘贴双翅制成贴翅标本,在教学中有一定应用价值。这里简要介绍几种贴翅标本的制作方法。

其一,单面贴用法:根据翅面大小,选用 2 ~ 4 厘米宽的透明胶带和与翅面颜色相近的电光纸。

第一,用小镊子分别从翅基部取下 4 翅,任取 1 翅放在电光纸上,用胶带盖贴。盖贴时把胶带一端粘在翅前方的电光纸上,向下徐徐把胶带拉平,先贴住翅缘,再盖贴翅面,最后贴在翅面下的电光纸上,把胶带剪断。

第二,依次把 4 翅一一用胶带贴妥。用小圆头镊子尖沿翅边缘把胶带和电光纸压粘,使之更加牢固。

第三,把已压边的 4 翅一一沿翅边缘外圈剪下,剪边时最好用小弯头剪刀,以便于弯转剪边。纸边要宽窄适度,过宽会失真,过窄则胶带和纸边不易粘牢。

第四,把已剪好的四翅,按展翅位置用胶水粘贴在一张大小适中的卡片纸上,接着再粘好触角。在卡片的下方注明标本名称、分类位置等,贴翅标本即告完成。

这种单面贴翅标本,只能看到翅的正面,不能看到翅的背面,一般多用于展览观看。

其二,双面贴用法:与单面贴翅标本不同,双面贴翅标本正反两面均可看到,便于观察特征,容易保存。其操作方法如下:

剪下一段比虫体稍为宽大的透明胶带作为“载胶带”胶面向上平铺在玻璃板上,铺放时不要触及胶面,暂时将四角固定。将已取下的四翅,按展翅位置一一贴在载胶带上,要求贴平,一次贴好,因为贴后翅面不易移位矫正。接着把触角也贴在适当位置,并在标本下方加贴双面书写的小标签。

再剪取一段与载胶带大小相同的胶带作“盖胶带”,胶面向下先与载胶带的上边粘贴吻合,然后向下慢慢紧盖翅面,要稳帖平整,不产生气泡或皱褶,直到盖胶带与载胶带全部吻合,即可作为双面贴翅标本予以保存。

其三,胶片贴用法:这种方法是用制作幻灯片的无色透明胶片做载胶片,以透明胶带做盖胶片的贴翅标本法。这种贴翅标本可将数种不同种的虫翅粘贴在较宽大的一张胶片上,便于分类观察。其操作方法如下:

先将胶片裁成八开或十六开纸张大小,再按欲粘贴的各种标本尺寸和贴放位置作好全面布局。

把其中的一种虫翅在预定位置按展翅虫姿连同触角一起平放在胶片上。由于胶片光滑,虫翅不易放稳,可在虫翅边角上微蘸胶水予以暂时固定,触角上也照此暂时固定在适当位置上。标本下方放一两面写字的说明标签,最后用透明胶带将虫翅和标签全部粘盖。用这方法把其他各种虫翅也分别粘贴在胶片上,即成为胶片粘贴的分类标本。

成虫剖腹干制标本的制作

有些腹部较粗的成虫,如蝗虫、螽蜥等,欲制成干制标本,需将其内脏及脂肪等清除干净,填充脱脂棉,才易于长期保存。操作方法如下:

a,将已死的虫体,用小解剖剪从腹面中央第二节至第五(或七)节剪开一纵缝。

b,用镊子把胸腔、腹腔中的内脏和脂肪等内含物全部清除,再用脱脂棉把胸腔、腹腔的内壁擦拭干净。

c,将脱脂棉撕成若干小块,用小镊子夹起小块脱脂棉蘸上些樟脑粉,一块一块地向胸腔、腹腔内填入,直到填满体腔,恢复原来的虫态为止。

d,把开缝处的棉纤维用镊子掖平掖好,再把开缝两侧的虫体表皮拉回原位展平。以后随着干燥,表皮逐渐回抱,无需线缝,开缝就更加吻合了。

e,把虫体用昆虫针按规定针位插针固定在整姿板(厚纸板或聚丙乙烯板)上,整理虫姿。

f,用大头针先固定三对足,一般是前足向前伸,中后足向后伸,摆出前足冲、中足撑、后足蹬的姿势,显示出跃跃欲跳的神气。然后用大头针把触角向两侧展开,连同整姿板平放干燥。

g,标本干妥后,撤去大头针,用三级台固定虫位,加插标签,即可放入标本盒(柜)内保存。

成虫剖腹干制标本的操作口诀:腹面中央下剪刀,内脏脂肪往外掏,棉蘸樟脑要填满，严覆剪口姿整好。

幼虫干制标本的制作

幼虫制成干制标本，一般采用吹胀法，具体制作方法如下：

将躯体完整的活幼虫平放在较厚的纸上或解剖盘中，腹面朝上，头向操作者，尾向前展直。用一玻璃棒（或圆木棍、圆铅笔杆）从头胸连接处向尾部轻轻滚压，使虫体内含物由肛门逐渐排出，以后逐次用力滚压数次，直到虫体的内含物全部压出，只剩一个空虫皮壳为止。注意操作时要轻、慢，不能急于求成，不然，用力不当可能胀破尾部，损坏标本。滚压时还要注意不要压坏虫体表皮或体表上的刺、毛。

取来医用注射器（带针管、针头，其大小可根据虫体大小而定），拉空针管将针头插入肛门，不宜过深，但过浅又易脱落，然后用一细线将肛门与尾部插针处扎紧，余线剪断。

将已插入针头的虫体连同注射器一起移到烘干器上加温吹胀，烘干器实际上是一个放在酒精灯架上的煤油灯罩，把扎在注射器上的虫体轻轻送进灯罩，即可点灯加热。

一面加热干燥，一面徐徐推动针管注入空气，这时要注意边注气边看虫体伸胀情况，并反复转动虫体，使之烘匀。待恢复自然虫态时即停止注气。虫体烘干后，即可移出灯罩，在尾部结扎细线上滴一滴清水，用小镊子把扎线退下，用一粗细适当的高粱秆或火柴棍从肛门插入虫体，插入的深度以能支撑虫体为度。然后在秆（棍）的外端插上昆虫针，用三级台固定虫位，插上标签，这时一个干制幼虫的标本就已经制成了。另外，也可以用一个昆虫针扎穿一小块软木，再在小软木块上缠一细铁丝向左侧伸直，在铁丝上抹上乳胶，把干制的虫体粘在铁丝上。还可以在虫体腹面稍点一点乳胶，粘在用幻灯胶片剪成的小胶片上，然后在胶片的另一端插一标本针加以固定。

幼虫吹胀操作要点的口诀：腹面朝上头向己，圆棍由头往后挤，挤空内脏插针管，随吹随烘复原体。

蛹干制标本的制作

一般蛹的体壁比较坚硬,因此干制标本的制作方法比较简单,可用小剪刀将腹部中央的节间膜剪开一条缝,用镊子将腹内软组织取出,用脱脂棉吸干汁液,重新将剪口黏合插上虫针,在幼虫干燥器烘干后,加签即可。

②昆虫浸制标本的制作

将采集到的昆虫直接放入保存液中杀死、固定和长期保存,这样制成的标本称为浸制标本。凡是昆虫的卵、幼虫、蛹以及身体柔软、体型细小的成虫,都可以制作浸制标本。其操作步骤如下:

排空胃肠

采集或饲养的活幼虫,须先停食致饥,待它胃肠里的食物消化完毕,排尽残渣之后,再进行加工浸渍。目的是为了防止虫体污腐不洁,污染浸渍溶液。

热水浴虫

为防止虫体浸渍后皱曲变形,须在浸渍前加热处理,使虫体伸直,充分暴露出虫体特征,然后再投入浸渍液中。一般常用热水浸烫。放在火上的开水容器中浸烫不易掌握火候,时间过长会使虫体破损,标本报废。比较稳妥的方法是把热水(90℃左右)倒入玻璃容器,将虫放入,然后在容器上加盖,容器内的热水和蒸汽将虫致死,使虫体伸直。这种方法叫"热浴"。热浴的时间,可根据虫体的大小和表皮坚柔、厚薄程度等具体情况灵活掌握,一般虫体小而柔嫩的可热浴 2 分钟左右,大而粗壮的需要 5 ~ 10 分钟,一待虫体致死伸直,即可开盖取出,稍凉后再浸入标本液。

浸液选择

浸渍标本效果的好坏,主要取决于浸渍溶液的选用和制备。浸渍溶液有多种配方,主要起固定、防腐作用,浸渍前要根据虫体的质地、体色等来选用。一般常用的浸渍溶液有以下几种:

a,酒精浸渍液

用酒精做保存液浸制标本是一种常用的方法,通常是把酒精加水稀释成

75%的溶液。酒精对虫体有脱水固定作用,直接投入75%酒精溶液中的虫体脱水过快,会发硬变脆。为了不影响标本质量,在实际操作时可先将虫体放进30%的酒精溶液中停留1小时,然后再逐次放入40%、50%、60%、70%酒精溶液中,每次处理均各停留1小时,最后放在75%酒精浸渍液中保存。用酒精浸渍液保存的标本比较干净,肢体完整舒展,便于观察,尤其是附肢较长的昆虫和蚜虫标本,用此法保存比较理想。

这种方法的缺点是虫体内部组织仍然较脆,提供解剖实验用时容易碎裂,妨碍系统观察。大量标本初次投入酒精浸渍液后,由于虫体内部脱出的水分会把浸渍液冲淡,所以应在半个月后更换一次,经久不换会使某些标本变黑或变形。酒精极易蒸发,保存期间还应注意容器塞盖严密。为缓解虫体在酒精中浸渍的脆度,也可在酒精中滴入0.5%~1%的甘油,使虫体体壁变得较为柔软。此外,在配制酒精浸渍液和其他浸渍液时,用水一般都用蒸馏水,酒精选用医用酒精,这样配制成的溶液清澈透明,观感较佳。

b,福尔马林浸渍液

把福尔马林用蒸馏水稀释成2%~5%的溶液,即可用做浸渍液保存标本。此法简单、经济、防腐;缺点是虫体易肿胀,肢体易落脱。

c,醋酸福尔马林酒精浸渍液

配制方法:75%酒精150毫升、冰醋酸40毫升、福尔马林60毫升、蒸馏水300毫升。

由于单用酒精会使虫体硬脆。单用福尔马林又易使虫体肿胀。将它们混合使用,即可缓解单用的某些不足,对虫体组织固定作用好,尤其适于固定微小昆虫。但是,用这种混合液经久保存虫体仍易变黑,容器内还会出现沉淀物,必须经常检查,酌情更换,才能保持标本的清洁。

d,醋酸白糖浸渍液

配制方法:无杂质的纯白糖5克、冰醋酸5毫升、福尔马林5毫升、蒸馏水100毫升。使用醋酸白糖浸渍液保存标本,可在一定时间内对绿色、红色、黄色的虫体起保色作用。缺点是虫体易瘪。

昆虫标本浸渍液的配制方法比较多,各有优点和不足。关键是要根据虫体结构和药物原理分别采用不同的浸渍液,并在实践中摸索和积累经验,不断提高浸渍标本的质量。

浸制方法

浸制标本的制作方法简单。对于卵和细小昆虫,可以直接放入指形管中,加入保存液保存。对于体型较大的幼虫和蛹,要先在开水中煮沸5~10分钟,直到虫体硬直,再放入指形管中加保存液保存。标本经过这样处理,不易变色和收缩。对于其中的幼虫,体内水分较多,应在浸制过程中,更换几次保存液,以防虫体腐烂。

指形管中的保存液的量一般是容积的2/3。盖好橡皮塞以后,要用蜡封好,然后贴上写好的标签。标签要用毛笔写,项目有采集号、名称、采集时间、采集地点、寄主植物名称等。

③虫翅鳞片标本的制作

虫翅标本的制作,除用透明胶带制成贴翅标本外,还可以把蝶蛾类翅面上的鳞片取下来,专门制成虫翅鳞片的标本。鳞翅目成虫(蝶蛾类)五彩缤纷,围绕花丛漫飞舞动,素有“会飞的花朵”之称。其实,这些虫翅上的彩色斑纹是由翅面上着生的鳞片反映出来的。这些鳞片扁平而细微密被于膜质的翅面上,系由毛变化而成。鳞翅目的得名也由此而来。

鳞片具有颜色,由于虫种不同或雌雄不同,在翅面上组合成的色彩斑纹也各有差异:有的淡雅别致,有的暗淡粗放,还有的色调明快,别具一格。这些不同色彩的斑纹,常是辨识虫种的重要依据。现以黑缘粉蝶为例,将制作虫翅鳞片标本的具体操作方法简介如下。

选采成虫

采集的粉蝶,最好是刚羽化出来,飞动时间不长,翅面完整,鳞片没有擦伤,斑纹清晰,特征明显的。用这样的粉蝶制作鳞片标本,效果最为理想。

粘取鳞片

a,取下蝶翅:将选好的粉蝶放入毒瓶内致死,然后取出用小镊子把四片虫翅从翅基部轻轻分别摘下。

b,粘取鳞片:根据翅面大小,剪取一块医用橡皮膏,胶面向上,平铺在玻璃板上。再把四片虫翅一一放在胶面上。

放置虫翅时,应注意用小镊子轻轻夹住翅的基部,先在胶面上方选定适当位置,然后轻轻地置于胶面。要一次放准、放平,翅面不可出现皱褶,否则会损伤鳞翅的完整,不能制作出完美的鳞片标本来。

c,盖纸摩压:在已放好的翅面上盖一张较柔韧的白纸,用手(或指甲面)在白纸上沿着下面所覆盖的虫翅向下反复摩压,尽量摩压周到,使翅面上的鳞片全被黏附在胶面上。然后轻轻揭下白纸,用小镊子把已脱去鳞片的残翅小心剥去,即显露出清晰完整的粘制鳞片标本。最后,用小弯剪刀沿翅面的周边把四翅剪下。

d,装贴翅面:在剪好的四片翅面背后的胶布上,均匀地涂一薄层胶水,粘贴于卡纸上,再把触角蘸上胶水,各与前翅前缘平行地粘在前翅的前方。在卡片上注明所属目、科及虫名,压在玻璃板下或夹在书页内,干后即可长期保存。

这种粘贴的虫翅鳞片标本,如果操作熟练得法,则与原翅形态、颜色、光泽无大差异;如果能配上与翅面颜色、斑纹相调和的彩色底纸,还能进一步增加美感。其他蝶蛾类的翅面鳞片,都可以试用这种方法制成单项的鳞片标本。有目的、有计划地采集不同虫种,加工制作成不同的鳞片标本,逐步积累,很有意义。

④昆虫局部结构标本的制作

除了制作整体的昆虫标本,还可以根据需要制成单项的昆虫局部结构标本。例如按昆虫的触角、足等制作出较有系统的系列标本,在丰富昆虫知识和采集制作内容等方面都有一定价值。

制作昆虫局部结构标本的原材料,可以有目的地进行专项采集,也可以从被淘汰的昆虫标本中择取其可利用的部分加以利用。

制作方法比较简单，例如制作昆虫的各种类型的触角标本，可先用小镊子轻轻从各种昆虫的头部取下触角，放在一张大小适中的标本台纸上，调好位置和姿势，在每个触角的基部用一小点胶水暂时固定，然后采用透明胶带粘贴的方法，把这套标本粘好即可。

昆虫的足比较厚，用透明胶不便粘贴时，可在虫足上微点一些乳胶，直接把它粘在标本台纸上，然后装盒或镶入小镜框内，也很完美。各种类型的昆虫局部结构标本，要分别加贴小纸签，注明所属类型，如再加注采自何种昆虫，那就更好了。

⑤昆虫生活史标本的制作

昆虫一生中有各种形态，完全变态的昆虫有卵、各期幼虫、蛹和成虫等；不完全变态的昆虫有卵、幼虫、成虫等。在采集时，一定要注意全面采集，尽量采到各期形态的虫体，同时将它们吃的食物一同采下，做成浸制标本（把昆虫各期个体按顺序捆到玻璃上，然后放入标本瓶倒入浸泡液）。也可做干制标本（按各期放入昆虫盒，盒里填上棉花，盒内放上樟脑丸或克鲁苏油）。

制作昆虫生活史标本，通常是将某种昆虫的各态（卵、幼虫、蛹、成虫）及其寄主植物的被害部分，一起装配在玻璃面的标本盒内。

标本盒一般用厚草板纸制成，盒盖镶上玻璃。标本盒的尺寸，通常是32厘米（长）×22厘米（宽）×（2～3）厘米（高）。盒内垫放脱脂棉，垫棉的方法与盒装植物标本相同。垫棉后即可将制备好的标本按预定布局一一就位，并在各虫态及被害植物下面分别贴上小纸签，注明各虫态和被害植物的名称，再在棉层的右下方放一标本签，盖上玻璃盒盖，用大头针固定，即可保存、使用。

制作盒装生活史标本，需要注意以下几点：

放入盒内的成虫标本，如需展翅，可用展翅板展好后把昆虫针退下来，再放在盒内的棉层上面。

幼虫可以用吹胀法干制，制好后不必另加玻璃管，直接放入盒内的棉层上；如不便干制，则需装在适当大小的玻璃瓶管里液浸，但瓶、管口要密封，以防漏液污染标本。

卵和蛹能干制的即干制入盒;不能干制的,根据具体情况,也可像幼虫那样用液浸法保存。

垫棉之前,需在盒底放些樟脑一类的防腐、防虫剂。

(8)昆虫标本的保存

①昆虫标本的保存工具

标本盒。用来保存针插干制标本。标本盒用轻质木材或坚厚的纸板制成。为了便于存放,标本盒大小有一定规定,盒盖上装有玻璃,便于隔盖观察盒内标本。为防止虫害或菌类侵入,盒盖和盒体之间要有凹凸槽口相接,使其尽量密合。盒底铺有软木板,便于插下昆虫针。这种标本盒的容量大,适宜存放,可作为展览、观摩和教学标本用。

盒装标本须粘贴分类标签,以便取放管理。常用的标本盒有两种规格。

标本盒内的边角处另粘 1 ~ 2 个带孔的小三角纸盒,盒内放有防腐、防虫剂,以防发霉或虫蛀。

标本柜。是保存干制标本的专用柜。其规格应为双层双门、高 205 厘米、宽 115 厘米、深 50 厘米。柜内中央有一纵向的隔板,上下层横向再各为 4 格,在各格中存放标本盒。柜的最下层装有一块活板,里面放入吸潮、防虫药品。

指形管和标本架。用于保存浸制标本。指形管的规格应该一致,一般高 7 厘米、直径 2.2 厘米,上面盖以橡皮塞。与指形管相配套的是标本架,指形管装入保存液和昆虫标本后,应摆放在标本架上保存。

浸制标本柜。是保存浸制标本的专用柜。其结构与上述标本柜相同,只是每层的隔板要厚,以便能承受指形管的保存液重量。在隔板正面沿前后方向钉上固定标本架的木条,标本架下也应挖有与木条相吻合的凹槽,插放标本架时将凹槽对准隔板上的木条,便抽拉自如。

②昆虫标本的保存方法

未加工的昆虫标本保存。尚未加工的保留标本,如果是装在三角袋内的,可原袋不动地放入木盒或纸盒内暂时保存;如果是裸露的昆虫标本,可放入木盒或纸盒内,按类分层置于垫棉上,盒内要放些防腐剂和防虫剂。

未经加工的昆虫标本还可放在玻璃干燥缸内保存。

在玻璃干燥缸缸底放些氯化钙或硅胶等干燥剂,把标本放到缸中的瓷屉上,然后盖上缸盖。缸盖底边和缸口边缘都是磨砂口边,盖封比较严密,但在使用时还得在缸盖和缸口相接触的口边上涂些凡士林,这样缸口可以封闭更严,揭盖或盖盖时,需要用手平推缸盖,才易揭开或盖上。

昆虫干制标本的保存。要及时放入标本盒并加药保存。霉雨季节尽量不开启盒盖,雨季过后应进行检查,随时添加防潮、防虫和防霉药剂。一旦发现虫害,要及时用药剂熏杀。

如有条件,应制作标本柜,收藏全部标本盒。如不能制作标本柜,也应将标本盒存放在其他类型的柜橱中,以便于集中保存管理。

昆虫浸制标本的保存。浸渍昆虫标本多在指形管内保存。根据虫体大小,标本可分装在若干管内,管内放耐浸小纸签。其上用铅笔注明标本名称等,用石蜡封紧管口,置于标本管架上。

标本管架是一个木制的长方形框架,正面镶装长条玻璃,既能挡稳标本管,又能透视管内的标本。管架的一个端面装着带有拉手的卡片框,既可放分类卡片,又可拉标本架。管架的尺寸通常是高 8.5 厘米,长 40 厘米,宽 3.5 厘米,架内实际宽度是 2.5 厘米。

放在管夹内的浸渍标本,要注意经常添换标本液,并避免日晒。

数量多的标本管架,需集中分放在浸渍标本柜内,以利于保存管理。

用玻璃管保存的浸渍昆虫标本,也可放在广口瓶(罐)内集中保存。

利用罐头玻璃瓶装标本管,需配上塑料盖,倒进一些标本液,并注意适时添注,各个标本管口可不塞瓶塞,只需放些脱脂棉,即可保持各管内的标本液经常饱满。然后把罐放入一般柜(橱)内保存。

盒装标本需放标本柜橱内保存,注意防潮、防晒、防虫。

③昆虫标本的去霉

干制的昆虫标本如不慎受潮，虫体发霉，应及时进行护理。

鳞翅目（蝶蛾类）昆虫体上发霉时，可用毛笔蘸些酒精（也可在其中加些石碳酸），用笔尖轻轻“点刷”虫体，做到既能刷及霉污，又不触损虫体，尤其注意不要刷落虫翅上的鳞片和虫体上的细毛。

其他种类的昆虫标本发霉时，也可以照此办理。如果在酒精中滴入几滴甘油，则在刷除霉污的同时还能使标本焕然一新，这对鞘翅目昆虫标本的效果尤其明显。

经过轻刷去霉的标本，可待晾干以后继续保存。

## 2. 环节动物标本的采集与制作

环节动物是身体分节的高等蠕虫，其代表种类是蚯蚓。蚯蚓属于环节动物门的寡毛纲，种类很多。下面以蚯蚓为例介绍环节动物标本的采集与制作。

(1)蚯蚓标本的采集

制作蚯蚓标本，应该准备种蚓，这就需要到田野去采集。采集种蚓可通过以下几条途径进行。

①利用雨后时机采集

夏季大雨过后，蚯蚓纷纷爬出地面，此时去农田附近寻找，很容易找到，尤其在一些石块和烂草、落叶堆下。常有大量蚯蚓积聚，往往一次就能采集到几十条。

②利用农田翻土时机采集

农田中的蚯蚓，大多生活在耕作层中，一旦农田翻土，常被翻出土外。此时正是采集蚯蚓的好时机。尤其是韭菜畦、油菜地和水稻田中，由于土壤十分肥沃，蚯蚓数量多，采集更容易。

③根据蚓粪采集

蚯蚓洞穴上方的土面，常堆集着许多蚓粪，这是地下有蚯蚓生活的标志。

如果在蚓粪旁用三齿耙挖取,往往能采到蚯蚓。

对采集来的蚯蚓,要放到盛有潮湿土壤的容器中,不能在空气中暴露时间过久,更不能在阳光下曝晒,以免因皮肤表面干燥而窒息死亡。

(2)蚯蚓标本的制作

一般把蚯蚓等环节动物做成浸制标本,以便日后观察。标本制作要经过停食、麻醉和固定3个步骤。

①停食

将蚯蚓自容器中取出,用水冲洗干净,放在垫有湿草纸的玻璃缸中,停食两天,使它的肠中泥土排尽。然后喂给碎的湿草纸5~7天,填充肠管,以利于将来观察肠管的形态。

②麻醉

将上述蚯蚓转入搪瓷盘内,同时放入一定量的清水,再慢慢滴入95%酒精,直到使盘中的清水变成10%的酒精溶液为止(事先应量得搪瓷盘中的水量,按比例加入一定量的酒精)。两个小时以后,蚯蚓背孔分泌出大量黏液,说明已经麻醉死亡。

③固定

配制固定液:40%福尔马林10毫升、95%酒精28毫升、冰醋酸2毫升、水60毫升。

取已经麻醉的蚯蚓,平放解剖盘中,从它身体后端侧面,用注射器向体内注射上述固定液,直到使蚯蚓的身体呈饱满状态为止。

(3)蚯蚓标本的保存

将注射后的蚯蚓,平放在纱布上,每20~30条裹成一卷,使其竖立在标本瓶中,然后加入上述固定液,便可长期保存。要注意每条蚯蚓的身体一定要平直,不能发生扭曲现象,否则将来解剖时就会背腹难辨,给解剖工作带来困难。

## 3. 海洋无脊椎动物标本的采集与制作

海洋占了地球表面积的71%,其中生活着大量的无脊椎动物。本节简要介绍沿海无脊椎动物标本的采集与制作。

(1)海洋环境的简要说明

①海洋环境的特点

海洋环境与陆地环境相比,变化较小,稳定性强,这就为海洋生物的生存和发展提供了良好的条件。其特点如下:

海水温度差别很小:海洋表面(海面到30米深处)温度的日变化,热带为0.5~1℃,温带为0.4℃,寒带为1~2℃。300~350米以下的海水,其年温差更小。不同深度的水层生存着不同的生物。

酸碱度相当稳定:海水的pH一般维持在8.0~8.3之间。

海水中养料丰富:海水中含有多种营养盐类,如硅酸盐是硅藻构成细胞壁不可缺少的成分,而硅藻又是沿海某些浮游动物和贝类的主要食料。

②海洋环境的分区

根据地形和水深的不同,海洋环境可分为两大地区:如图所示,一个是沿岸地区,它是指从海陆相接处到海底200米深的部分,又称大陆架;另一个是深海区,即指深度超过200米的所有区域。

沿岸区:这个地区根据海水深度和物理化学特性的不同,又分为两个带,即滨海带和浅海带。

a,滨海带:指由高潮线到深约50米的地带,这一地带动植物种类较多。

b,浅海带:指50~200米深的地带,这里动物种类较多,植物种类较少。

深海区:这个地区根据水深和地形不同也分为两个带,即倾斜带和深海带。

a,倾斜带:指200~2440米之间的地带,这里坡度较陡,也叫大陆坡。

b,深海带:指由2440米以下至最深的海域地带,这个地带的特点是水温低,海床柔软,环境稳定,但缺乏阳光,无植物生长,有少数动物均为肉食性。

③潮间带和潮汐

潮间带:最高潮(大潮涨潮线)与最低潮(大潮退潮线)之间露出的泥沙或石质的滩涂地带叫潮间带,实际上就是有潮水涨落的地带。每当退潮时,潮间带海底露出水面,是进行海滨采集动物标本的主要场所。

大潮时,海水升至最高的界线称高潮线,海水落至最低的界线称低潮线。高潮线以上的部分称为潮上带,低潮线以下的部分称为潮下带,高潮线和低潮线之间便是潮间带。不论大潮还是小潮,都是在潮间带之间发生的。根据大小潮海水涨落的不同,潮间带又分低潮带、中潮带、高潮带。

a,低潮带:低潮带大部分时间为海水所浸没,只有每月两次大潮的低潮期暴露于空气中。此带是采集标本的重要区域,由于它长时间被海水浸没,必然会造成良好的海洋性环境,因而动植物种类繁多,数量较大。

b,中潮带:这个地带受风浪影响较大,尽管如此,动物分布的种类仍然不少,礁岩下、泥沙中、沙面上、凹洼处等都能找到动物的踪迹。

c,高潮带:高潮带大部分时间暴露在空气中,仅在每月两次大潮期间才为海水所浸没,因而这个地带的动物种类较少,只有那些能抵抗日光曝晒、干旱、温度剧变的动物能在这里生存下去,像牡蛎、紫贻贝、藤壶等具有特殊保护性坚硬外壳的动物可在这个地带被找到。

潮汐:潮汐是由于月球、太阳对地球各处引力不同所引起的海水水位周期性的涨落现象。世界上大多数地方的海水,每天都有两次涨落,白天海水的涨落叫做“潮”,晚上海水的涨落叫做“汐”。平时我们“潮”“汐”不分,都叫做“潮”。

(2)海洋无脊椎动物标本的采集

①采集时间

采集和观察动物的最佳时间是农历朔(初一)和农历望(十五)后1~2天,每天采集的最好时间是在大潮的低潮前后1~2小时。

②采集地带

采集和观察动物的最好地带是低潮线以上的潮间带，尤其是下带，这里海滨动物分布丰富，是采集海洋无脊椎动物的重要区域。潮汐引起的潮流不仅扩大了水体和空气的接触面，增加了氧气的吸收和溶解，而且随着它冲来的一些有机碎屑又为海滨动物提供了营养，所以当大潮的低潮线暴露出来时，我们要抓紧时间，适时采集。

③采集的注意事项

了解海洋知识，安全第一。

采集前，应广泛查阅有关海洋和海洋生物的资料，懂得一些潮汐的知识，了解涨潮、落潮的规律，以免潮水变化时惊慌失措。采集中如不认识的动物，不要轻易下手触摸，最好用工具采取或及时请教指导老师，防止被有毒动物伤害。如果是集体采集，应加强组织纪律性，严格按照指导老师的要求去做，不要擅自离队独自行动，避免发生意外。

做好物质准备，爱护用具。

采集前，应把采集用的工具、药品、器皿、新鲜海水等准备妥当，同时还要配制好临时处理动物的药水。采集中转移地点时，应仔细检查所带用具是否齐全，避免丢失。对于铁器用具，采集归来后应及时洗净擦干，以备下次使用。

保护生态环境，适量采集。

初到海边的人，往往会对大海产生强烈的新奇感，兴之所至，有可能不顾一切，见到动物就采集，这种心情可以理解。但是，采集者不应忘记保护生态环境，保护海洋生物资源。应该强调重视观察，多看动物的生活状态，有条件的还可以拍些动物照片。采集时要重视质量而不要过分追求数量。在采集中翻动过的石块或拨挑过的海藻等，要把它们恢复原状，以免破坏其他动物原来的生存条件。

妥善处理标本，及时记录。

采集来的标本应分门别类放置在不同的瓶、管、桶、碗、杯中，并及时用不怕浸湿的纸料注明采集日期、地点、编号及采集者，养成细致、严谨的科学作风。

④采集工具

器械

手持放大镜:用于观案动物较微细的结构。

解剖器:包括解剖剪、解剖镊、解剖刀、解剖针。

解剖盘:整理固定动物标木之用。

搪瓷盘:用于整理标本和培养动物。

注射器:5 毫升或 10 毫升规格的各若干个。

注射针头:5 号、6 号、7 号各若干个。

量筒:100 毫升,配药用。

量杯:1000 毫升,配药用。

培养皿:大、中、小号,用于培养小动物。

烧杯:1000 毫升,培养、麻醉、固定小动物。

广口瓶:棕色和白色各若干个,用于装标本。

吸管:吸取小型动物。

用具

毛笔:刷取小动物。

铁锹:挖取动物。

铁铲:挖泥沙中的动物。

铁锤和铁凿:用于凿出固着在岩石上的动物。

小铁片刀:采刮附着在岩石上的小型动物。

塑料桶:盛标本。

塑料碗:捞取小型水母。

塑料袋:装标本用。

其他:标签、圆珠笔、棉花、纱布、橡皮膏等若干。

⑤沿海无脊椎动物标本采集要点

海绵动物

a,生活环境及主要形态特点

日本矶海绵:单轴目,寻常海绵纲。这是一种常见的沿海无脊椎动物。它主要长在海滨潮线的岩礁上,退潮时可在岩石低凹积水处找到。

日本矶海绵通常成片生长,群体如丛山状,主要呈黄色,也有橙赤色的。

在海港码头环境中,还生活着毛壶和指海绵等海绵动物,它常附着于浮木、浮标及旧船底上。

b,采集要点

用刀片、竹片或其他较硬的器械从基部把海绵轻轻刮下,因其体质柔软,体壁易碎,刮时要注意不要用力过猛。将刮下的标本放入装有新鲜海水的标本瓶中,不宜放置过多,以免相互挤压损坏。

腔肠动物

a,生活环境及主要形态特点

a)绿疣海葵:珊瑚纲,六放珊瑚亚纲,海葵目,海葵科。

绿疣海葵固着在岩石缝中或岩石上,体壁为绿色或黄绿色,口部淡紫色,有一对红斑。生活状态时,位于口周围环生的五圈触手伸长,颜色呈浅黄色或淡绿色,像一朵盛开的葵花,非常美丽。涨潮时触手完全伸出,借以捕捉食物;退潮或受到外界刺激时触手和身体马上收缩成球形。

b)星虫状海葵:珊瑚纲,六放珊瑚亚纲,海葵目,爱氏海葵科。

星虫状海葵固着在泥沙中的小石块和贝壳上,营埋栖生活,体细长,呈蠕虫形,因触手收缩时形似星虫而得名。体呈黄褐色或灰褐色,触手为黄白色或灰褐色。在水中自然状态下,触手展开于泥沙表面,受刺激时缩人泥沙中。

c)钩手水母:钵水母纲,淡水水母目,花笠水母科。

钩手水母在丛生的海草中自由漂浮生活,伞稍低于半球形,伞径 7~11 毫米,伞高 4~6 毫米,伞缘有触手 45~70 个。

d)海月水母:钵水母纲,旗口水母目,洋须水母科。

海月水母在海水中漂浮生活,体呈伞形,伞缘有许多触手,伞的下面有口,口周围有 4 个口腕。生殖腺 4 条,马蹄形。海月水母为乳白色,雄性生殖腺呈粉红色,雌性为紫色。

e)薮枝螅:水螅纲,被芽螅目,钟螅科。

附着于海藻、海港浮木或其他物体上,营群体生活,有的种类高达 20~40 毫米。

b,采集要点

a)绿疣海葵:在岩石缝或岩石上,距海葵固着部位约 3 厘米处,用铁锤和铁凿将它连同岩石一起采下,尔后轻轻放入盛有海水的容器内,注意尽量不要伤及海葵。容器内的标本不宜放置过多。

b)星虫状海葵:因这种动物的体色与泥沙颜色相近,故要仔细寻找观察才能发现。星虫状海葵埋在泥沙中,采集时不要急于动手,应静观等待其触手完全张开,恢复自然状态,再沿触手长度的边缘用铁锹挖一圆形坑把它挖出来,尽量挖得深一些,以免损伤其基部。最后,将海葵取出放入盛有海水的容器中。

c)钩手水母:退潮后,在岩石间海草较多的 1 米左右深的海水中,轻轻拨动海草,静待片刻,观察水面,即会出现钩手水母。采集时要手疾眼快,迅速用碗或小网捞取,然后倒入装有新鲜海水的玻璃瓶或塑料瓶中。

d)海月水母:这种动物与海蜇一样,在沿海岸地带不多见,一般需乘船采集。一旦发现这种动物,应用塑料盆连同海水一起舀起,尔后放入盛有新鲜海水的容器中。因为它的体内多胶质,极易破碎,所以采集和装入容器时应格外小心,并需经常更换海水。

e)薮枝螅:可以连同附着物一起把薮枝螅采下,放进盛有海水的较大容器里。注意不要重叠放置,以免把它们闷死。

扁形动物

a,生活环境和主要形态特点

平角涡虫:涡虫纲,多肠目,平角涡虫科。平角涡虫多生活于高低潮线间的石块下面。体扁平,叶状,略呈椭圆形,前端宽圆,后端钝尖。体灰褐色,腹面颜色较浅。

b,采集要点

采集平角涡虫可翻动石块,在石块下面寻找。不论它是匍匐爬行还是静止不动,都需用毛刷将它轻轻刷下,放入盛有海水的小瓶中。由于这种动物分泌的黏液常缠绕其他动物,所以,应注意不要把它跟别的动物一起放在同一个容器里。

环节动物

a,生活环境及主要形态特点

a)巢沙蚕:多毛纲,游走亚纲,欧努菲虫科。

巢沙蚕在沙滩或泥沙滩营管栖生活。管为膜喷,表面嵌有贝壳碎片和海藻等,下部布满沙粒,管的上部约 20 毫米露在沙外,平时巢沙蚕在管的上部活动,受震动后,迅速下行,通过管下方的开口进入泥沙深处。虫体一般较大,体呈褐色闪烁珠光,鳃为青绿色。

b)磷沙蚕:多毛纲,游走亚纲,磷沙蚕科。

磷沙蚕栖息在泥沙内的 U 形管中,退潮后,在沙滩表面露出高 1~2 厘米,相距 60 厘米左右的两个白色革质管口。用手捏闭一个管口,再轻轻压挤被封闭的管口数次,然后放开手,可看到另一管口缓慢流水,这就是磷沙蚕的栖息地点。

c)柄袋沙蠋:多毛纲,隐居亚纲,沙蠋科。

柄袋沙蠋栖息于细沙底质,在 U 形管状的穴道中生话,穴口之间距离为 200~300 毫米。体呈圆筒形,前端粗,后端细,形似蚯蚓,故俗称海蚯蚓。活着时体色鲜艳,为褐或绿褐色,其上有闪烁的珠光;鳃为鲜红色,刚毛为金黄色。

d)埃氏蜇龙介:多毛纲,隐居亚纲,蜇龙介科。

埃氏蜇龙介虫体生活于弯曲的石灰质管中,外面常附有许多沙粒,栖管则固着于岩石缝、石块下或贝壳上,常常是许多个管子缠绕在一起。虫体前端较粗,后端较细。

b,采集要点

a)巢沙蚕:在泥沙滩表面注意观察,凡有一堆碎海草、沙砾、贝壳,中间有一管口的即为巢沙蚕管口。在管子上部震动,虫体将迅速下移,故采集时动作应轻一些,在离管口一定距离处用铁锹挖取。挖出后,轻轻敲管,可探知管内有无虫体,尔后将有虫体的管子放入盛有海水的容器内。

b)磷沙蚕:退潮后,在相距60厘米左右找到两个白色革质管口,向其中一个管口吹气,若另一管口喷水,即表明它是磷沙蚕穴居的u形管。在两管中间画一直线,并用铁锹在线的一侧挖之,挖掘深度与两管口距离成正比。当见到与地面平行的横管时,即小心拿取全管放到盛有海水的容器内。

c)柄袋沙蠋:它栖息于泥沙中,一般有两个穴口;尾部的穴口处常堆积有圆形泥沙条的排泄物,形状如蚯蚓粪;头部穴口距尾部穴口约10厘米处,是一个漏斗形的凹陷。采集时,用铁锹在离尾部穴口10厘米处快速下挖,轻轻掘起,展开泥沙,将标本放入盛有海水的玻璃瓶中。

d)埃氏蜇龙介:采集时,将管连同虫体一起取下,放进盛有海水的容器。

软体动物

a,生活环境及主要形态特点

a)红条毛肤石鳖:多板纲,石鳖目,隐板石鳖科。

红条毛肤石鳖生活在潮间带中下区至数米深的浅海,足部相当发达,通常以宽大的足部和环带附着在岩礁、空牡蛎壳和海藻上,用齿舌刮取各种海藻。退潮后吸附在岩石上。身体呈长椭圆形,壳板较窄,暗绿色,暗中部有红色纵带。

b)螺类(腹足类)

锈凹螺——腹足纲,前鳃亚纲,原始腹足目,马蹄螺科。

锈凹螺生活在潮间带中下区,退潮后常隐藏在石块下或石缝中,以海藻为食,是海带、紫菜等经济养殖业的敌害。贝壳圆锥形,壳质坚厚;壳口呈马蹄形,外唇薄内唇厚。

朝鲜花冠小月螺——腹足纲,前鳃亚纲,原始腹足目,蝾螺科。

朝鲜花冠小月螺生活在潮间带中区的岩石间,贝壳近似球形,壳质坚固而厚,过去称这种螺为蝾螺。

皱纹盘鲍——腹足纲,前鳃亚纲,原始腹足目,鲍科。

皱纹盘鲍栖息于潮下带水深 2 ~ 10 米的地方,用肥大的足吸附在岩礁上。贝壳扁而宽大,椭圆形,较坚厚。这种动物以褐藻、红藻为食,也吞食小动物,常昼伏夜出,肉肥味美,是海产中的珍品。贝壳(又称石决明)可以入药,也可以做工艺品。

短滨螺——腹足纲,前鳃亚纲,中腹足目,滨螺科。

短滨螺常在高潮线附近的岩石上营群居生活,成群地栖息在藤壶空壳或石缝中,而它自己的空壳又往往为小型寄居蟹所栖息。贝壳小型,呈球状,壳质坚厚,壳顶尖小,常为紫褐色。这种动物能用肺室呼吸,具有半陆生和半水生性质。

古氏滩栖螺——腹足纲,前鳃亚纲,中腹足目,汇螺科。

古氏滩栖螺生活于潮间带高潮线附近的泥沙滩中,退潮后在沿岸有水处爬行。贝壳呈长锥形,壳质坚硬,可供烧石灰用。

扁玉螺——腹足纲,前鳃亚纲,中腹足目,玉螺科。

扁玉螺生活在潮间带到浅海的沙或泥沙滩上,以发达的足在沙面上爬行,爬过的地方留下一道浅沟。能潜于沙内 7 ~ 8 厘米处,捕食竹蛏或其他贝类。贝壳为扁椭圆形,壳宽大于壳高。肉可食用,壳为贝雕工艺的原料。

脉红螺——腹足纲,前鳃亚纲,狭舌目,骨螺科。

脉红螺生活在潮下带数米或十余米深的浅海泥沙底,能钻入泥沙中,捕食双壳贝类。贝壳大,略呈梨形,壳质坚厚,壳表面呈黄褐色,具棕褐色斑带。肉味鲜美,可做罐头,但它是肉食性动物,为贝类养殖业的大敌。

香螺——腹足纲,前鳃亚纲,狭舌目,蛾螺科。

香螺生活于潮下带至 78 米深的泥沙质海底,在潮间带内很少发现。贝壳大，近似菱形，壳质坚厚，壳表面为黄褐色并被有褐色壳皮。贝壳表面常附着苔藓虫、龙介虫、海绵、牡蛎等动物。因其体大而肉肥味美，故有香螺之美称。

c）双贝壳类（瓣鳃类）

毛蚶——瓣鳃纲，列齿目，蚶科。

毛蚶生活于低潮线以下的浅海，水深为4—20米的泥沙质海底并稍有淡水流入的环境中。贝壳呈卵圆形，两壳不等，右壳稍小，壳质坚厚而膨胀，壳表面白色，被有棕色带茸毛的壳皮，故名毛蚶。

魁蚶——瓣鳃纲，列齿目，蚶科。

魁蚶生活于潮下带5米至数十米浅海的软泥或泥沙质海底，退潮后在沙面上有两个似向日葵种子形的孔，长约1厘米，尖端相对。贝壳大型，斜卵形，左右两壳相等。壳表面白色，被有棕色壳皮及细毛，极易脱落，魁蚶是经济贝类。

紫贻贝——瓣鳃纲，异柱目，贻贝科。

紫贻贝生活在潮间带中下区以及数米深的浅海，常营群居生活，大量黑紫色的贻贝成群地以足丝固着于岩石缝隙以及其他物体上。贝壳楔形，壳质较薄，壳表面呈黑紫色或黑褐色并有珍珠光泽。有时大量紫贻贝附生于工厂冷却水管内和船底下，能造成堵塞管道和影响生产的后果。肉味鲜美，经济价值很高，俗称“海红”。

栉孔扇贝——瓣鳃纲，异柱目，扇贝科。

栉孔扇贝也称“干贝蛤”，栖息在浅海水流较急的清水中，自低潮线附近至20余米深处的海底。以足丝附着在海底岩石或贝壳上，移动时足丝脱落，借两扇贝壳的急剧闭合击水前进。停留后，足丝又很快生出，附着在外物上。扇贝的上壳即左壳表面，常附着一些藤壶、苔藓虫、螺旋虫等小型管栖环虫。贝壳扇形，两壳大小几乎相等。壳面颜色差异较大，有紫褐色、橙红色、杏黄色或灰白色，有的色泽鲜艳，十分美丽。贝壳可作为工艺品观赏，肉可供食用。

褶牡蛎——瓣鳃纲，异柱目，牡蛎科。

在潮间带中上区岩石上，褶牡蛎分布最多。贝壳小，多为长三角形。左壳较大,较凹;右壳较平,稍小。壳表面多为淡黄色,杂有紫黑色或黑色条纹。左壳表面突起,顶部附着在岩石上,附着面很大。肉味美,可食用。

中国蛤蜊——瓣鳃纲,真瓣鲤目,异齿亚目,蛤蜊科。

中国蛤蜊生活在潮间带中下区及浅海海底,海水盐度较高、潮流通畅、底质沙清洁的地区。贝壳近似三角形,腹缘椭圆,壳质坚厚,两壳侧扁。壳表面光滑,有黄褐色壳皮,壳顶处常剥蚀成白色。肉可食用,贝壳可做烧石灰的原料。

长竹蛏——瓣鳃纲,贫齿亚目,竹蛏科。

长竹蛏在潮间带的泥沙滩中穴居,能潜入沙内 20 ~ 40 厘米深处。贝壳狭长,如竹筒形,壳长为壳高的 6 ~ 7 倍。壳薄脆,表面光滑,壳皮黄褐色,壳顶周围常剥落成白色。肉味鲜美,产量也大,沿海居民常用竹蛏肉包饺子。长竹蛏是我国主要经济海产动物之一。

b,采集要点

a)石鳖:由于石鳖以发达的足部紧紧吸附于岩石上,并且越触及动物本体其附着力越强,因而很不易采下。采集时,要乘其不备,猛地从一侧推动,便可使石鳖与岩石脱离,捉下放入盛有新鲜海水的容器中。

b)螺类和双贝壳类:在退潮后的石块下、岩石缝里、泥沙滩中仔细寻找,便可以采到螺类和双贝壳类动物。

c)长竹蛏:退潮后,在泥沙岸上寻找两个紧密相连、大小相等、长约 1 厘米、呈哑铃形的小孔,受震动后两个小孔下陷成一个较大的椭圆孔,即为竹蛏的穴孔。沿海居民常用 40 ~ 50 厘米长的铁丝钩钓取,效果既快又好。也可以用铁锹迅速挖取,注意不要惊动竹蛏,挖深在 30 ~ 50 厘米之间。然后将采到的标本放入塑料袋中。

节肢动物

a,生活环境及主要形态特点

a)白脊藤壶:甲壳纲,蔓足亚纲,围胸目,藤在科。

白脊藤壶栖息于潮间带并常附着于岩石、贝壳、码头、浮木和船底上。在我国北方，因其能耐受长期干燥，适于低盐度地区，故与小藤壶一起成为潮间带岩岸的优势种，数量十分可观。壳呈圆锥形或圆筒形，壳板有许多粗细不等的白色纵肋，因壳表面常被藻类侵蚀，因此纵肋有时模糊不清。

b）蛤氏美人虾：甲壳纲，蔓足亚纲，十足目，爬行亚目，歪尾派，美人虾科。

蛤氏美人虾常穴居在沙底或泥沙底的浅海或河口附近，一般生活在潮间带的中潮区。体长25～50毫米，头胸部圆形，稍侧扁。体无色透明，甲壳较厚处呈白色，它的消化腺（黄色）和生殖腺（雌者为粉红色）均可从体外看到。因看上去很美，故有美人虾之称。肉较少，无大的经济价值，一般作为观赏动物。

c）日本寄居蟹：甲壳纲，蔓足亚纲，十足目，爬行亚目，歪尾派，寄居蟹科＝

这种动物寄居在空的螺壳中，头胸部较扁，柄眼长，腹部柔软。躯体与螺壳的腔一样，呈螺旋状。腹足不发达，用尾足及尾节固持身体在壳内。体色多为绿褐色。小型寄居蟹在沿海沙滩上数量极大，也很好采到，所以是中学生物教学理想的生物标本。

d）豆形拳蟹：甲壳纲，蔓足亚纲，十足目，爬行亚目，短尾派，玉蟹科。

豆形拳蟹生活于浅水或泥质的浅海底，潮间带的平滩上也常能见到。退潮后，多停留于沙岸有水处。爬行迟缓，遇到刺激时螯足张开竖起，用以御敌。头胸甲呈圆球形，十分坚厚，表面隆起，有颗粒，长度稍大于宽度。体背面呈浅褐色或绿褐色，腹面为黄白色。

e）三疣梭子蟹：甲壳纲，蔓足亚纲，十足目，爬行亚目，短尾派，梭子蟹科。

三疣梭子蟹生活在沙质或泥沙底质的浅海，常隐蔽在一些障碍物边或潜伏在沙下，仅以两眼外露观察情况，在海水中的游泳能力很强。退潮时，在沙滩上留有许多幼小者，一遇刺激即钻入泥沙表层。头胸甲呈梭形，雌性个体比雄性个体大，螯足发达。生活状态时呈草绿色，头胸甲及步足表面有紫色或白色云状斑纹。肉肥厚，味鲜美，产量高，是我国重要的经济蟹类。

f）绒毛近方蟹：甲壳纲，蔓足亚纲，十足目，爬行亚目，短尾派，方蟹科。

这种动物生活在海边的岩石下或石缝中，有时在河口泥滩上栖息。在潮间带中,以上中区为多。甲壳略呈方形,前半部较后半部宽;螯足内外面近两指的基部有一丛绒毛,尤以内面较多而且密,故得名为绒毛近方蟹。

g)宽身大眼蟹:甲壳纲,蔓足亚纲,十足目,爬行亚目,短尾派,沙蟹科。

宽身大眼蟹居于泥滩上,喜欢栖息在潮间带接近低潮线的地方。退潮后,常出穴爬行,速度很快,眼柄竖立,眼向各方嘹望,遇敌时急速入穴,穴口长方形。头胸甲也呈长方形,宽度约为长度的2.5倍,前半部明显宽于后半部。生活时,体呈棕绿色,腹面及螯足呈棕黄色。经济价值不大。

b,采集要点

a)藤壶:藤壶紧紧地与岩石、贝壳等长在一起,为保证动物体完整,采集时要连同附着物一起采下。

b)美人虾:退潮后,在泥沙表面常可见到两个圆形小孔,外观比长竹蛏的孔径略大,穴孔间距大于1厘米,这便是美人虾的穴口。采集时,可用铁锹挖至深约25厘米,翻动被挖掘的泥沙,便可找到美人虾,通常是成对(一雌一雄)被挖出。然后将美人虾放入盛有新鲜海水的容器内。

c)小型虾:用小水网迅速捞取,将捞取到的虾放进盛有新鲜海水的容器里。

d)蟹类:退潮后,蟹类常常躲藏在石块下或石缝内　采集时需不断地翻动石块,观察石缝,适时采集。注意:一般不用手箝拿,因为蟹类的蟹肢夹持力很大,会夹伤人的手指,所以最好用大竹镊子迅速夹取,放入坚固的容器中。

腕足动物

a,生活环境及主要形态特点

海豆芽:腕足动物门,无铰纲,海豆芽科。

海豆芽常栖息于潮间带中区低洼处,外形似豆芽,故名。贝壳扁长方形,壳较薄且略透明,同心生长线明显。壳呈绿褐色,壳周围有由外套膜边缘伸出的刚毛。柄为细长圆柱形,越向后端越细,后端部分能分泌黏液,以固着在泥沙中。

b,采集要点

退潮后,在集有浅水的沙滩表面可见有并列的3个小孔,孔间距约为5毫米,每孔中由里往外伸出一束刚毛,一经触动即下缩而陷入泥沙中,此时3个小孔变成1条裂缝。这就是海豆芽的穴洞。

采集时,可在距3个小孔10厘米远处用铁锹挖至30厘米深,然后扒开挖出的沙土,便可找到海豆芽。也可将一只手的拇指与食指张开,轻轻伸人三孔两侧的泥沙中约2~3厘米,迅速捏住海豆芽背腹的两片壳,进而向上拔,用另一只手沿海豆芽柄部掘挖泥沙20~30厘米深,即可得到海豆芽。注意:不论采用什么方法,都不要折断柄部,破坏标本的完整性。

棘皮动物

a,生活环境及主要形态特点

a)沙海星:海星纲,显带目,沙海星科。

沙海星栖息在水深4~50米的沙、沙泥和沙砾底,体型较大,呈五角星状。腕5个,脆而易断。生活状态时,反口面为黄色到灰绿色,有纵行的灰色带;口面为橘黄色。

b)海燕:海星纲,有棘目,海燕科。

海燕常栖息在潮间带的岩礁底,有时生活在沙底。体呈五角星形,腕很短,通常5个,也有4个或6~8个的。体盘很大,体色美丽,反口面为深蓝色或红色,或者两色交错排列;口面为橘黄色。晒干后,可用做肥料或饵蝌。

c)陶氏太阳海星:海星纲,有棘目,太阳海星科。

生活于25米以下深水中的泥沙底,渔民出海作业时。常随网捕捞上来。体为多角星形,体盘大而圆。腕基部宽,末端尖,有10~15条,多数为11条。体色鲜艳,反口面为红褐色,口面为橙黄色或灰黄色。

d)多棘海盘车:海星纲,钳棘目,海盘车科。

这种动物多生活在潮间带到水深40米的沙中或岩石底。体扁平,反口面稍隆起;口面很平。体盘宽,腕5个,基部较宽,末端逐渐变细,边缘很薄,体黄褐色。

e)马粪海胆:海星纲,拱齿目,球海胆科。

马粪海胆生活在潮间带到水深4米的沙砾底和海藻繁茂的岩礁间,常藏身在石块下和石缝中,以藻类为食,可损害海带幼苗,是养殖藻类的敌害。壳底半球形,很坚固,壳表面密生有短而尖的棘。壳呈暗绿色或灰绿色;棘的颜色变化很大,最普通的是暗绿色,有的带紫色、灰红、灰白或褐色。

f)刺参:海参纲,楯手目,刺参科。

刺参生活在波流静稳、无淡水注入、海藻繁茂的岩礁底或细泥沙底。夏天,当水温超过20℃时,便开始夏眠而潜伏在水深处的石块下。刺参的身体呈圆筒形。体长一般约20厘米,背面隆起有4~6行大小不等、排列不规则的肉刺。体色一般为栗褐色或黄褐色,还有绿色或灰白色;腹面颜色较浅。因刺参含有大量蛋白质,所以是营养价值很高的海味,也可以入药。

g)海棒槌:海参纲,芋参目,芋参科。

海棒槌生活在低潮线附近,在沙内穴居,穴道呈u形,身体横卧于沙内。体呈纺锤形,后端伸长成尾状,外观似老鼠,所以俗名海老鼠。体柔软,表面光滑,呈肉色或带灰紫色;尾状部分带横皱纹。

b,采集要点

a)沙海星:在退潮后泥沙滩的积水处常可采到。沙海星的腕易断,采取时应轻拿轻放,可放入容器中,也可用纱布或棉花包裹好后放进袋里。

b)海燕:在清澈见底的有海水浸泡的岩石壁上,常常有很多海燕。用手采取时,应注意安全并及时将标本放入容器内。

e)刺参:因其大多栖息在藻类繁茂的岩礁间或较深的海底,所以可以在退潮后几个人合力翻动大块岩石去寻找,也可利用刺参夏眠的习性在石块下翻寻,会潜水者还可潜入海底去捕捉。但要格外小心,不能给刺参太大的刺激,以防其排出内脏而不能恢复原状。采到后应及时放入盛有新鲜海水的容器内,避免大幅度地晃动容器。

d)海棒槌:在非常平坦的沙滩上,见有高3~4厘米、直径15厘米左右的小沙丘,其上有 1 小孔,这便是海棒槌尾部的穴口,小沙丘是它的排泄物。在距小沙丘 20 厘米左右处,有一凹陷小穴,其下便是海棒槌的头部所在地,深 30 ~ 50 厘米。海棒槌在沙中的生活状态可参见下图。

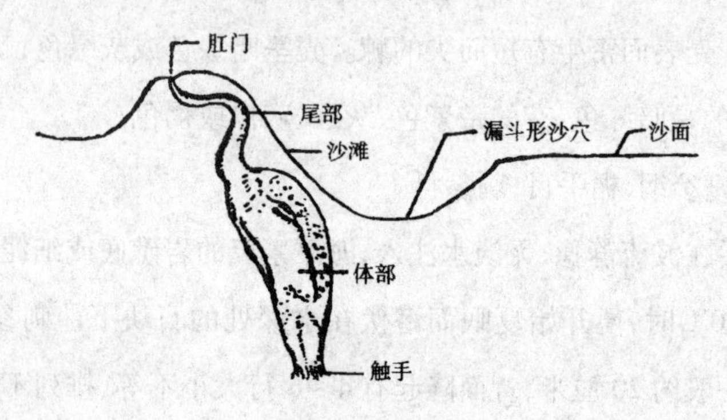


海棒槌的生活状态

采集方法一:因为海棒槌在沙内行动相当快,所以必须在小穴与小沙丘之间的平行横面上迅速用铁锹挖至 30 厘米深以下,才能采得标本。如果发现有粉红色液体流出,那就说明海棒槌已被铲断,不可再用做标本了。

采集方法二:根据经验,用铁锹和铲子挖掘常常不易得到完整的标本。既快又好的方法是用右手顺着沙丘的小孔即海棒槌洞向下旋入,紧握其躯体不放,直到手腕全部入沙为止,再用左手协助慢慢松动周围沙层,便可轻轻取出一只完整无损的海棒槌。

(3)海洋无脊椎动物标本的制作

①浸制标本制作法

制作原则

a,麻醉标本前,必须先用海水把容器刷洗干净,切不可用淡水刷洗,否则做出的标本效果不好,同时还需将动物体上的泥沙、碎草等污物杂质用海水洗掉。

b,为使麻醉工作顺利进行,避免动物因受过分刺激、强烈收缩而影响标本的质量,必须做到以下 3 点:

a)认真、细致、耐心地将采回的标本放在盛有新鲜海水的容器中培养一段时间,使之稳定、安静并表现出正常的自然生活状态。

b)在麻醉过程中,麻醉剂应分几次慢慢放入,使动物在没有刺激感觉的情况下昏迷过去。如果发现动物体或触手强烈收缩,说明麻醉剂放入过量,可用更换新鲜海水的方法使它恢复自然状态。此法有时见效,有时则无效,所以还是以小心谨慎逐渐麻醉为好。

c)用于麻醉的容器应放在光线较暗、安全可靠的地方,不要随意乱放,以免因不慎碰撞而引起震响,影响动物的麻醉。

制作方法

a,多孔动物

a)日本矶海绵:用5%或7%的福尔马林杀死,装瓶保存。此法仅用来制作供观察外形用的标本。

b)毛壶:浸入70%酒精中装瓶保存即可。

b,腔肠动物门

a)黄海葵:因其反应比较迟钝,触手充分张开后,除遇强刺激外一般收缩不明显,故处理比较容易。处理方法是:海水培养,使触手充分张开,用薄荷脑或硫酸镁麻醉后放入5%的福尔马林溶液中固定,取针线穿人黄海葵躯体中部,并绑在玻璃片上;放入盛有5%福尔马林溶液的标本瓶中保存。

b)绿疣海葵

方法一:

在盛有新鲜海水的1000毫升大烧杯中放入绿疣海葵1个,静置,使触手全部张开呈自然状态。

用0.05%~0.2%的氯化锰溶液慢慢加进烧杯中,麻醉40~60分钟(麻醉用药的浓度及麻醉时间视海葵的大小而定)。

海葵全部麻醉后,用吸管将甲醛加到海葵的口道部分,至甲醛浓度达到7%时,固定3~4小时。

固定后转入5%福尔马林溶液中保存。

方法二:

海水培养,使海葵触手张开呈自然状态。

将10毫升酒精加10克薄荷脑配成混合液,滴3滴于培养器皿中。以后每隔15分钟滴一次,剂量逐次增加。如此处理约45分钟。

用硫酸镁饱和溶液每15分钟滴一次,时间间隔逐次缩短,约2小时完成。

用10%福尔马林液注入动物体(根据海葵的大小分别注入5毫升、10毫升、15毫升不等)。

用5%福尔马林液浸泡固定、保存。

方法三:

海水培养,使海葵触手张开呈自然状态。

撒一薄层薄荷脑结晶于水面,或用纱布包薄荷脑并用线缠成小球轻轻放在水面上;向海葵触手基部投入硫酸镁,药量逐渐增加,直至海葵完全麻醉。

取出薄荷脑,注入纯福尔马林液至福尔马林含量达7%为止。

3~4小时后,取出海葵放入5%福尔马林液中保存。

c)钩手水母

方法一:

将钩手水母放入盛有海水的烧杯中,静置。待触手全部伸展后,在水面上撒薄薄一层薄荷脑。麻醉时间约两分钟。

将动物体转入70%福尔马林液中固定20分钟。

取带有软橡皮塞的小药瓶一个,瓶内存放5%福尔马林溶液,供保存标本使用。

取一根细白线,一头固定在瓶盖上,另一头穿过动物躯体正中并打结,尔后将动物放入保存瓶内,盖严瓶塞。

方法二:

将动物放入盛有海水的瓶中,静置,使触手全部伸展。

加入1%硫酸镁,麻醉10~20分钟。

再转入新的5%福尔马林液中保存。

d)海月水母

将动物放入盛有海水的瓶中，静置，使触手全部伸展。

转入7%福尔马林液中杀死动物，约需24小时。

用纱布包裹硫酸镁并置于水面，麻醉6～8小时。

用滴管向瓶内滴入少量98%酒精，杀死动物。

移入5%福尔马林液中保存。

e)薮枝螅

将动物(数量不宜过多)放入盛有新鲜海水的容器内静置，使动物身体全部放松成自然状态。

慢慢加入1%硫酸镁，麻醉动物。

放进纯福尔马林液至浓度达7%，杀死动物。

移至5%福尔马林液中装瓶保存。

c，扁形动物门

以平角涡虫为主，其制作方法有两种。

方法一：

将动物放入盛有新鲜海水的容器内静置，待其完全伸展成自然状态时，在水面撒薄荷脑麻醉，时间约3小时。

移入7%福尔马林液中杀死动物，时间需3～5分钟。

用毛笔将动物挑在一张湿的滤纸上，放平展开，再盖上一层纸，并放几片载玻片压住。

放进7%福尔马林液中，约12小时后去掉纸。

移入5%福尔马林液中保存。

方法二：

让涡虫饥饿24小时，使肠内食物全部消化。

取两张玻璃片，在一张玻璃片上放涡虫，用吸管滴上少量水，使涡虫安定。

再用吸管吸取由10毫升37%福尔马林液、2毫升冰醋酸、30毫升蒸馏水配制的冰醋酸固定液,滴在涡虫上。

迅速用另一张玻璃片盖住涡虫体,将它夹在两张玻璃片中间。这样得到的涡虫标本将不致发生蜷缩现象。

放入5%福尔马林液中保存。

d,环节动物门

巢沙蚕、磷沙蚕、柄袋沙蠋、龙介等环节动物的标本制作方法基本相同。

方法一:

将动物放入盛有新鲜海水的浅盘中,静置,使动物完全伸展。

用薄荷脑麻醉动物约8小时。

将动物放入7%福尔马林液中杀死,约30分钟后取出整形。

8小时后移入5%福尔马林液中保存。

方法二:

将动物放入盛有新鲜海水的浅盘中,静置,使动物完全伸展。

往容器内加注淡水,注入量为原有水量的1/2。以后每过1小时加进等量的淡水,需加3~4次。

接着每隔20分钟加进一次饱和食盐水,每次加入量为原水量的5%,需加4—5次。

最后移入5%福尔马林液中保存。

制作时,需注意两点:a)一些较大的环节动物如沙蠋,被杀死后需向体内注入适量的10%福尔马林液,以防止体内器官腐烂。b)管栖的环节动物如磷沙蚕、巢沙蚕、龙介等,处理前应使虫体从柄管中露出并与柄管分开,有时连同柄管一起保存于同一标本瓶中。

e,软体动物门

a)石鳖:石鳖受刺激时躯体常向腹面卷曲,壳板露在外面借以自卫,所以处理标本时,应格外小心。处理方法是:

将动物放入盛有海水的玻璃容器中,静置,使其完全伸展。

用酒精或硫酸镁麻醉3小时。

将动物移入10%福尔马林液中杀死,时间约半小时。

再将动物取出放在另一玻璃器皿中,使体背伸直并压上几张载玻片,用原先的10%福尔马林液倒入固定,时间约8小时。

最后移入7%福尔马林液中保存。

b)腹足类和瓣鳃类:这两类动物标本的制作方法大致相同,现简介如下:

生态标本——

将螺类和贝类分别装入玻璃瓶中,加满海水,不留空隙,盖紧瓶盖。

待腹足类头部与足部伸出壳口、瓣鳃类双壳张开并伸出足时(需12~24小时),立即倒入10%福尔马林溶液固定,时间约20小时。

移入盛有5%福尔马林液的标本瓶中保存。

整体标本——

用清水洗净螺类或贝类标本,把贝壳较薄、有光泽的和贝壳较厚、无光泽的分开,前者只能用酒精杀死固定,后者用酒精和福尔马林溶液均可达到目的。

用10%福尔马林溶液或酒精杀死固定,时间约10小时。

移入5%福尔马林液或70%酒精中保存。

解剖标本——

大型螺类的解剖标本:温水闷死动物;用10%福尔马林液固定,移入5%福尔马林液中保存。

大型双壳贝类的解剖标本:用温水闷死动物,或用薄荷脑、硫酸镁等麻醉2~8小时,待贝壳张开后,往其中夹进一木块以支撑两贝壳;再用10%福尔马林液杀死动物,向动物内脏中注射固定液(固定液用9%酒精50毫升、蒸馏水40毫升、冰醋酸5毫升、福尔马林5毫升配制);最后保存在85%酒精或5%福尔马林液中。

f,节肢动物门

a)藤壶

将藤壶放入盛有新鲜海水的玻璃容器中培养,可见其蔓足不停地上下活动。

在水面加薄荷脑或硫酸镁麻醉,至蔓足停止不动,约需4小时。

将动物放入7%福尔马林液中杀死固定,约3小时。

保存在70%酒精中。

b)虾、蟹等各种节肢动物

一般可直接用7%福尔马林液杀死固定,半小时后取出整形,然后放入5%福尔马林液中保存。

g,腕足动物门

海豆芽:

用海水洗净。

用7%福尔马林液杀死,约20分钟。

展直柄部,放入5%福尔马林液中保存。

h,棘皮动物门

a)海参

沿用一般处理方法制作海参标本,过程比较复杂、繁琐,时间长,效果也不够理想。经过实践,下述方法既简便又有效。

将动物放入盛有新鲜海水的容器中,静置,使触手和管足完全伸出。

麻醉时先向水面撒一薄层冰片,30分钟和45~50分钟后再分别两次投放冰片,直至冰片盖满水面为止。小型海参麻醉两小时,大、中型海参麻醉8小时,触动其触手和管足,已不再收缩。

用竹镊子夹住头部把海参从水中取出,接着放进50%冰醋酸中浸泡,半分钟后取出。

放入8%福尔马林液中杀死固定,在1小时内向动物体内注射适量的8%福尔马林,使参体恢复到正常饱满状态,然后用小棉团塞住肛门。

保存动物于5%福尔马林液中。

按上述处理方法得到的海参标本，挺直不软，外观形态自然。做这种海参浸制标本并不难，关键是同学们要注意掌握以下两点：

第一，标本一定要新鲜，不能有腐烂、受损等现象。盛放海参的容器最好要大一些，不要混杂放入其他动物。容器内的海水要干净无杂物。

第二，海参是一种非常喜欢干净和凉爽环境的动物，向水面撒冰片（有时撒得很多）正是为了给海参创造一个清凉的好环境，使它能在这种舒适的环境中慢慢地昏迷过去，以免发生触手和管足缩回的现象。

b）海燕、海星

用4%硫酸镁溶液麻醉2～3小时。

由动物的腔管系统注入适量的25%～30%福尔马林液，直到每个管足都充满液体竖起为止。

移入5%福尔马林液中保存。

c）海胆

用4%的硫酸镁溶液麻醉3小时。

由围口膜处向动物体内注入适量的25%～30%福尔马林液。为使固定液容易注入，可在围口膜的对面另扎一针头，使海胆体液可从此处流出。

移入5%福尔马林液中保存。

②干制标本制作法

制作原则

制作标本前，一定要用淡水清洗掉动物身上的盐分，以免出现皱裂，影响标本效果。

制作方法

a，海绵动物

将用酒精或福尔马林液杀死的动物标本固定1天后取出，放在通风处晾干。

b，软体动物

a)螺类

用开水杀死动物,除去内脏和肉体。

将介壳冲洗干净,而后晾干。

摆放在贴有绒纸的木板盒中,用乳胶逐个粘贴于绒纸上,并分别写上分类地位及名称。

注意:因前鳃类动物的厣是分类学中鉴别种类的特征之一,所以在制作这类动物的介壳标本时,必须用棉花或纸、碎布将空壳填满,然后把厣贴在壳口处,借此将厣与贝壳同时保存起来。

b)双壳贝类

用开水烫动物体时,双壳张开,尽快取出动物体内的肉及内脏。

将两壳洗净,趁壳未干用线将其缠好。

阴干后将线拆除,保存。

软体动物的螺类和贝类的干制标本可以利用各种手段进行艺术加工,使其既不失去生物标本的意义又美观生动,从而加强生物标本的感染力。

c,棘皮动物

海胆、海星、海燕、海盘车等棘皮动物均可先用淡水洗去动物体上的盐分,然后放在阳光下直晒,使水分迅速蒸发,以防止腐烂。晒干后,动物的干制标本便做成了。根据经验,制作棘皮动物的干制标本时,也可将动物体直接用纱布或棉花包裹好,放在通风处阴干。

棘皮动物的干制标本有一些缺点,例如,海胆的棘极易被碰掉,海燕美丽鲜艳的自然色彩会变得灰蒙蒙的分辨不清,等等。

③玻片标本制作法

制作原则

凡具有石灰质结构的动物,都不宜用福尔马林液杀死固定,因石灰质容易被蚁酸侵蚀;一般用酒精来杀死这类动物。

制作方法

以海绵动物骨针玻片标本的制作为例:用80% ~90%的酒精将矶海绵杀死,存放在70% ~80%的酒精中。在制作骨针玻片标本前,先把矶海绵标本从酒精中取出,放进5%氢氧化钾溶液烧煮几分钟,海绵骨针便可散开,接着加蒸馏水待骨针下沉,倒去上面的液体即可得到骨针,用70%的酒精保存。最后用树胶装盖制片,所得的骨针玻片标本即可放到显微镜下观察。

(4)浸制无脊椎动物标本的保存

从海滨采回的海蜇、海葵等腔肠动物,各种螺、贝类等软体动物,一些虾、蟹等甲壳纲动物,以及海燕、海盘、海胆、海参等棘皮动物的标本,有的需要干制,有的可以液浸,都要很好珍视和妥善保存。这里主要介绍各种浸制的无脊椎动物标本保存管理要点。

①置放柜内

浸制的各种瓶装无脊椎动物标本,通常放在木制标本柜内长期保存。标本柜的大小如一般文件柜,带有板屉,柜的高度以伸手取用方便为宜。上下两截双开门的标本柜,中间设置活动板屉,分上下两层放置标本瓶,如果标本瓶较高,可把活动板屉撤出,改为单层存放。活动板屉须选用质地坚实和比较厚的木板制作,因为瓶装的浸制标本分量较重。

保存的各种浸制瓶装标本,应分类、分层并按标本瓶的大小高低尽可能有层次地置放,瓶与瓶间稍留空隙,避免互相挤紧而取用不便。此外,还需注意把每个标本瓶上所贴的标本签向外摆正,以便于查看检取。

②避光防尘

浸制的无脊椎动物标本与其他浸制标本一样,要避免日光暴晒,在室内放置标本柜时就要注意到这一点。此外,标本柜的柜门以木板门为好,可以防晒,如果是玻璃门,则应在玻璃背面粘贴一张暗色的遮光纸,以缓解日晒。

对于浸制的瓶装标本,还要注意防止灰尘沾污。标本柜的四周要保持严密无隙,尤其要把柜门关严,或在门边粘贴绒布条,以防微尘侵入柜内。

对于取用以后重新入柜的标本,应先检查是否完整无损,瓶口封装是否严密，然后擦拭干净再放入标本柜内原处。

③补换浸液

浸制标本保存的好坏，除取决于所配制的标本液是否得当以及操作技术有无差错之外，瓶口密封严紧也是保证标本质量的关键之一。瓶口封闭不严，标本液会挥发散失，使有效成分减少，浸液短缺，甚至日渐枯竭而导致标本干缩褪色变形。

新制作的液浸标本，应在封口后的2～3天内经常检查，如果瓶口有漏液或不严的情况，要及时加以补封或重封。

保存时间已久的标本，常因密封材料老化变质或松动不紧而出现漏液、蒸散等现象，也要注意检查，随时酌情处理。

不论是新制或久存的瓶装液浸标本，一旦发现浸液浑浊、杂质，都应查明原因，及时更换。

④避免振荡

已制成的液浸标本都有一定的姿态，在取用和保存中应尽量保持标本稳定，轻拿轻放，不要随意摇晃振荡，以免标本移位或损伤结构，更不可伤及瓶口的密封材料。

⑤适期更新

对于使用频繁、经常移动的标本，尤其是教学上使用损耗较大的标本，除妥善保存管理外，还要根据实际情况注意适时采集制作，给予补充更新。

## 脊椎动物标本的采集与制作

自然界中的脊椎动物有39000多种，包括圆口类、鱼类、两栖类、爬行类、鸟类和哺乳类6个类群。分布在地上、地下、空中、水中等不同的生活环境中，几乎包括了现代生存的全部中型和大型动物，与人类的关系极为密切。

本章讲述脊椎动物标本的采集和制作活动，以鸟类、两栖类、淡水鱼类、爬行类为例介绍了各种动物标本制作的方法，并且在最后介绍了局部标本的制作以及动物标本的保存。

### 1. 鸟类标本的采集与制作

#### (1)我国鸟类分布概况

我国是一个生物资源非常丰富的国家，全国有许多适合鸟类栖息的环境，所以我国是世界上鸟类最多的国家之一。现今全世界的鸟类有 8616 种，我国就有 1116 种，约占世界鸟类总数的 1/8。广泛分布于森林、草原、农田、居民点和各种水域中，现分述如下。

①森林

在我国东北针阔叶混交林地区，常见种类有斑翅山鹑、黑啄木鸟、红交嘴雀、旋木雀、太平鸟、大山雀、煤山雀、沼泽山雀等。到林缘沼泽地带度夏产卵的有天鹅、鸳鸯、丹顶鹤、鸿雁、豆雁、灰雁、绿头鸭、绿翅鸭等，其中天鹅、鸳鸯和丹顶鹤是本地区的稀有鸟类。

在华北落叶阔叶林地区，以雉科、鸦科较为常见，如雉鸡、勺鸡、石鸡、喜鹊、灰喜鹊、红嘴蓝鹊、红嘴山鸦、小嘴乌鸦、星鸦等。其他常见的鸟类有黑卷尾、紫啸鸫、北红尾鸲、黑枕黄鹂、鹪鹩、灰眉岩鹀、三道眉草鹀、黑枕绿啄木鸟、白背啄木鸟等。

在我国南方常绿阔叶林地区，鸟类呈南北混杂现象；主要分布在北方的禽鸟也在本区繁殖，如银喉山雀、黑尾蜡嘴及一些鹀类等。北方与南方共有的种类更多，如白鹭、牛背鹭、八哥、发冠卷尾、鹧鸪、竹鸡、噪鹃、粉红山椒鸟以及画眉、鹎等。冬寒时许多野鸭、雁类以及鹡鸰，迁到长江流域越冬。

②草原

草原上鸟类种类和数量均不多，广泛分布的常见种有云雀、角百灵、蒙古百灵、穗鹛、沙鸡等。在沙丘地区的沙百灵也相当多。草原东部的鸟类组成比较复杂，有些季节性迁来或过路的鸟类，如黄胸鹀、灰头鹀等。它们在某些生长环境中占有重要地位。猛禽有鸢、金鹛、雀鹰、苍鹰、大鵟等。草原上最引人注意的是大鸨和毛腿沙鸡,它们善于在地面奔走和长距离迁飞。草原的水域及其附近,是鸟类最多的地方。夏季,常大量聚集着白骨顶。其他如大苇莺、凤头麦鸡、田鹨、各种野鸭、疣鼻天鹅、大麻鳽、凤头䴙䴘等也迁来繁殖。

③农田和居民点

农田中常见鸟类有喜鹊、寒鸦、黑卷尾、灰椋鸟、珠颈斑鸠、红尾伯劳等。猛禽方面常见种有红脚隼、鸢等。沿河边常见的有白鹡鸰、戴胜、黑脸噪眉、白头鹎、绿鹦嘴鹎等。

居民点常见鸟类有家燕、金腰燕、白鹡鸰、楼燕、喜鹊、火斑鸠、黑枕黄鹂、黄胸鹀、鹊鸲、斑头鸺鹠、麻雀等。

④水域

水域中常见鸟类有小䴙䴘、凤头䴙䴘、红骨顶、白骨顶、大麻鳽、豆雁、针尾鸭、绿翅鸭、凤头潜鸭、普通秋沙鸭以及各种鸥类等。

常见于南海诸岛的有红脚鸥、红脚鲣鸟、褐鲣鸟、金鸻、翻石鹬、小军舰鸟;在东海还有中贼鸥。我国沿海一带还有白额鹱、银鸥、黑嘴鸥、黑尾鸥、海鸥、普通燕鸥、黑嘴端凤头燕鸥、三趾鸥等。

(2)鸟类的采集

①用具用品

网具:用于捕捉灌丛中和树上小型鸟类。常用的网具为长方形,分为张网和挂网。网眼大小和网线粗细,根据捕捉对象不同而有区别。捕捉小型鸟类的网眼直径多为 1.8 厘米,网的长度为 2~5 米、宽度为 1.5 米。在网的上下两个边和中部贯以较粗的绳索,以便于张挂。

鸟笼:用于暂时盛放捕捉到的鸟类。

圆规、直尺:用于鸟体测量。

照相机、记录本、铅笔:用于拍摄和记录被捕鸟类特征。

鸟类检索表和鸟类彩色图谱:用于鉴定鸟的种类。

②采集方法

采集灌丛中小型鸟类,用张网采集。选择林缘或林间空地上布网。将网的两端系在树干或事先带来的竹竿上。为了不使鸟类发现,网具最好安放在背后有灌丛或小乔木的地方。网具安放好后,组织同学们从远处将鸟群向安放网处哄赶,使鸟触入网眼中,然后进行捕捉。

采集树上鸟类用挂网采集。选择枝叶茂密的树木,将网具悬挂在树上,等到鸟飞落到张网附近时,组织同学们在树下进行哄赶,使其触网被捕。

对捕捉的鸟,按种类每种选留几只,放入鸟笼中,带回学校进行鸟体测量和种类鉴定。其余悉数放归山林。对触网受伤的鸟,应全部放入笼中带回治疗。

(3)鸟类的识别

用网具采集鸟类,只能采集到灌丛和树上的少数鸟种,为了认识各种各样的鸟类,应该在鸟类生活的自然环境中,对鸟类从形态特点、羽毛颜色、活动姿态和鸣声等方面进行实地观察。用这种方法去识别鸟类,既保护了鸟类资源,又培养了同学们从事鸟类研究的基本能力。

①野外识别前的准备工作

提出一份本地区的鸟类名单。名单应包括在观察期间本地区可能存在的全部鸟类,包括留鸟、候鸟和过路鸟,以作为同学们野外识别的基础。这里所说的"本地区",不是行政区域,而是指进行本项活动时要去的某座山、某片森林或某个湖泊。这样的鸟类名单,就会有针对性,能基本做到按名单上的种类一一进行观察。

观看有关鸟类标本。可按上述鸟类名单内容,组织同学们观看鸟类剥制标本。如果本校有这方面的标本,可在校内观看,如条件不具备,可组织同学们到自然博物馆或科研单位、大专院校的标本室观看学习。如果有鸟类活动的录像片或鸣叫的录音带,可组织同学们进行观看和收听,但这种录像片和录音带必须针对性很强。总之,要力求在野外活动开展以前,先使同学们对要识别的鸟种有一个初步了解,为野外识别打下基础。

准备好野外观察识别的用具。这方面主要有望远镜、照相机、收录机、海拔仪、指北针、记录本、铅笔以及生活用品等。

②野外识别鸟类的根据

形态特征。

形态特征是识别鸟类的基本方法,主要有身体形状和大小、喙(嘴)的形状、尾的形状、腿的长短等4个方面。身体形状和大小方面,为了使同学们容易识别,老师应将观察地区的全部鸟类,按其形状、大小,分为若干类,每一类举一个同学们熟悉的鸟种,作为该类的模型,如麻雀、喜鹊、老鹰、鸡、鸭、鹭等。在野外遇到一种不认识的鸟种时,老师可用与该鸟种同类的模型鸟,引导同学们进行观察、对比。这样去识别鸟类,就会认识深刻、记忆牢固。至于喙、尾形状和腿的长短,也应运用对比的方法引导同学们进行观察识别。

羽毛颜色。

观察羽毛颜色时,应顺光观察,以免因逆光观察而产生错觉。观察时,除了整体颜色外,还应看清头、背、尾、胸等主要部位的颜色。此外,如时间允许,还应观察头顶、眉纹、眼圈、翅斑、腰羽、尾端等处是否有异样色彩,因为这些部位的颜色,也都是分类的重要依据。

飞翔与停落时的姿态。

当鸟类在空中飞翔或逆光观察以及距离较远时,很难看清它的形态和羽毛颜色,此时可根据它飞翔和停落的姿态进行大致判断。

鸣声。

鸟类一般都隐蔽在高枝密叶之间,很难发现它们。此时如果鸟类正处于繁殖期,由于发情而频繁鸣叫,而它们的鸣声又因种而异,各具独特音韵。这样,就可以根据其鸣声特点来判断种类。用鸣声来识别鸟类,常常可闻其声而知其类,收到事半功倍的效果。

③野外识别鸟类的方法

到达观察地点时,为了能对当地鸟种进行充分观察和识别,应尽量不被鸟类发现。行动应该轻捷,说话声音要小,衣着应与环境色调接近,不要穿红色和白色衣服,活动小组的成员应相对分散行动,尽可能保持宁静状态。这样,鸟类就不会被惊动而飞走。

发现鸟类后,可以用望远镜搜索和观察,并且及时选择角度进行拍照。对于鸟类的鸣声,在根据声音进行识别的同时,应进行录音,为返校后进一步判断提供资料。

在一个地点观察完毕准备转移前,应及时做好记录。

(4)鸟类标本的制作

鸟类的身体结构较为复杂,一般制成剥制标本。剥制标本的制作是动物学标本制作中一项十分重要的技能技巧。剥制标本不仅常被用到鸟类动物、脊椎动物科的研究分类上,如借助各种剥制标本查对分类检索表等,而且在教学上也有重要意义,经常作为直观教具和实验观察材料,进一步理解动物各目、科、种的基本形态特征。

剥制标本的制作,通常可分七个步骤,即观察选材、处死清理、测量记录、皮肉剥离、防腐还原、支架填充、固定整形。深入掌握这七个步骤,真正做出一件合格的剥制标本,并不是容易的事情。它要求制作者必须具备一定的动物学基础知识;有敏锐的观察能力和认真严肃的工作态度;掌握一定的操作技能并有相当的艺术修养。这些要求对初学者来说,也许有些偏高,但如能细心钻研,勤做多练,按序施术,要掌握初步的剥制技术也不是很难。刚开始做剥制标本可能不太成功,不是神态不像就是填充的体形失真,因此,学做剥制标本的关键就是多学、多观察、多练、多做。

现以家鸽为例,具体讲述动物标本制作中剥制标本的详细制法。

①主要材料和工具

解剖盘、解剖剪、解剖镊、解剖刀、小烧杯、软毛刷、针、线、棉花、麻刀(或碎锯末)、新鲜石膏粉、纱布、仪眼(直径为6~8毫米)、木板(长15厘米、宽10厘米)、铅丝(14~16号)。

②药品及防腐剂的配制

药品:硼酸、明矾粉、樟脑、三氧化二砷、肥皂、水、甘油等。

防腐剂的配制

a,三氧化二砷防腐膏:取4克切成薄片的肥皂放入烧杯,加10毫升水浸泡几小时后隔水加热使其融化;然后加入5克三氧化二砷及1克樟脑,用玻璃棒搅拌均匀;最后加进少许甘油调匀,冷却成糊状即可使用。这种防腐剂具有保护羽毛不致脱落、防止皮肤腐烂和虫害侵袭的作用,所以特别适用于鸟类。

b,硼酸防腐粉:具有防腐和保护毛发的功能,无毒,使用安全。将硼酸5克、明矾粉3克、樟脑2克,一起放入研钵中研磨成粉末,混合调匀后即可使用。

③观察选材

制作标本前,先要对制作对象进行认真细致的观察。如果是用活体家鸽做标本,就要看看这只家鸽的羽毛是否完整?啄脚是否齐全?皮肤有无损伤?然后对它进行认真的观察和分析,包括身体各部分比例和凹凸情况、行走时的姿势、停下时的神态、起飞时的动作等等,并把这些一一记录下来,以便根据这些特点进行整形。

如果用死的家鸽做标本,首先要检查这只家鸽是否具备制作标本的条件。比如,如果死了的家鸽躯体已经腐败,那么制成标本后羽毛就极易脱落。检查鸟体是否已经陈腐,可以用手揿拉一下它的面颊和腹部羽毛,如果不脱落,其他的羽毛也完整,那就可以使用。

④活鸽处死

因为大量血液的凝固是需要一定时间的,因此在使用活体鸟类作剥制标本时,为使血液不污染鸟体,羽毛干净整洁,就得在剥制前1~2小时将鸟体处死,待血液凝固后再行剥皮,这样不仅可使做出的标本美观整洁,而且能避免虫害蛀蚀。

处死方法有以下几种:

窒息法:用手掐捏胸部两侧的腋部,压迫胸腔,使它无法呼吸而致死。

气针法:用注射器往翼部内侧肱静脉管中注入少量空气,形成气栓以阻断血液循环,造成脑大量缺氧而使鸟体死亡。

乙醚法:往玻璃缸中放进浸有乙醚的棉花球,接着把家鸽也放置缸内,不久便可使它昏迷致死,也可用装有少量乙醚的小玻璃烧杯扣住家鸽的头部,或者把乙醚打人家鸽的胸腔使它致死。不过要注意,用乙醚麻醉的鸽肉一般是不能食用的。

切颈总动脉法:一只手抓住家鸽双翅的基部和两条腿,并使其泄殖腔口朝上,另一只手将解剖剪伸进口腔剪断颈椎处的颈总动脉,从喙处向外放血。待家鸽发生痉挛肌紧张而死亡后,即清理掉血及污物,并用棉花填堵在口腔中,以防污物流出。

总之,处死家鸽的方法很多,应该选择能够最大限度地减少动物痛苦的方法。一般来说,采用乙醚麻醉使动物体昏迷致死的方法比较文明。另外,用电处死动物速度快,不会造成动物长时间的疼痛,也比较可行。

⑤死鸽清理

有些受伤或被打死的鸽子,羽毛常被血或污物弄脏。清理的方法是;用棉花团将伤口、口腔、泄殖腔处的口堵住,用毛刷蘸水刷去羽毛上的血渍;如果是白色鸽子的羽毛被染上血污,还需用少量肥皂粉洗涤,然后用干布拭去水分,并在洗涤处撒上新鲜石膏粉。当石膏粉因吸收水分而结成块状时(一般约半小时后),可用刷子刷去粉块;如果羽毛尚未完全干燥,还可重复一次。

⑥测量记录

工艺品用的剥制标本与教学科研用的剥制标本有一个重要区别:前者没有什么量度记录,只有观赏价值;后者必须有详细的量度记录,包括采集时间、采集地点、体重、长度等,越是稀少、名贵的标本,这方面的要求越严。

量度

体长:自上喙先端至尾端的自然长度。

嘴峰长:自上喙先端至嘴基开始生羽部位的长度。

翼长:自翼角(腕关节处)至最长飞羽先端的长度。

尾长:自尾羽基部至最长尾羽先端的长度。

跗蹠长:自胫骨与跗蹠关节后面的中点处至跗蹠与中趾关节前下方的长度。

此外,有些鸟类还需测量爪长、趾长、翼展长。

上述测量结果要详细记录在登记簿上。

记录

除尺寸量度外,每一种标本还需记录如下内容:

采集日期;

采集地点;

体重;

性别;

虹膜、眼球、脚、喙等的颜色。

⑦皮肉剥离

不论是世界上最小的蜂鸟(体重仅4~5克,与拇指差不多大小),还是世界上最大的鸵鸟(体高达2.75米,体重达75千克),它们的剥制方法基本上是相同的(特殊种类除外),只是有的剥起来容易一些,有的剥起来比较难。剥制的难易主要取决于鸟的皮肤的厚薄和牢度,有的鸟类皮肤极易破裂,并且不易缝合,如杜鹃、夜莺等;有的鸟类羽毛疏松,容易脱落,如斑鸠。对于初学者来说,显然是选用那些皮肤和羽毛不易被弄破碰坏的动物比较合适,本节所选的家鸽是非常理想的实验材料。因为它的皮肤厚薄适中,皮下没有大量脂肪,毛羽比较浓紧而不易脱落。

在讲剥制之前,有必要先熟悉一下家鸽的各部分结构。

皮肤开口

将已处死的家鸽直卧于解剖盘上,头部向左,用解剖镊轻轻拨开胸部的羽毛,找到龙骨突起上没有羽毛的部位,并继续分离羽毛至颈部后边的嗉囊处,暴露出胸部及部分颈部的皮肤。然后沿胸部龙骨突起中央，由前向后把皮肤正直地剖开一段，再沿这个切口向前剖开至嗉囊处。注意，切口的大小要合适，过大过小都不利。切口处最好撒上石膏粉，以防羽毛被血液和脂肪所沾污（在后面将要进行的剥离皮肤的全部过程中，都要经常地这样做；如果不小心剥破了某个血管，致使大量血液外流，也不要慌张，可及时在伤口处堵上石膏粉，以清理血污）。

剥离胸部的皮肤

左手轻拿已剥开的皮肤边缘，右手持解剖刀，边剖割边剥离皮肤与肌肉之的结缔组织，一直剥到胸部两侧的腋下。由于鸽的结缔组织较松，所以也可以用手剥离，只是用力要适当，尽量靠皮肤的基部往下剥，注意不要撕破皮肤。

剥离颈部的皮肤

用左手的拇指与食指压住靠近锁颈两侧剖开皮肤的边缘，其余三指将头向上托，用解剖刀慢慢剥离颈项的皮肤。当剥至头骨基部时，用左手拇指和食指把颈项肌肉捏住，右手用剪刀将颈部连肉带颈椎骨一起剪断，并用左手把连着头部的颈项向头部方向拉回。

肩及颈背的剥离

一只手拿起颈部肌肉，使家鸽背部朝上，鸽体倒挂，另一只手把家鸽的头和颈部翻到背上，然后用手按住肩膀，像脱衣服似的从已剖开的颈部开始往下剥离，使颈背和两肩露出。初学者不易掌握分寸，往往用力过猛而把皮肤脱破，所以最好采用下面的方法：仍把家鸽置于解剖盘中，一只手拿住颈部皮肤的边缘，另一只手慢慢剖割皮肉之间的结缔组织，要注意左右两边同时剖割，以免损坏皮毛。

从肩部剥至肱骨部附近肘需特别细心，剥到肱骨部中间时用剪刀剪断。

体背及腰腹的剥离

继续向体背及腰部方向剥离。剥至腰部时要注意：一般鸟类腰部皮肤较薄，且羽毛的羽轴根大都着生于腰部椎骨上，所以不能用力强拉，必须小心地用解剖刀紧贴腰骨慢慢地割离。在背腰部皮肤逐渐剥离的同时,腹面也必须相应地往腹部方向剥离。

腿的剥离

腹面剥离的结果是两腿显露,这时要先剥其中一条腿的皮肤至胫腓骨部与跗蹠骨部之间的关节处,用剪刀插入胫部肌肉,紧贴胫腓骨向股骨方向剪剔,将胫骨上的肌肉剔除干净,再用剪刀剪去股骨和胫骨之间的关节,胫部的肌肉则在胫跗关节间剪断、剔净。按此方法再剥另一条腿。

尾部的剥离

当腹面剥至泄殖腔孔时,手拿尾部和已剥好的其他部位的皮毛,使剥下的躯体肌肉部分朝下,泄殖腔孔朝上,这样做的目的是为了避免在进行下面的步骤时直肠中的粪便等污物从泄殖腔孔流出。用刀把直肠基部割断,并向后剥至尾基。待尾部背面有尾脂腺露出时,即用刀将尾脂腺切除干净,同时用剪刀剪断尾综骨末端,要注意别剪断尾羽的羽轴根,以免尾羽脱落。剪断后的尾部内侧皮肤呈 V 形。到此为止,家鸽的皮肤与躯体肌肉就全部脱离了。

这时应该判认一下家鸽的性别,因为仅从家鸽的外形是区别不了雌雄的,只有剖开腹腔,通过生殖器官的辨认才能最后确定。

翼的剥离

翼部皮肉的剥离最难。一般是将肱部拉出,右手拿住肱部,左手将皮肤慢慢剥离;剥至桡尺骨时,可用拇指指甲紧贴飞羽轴根将翼部皮肤从尺骨上刮下。剥时得十分小心,以免把皮肤拉破,使翼羽脱落。初学者通常用解剖刀,先剥离肱骨部的皮肤再小心地使皮肤与尺骨分离。剥到尺骨与腕骨关节之间时,先剪断桡骨与肱部的连接,然后连同腕骨一起剪掉桡骨,只留尺骨,这样填充时操作顺利、迅速,易于整形。

头部的剥离

首先检查一下口腔中有无污物,如有污物应及时清理干净,然后开始剥头。家鸽头部的特点是头比颈小,故比较好剥。有的鸟类头比颈大,这就需要在后头和前颈背中央直线剖开一个口，切口的长度视鸟头的大小而定，通常以能将头部和颈项翻出为准。

下面的剥离方法对两类鸟类都适用：左手拿住颈项，右手持解剖刀把皮肤向头部方向剥离，剥至枕部时两侧出现不明显的灰褐色的耳道，此时应用解剖镊夹紧耳边基部将它轻轻拉出，或用解剖刀紧靠耳边基部将它割断。继续向前剥落头部两侧又出现暗黑色的眼球，用解剖刀轻轻割开眼睑边缘的薄膜，注意千万不要割破眼睑，以免影响标本的美观，切割时尽量靠近眼球，如不慎将眼球割破，要及时用石膏粉或棉花清理，并用剪刀把上下颌及其附近的肌肉剔除干净（如图所示）。

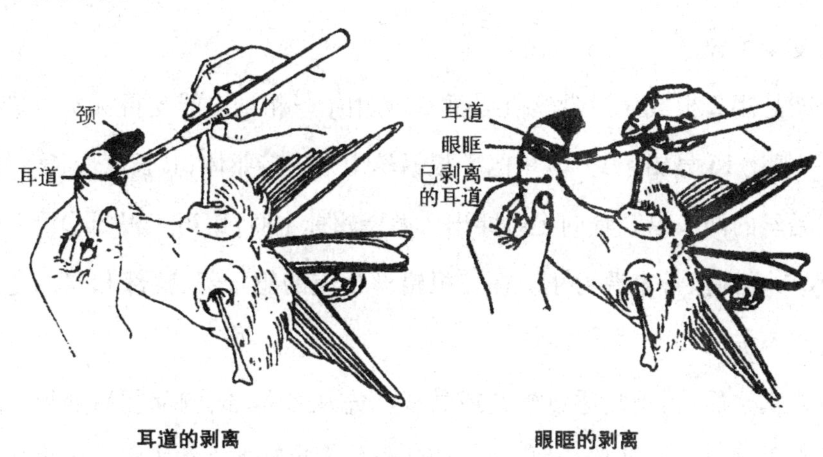


耳道的剥离　　眼眶的剥离

⑩剪开脑颅腔，清理鸟体

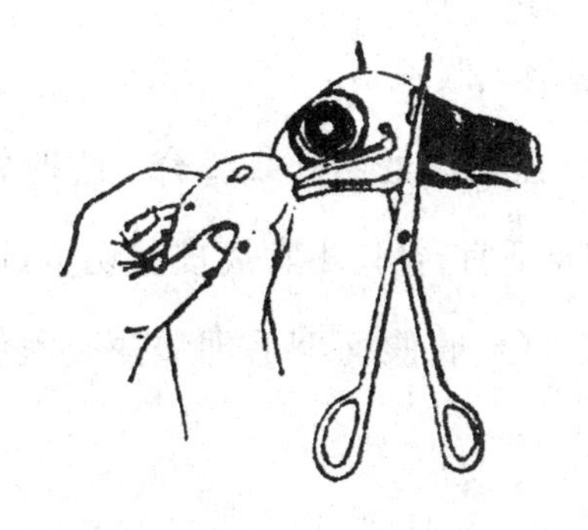

脑颅腔切开位置

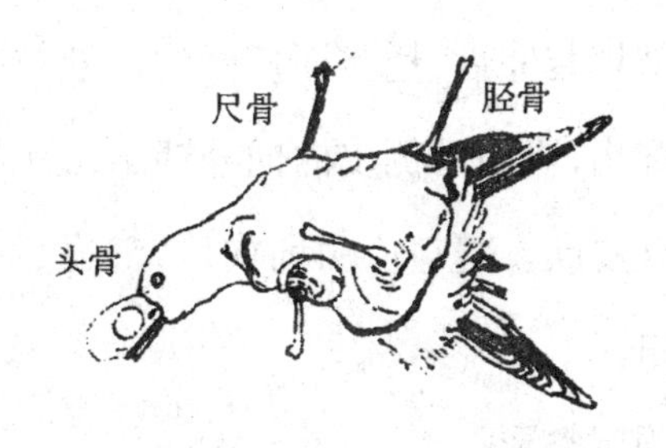


肌肉剥离后未复原的皮肤和骨骼

按如图指定的部位在枕孔周围剪开脑颅腔，扩大枕孔，用镊子夹住脑膜把脑取出,并用一团棉花将脑颅腔擦拭干净。接着清除整个鸟体皮肤内侧上的残脂碎肉,并把剥皮过程中撒的石膏粉也用刷子刷去肌肉剥离后未复原的皮肤和骨骼。

⑧防腐处理

为了防腐和保护羽毛不脱落,需作防腐处理。常用的防腐剂有砒霜或砒霜樟脑粉、石炭酸等。防腐剂毒性大,使用时应注意安全。

涂防腐剂前需将鸟皮全部翻转,再用毛笔蘸一些防腐剂涂在皮肤的内面、骨骼、颅腔等处,特别是尾基部残余肌肉较多的地方应多涂抹一些,全部涂完后将皮翻回。

⑨支架填充

支架是用 2 根或 3 根铅丝扭结而成,所用铅丝粗细以能支持标本重量为宜(家鸽一般用 16 号铅丝)。其中的一根铅丝用来支持躯体,其长度应长于体长。另一根铅丝的两头沿胫骨向足心穿出。做展翅标本时,用第三根铅丝沿着两翅的肱、尺骨垂到指骨表端为止。在三根铅丝相应的躯干部、腿部和臂部之处缠绕棉花或麻皮。

装入支架后,再填装适量棉花或竹线。先从颈基部、胸部往后加填。胸部必须填得丰满、均匀、平整。如不是展翅标本,将两尺骨放在体内近中央的棉花上,再用棉花塞住,勿使尺骨髓翼脱出,使两翼紧贴体侧。

将假眼嵌入眼眶,如无假眼,要暂用棉团填入眼眶。

全部填装完后,把腹面切开的皮肤拉拢,在切口处用外线缝合。缝时针先从皮肉穿出,再由对侧皮内向外穿出。针距要适宜,针口不宜离皮肤切口过近,以免拉破皮肤。缝口应由前向后,缝完后打一结,将腹面羽毛理顺并掩盖住缝线与切口。

⑩固定整形

整理羽毛:用镊子轻轻理顺各部分的羽毛,哪个部位发现羽毛缺少,应用附近的羽毛将其遮盖。

整理眼眶:用镊子将眼眶挑拨成圆形,并要特别注意两只眼睛的位置在同一水平上,切不可一高一低。

整理躯体:用手将躯体凹、凸、斜、歪等不合适的地方加以矫正,使躯体看上去整齐、顺眼。

整理姿势:

a,飞翔姿势——头、颈、躯体几乎成一直线,两翅张开,两脚缩起或向后伸直;

b,静立观望姿势——鸟体直立,两脚胫跗部伸直,头部略为抬高;

c,静立姿势——两脚平行直立或一前一后,胫跗关节微曲,头颈在躯体的前上方,头部向前或转向侧面,颈部略弯曲,躯体背高、腰低,尾部朝下,尾羽不张开或微张;

d,觅食姿势——两脚一前一后,胫跗关节略弯,头部向下靠近地面,颈部稍曲,偏向左或右侧,背低腰高,尾羽一般朝上并张开。

将初步整形的标本固定在标本台板上。先在台板上按动物两脚位置扎孔钻眼,再将标本脚下的铅丝插入孔内并在台板下面固定。也可以将鸟类标本固定在合适的树枝树桩上,这样能更好地衬托出标本的生动形象。但要注意:a)树枝或树桩经消毒后方可使用,以防虫蛀;b)营陆栖生活的鸟类和游禽不能固定在树枝上。

⑪最后整形

固定在台板或树枝上的标本,需继续理顺羽毛,矫正姿态,使它更接近于自然状态。为防止干燥过程中羽毛损坏和两翅下垂变形,可用纱布或棉花包裹鸟的躯体。

在标签上记下标本的重量、体长、采集日期、采集地点、性别等,并把标签贴在台板上。

标本放在避阳通风处干燥后,取下包裹的棉花或纱布,在喙、脚处涂一层稀清漆(加松香水),放入标本柜保存。

初学者最难学习的也许是固定整形。整形工作的水平在很大程度上影响着标本是否形象、生动、逼真。制作者只有通过实践，认真观察动物的形态结构和生活习性，并不断提高自己的艺术修养，才能把整形工作做好。

### 2. 两栖类动物标本的采集与制作

#### (1) 两栖类动物的活动规律

我国的两栖类动物约有200种，大多分布于淡水水域及其沿岸一带，少数分布于农田和森林地区，草原地区的两栖类动物种类很少。

两栖类动物的活动规律主要表现在季节性活动、昼夜活动两个方面。

①季节性活动

我国北方地区的两栖类动物，一般在3～5月份结束冬眠，开始苏醒；南方则提早1～2个月，如蟾蜍在2月份、黑斑蛙和泽蛙在4月份苏醒。有些两栖类动物苏醒后立即进入繁殖期，如大蟾蜍；但有些种类动物则在以后才进入繁殖期，如泽蛙。春、夏两季是两栖类动物繁殖、生长发育和觅食主要时期。

秋末天气渐冷，两栖类动物便陆续进入冬眠。不同地区、不同种类的冬眠时间和冬眠地点常不相同，如大鲵多在深洞或深水中冬眠，黑龙江林蛙在河水深处的沙砾或石块下冬眠，大蟾蜍则多潜伏在水底或烂草中冬眠，等等。

②昼夜活动

无尾两栖类动物大多夜间活动，它们白天匿居于隐蔽处，以躲避炎热天气，如大蟾蜍常匿居于杂草丛生的凹穴内，黑斑蛙多匿居于草丛中，等等；黎明前或黄昏时活动较频繁，雨后更加活跃。但少数种类动物如泽蛙则在白昼活动。有尾两栖类动物一般也多在夜间活动，如大鲵白天潜居在有回流水的细沙的洞穴内，傍晚或夜间出洞活动，只在气温较高的天气，才在白天离水上陆在岸边活动。

#### (2) 两栖类动物标本的采集

①采集用具

捕网:用于捕捉水中或岸边活动的无尾类两栖动物。结构与昆虫捕网相同。其网袋要用孔目较大的尼龙纱制成,以利透水。

钓竿:用于钓捕无尾类两栖动物。竿的顶端系一细绳,绳端缚有蝗虫等诱饵。

布袋:用于盛放两栖类动物成体。

记录本及铅笔。

②采集的时间和环境

采集时间。

北方地区的3~8月,南方地区的2~10月,都有两栖类动物进行繁殖,尤其是3~7月,进行繁殖的种类最多,是采集的最好时期。在此时期中,雌、雄成体会集到水域或近水域的场所,相互抱对产卵,此时不仅可采到许多成体,也可采集卵和蝌蚪。

采集环境。

适合采集两栖类动物的环境,一般是草木繁茂、昆虫滋生、河流、池塘和山溪较多的地方。在这样的环境中,两栖类动物的种类和个体数目最多。

③采集方法

无尾两栖类动物标本的采集方法。

对活动能力较弱的种类如大蟾蜍、花背蟾蜍和中国林蛙,可用手直接捕捉;对水中活动和跳跃能力较强的种类,如黑斑蛙、金线蛙、蝾螈等,可用网捕捉。有些种类栖息于洞穴、水边或稻田草丛中,如虎纹蛙,可用钓竿进行诱捕(诱捕时,一手持钓竿,不时抖动钓饵,诱蛙捕食。蛙类具有吞食后不轻易松口的特点,可以利用这一特点进行捕捉)。

无尾两栖类动物在夜间行动迟缓,尤其在手电筒照射时,往往呆若木鸡,很好捕捉。但夜间路途难行,采集者如果道路不熟悉,容易落入水中。因此组织同学们采集两栖类动物标本时,应安排在白天进行,以防止发生意外。

有尾两栖类动物标本的采集方法。

有尾两栖类动物大多为水栖，而且大多栖居在高山溪流的浅水中，白天多潜伏在枯枝落叶的石块下或石缝中。可在白天翻动石块寻找。有些种类动物生活在山区水塘中，如肥螈、瘰螈等，当水清时，常能从水上看到它们。这些种类动物性情温和，游动缓慢，可用手捕捉或用网捕捞。

(3)两栖类动物的成体测量和记录

①测量用具用品

体长板：用于测量成体各部分长度。其规格、质地与测量鱼类的体长板相同。

乙醚：用于麻醉杀死动物。

号签(竹制)、记录本、铅笔等。

②测量准备工作

将需做标本的活的成体动物用乙醚麻醉杀死，然后用清水洗涤干净，系好号签。

③测量内容

无尾两栖类动物标本的主要测量部位

体长：自吻端至体后端。

头长：自吻端至上、下颌关节后缘。

头宽：左右关节之间的距离。

吻长：自吻端至眼前角。

前臂及手长：自肘关节至第三指末端。

后肢长：自体后端正中部分至第四甩‘末端。

胫长：胫部两端间的长度。

足长：内趾突至第四趾末端。

有尾两栖类动物标本的主要测量部位

体长：自吻端至尾端。

头长：自吻端至颈褶。

头宽:左右颈褶间的距离(或头部最宽处)。

吻长:自吻端至眼前角。

尾长:自肛孔后缘至尾末端。

尾宽:尾基部最宽处。

④记录

按两栖类动物标本成体野外采集记录表栏目进行记录,见下表。

两栖类动物标本成体野外采集记录表

| | |
|---|---|
| 编号 | |
| 种名 | |
| 采集日期 | |
| 采集地点 | |
| 生活环境 | 生活习性 |
| 性别 | 第二性征 |
| 体色 | |
| 体长 | 头长 |
| 头宽 | 吻长 |
| 前臂及手长 | 后肢长 |
| 胫长 | 足长 |
| 尾长 | 尾宽 |
| 其他 | |

(4)两栖类动物的标本制作

两栖类动物标本大多根据外形和内部骨骼特点进行分类检索。因此,对两栖类动物标本采集、测量和记录之后,应制作浸制标本和骨骼标本。

本节以蛙类为例,说明骨骼标本的制作。

骨骼标本是动物比较解剖学中常用的直观教具之一。由于骨骼的结构比较复杂,特别是脊椎动物头骨的演化知识比较抽象,不易理解,所以,通过对脊椎动物骨骼标本的观察、对照和比较,对帮助学生掌握和理解动物骨骼的知识,了解各纲代表动物之间的亲缘关系,具有十分重要的意义。

骨骼标本有3类:①关节分离的骨骼标本。这种标本骨骼和骨骼之间的关节在制作过程中基本上是分离开的,制成后的标本关节之间用金属丝上下串联在一起。②附韧带的骨骼标本。这类标本比较多见,它们的骨骼和骨骼之间的关节处以韧带相连。③透明的骨骼标本。在制作这类标本时,采用化学药品处理,使其肌肉透明,从而显现出骨骼。

不同的动物种类采用不同的标本制作方法。如大型动物梅花鹿、虎、豹等宜采用关节分离骨骼标本的制作方法,家鸽、兔、蛙等小型的动物宜采用附韧带骨骼标本的制作方法,一些更小型的动物如小兔、小鱼、蝌蚪等则最好制作透明骨骼标本。本节重点介绍附韧带骨骼标本和透明骨骼标本的制作方法。

①附韧带的骨骼标本制作法

药品

a,腐蚀剂:0.5% ~2% 的氢氧化钠溶液,用以腐蚀残留在动物骨骼上的肌肉,使骨骼构造清晰、洁净。

b,脱脂剂:汽油、二甲苯,用于溶解、清除骨髓中的脂肪。

c,漂白剂:0.5% ~1.5% 过氧化钠、8% 或 30% 过氧化氢、1% ~3% 漂白粉(次氯酸钙)的溶液,用以漂白骨骼。

工具、器皿及其他

a,工具:解剖剪、解剖刀、解剖镊、解剖盘。

b,器皿:标本瓶、烧杯、量筒、玻璃棒等。

c,其他:乳胶、大头针、标本台板(泡沫塑料板或软木板)、玻璃标本盒。

附韧带的骨骼制作的 3 种方法

a,冷制作法:这种方法在剔除肌肉时不需做任何处理,打开腹腔后,可以让学生仔细观察内脏各系统的形态结构,然后再去皮去肉,做成骨骼标本。

a)先将已麻醉昏迷的蟾蜍置于解剖盘中,腹面朝上,左手持镊子夹起蟾蜍皮肤,右手持解剖剪沿腹中线偏左或偏右剪开腹面(注意不要剪断腹部大动脉,以免流血过多而影响解剖观察)。接着将皮肤剥离。蟾蜍耳后方有 1 对发达的耳后腺,内含毒液,溅到人的皮肤上和眼睛里会引起疼痛,剥离时得格外小心。

b)将剥完皮的蟾蜍仍然腹面朝上呈“大”字形，用大头针斜插四肢予以固定，再按上述剪皮肤的方法剪开腹部肌肉（注意不要剪到胸部肌肉，以免剪坏剑胸软骨），便可观察蟾蜍内脏。

c)用剪或刀将蟾蜍的内脏挖出。由于它的肩胛骨无韧带与脊椎相连，所以要在第二、三脊椎横突上把左右肩胛骨连同肢骨与脊椎分离，使蟾蜍分成两部分。

d)细心剔除附着在蟾蜍全身骨骼上的肌肉。为避免躯干与腰带相连的韧带分离，在清除脊椎横突与髂骨相连的肌肉时，最好多留一些肌肉和韧带。

e)清水冲洗剔除肌肉的骨骼，然后放进0.5%～0.8%的氢氧化钠溶液中浸泡腐蚀，时间1～3天。浸泡的目的是使骨骼上残余的肌肉膨胀发软，以便进一步清理。在腐蚀骨骼的过程中，如果发现韧带呈透明胶状，说明腐蚀已经过度，必须随时观察，掌握好腐蚀时间。腐蚀后的骨骼用清水冲去碱液，并再作一次清理，至骨骼上完全干净无肉为止。腐蚀剂不要用金属容器盛放，更不要与易锈金属接触，以免腐蚀损坏容器和铁锈沾污骨骼。

制作鸟类（鸟）和哺乳类（兔）动物的骨骼标本，方法基本上与蟾蜍一样，只是在腐蚀肌肉后要脱脂。因为这些种类动物的脂肪比较多，尤其是骨骼里的脂肪，如不及早清除，制成标本后脂肪将会从骨骼间隙中渗透出来，使骨骼发黄，并容易沾染灰尘。办法是把腐蚀后的骨骼先晾干，再放入汽油或二甲苯中脱脂。如以汽油脱脂，应使用密闭容器，以防汽油挥发，并要注意安全。脱脂时间约1星期。

f)漂白骨骼是用0.5%～0.8%的过氧化钠溶液浸泡2～4天，然后取出用清水洗去过氧化钠溶液。如果使用过氧化氢溶液漂白，还要特别注意溶液的浓度和漂白的时间，因为过氧化氢（双氧水）的腐蚀力很强，浓度过高或时间过长会破坏骨骼上的珐琅质，使骨骼易碎、易折。过氧化氢溶液的浓度一般取3%～30%，检查浓度是否适中的办法是取一小滴配制好的溶液滴在指甲上，1分钟后观察，如果冒泡了，那就说明漂白液浓度过高。漂白时间的长短视骨骼的质地和厚薄而定。蛙一般不用漂白,若要漂白,可用浓度很低(3%)的双氧水浸泡3~4小时,不要等骨骼非常白时才拿出来。

用小刷子蘸浓双氧水刷骨骼的漂白方法效果也不错,但也要注意不要刷得太白。

g)整形和装架。将处理好的骨骼放在软木板或泡沫塑料板上,整理好躯体和四肢的姿态,即可进行干燥。为防止在干燥过程中骨骼支架变形,应用大头针将整好姿势的骨骼固定在软木板上。蟾蜍在生活状态时头部是抬起呈倾斜状的,为此最好在下颌和胸椎骨下面垫些棉花。骨骼干燥后,可用乳胶将两部分骨骼粘在一起,前肢的腕骨和后肢的蹠骨也用乳胶粘在标本台板上。最后,将制成的骨骼标本装入玻璃标本盒中。

b,热制作法:用开水浸泡剥皮的蟾蜍,由于用开水烫过的肉很嫩,所以容易把它从骨骼上除掉。具体做法如下:

先将蟾蜍放在密闭的标本瓶中,用乙醚麻醉使它昏迷致死。然后剥去蟾蜍的皮,挖出内脏,用解剖刀和解剖剪剔除大块的肌肉,再放入100℃的开水中浸烫。浸烫时间的长短要根据蟾蜍的大小来定,时间太短固然不行,时间太长也会带来问题,不仅肉被“煮”老,反而不好清理,而且联结骨骼间关节的韧带可能被“煮”断,给最后的骨骼定型带来很大困难。要是开水烫后清理仍不干净,还可以用小牙刷继续清理。

剔除皮肉时,要注意蟾蜍骨骼的头骨、脊柱、腰带和后肢骨各关节间均有韧带相连,不能把这些韧带弄断,而应借助韧带保持各关节的联系。另外,还要重视蟾蜍的前肢骨和肩带骨与家兔不同,蟾蜍的前肢骨、肩带骨与脊椎之间虽然没有韧带相连,但左右前肢骨与肩带骨各关节之间却有韧带,把左右上肩胛骨从第二、三脊椎横突上割离后,前肢骨与肩带之间仍可借助干韧带保持联系。

热制作法的优点是制作简单、迅速,处理当时就能制作出标本。缺点是不容易掌握好在开水中热“煮”的时间,掌握不好会把韧带烫断。

整形装架与剖腹制作法相同。

c,蠹虫制作法:蠹虫是昆虫纲,皮蠹科动物,非常喜欢吃各种动物的干肉,尤其是幼虫,吃肉的胃口很大,食用速度也快。此法与冷制作法的前4个步骤相同,不同的是在第五个步骤,需将蟾蜍整好姿势,摆好位置,然后放在室外招引蠹虫前来吃肉。如果是夏天制作标本,应先将肉风干,以防蝇蛆腐蚀。还应随时注意观察毒虫吃食的情况,肉被基本吃完时,要马上拿回室内,否则蠹虫会毫不客气地把骨骼上的韧带也吃掉。

②透明骨骼标本制作法

透明骨骼标本制作法是利用化学药品和染料对动物体的肌肉和骨骼进行固定、染色,再把肌肉上的颜色退去,留下骨骼上的颜色,借助药品的作用使肌肉透明,让埋藏在肌肉里的染有颜色的骨骼显现出来。制作透明骨骼标本要经过固定、透明、染色、进一步透明、脱水及保存6个步骤。只要操作严格、细致、耐心,这种标本是比较容易做成的。

固定:将蟾蜍处死后,剥掉皮肤,掏出内脏,用清水冲洗掉动物体上的血液,然后把它的姿态整理好,绑在玻璃板上放入盛有固定液的标本瓶中。固定液最好是用95%的酒精,过去用福尔马林液固定效果不佳。动物体在酒精中固定约1星期,酒精每隔两天更换一次。固定以后用水把酒精冲净。

透明:把动物体放在1%~2%的氢氧化钠溶液中浸泡2~4天(如溶液浓度加大,浸泡时间要相应缩短),到肌肉呈半透明状、能隐约见到埋藏在肌肉中的骨骼为止。

染色:用1%或2%的茜素红溶于酒精(浓度为95%)或水中给动物体染色,时间12~36小时,使整个标本呈紫红色。

进一步透明:首先用2%氢氧化钾或氢氧化钠30毫升、甘油30毫升、水60毫升配合成混合液,然后将动物体浸于混合液中1~3天,并放到强烈的阳光(不是指夏天的强光,而是指冬天的强光,夏天的强光温度过高,作用太快不易掌握,所以这种标本适于在冬天制作)下暴晒,待肌肉退成淡红色,再浸入30%的甘油中1天,最后还要放在氢氧化铵30毫升、甘油30毫升、水70毫升的混合液中浸泡 2~5 天。

脱水：当肌肉已经透明，骨骼颜色呈紫红色时，为防止标本产生皱缩现象，可将它依次放入浓度为 25%、50%、75%、100% 的甘油中各浸泡 2~4 天，使标本脱水到全部透明为止（浸渍时间的长短视动物体的大小而定）。

保存：为使标本能长期保存而不被霉菌所污染，可将标本浸入纯甘油，并加入少量（一小粒）麝香草酸。

③透明骨骼标本的简易快速制作法

上面介绍的透明骨骼标本制作法，所需时间较长，小型动物需 1~2 个月，较大型动物需要几个月、1 年甚至 1 年以上。这里介绍的简易快速制作法只需 4 天左右即可做出小型动物鱼、蛙的标本，较大型的动物也只需 7~8 天，这样就大大节省了时间。简易快速制作法的具体操作过程介绍如下：

除去动物的皮及内脏，洗净躯体上的血污。

整姿后浸在 95% 酒精中放进 37℃ 恒温箱中 1 天，然后放到无水酒精中仍置于 37℃ 恒温箱内 8~12 小时，目的是使细胞组织完全脱水、干燥。

将标本移入 2%~8% 的氢氧化钾水溶液中，置于 24~25℃ 恒温箱内。当隐约能看出脊柱时，即逐渐降温至 14~15℃，待头骨和前肢已透明，再使温度下降至 13℃；当后肢特别是臀部也已透明时，整个标本就全部透明了。

将透明好的标本依次浸入下列溶液中进一步透明：第一种溶液是甘油 50 毫升，2%~8% 氢氧化钾水溶液 25 毫升，蒸馏水 25 毫升，时间 8~12 小时；第二种溶液是甘油 80 毫升，蒸馏水 20 毫升，时间 8~12 小时；第三种溶液是纯甘油加 0.5% 福尔马林防霉防腐，作为永久封藏液。

为使标本更加美观，还可用茜素红染色。

### 3. 淡水鱼类标本的采集与制作

（1）我国淡水鱼类的分布概况

我国淡水鱼类有 800 余种。其中，有些种类分布很广，几乎到处可见。如以水草为主要食料的草鱼、鳊鱼、三角鲂、赤眼鳟等；以浮游生物为食的鲢、鳙等；杂食性的鲤、鲫等；其他如花鱼骨、麦穗鱼、达氏蛇鮈、银鲴、白条鱼、棒花鱼、黄鳝、白鳝、花鳅、泥鳅、鲶鱼以及常见凶猛鱼类乌鳢、鳜鱼、鳡等；此外还有性情温和的肉食性鱼类翘嘴红鲌、蒙古红鲌、青鱼等。

随着地理位置南移，江河中的温带鱼类越来越多，冷水性鱼类则逐渐减少。辽河水系约有鱼类 70 种，其上游尚有北方种类；黄河水系约有 140 种，长江水系约有 300 种，二者的冷水鱼类极少，除常见的青、草、鲢、鳙、鳊、鲂、鳍、赤眼鳟、胭脂鱼等重要经济鱼类外，还有鲥鱼等特有品种。

(2)淡水鱼类的活动规律

淡水鱼类的活动受到水温、日照、水流、饵料、地形等因素的影响，而发生规律性的变化。

水温对鱼类活动的影响很大，不少鱼类常常根据水温的周年变化改变着栖息的水层。当冬季水温较低时，鱼类都游向深层或水底处，很少活动；春季随着水温升高，水量和水面的增大，鱼类开始活跃，并向岸边游动和觅食；夏季由于水域表面或上层的温度较高，鱼类就比较分散，并栖息阴凉的地方或水的较深处，而早、晚则活跃在浅层中。

在一天当中由于日照的变化，在湖泊、水库等水域中的鱼类，往往出现活动地点的变化。在早晨，鱼类多游向岸边或水草丛生处，以觅饵料；中午游向深而清净的水中或栖息于岸边遮阴处；日落时又游向岸边；到夜晚则分散栖息到水草丛中或深水中。

水流也影响和改变着鱼类的活动。在湖泊或水库中，往往在水流汇合处，由于有机质丰富，浮游生物和底栖生物较多，而且水中含氧充分，往往成为鱼类的栖息场所。

湖泊、水库等处天然饵料的变化，也导致鱼类栖息和活动地点的变化。春季沿岸浅水层的水温上升较快，水中天然饵料比其他水体先得以繁茂增生，这时鱼类就向岸边集结，随着水温继续上升，各部分水体中的饵料都相应地繁殖起来,鱼类活动区域也就随之扩大和分散,并出现各种分层现象。地形对鱼类的活动也有一定的影响,如湖岸的突出部分和两处水面相连通、汇合的地方,往往是鱼类的必经之路。

但是,在池塘、河道中,鱼类活动和分布就没有一定的规律。

(3)淡水鱼类标本的采集

①采集工具

网具:用于捕捞淡水中的鱼类。网具有拉网、围网、刺网、撒网、张网等类型。同学们进行鱼类采集活动,最好使用小型撒网和刺网。撒网由网衣、沉子纲、沉子以及手纲等部分组成,大小不定。网衣用生丝、细麻或尼龙线等编结而成。刺网由网衣、浮子和钢绳等部分组成,高1~1.5米,长短可根据需要,网衣由丝线或麻线制成,质地要求细软坚韧,以防被鱼发觉和挣断。

钓具:用于淡水钓捕鱼类。钓具是在一条竿线上系上许多钓钩,钓鱼时在钩上装上诱饵。钓钩呈弧形或三角形,尖端一般都有倒刺,用钢丝制成。作业时所用诱饵有蚯蚓、蚱蜢、螺蛳肉、小鱼虾等,也可用麦粒、粉团、甘薯块、南瓜块等。

橡胶连鞋裤:用于在浅水中撒网等采集活动。

帆布水桶:用于盛放捕到的鱼类。

记录册、铅笔等。

②采集时间、地点

应在春夏季节,选择晴天作为采集时间;选择江、河、湖泊近岸浅水中水草丛生处作为采集地点。

③采集方法

使用网具或钓具的方法。使用撒网时,操作者站在岸边或浅水中,左手拿住网的上部和手纲,并兜托部分网衣,右手将理好的网口握住,然后对准有鱼的位置,用力将网向外作弧形撒出,使网衣呈圆盘形状覆盖住水面下沉,待沉完后,再慢慢拉收手纲,使网口逐渐闭合,鱼类即被夹裹在网内。

如果使用刺网,可选择有大量水草的边缘地区,在傍晚时下网,使网固定拦阻在一定的位置上。由于天黑,鱼类不易发现网衣的存在,而冲向刺网,鳃盖被网眼挂住,无法逃脱。次日清晨收网。使用钓具时,如果用活饵,应不使其因穿刺而死亡,同时不要使钩子露出诱饵表面。放钓时间一般应在傍晚,早晨收钓。

尽量不损伤鱼体。收网、收钓时,对上网、上钩的鱼,要小心起捕,尽量不损害鱼体的鳍和鳞片,以便能制作完整的标本。

注意增加所捕鱼类的科、属、种数目。在采集中不要追求每种鱼类的标本数,而要力求增加科、属、种的数目,特别要注意采集小型非经济鱼类和不同年龄的个体,以使同学们认识更多的鱼类,并了解一个水域中鱼类种类组成和年龄分布特点。

④采集注意事项

采集地点应限定在岸边和浅水区域,严禁同学们在采集中游泳,以保证采集安全进行。

4. 鱼体的观察、测量和记录

对采集的鱼体进行观察、测量和记录,是鉴定标本名称时的重要依据,同时也是制作剥制标本时的参考依据。在野外采集到鱼类标本后,应趁鱼尚未死去或鱼体新鲜时迅速进行观察和测量,并同时做好记录工作。

①观察、测量的用具用品

体长板:用于测量鱼体各部分的长度。体长板通常用塑料板画上米制方格刻度制成。也可购买塑料质地的坐标纸,钉在木板上制成体长板。

白瓷盘:用于盛放须观察、测量的标本。

号牌:用于标本编号。号牌通常用竹片制作,长 4 厘米,宽 0.8 厘米,正面用毛笔写上号数,涂上清漆,干后即可使用。

纱布、软毛刷、塑料盆:用于洗刷标本。

秤:用于称取鱼的体重。

记录册、铅笔:用于记录。

②观察、测量前的准备工作

标本处理。对采集的鱼类标本,先用清水洗涤体表,将污物和黏液洗掉。对体表黏液多的鲶鱼、泥鳅和黄鳝等种类,要用软刷蘸水反复刷洗干净。刷洗时,应按鳞片排列方向进行刷洗,以免损伤鳞片。在洗涤过程中,如发现有寄生虫,要小心取下放进瓶内,注入70%酒精保存,并在瓶外贴上号牌、写明采集编号。

编号。将洗涤好的标本,放在白瓷盘中,根据采集顺序依次编号。每一个标本都要在胸鳍基部系一个带号的号牌。如果号牌已用完,可用道林纸作号牌,用铅笔写清号数,折叠后塞人鱼的口腔深部,回校后再补拴竹制导签。

③观察、测量内容

记录体色。每一种鱼都有自己特殊的体色,而且同一种鱼在不同环境中,其体色往往也有差异。鱼类体色虽不是主要鉴定特征,但对认识鱼有一定意义,尤其对同学们认识鱼类来说,鱼的体色更为直观和形象。因此应趁标本活着或新鲜时,将体色记录清楚。

外部形态测量。为了快速、准确地测量鱼体各部分的长度,应该将鱼放在体长板上进行测量。鱼体外部形态的测量项目如下:

全长:由吻端或上颌前端至尾鳍末端的直线长度。

体长:有鳞类从吻端或上颌前端至尾柄正中最后一个鳞片的距离;无鳞类从吻部或上颌前端至最后一个脊椎骨末端的距离。

头长:从吻端或上颌前端至鳃盖骨后缘的距离。

吻长:从眼眶前缘至吻端的距离。

眼径:眼眶前缘至后缘的距离。

眼间距:从鱼体一边眼眶背缘至另一边眼眶背缘的宽度。

尾长:由肛门到最后一椎骨的距离。

尾柄高:尾柄部分最狭处的高度。

体重:整条鱼的重量。

鱼体各部分性状计数

侧线鳞:沿侧线直行的鳞片数目,即从鳃孔上角的鳞片起至最后有侧线鳞片的鳞片数。

上列鳞:从背鳍的前一枚鳞斜数至接触到侧线的一片鳞为止的鳞片数。

下列鳞:臀鳍基部斜向前上方直至侧线的鳞片数。

填写的格式为:侧线鳞$\frac{\text{上列鳞}}{\text{下列鳞}}$,如鲤鱼的鳞式为:33 $\frac{5—6}{4—5}$36。

咽喉齿:鲤科鱼类具有咽喉齿。咽喉齿着生在下咽骨上,其形状和行数随品种而异。一般为1~3行,也有4行的,其计数方法是左边从内至外,右边从外至内,如鲤鱼咽喉齿式为1·1·3~3·1·1。咽喉齿的特点是鲤科鱼类的分类依据之一。

鳃耙数:计算第一鳃弓外侧或内侧的鳃耙数。

鳍条数:鱼类鳍条有不分枝和分枝两种。在鲤科鱼类中,二者均用阿拉伯数字表示;其他鱼类的分枝鳍条用阿拉伯数字表示,而不分枝鳍条则用罗马数字表示。

上述各项观测结果,应在观测过程中及时填写在鱼类标本野外采集记录表中,见下表。

鱼类标本野外采集记录表

| 编号 | |
|---|---|
| 种名 | |
| 采集地点 | |
| 采集日期 | 性别 |
| 体色 | |
| 体重 | 全长 |
| 体长 | 体高 |
| 头长 | 吻长 |
| 眼径 | 眼间距 |
| 尾柄长 | 尾柄高 |
| 侧线鳞 | 咽喉齿 |
| 鳃耙数 | 鳍条数 |
| 其他 | |

(5)鱼类浸制标本的制作和保存

对一个鱼类标本观测记录结束后,应将标本进一步制成适宜长期保存的标本,一般鱼类标本应被制为浸制标本。浸制标本是用防腐固定液固定,以防止动物体腐烂变质,从而达到长期保存的目的。其制作比较简单,主要分为选择材料、整理姿态、防腐固定、装瓶保存4个步骤,最后贴上标签。具体如下:

①主要药品、溶剂及器具材料

器具材料包括标本瓶或标本缸,2~3毫米厚的玻璃片,曲别针,解剖镊,解剖刀,塑料盘。

药品和溶剂主要是10%的福尔马林液——福尔马林10毫升、水90毫升,这样的福尔马林液最适于一般整体标本的固定和保存。

②制作方法

选择材料

一般应选鳍条完整、鳞片齐全、体型适中的新鲜鱼类作为标本材料。如果鱼的体型过大,因受标本缸的限制,通常做成剥制标本来保存。

整理姿态

整理姿态前,要先用水冲净鱼体表面黏液,进行登记、编号和记录,并在腹腔中注入适量的10%福尔马林液以固定内脏器官。整理姿态时,应按鱼的生活状态用镊子轻轻将鱼的鳍展开,用塑料薄片或厚纸片夹住展开的背鳍、胸鳍和尾鳍,并用曲别针夹紧,放入塑料盘中。

防腐固定

塑料盘中盛有10%福尔马林液,以浸没鱼体为准。鱼体在此临时固定,待硬化后再用水冲洗干净。

装瓶保存

用玻璃刀按鱼体大小划好玻璃片,长针穿好白色丝线后分别从胸部和尾基部靠近玻璃面的一侧穿过,并把标本系在玻璃片上,然后装入标本瓶中(注意标本瓶一定要事先清洗干净,不得有杂物),倒进10%福尔马林新液,将盖盖紧。

取标签，写上学名、中名、采集时间、采集地点和编号，贴在标本瓶上。为防止福尔马林液挥发为害，还可用蜡密封瓶口。

如果是傲蛙、蛇的整体浸制标本，一定要注意固定姿态时尽量减少标本所占的空间，长度也要适当，这既有利于装瓶保存，也有利于运输。

### 4. 爬行类动物标本的采集与制作

#### (1)我国爬行类动物常见种类的分布概况

我国共有爬行类动物300余种，主要为蛇类、蜥蜴类和龟鳖类，还有我国特产的扬子鳄。它们广泛分布于森林、草原、农田、居民点以及淡水水域中。

①森林

在东北小兴安岭和长白山针阔混交林地区，典型动物种类有黑龙江草蜥、团花锦蛇、棕黑锦蛇、灰链游蛇、蝮蛇等。在华北落叶阔叶林地区，优势动物种类有虎斑游蛇、黑眉锦蛇、红点锦蛇、赤链蛇、蝮蛇、丽斑麻蜥、无蹼壁虎等。在亚热带常绿阔叶林地区，大部分地区最常见的蛇类有乌游蛇、草游蛇、水赤链游蛇、鼠蛇等南方种类。广布于北方的蝮蛇，在本区也很普遍，红点锦蛇、虎斑游蛇等也较常见。本区的毒蛇种类较多，除蝮蛇外还有眼镜蛇、五步蛇、竹叶青等。蜥蜴类中最常见的是北草蜥、石龙子、蓝尾石龙子、多疣壁虎等。

②草原

蜥蜴类以丽斑麻蜥和榆林沙蜥比较常见。蛇类以白条锦蛇分布最广泛。黄脊游蛇在北部甚为常见。

③农田

北方农田及其附近常见蛇类有虎斑游蛇、黑眉锦蛇、红点锦蛇和赤链蛇。南方的山地、田野、稻田内常有中国水蛇、乌梢蛇、铅色水蛇等。

④居民点

常见的蜥蜴类有无蹼壁虎、多疣壁虎等。在南方常见于住宅附近的蛇类有银环蛇和白唇竹叶青，黑眉锦蛇和烙铁头也常侵入住宅内。

⑤淡水水域

北方水域中,龟鳖目常见的只有1种鳖,蛇类中以虎斑游蛇、水赤链蛇等为常见。南方常见的有乌龟、锯缘摄龟等。另外,我国特产的扬子鳄分布在皖南丘陵等地。

(2)爬行类动物标本的采集

爬行类动物由于是变温动物,活动规律有一定的季节性,一般在11月份以前进入冬眠期,3月份前后苏醒出蛰,4~10月份为活动期。爬行类动物能适应多种多样的生活环境,在田边、山坡、池塘、溪畔、灌丛、草地、树上、房屋、海域等各种不同环境中,都有它们的分布,都是采集它们的地点。

①蜥蜴类的采集

蜥蜴类常常生活在干燥、温暖、阳光充沛的山坡、草丛、树上或路旁的石堆缝隙中,有时爬到草丛上捕食昆虫。我国产的蜥蜴类,大多数是小型种类,使用简单工具就能进行捕捉。常用工具有软树枝、活套、蝇拍、小网、钓竿等。

用软树条扑打。当发现蜥蜴后,可用软树枝或细竹梢扑打,使其受震而暂时不能活动,然后迅速拾起放入容器内。我国产的蜥蜴均没有毒,完全可以用手拾取。这种方法主要用于地上活动的蜥蜴种类。

用蝇拍或小网捕捉。此法多用于墙壁上活动的蜥蜴种类。

用活套捕捉。用一根长竹竿,其末端结一根马尾或尼龙丝的活套,当遇到蜥蜴,待它停止不动时,乘机将竹竿轻轻伸出去,套住它的颈部,立刻拉回,或在蜥蜴面前摇动活套,挑逗蜥蜴,等它仰头时,将活套对准蜥蜴头部扣下,迅速提起拉回。此法主要用于捕捉树上活动的种类。

用诱饵垂钓进行诱捕。用一定长度的棉线系以昆虫进行垂钓。此法用于捕捉石缝中的种类。

②乌龟的采集

乌龟一般在11月份气温低于10℃时进入冬眠,第二年4月出蛰,当温度上升到15℃以上,开始正常活动,进行大量取食。乌龟主要在水中捕捉小鱼、小虾、螺类为食，也常上陆地觅食。在5~8月份，常于黄昏或黎明爬到沙滩或泥滩上产卵。可以利用它到陆上觅食和产卵的习性寻找捕捉，由于乌龟行动迟缓，一旦发现，完全可以用手直接捕捉。

③鳖的采集

鳖是我国淡水水域中的广布种。它的季节活动周期与乌龟大体相同。采集鳖时，可在夏秋季节，到水边寻找水中有无鳖进食后剩下的碎螺壳和鼠粪样的鳖粪，也可根据溪流岸边鳖爬行后留下的足迹，以辨别是否有鳖及其活动方向。如有可用垂钓的方法进行捕捉。

同学们采集爬行动物，应着重于蜥蜴类和龟鳖类。关于蛇类，虽然它是我国爬行动物中种类最多的类群，是人类采集爬行动物的重要对象，但鉴于毒蛇咬伤的危险性，同学们应尽量不采。

(3)爬行类动物标本的制作

爬行动物的标本制作，除了少数大型种类（如蟒、蛇、巨蜥、海龟等）必须制作剥制标本外，一般均制作浸制标本保存。其制作方法有以下两种。

①酒精浸制法

对小型蜥蜴类，先用注射器向标本体腔中注入50%~80%酒精进行处死和防腐，然后用线固定在玻璃条上，放入盛有80%酒精的标本瓶中浸泡保存。并在标本瓶外贴上标签，写清编号、采集日期、采集地点、采集人、制作人等项内容。

用酒精浸制时，最好由低浓度向高浓度逐步更换浸制液，使标本逐步失水，最后保存在80%的酒精中。这样浸制的标本，虽经长期保存，但标本始终能保持柔软，不失原形，取出后仍然可以进行解剖和制作组织切片。

②福尔马林浸制法

对小型蜥蜴类，先用注射器向标本体腔中注入7%~8%福尔马林液，进行处死和防腐，然后用线固定在玻璃条上，放入盛有20%福尔马林液的标本瓶内进行固定。几天后再转入7%~8%福尔马林液中长期保存。

对龟鳖类,要先从泄殖腔注入麻醉剂(如乙醚),待麻醉后,将头和四肢拉出,向体内注射7%~8%福尔马林液处死,然后固定形状,并保存在20%福尔马林液中。几天后再转入7%~8%福尔马林中长期保存。如果放入标本瓶中,瓶外应加贴标签。

**5. 动物内脏器官解剖标本的制作**

这类标本主要是突出动物某一系统的特征或主要器官的解剖标本。一般是先将动物体解剖,然后根据需要选取理想的内脏、器官,经处理后放人固定液中保存。

在动物体内的几大器官系统中,每一种器官系统都可以做成浸制标本。循环系统是同学们最不容易掌握的学习内容之一,就动物学教学来说,它既是重点又是难点。下面同学们不妨来学习一下循环系统的注射标本制作法。

(1)循环系统的基础知识

循环系统中的各种血管与心脏、血液的关系是比较复杂的。制作标本前,如果对循环系统的某些基本知识都不清楚,那就会给制作带来许多困难。为此,在这里先复习一下脊椎动物循环系统的一些基本知识。

脊椎动物的循环系统包括血液循环系统和淋巴循环系统。

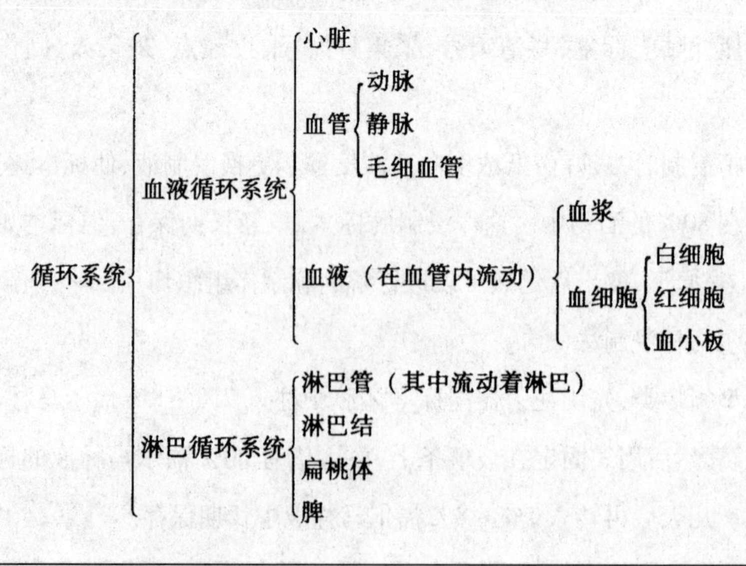

①心脏:哺乳动物的心脏位于胸腔的中部偏左下方,夹在两肺之间,形状像桃子。心脏内部被隔成左右不相通的两部分左右两部分又被瓣膜分别隔成上下两个腔,故哺乳动物的心脏分成左右心旁和左右心室4个腔。鸟类的心脏与哺乳类动物一样也有4个腔;爬行类动物的心脏是2心房1心室,但心室中有一不完全隔膜;两栖类动物的心脏是2心房1心室;鱼类的心脏是1心房1心室。心脏的功能就像一个"泵",由于它的搏动而使血液在封闭式的心血管里周而复始地循环流动。心脏既负责输出血液到身体各部分又负责收回身体各部分的血液。

②动脉:自心脏运送血液到身体各部分的血管,可以称之为离心血管。动脉血管的特征是管壁较厚,管径较小。

③静脉:由身体各组织器官输送血液到心脏的血管,可以称之为向心血管。它的特征是管壁较薄,管径较大。

④微血管:联络动脉和静脉的遍及动物体全身的细小毛细血管。

(2)制作器具、材料及药品的配制

①器具和材料

包括解剖盘、解剖刀、解剖剪、解剖镊(直头、弯头两种)、解剖针;用于血管注射的注射器(5~20毫升)和注射针头(6~8号);用于配制固定液的量筒或量杯;用于固定、浸渍标本材料的搪瓷盘或塑料盘,盛放注射色液用的搪瓷杯或烧杯;用于固定、保存标本的标本瓶或标本缸;研磨、搅拌注射色液用的玻璃棒及研钵;用于注射色液加温的水浴锅或铝锅;电炉或煤气炉;盛放温水、洗净注射器及针头用的小塑料桶;以及针、线、玻璃片等。

②注射色液的配制

死亡动物血管内的血液经过较长时间已失去原有的颜色,因而在观察循环系统之前,必须先在血管中注射一些不溶于酒精、福尔马林的颜料和填充剂,使被注射的血管保持原有饱满的形状和具有一定的颜色,以充分显示血管分布的情况。注射时通常采用双色注射,即在动脉中注射红色液,静脉中注射蓝色液;

有时还采用三色注射,即在静脉的肝静脉中注射黄色液,这样就能很方便地辨认出动脉和静脉。注射液的配制以及所用的器具、材料应在注射前准备就绪,特别要注意明胶注射液和注射器具需用水浴保温。

配制注射色液需用下列原料:

明胶(动物胶)20~25克,是配制注射色液的填充剂,呈粒状或片状。

颜料用油漆粉或广告色均可,需3~5克。动脉用红色料有洋红、银朱(硫化汞)、朱红或大红,静脉用蓝色料有琼蓝、普鲁士蓝或钛青蓝;肝门静脉用黄色料有铬黄(铅铬黄)。

水100毫升。

将动物胶(片状胶应先粉碎成小片)按上述比例加水浸泡3~4小时,待充分软化后,放入水浴锅中隔水加热(水温以70℃左右为宜),直至明胶充分溶解为止。色料(红、蓝或黄)用研钵研成细粉末(越细越好,不然大颗粒易堵塞针头),加到溶解的明胶中,用玻璃棒搅拌,直至色胶调匀,再经两层纱布过滤,即可使用。但要注意以下几点:

浓度过高,注射时极易凝结,推动注射器也很费力。所以其浓度应保持在冻胶状态最为合适。

在使用时,从始至终均需隔水加温,保持冻胶溶解状态。

尽可能在动物的体温尚未散失时进行注射,以免注射液遇冷凝结。

冬天注射时,可将动物体浸泡在温水中10—20分钟。

明胶注射的优点是注射比较容易,解剖血管时,即使不慎损伤血管,注射色液也不致外流,并可利用明胶自行粘接。缺点是注射器具和注射色液均需加温,冬季气温过低,注射色液容易凝结。

(3)血液循环系统注射标本的制作方法

蟾蜍易得而且比较经济,就以蟾蜍为例说明血液循环系统注射标本的制作方法。

两栖动物的心脏包括心房、心室、动脉圆锥和静脉窦。血液循环是不完全的双循环,左右心房的血液都注入心室。心室中的血液是混合血,所以在注射前,剪开胸腹腔后一定要结扎动脉和静脉的通路。

①解剖和扎结

将蟾蜍用乙醚麻醉致死,用水清理躯体上的污物,然后腹面朝上放在解剖盘中,四肢展开,用大头针固定。

左手持解剖镊夹起蟾蜍皮肤,右手持解剖剪沿腹部偏左斜向胸部中央剪开腹腔、胸腔以及胸骨。皮肤的腹中线下有一条腹静脉,剪时一定要避开这条血管,不要剪得太靠后,以免剪破血管;剪尖尽量向上挑,不要剪破内脏。

用镊子轻轻夹起心包膜,剪破,使心脏完全暴露出来。

用弯头镊子夹住两段线,由心脏前方动脉圆锥基部的背面穿过(动脉圆锥和静脉窦之间有一条缝,线便从这条缝中穿过)。

取其中的一根线套在动脉圆锥上方,轻轻打一活结,注意不要打得太紧。

再将心脏翻过来(即心脏的背面面向操作者),用另一根线套住心脏的背面打一活结,在心室与静脉窦之间扎紧,隔断动脉与静脉的通路。

②动脉注射

打开动脉圆锥上方的活结,注射器中吸取红色注射液后套上 8 号针头。

如上图所示,将针头扎入心室,慢慢往里注射(切勿用力过猛,以免注射色液倒流),一般注射 2 ~3 毫升即可。检查注射量是否合适,可看胃上的血管,如果胃上的主要血管里都有红色注射液了,那就应该马上停止注射,因为注射过量会使血管破裂。取出针头,将线重新打结扎紧。

为了注射更加准确,也可将针头先扎入动脉圆锥而后直接扎进动脉干入主动脉。

将心室中的红色血液抽出一部分,注入少量蓝色液,使心室呈暗红色,以表示心室中的混合血。

③静脉注射

先用镊子细心把腹大静脉分离出来,如图所示。

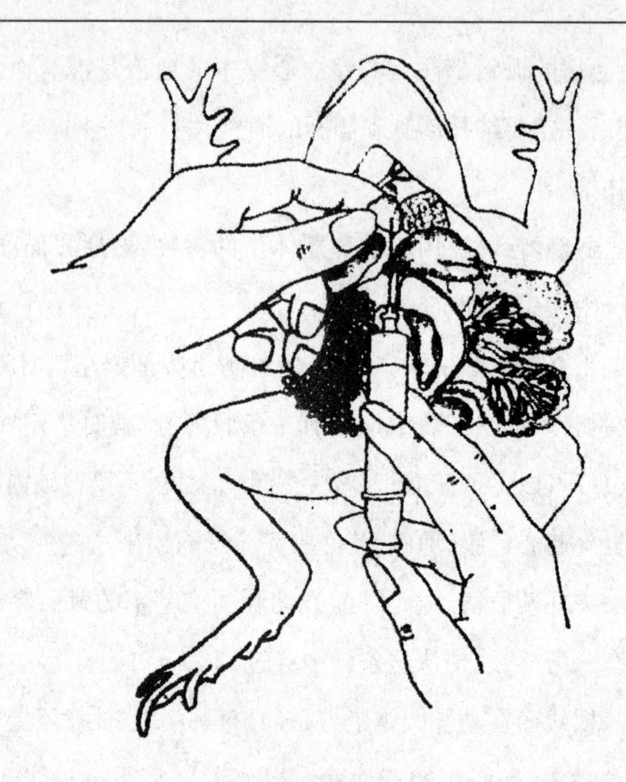

心室动脉注射部位

手食指垫在腹大静脉下,右手取7号针头插入注射蓝色液。注射量的多少视肝脏和胃壁上的静脉是否充满蓝色液为准。若已充满,即停止注射。也可以从静脉窦注射蓝色液。

为使静脉显示更清楚,并将肝门静脉与肾门静脉区别开,可在腹静脉中射注一些蓝色液,再在体静脉处注射一些黄色液。

④检查整理

检查标本:如果发现肱静脉和腹静脉等血管中色液表示不明显,可适当进行补充注射。

整理标本:将胸腹部的肌肉适当剪除,背部、腰部的脊椎连同肌肉一起剪除,用大头针固定在解剖盘中。接着剔除各部位血管周围的结缔组织,使血管清晰显现。另外还要切除大块卵巢。最后将各器官整理好。

⑤固定装瓶

用两层纱布放入福尔马林溶液中湿润,盖在蟾蜍的体表。

蟾蜍硬化时，再浸入10%福尔马林液中约半个月，取出用清水冲净。

把蟾蜍用线固定在玻璃片上，放入盛有10%福尔马林新液的标本瓶中保存。

由于动物内脏器官解剖标本是浸制标本，故跟一般动物浸制标本保存方法相同，此不赘述。

### 6. 动物标本保存总结

前面在介绍各类动物标本制作方法时已经说明了保存方法，本节对动物标本的保存作一个原则性总结说明。

动物标本可分浸制、干制（包括剥制）标本两大类。

（1）浸制动物标本的保存

装在玻璃容器内保存的无脊椎动物和脊椎动物的整体、局部以及解剖的浸制标本，其保存重点应放在浸液、封装两方面。

浸制标本要经常注意容器内的标本浸液是否短缺或浑浊变质。如有短缺或浑浊变质，需及时查明原因，究竟是塞（盖）损裂还是封装不严，然后添换标本浸液，换去已损裂的塞（盖）或重新严加封口。

装在一般玻璃瓶（管）内的浸制标本，瓶塞多是软木或橡胶制品，接触浸液时间一久，塞头会老化变质而污染浸液和标本，因此，浸液不应装得太满，要与瓶塞隔开适当距离。例如，存放在指形管内的小型标本，其浸液只装到管内容量的2/3。

浸制标本的玻璃瓶（管）通常用石蜡封口。封口时先把瓶口和瓶塞擦干，略加预热，再把瓶塞浸入熔化的石蜡，瓶口也刷些热石蜡，然后趁热寨紧瓶塞，并在封口处用热石蜡补封一次，涂匀涂平，封口即告结束。为了复查瓶口是否封严，可将瓶体稍作倾斜，如在浸口处发现有浸液外溢，即表示封闭不严，应立即查明原因，采取补救措施。

为了使瓶口封装更严，可在已经蜡封的瓶塞处蒙上一小块纱布，并再均匀涂上一层热蜡。

液浸的各种瓶装动物标本，宜集中放在避光处的柜橱内长期保存，要避免反复移动或强烈震动。

以上所述是一般的保存原则，具体标本还需针对其形态、结构、制作等特点，分别采取不同的保存措施。

(2)干制动物标本的保存

干制动物标本的保存方法，有以下几点需要注意。

①防潮防虫

各种干制的无脊椎动物标本和脊椎动物标本，都要注意防潮防虫。剥制的鸟兽标本，虽然在剥制时已经使用了防腐剂，有一定防腐作用，但同其他干制的动物标本一样，如保存不当，仍会受潮发霉变腐。因此，不论是放在标本柜(盒)里的中小型标本，还是在室内陈列的大型动物标本，都应注意室内干燥，必要时还可以专门放些干燥剂如石灰粉之类，柜内、盒内更需经常添换干燥剂(如袋装的硅胶等)。

为了避免虫蛀标本，可在标本柜(盒)内放些樟脑一类的防虫剂。并注意适时检查添换，防止日久失效或短缺。此外，标本室内还要注意灭鼠。

②防烟防尘

防止烟尘侵蚀污染，是保存干制标本的重要措施之一。尤其是冬季室内烧煤生火取暖，标本更易受烟熏而变色变质。标本室要保持整洁无尘，标本柜(盒)要关紧不使微尘侵入。大型陈列标本不便放入柜内时，可以套上塑料薄膜防尘罩。

③避免日晒

干制动物标本和浸制动物标本一样都要避免日晒，因为日晒会使标本褪色、变形，迅速老化。除了在放置标本柜和室内陈列的大型动物标本时要注意避免阳光直射外，在标本室的门窗上还可安装遮光窗帘。

④注意修整

干制的动物标本尽管制作精细，固定良好，但很难免受外部和内部因素的影响而发生变化，日久天长，轻者标本变形，重者会出现开裂、脱落等现象。为此，对标本室里的标本一定要精心护理，遇到局部移位、变形或发现霉斑要及时调理修整。